Carl Hagenbeck (1844-1913)

Lothar Dittrich
Annelore Rieke-Müller

Carl Hagenbeck

(1844-1913)

Tierhandel und Schaustellungen
im Deutschen Kaiserreich

PETER LANG

Frankfurt am Main · Berlin · Bern · New York · Paris · Wien

Die Deutsche Bibliothek - CIP-Einheitsaufnahme

Dittrich, Lothar:

Carl Hagenbeck (1844-1913) : Tierhandel und Schaustellungen
im deutschen Kaiserreich / Lothar Dittrich ; Annelore Rieke-
Müller. - Frankfurt am Main ; Berlin ; Bern ; New York ; Paris ;
Wien : Lang, 1998
  ISBN 3-631-33474-5

Gedruckt auf alterungsbeständigem,
säurefreiem Papier.

ISBN 3-631-33474-5

© Peter Lang GmbH
Europäischer Verlag der Wissenschaften
Frankfurt am Main 1998
Alle Rechte vorbehalten.

Printed in Germany 1 2 3 4 6 7

Vorwort

Dieses Buch befaßt sich mit dem Wirken Carl Hagenbecks, einer Persönlichkeit, deren Werk von seinen Nachkommen seit Jahrzehnten in ungebrochener Tradition als Privatunternehmen fortgeführt wird. Wer sich mit einer solchen Person wissenschaftlich beschäftigt, ist auf die Unterstützung der Erben angewiesen. Wir möchten uns daher vor allem bei der Familie Hagenbeck bedanken, insbesondere bei Dr. Claus Hagenbeck. Sie hat unserem Vorhaben ihr Vertrauen geschenkt. Ohne ihre Erlaubnis zur uneingeschränkten Einsichtnahme in das Firmenarchiv in Hamburg-Stellingen und ohne ihre finanzielle Unterstützung wäre diese auf ausführlichen Quellenstudien beruhende Arbeit nicht möglich gewesen. Wir danken auch für die unermüdliche und kenntnisreiche organisatorische Hilfe der Betreuer des Archivs und für zahlreiche Hinweise.

Außer den darüber hinaus in Anspruch genommenen Archiven und Bibliotheken möchten wir vor allem einzelnen Persönlichkeiten unseren Dank abstatten für die Möglichkeit, ergänzendes Archivmaterial Zoologischer Gärten auszuwerten. Dies waren im einzelnen in Berlin Prof. Dr. H.-G. Klös, in Dresden Dr. H. Lücker und Dipl. Biol. W. Gensch, in Frankfurt/Main Dr. Chr. Schmidt und Dr. Chr. Scherpner, in Halle/Saale Dipl. Biol A. Jacob und Dipl. Biol. L. Baumgarten, in Köln Prof. Dr. G. Nogge, in Nürnberg Dr. P. Mühling, in Rom Dr. G. Svampa-Garibaldi, in Wien-Schönbrunn Dr. H. Pechlaner und in Wuppertal Dr. U. Schürer. Für die Vermittlung von Literatur und Archivalien bedanken wir uns bei Dr. P. Studer, Zoo Basel, Dir. D. Ehrlicher, Zoo Cincinnati, und bei Mrs K. Shelby, Zoo Detroit.

Schließlich gilt unser Dank der Hamburgischen Landesbank für einen namhaften Druckkostenzuschuß, der die Drucklegung unseres Buches über eine herausragende Persönlichkeit der hamburgischen Geschichte ermöglichte.

Celle, Oldenburg im Frühjahr 1998

Lothar Dittrich
Annelore Rieke-Müller

Inhaltsverzeichnis

Einführung

"Der Name Hagenbeck hat eine suggestive Wirkung", bei dem man sofort "große Gruppen von Eisbären, Tigern, Löwen, Elefanten und allerlei fremdfarbige Völkerschaften vor seinem geistigen Auge" sieht. Diese Aussage eines Hamburger Senators von 1912 beschreibt das damalige Image der Persönlichkeit, deren Wirken Gegenstand dieses Buches ist. Carl Hagenbeck (1844-1913) – das war für seine Zeitgenossen im Deutschen Kaiserreich und darüber hinaus gleichbedeutend mit Exotik, mit Tierhandel in großem Stil, mit Völkerschauen, Zirkus, Panoramen und mit dem Tierpark in Stellingen. Auch heute, da der Tierhandel, wie er zur Zeit Hagenbecks betrieben wurde, nicht mehr existiert und von seinen verschiedenen Geschäftszweigen allein Hagenbecks Tierpark in Hamburg-Stellingen seit nunmehr mehr als 90 Jahren besteht, wird sein Name mit "Exotik" gleichgesetzt. Der Hamburger Unternehmer Carl Hagenbeck war – durchaus beabsichtigt – schon zu seinen Lebzeiten zu einer sehr bekannten Person, zu einem Mythos geworden, dessen Wirkung bis heute anhält. Dementsprechend verbinden sich mit seinem Namen vielfältige Geschichten und Geschichtchen, die von Generation zu Generation tradiert werden. Die vorliegende Publikation hat sich die Aufgabe gestellt, erstmals das Werk und Wirken Carl Hagenbecks umfassend anhand von Quellen zu analysieren und zu bewerten. Dabei werden manche falsch oder unvollständig überlieferte Einzelheiten geradegerückt, zugleich aber auch die Verdienste und das Bleibende an Carl Hagenbecks Wirken deutlicher hervortreten.

Dieses Buch ist keine Biographie; eine solche zu erstellen, war auch nicht das Ziel der beiden Autoren. Wenn wir uns dennoch zuweilen der Person Carl Hagenbecks zu nähern versuchen, so deshalb, weil einige seiner Projekte und seiner Reaktionen nur in diesem Zusammenhang zu erklären und zu würdigen sind.

Carl Hagenbeck wurde groß und bekannt durch den internationalen Tierhandel, den er zwar nicht initiierte, aber zu seiner Zeit doch wesentlich mit prägte. Er war jahrzehntelang einer der wichtigsten, wenn nicht der wichtigste Tierlieferant für die zahlreichen Zoologischen Gärten in

Deutschland, zeitweise auch in den USA und darüber hinaus, sowie Förderer der "zahmen Dressur". Er war – obwohl "selfmademan" ohne gründliche Ausbildung – als Tierhändler, als Tierkenner und als der angesehenste Veranstalter von Völkerschauen Gesprächspartner für Wissenschaftler und Fachleute, deren Anerkennung er suchte und fand. Die Summe seiner Ideen und seines Könnens konzentrierte Carl Hagenbeck schließlich auf neue Methoden der Tierschaustellung, auf die "Freisichtanlagen" in Panoramen. Dieser Entwicklung, so wie er sie verstand, versagten die Fachleute aber ihre Zustimmung, eine Erfahrung, die ihn tief getroffen hat. Er hat es nicht mehr erlebt, daß seine Ideen in anderer Form schließlich auch die alten Zoologischen Gärten veränderten.

Wurde ihm die letzte fachliche Würdigung zu Lebzeiten vorenthalten, so erhielt er doch gesellschaftliche Anerkennung bei hochgestellten Persönlichkeiten, die sich auch in Titel- und Ordensverleihungen ausdrückte. Zugang zum hanseatischen Kern der Hamburger Gesellschaft fand er aber wohl nicht. Schönster Beweis seiner Geltung dürfte für ihn gewesen sein, den deutschen Kaiser mehrfach in Stellingen begrüßen zu können. Dieses Erlebnis machte wohl manche Enttäuschung wieder wett.

Dem seriösen, auf gesellschaftlichen Umgang Wert legenden Geschäftsmann stand der auf den Erfolg orientierte bruchlos gegenüber. Carl Hagenbeck war sicher einer der ersten deutschen Unternehmer, die sich moderner Werbemethoden bedienten und die wichtigsten Medien ihrer Zeit gezielt einsetzten: die Tagespresse, Familienzeitschriften, vervielfältigte künstlerische Illustrationen, Plakate und Broschüren. Er war schon als Junge in die Welt der Schausteller hineingewachsen, da sein Vater – ein erfolgreicher Fischhändler und Inhaber einer Räucherei in St. Pauli – dort eine Schaubude betrieb, in der er exotische Tiere, Naturalien und Kuriositäten ausstellte. Mit den damals üblichen Reklamemethoden war Carl Hagenbeck also vertraut. Aber er entwickelte sie über viele Jahre nach amerikanischem Vorbild weiter und perfektionierte sie so, daß sie zumindest im deutschsprachigen Raum zu seiner Zeit ohne Parallele sein dürften. Werbung und Selbstdarstellung war für ihn Voraussetzung für gute Geschäfte und Imagepflege zugleich. Dabei stand er zunächst als Person aber nicht gern im Mittelpunkt, sondern trat hinter seinen eigentlichen "Helden" – mögen es Tiere oder Menschen gewesen sein – zurück. Erst in den Jahren um 1900 entwickelte er wohl auch ein ausgeprägtes Selbstbewußtsein, das schließlich beim Verfechten seiner Ideen zuletzt zum Starrsinn wurde, nach wie vor gepaart mit Verletzlichkeit.

Carl Hagenbeck bewegte sich also zwischen zwei Polen, die es uns erlauben, sein Wirken nicht nur als solches, sondern auch aus Sicht der beteiligten Institutionen und Personen sowie der Öffentlichkeit zu analysieren. Es werden daher auch Aspekte der Popularisierung von Zoologie und Ethnologie und des Naturverständnisses im Wilhelminismus angesprochen.

Aufgrund der breitgefächerten Aktivitäten Carl Hagenbecks war es notwendig, die Bearbeitung der verschiedenen Bereiche unter den aus verschiedenen Fachdisziplinen kommenden Autoren aufzuteilen. Die Kapitel, die sich mit dem Tierhandel und Tierzuchtprojekten, mit Dressuren und Zirkus sowie mit der Gestaltung von Zoogehegen nach Stellingen befassen, wurden von L. Dittrich verfaßt. A. Rieke-Müller konzentrierte sich auf die Völkerschauen, die Panoramen, auf die Gründung des Tierparks in Stellingen, seine Gestaltungsprinzipien und seine Rezeption sowie auf die Auseinandersetzungen um den Zoologischen Garten in Hamburg und um Hagenbecks Projekt auf der Jungfernheide bei Berlin.

Im Zentrum der Quellenstudien standen die Bestände des Firmenarchivs Hagenbeck in Hamburg-Stellingen, zu dem wir uneingeschränkten Zugang erhielten. In diesem Archiv sind zwar durch die Zeitläufte und zwei Weltkriege nicht die kompletten Geschäftsunterlagen, aber doch wesentliche Teile davon erhalten. Besonders aussagekräftig waren die sog. Tierbücher, die nicht nur Tieran- und -verkäufe auflisten, sondern auch alle anderen Geschäftszweige sowie persönliche Ausgaben von Familienmitgliedern dokumentieren. Sie wurden erstmals ausgewertet. Obgleich nicht für alle Jahre erhalten, konnten durch sie doch zahlreiche neue Einblicke vor allem für den Tierhandel gewonnen werden. Hinzu kamen Bruchstücke von Korrespondenzen, zahlreiche Broschüren etc. sowie eine reiche Auswahl fotografischer und illustrativer Quellen. Für den Tierhandel wurden ergänzend Unterlagen wichtiger Zoologischer Gärten hinzugezogen, soweit die entsprechenden Archivalien erhalten waren. Einzelne Themenkomplexe konnten aber nur durch zusätzliche Archivstudien bearbeitet werden. Das gilt insbesondere für die Auseinandersetzungen um den Zoologischen Garten in Hamburg und für das Projekt Carl Hagenbecks auf der Jungfernheide bei Berlin. Auch die Völkerschauen Carl Hagenbecks ließen sich nur mit Einschränkungen aus dem im Archiv vorhandenen Material erschließen. Es wurden einige zusätzliche Recherchen dazu angestellt. Andererseits waren die Völkerschauen im 19. Jahrhundert im allgemeinen in den letzten Jahren Gegenstand zahlreicher Studien aus ethnologischer oder historischer Sicht mit unterschiedlichem wissenschaftlichem Anspruch und unterschiedlicher Qualität. Hier konnte auf einige zentrale Arbeiten zu Hagenbecks Völkerschauen zurückgegriffen werden. Dieses Thema lohnte aber sicher nach wie vor eine umfassendere Darstellung, die sich verstärkt der Wechselwirkung von Schaustellung und Besuchern widmet. Ließen sich wichtige Aspekte der Rezeption des Tierparks in Stellingen in der Öffentlichkeit und in der Fachwelt nur durch die aufwendige Durchsicht von Zeitschriften und Zeitungen klären, so gilt das auch für die Rezeption des Wirkens Carl Hagenbecks insgesamt. Wir haben uns daher auf die Aufnahme der wichtigsten bleibenden Leistung Carl Hagenbecks konzentriert, nämlich auf die Rezeption der Gehegegestaltung in Stellingen.

Der Tierhändler

Tierhandel in Hamburg

Carl Hagenbeck wurde am 10. Juni 1844 als Sohn von Carl Claus (= Claes) Gottfried Hagenbeck geboren, der in der Hamburger Vorstadt St. Pauli, Große Peterstr. 16, eine Fischgroßhandlung mit einer Fischräucherei betrieb.[1] Er hatte sich diese in der zweiten Hälfte der 1830er Jahre aufgebaut.

Claes Hagenbeck war der Sohn der Louise Juliane Richersen aus Colnhagen. Einen solchen Ort gibt es nicht in Deutschland. Bei dieser Ortsangabe könnte es sich, plattdeutsch gesprochen, um die Ortschaft Kaltenhagen handeln, entweder im Kreis Köslin/Pommern gelegen oder im Kreis Soest/Westf.[2] Sein Vater war der Tapetenmacher Carl Franziscus (= Ziese) Hagenbeck, auch Haghenbeck geschrieben. Er ist urkundlich nicht zu fassen. Vermutlich stammt er aus dem Rhein-Ruhrgebiet. In den Jahren 1809 bis 1810 hat er sich in Hamburg aufgehalten und ist dort seinem Beruf nachgegangen. Ziese Hagenbeck war Katholik, Louise Richersen evangelisch. Die Zugehörigkeit zu den unterschiedlichen christlichen Kirchen könnte der Hinderungsgrund für eine Ehe der Eltern Claes Hagenbecks gewesen sein. Seine Mutter heiratete später in Hamburg Johann Heinrich Conrad Tegetmeier. In dieser Familie wuchs Claes Hagenbeck auf.

Nach Carl Hagenbecks Autobiographie[3], die der mit ihm befreundete Hamburger Feuilleton-Journalist Philipp Berges als Ghostwriter geschrieben hat, begann sein Vater 1848 Seehunde auszustellen[4] und bald darauf auch den Handel mit Wildtieren.[5]

Schon in den Jahrzehnten vor und insbesondere nach der napoleonischen Kontinentalsperre 1806 bis 1810 brachten Schiffsoffizier und Kaufleute in europäische Häfen mit Verbindungen nach Übersee gelegentlich Tiere aus fremden Ländern mit und verkauften sie an Mittelsmänner und Händler, die sie an Liebhaber und professionelle Tierhalter

---

1 StA Hamburg 411-2 II A 2280.
2 Mecklenburgisches Geheimes und Hauptarchiv vom 29. Februar 1936, Archiv Hagenbeck.
3 C. Hagenbeck: "Von Tieren und Menschen", 1. Aufl. Berlin 1908.
4 S. 31.
5 S. 38.

weiterveräußerten. In London oder Liverpool, in Bordeaux, Marseille, Amsterdam, Rotterdam und anderen bedeutenden Überseehäfen hatten sich im 19. Jh. Händler etabliert, die solche Geschäfte, mitgebrachte exotische Tiere aufzukaufen und an Interessenten zu vermitteln, als Gewerbe ausübten, manche freilich im Nebenberuf. In Hamburg war ein solcher Tierhändler der Zollinspektor und Hafenkapitän Jacob Gotthold Jamrach (1792-1860). Dessen Sohn Karl = Charles, Enkel William und Urenkel Anton-H., alle dann in London ansässig, sollten später für Carl Hagenbeck als Geschäftspartner noch eine große Rolle spielen. J.G. Jamrach erfuhr in seiner Funktion in Hamburg frühzeitig, welche Seefahrer Tiere mitgebracht hatten und ob diese verkäuflich waren. Ab 1826 richtete er zunächst in seinem Haus Brauerknechtstraße 57 und ab 1845 in dem Grundstück Spielbudenplatz 19, ebenfalls in der Vorstadt St. Pauli, und zwar im Zentrum des Vergnügungsviertels gelegen, einen Naturalien- und Tierhandel ein. Im Jahre 1863 erwarb dann Claes C. Hagenbeck dieses Grundstück von den Erben J.C. Jamrachs und richtete hier die zweite der Hagenbeckschen Handelsmenagerien ein. J.C. Jamrach ist der erste Hamburger Tierhändler von überregionaler Bedeutung.

Gottfried Claes Carl Hagenbeck als Tierhändler

Auch Claes Hagenbeck war bereits ab Mitte des 19. Jhs. ein Tierhändler mit überregionaler Bedeutung. In seiner Autobiographie geht Carl Hagenbeck näher auf den Beginn der Schaustellung von Seehunden und den Handel mit den ersten Wildtieren ein, die sein Vater bekam und in Hamburg und Berlin ausstellte. Danach und vor allem nach vielen Veröffentlichungen über den Hagenbeckschen Tierhandel aus zweiter Hand entsteht der Eindruck, Claes hätte seinen Handel mit exotischen Tieren nebenher und dann betrieben, wenn er mehr oder weniger zufällig in den Besitz solcher Tiere gekommen wäre. Wenn aber 1860 die Handelsmenagerie C. Hagenbeck – C. steht hier für Claes oder Carl sen. – den deutschen Zoologischen Gärten ein umfangreiches Angebot an fremdländischen Wildtieren offerieren kann[6], mit Großkatzen verschiedener Arten, Hyänen, mit Baribal, Seidenäffchen (Callitriciden) und Opossum aus Amerika, Rattenkänguruhs aus Australien, Afrikanischem Strauß sowie

---

6 Zool. Garten, Frankfurt am Main, 1, 1860, S. 218.

Drill, Mangaben und Monameerkatzen aus Westafrika, dann wird deutlich, daß Vater Hagenbeck gute Einkaufsbeziehungen nach London unterhielt. Und wenn der Londoner Tierhändler Charles Rice (1841-1879) im Jahre 1869 die jüngere Schwester Carl Hagenbecks, Auguste Caroline Marie, zur Ehefrau gewinnen konnte, wird erkennbar, daß in den 1860er Jahren dieser Engländer der Hauptgeschäftspartner und -lieferant der in London auf den Tiermarkt kommenden Exoten für Claes Hagenbeck gewesen und in sein Haus gekommen ist. In der genannten Offerte ist formuliert, daß die angebotenen Tiere in der Handelsmenagerie "vorräthig" sind, d.h. sie waren nach Hamburg gebracht worden, ohne daß zuvor gesichert war, ob und an wen sie schließlich verkauft werden konnten.

Der Umfang des Handels mit Wildtieren von Claes Hagenbeck hing auch von der Möglichkeit ab, nach dem Ankauf die Tiere bis zum Wiederverkauf unterbringen zu können. Zunächst war das nur auf dem Grundstück Große Peterstraße möglich. Im Jahre 1856 konnte Claes Hagenbeck von dem Tierschausteller Georg Louis Theodor Hünemerder dessen Schauräume am Spielbudenplatz 20 mieten. Hünemerder hatte dort ein Karussell betrieben, ein Wachsfigurenkabinett und eine Menagerie gezeigt. Die Konzession belief sich jeweils nur auf ein Jahr und mußte immer wieder erneuert werden, wodurch der Hamburger Senat eine Einfluß- und Kontrollmöglichkeit über das Schaustellergeschäft hatte. Bei der Übernahme der Menagerie durch Claes Hagenbeck bestand diese aus einem Eisbären, vermutlich demselben Tier, das Claes Hagenbeck schon im Jahre 1852 einmal besessen und in seiner Fischhandlung ausgestellt, dann aber an Hünemerder verkauft hatte. Ferner waren eine Streifenhyäne, Leoparden, Waschbären, Fettschwanzschafe, "Ziegen aus Afrika", "schwarze Paviane", und "Perückenaffen aus Abessinien" (?) vorhanden. Der Eintritt für die erste Hagenbecksche Handelsmenagerie betrug zwei Groschen[7]. Zunächst konnte Claes Hagenbeck nunmehr auch in der Menagerie am Spielbudenplatz 20 Handelstiere unterbringen.

Im Jahre 1859 wollte Hünemerder aber die Tierschaustellung dort wieder selbst betreiben. Claes Hagenbeck wurde vom Hamburger Senat angewiesen, mit seiner Schaustellung vor das Altonaer Tor auszuweichen.[8] Damit war wohl das heutige Millerntor gemeint. Er mußte sich also in eine ungünstige Randlage des damaligen Vergnügungsviertels be-

---

7 StA Hamburg 411-2 II D 164.
8 StA Hamburg 411-2 II E 1797.

geben und dort eine Schaubude errichten, wie ambulante Menageristen auch. Vier Jahre später, im Jahre 1863, gelang es schließlich Claes Hagenbeck, durch Erwerb des Gebäudes Spielbudenplatz 19 aus dem Nachlaß des 1860 verstorbenen Jacob Jamrach wieder in das Zentrum des Vergnügungsgebietes zurückzukehren.

Claes Hagenbeck war nicht nur ein professioneller Tierhändler, sondern ein risikofreudiger dazu. So ließ er 1864 den dritten lebend nach Europa gebrachten Ameisenbären, den ein Schiffsoffizier bei sich hatte, aus Southampton holen und verkaufte ihn an den Hamburger Zoo.[9] Ameisenbären sind hinsichtlich ihrer Ernährung im Zoo noch heute heikle Tiere. In seiner Autobiographie berichtet Carl Hagenbeck, daß er selbst schon als Heranwachsender intensiv in den Tierhandel eingebunden war, bereits in den späten 1850er und in den darauf folgenden Jahren, bis er sich 1866 schließlich selbständig gemacht hätte. Seinen Vater bezeichnet er als seinen wichtigsten, stets verfügbaren Ratgeber für diese Zeit. Tatsächlich dürfte aber auch noch in den 1860er und frühen 70er Jahren zumindest für die Geschäftspartner der Tierhandelsfirma Hagenbeck und für die finanzielle Seite größerer Geschäftsabschlüsse der Vater Claes die Verantwortung getragen haben. Im Archiv der Familie Hagenbeck wird ein Reisepaß der Freien und Hanse-Stadt Hamburg für Claes und Sohn Carl aufbewahrt, ausgestellt am 31. Aug. 1872 und gültig für ein Jahr. Darin werden der Vater als Tierhändler und der Sohn als sein Gehilfe bezeichnet. Die Selbständigkeit ab 1866, von der Carl Hagenbeck in seiner Autobiographie schreibt, dürfte sich wohl auf das Management der Tierhandlung und die Abwicklung des An- und Verkaufs der Tiere erstreckt haben, Tätigkeiten, von denen sich Vater Claes zurückzog, als er 1866 nach dem Tod seiner ersten Frau eine zweite Ehe eingegangen war. Aber spätestens 1872 muß Carl Hagenbeck auch für die finanzielle Seite des Tierhandelsgeschäftes die volle Verantwortung getragen haben, denn von dieser Zeit datieren gemeinsame Finanzierungen von Tierimporten mit seinem Schwager Charles Rice, sogenannte "Profitgeschäfte", deren Gewinn man sich teilte.

Am Kapital der Tierhandlung hatten bis 1876 auch sämtliche sechs Geschwister Carl Hagenbecks aus der ersten Ehe des Vaters gleichen Anteil. In diesem Jahr wurden sie ausgezahlt, und nun ruhte das Tierhan-

---

9 F.C. Noll: Der Ameisenbär des zoologischen Gartens zu Hamburg. Zool. Garten, Frankf./Main, 9, 1868, 30-35.

dels-Unternehmen auch wirtschaftlich allein auf Carls Schultern. Mit der Auszahlung verzichten die Geschwister auf alle Einkünfte, die die Handelsmenagerie seit 1866 erwirtschaftet hatte.

Carl Hagenbeck hatte sechs Geschwister aus der ersten Ehe seines Vaters mit Christine Friederike Wilhelmine Andersen (1812-1865), vier Schwestern und zwei Brüder. Die älteste Schwester, Johanna Friedrike Caroline (1839-1901) heiratete den ehemaligen Schiffszimmermann Johann Friedrich Gustav Umlauff, der nach Fahrten auf allen Weltmeeren in St. Pauli die Leitung einer Badeanstalt übernahm und dort Kuriositäten aus Übersee verkaufte, die ihm Seeleute zutrugen. Im Jahre 1868 gründete er am Spielbudenplatz 8 eine Naturalienhandlung, verbunden mit einer Muschelwarenfabrik und einem ethnographischen Museum. Der Familie Umlauff gehörte in den 1870er Jahren auch das Grundstück Spielbudenplatz 16, dessen Gelände und Gebäude sie nur teilweise nutzten. 1874 zog dort ein Schausteller ein, der ein mechanisches Theater und Glasfotographien zeigte.[10] Laut Adreßbüchern besaß J. Umlauff aber zunächst auch noch die Gebäude des Spielbudenplatz 8 und 15, in den 1890er Jahren auch noch Nr. 12. Von den Söhnen, also den Neffen Carl Hagenbecks, besorgte Heinrich Umlauff später die Inszenierungen einiger Völkerschauen in Carl Hagenbecks Tierpark. Der jüngere Sohn Johann Umlauff jun., ein hervorragender Präparator, Leiter des nach dem Tode des Vaters 1889 von der Witwe eröffneten "Umlauffs Weltmuseum" wird viele ihm von Carl Hagenbeck überlassene Kadaver von zoologisch sehr wertvollen Tieren, wie etwa der Wildpferde, präparieren und an andere Museen weiterleiten.

Die zweite Schwester Carl Hagenbecks, Maria Dorothea Luise (1840-1892), heiratete den Hamburger Polizeiarzt Carl Anton Friedrich Wolter. Dessen Bruder Emil wird in den 1890er Jahren sein Prokurist. Die zwei Jahre nach ihm geborene jüngere Schwester Christiane Caroline bleibt unverheiratet. Sie erhielt zur Sicherung ihres Lebensunterhaltes die Gebäude der zweiten Hagenbeckschen Handelsmenagerie am Spielbudenplatz 19 und betrieb hier ab 1878 selbstständig eine Vogelhandlung. Carl Hagenbeck wird ihr weitgehend das Tagesgeschäft mit exotischen Vögeln in Hamburg überlassen. Die jüngste Schwester, Auguste Caroline Marie (1848-1886) heiratete den schon genannten Londoner Tierhändler Charles Rice, der ab 1872 bis zu seinem Tode 1879 Carl Hagenbecks

---

10 StA Hamburg 411-2 II M 3560.

wichtigster Geschäftspartner wird und viele seiner Unternehmungen mitfinanziert. Zu den Schwestern kommen die beiden jüngeren Brüder Wilhelm (1850-1910), der berühmte Tierdresseur, der seine Dressuren gleichfalls auf dem Grundstück Spielbudenplatz 19 durchführte, und Dietrich (1852-1873), der einer Malariainfektion, die er sich bei seinem ersten Tierfangunternehmen zuzog, auf Sansibar erlag.

Claes Hagenbeck ging nach dem Tode seiner ersten Frau am 7. Februar 1866 mit Caroline Margarethe Grevenburg (1828-1886) eine zweite Ehe ein. Ihr entstammten die beiden Söhne John (1866-1940) und Gustav (1869-1947). Sie waren nicht erbberechtigt, als Carl Hagenbeck 1876 die Vollgeschwister auszahlen mußte und er allein die wirtschaftliche Führung der Handelsmenagerie übernahm, ebenso wenig, als er nach dem Tode des Vaters 1887 den Vollgeschwistern nochmals den Erbanteil am Vermögen des Vaters, das in seiner neuen Handelsmenagerie am Pferdemarkt steckte, auszahlte.[11]

Beginn des kommerziellen Tierimportes nach Europa

Für den Aufstieg der Hagenbeckschen Handelsmenagerie spielte eine entscheidende Rolle, daß sich ab den 1840er Jahren ein kommerzieller Import von exotischen Wildtieren nach Europa entwickelte. Dieser geht zurück auf spektakuläre Tiergeschenke aus diplomatischen Gründen. In den Jahren 1827 und 1828 hatte der ägyptische Pascha Mehmed Ali dem französischen König Charles X., dem britischen König Georg IV. und dem österreichischen Kaiser Franz I. je eine Giraffe geschenkt.[12] Er selbst hatte die Tiere nach der Eroberung Kordofans von örtlichen Stammesführern als Zeichen ihrer Ergebenheit erhalten. Zwei Giraffen, die in England, gehalten am Schloß in Windsor, und die in Wien, starben schon nach nur einjähriger Haltung, nur die in Paris lebte lange, bis 1845. Die Royal Zoological Society von London, die ab 1826 im Regents Park von London einen Zoologischen Garten unterhielt, war bestrebt, nicht hinter Paris zurückzustehen und für ihren Zoo ebenfalls Giraffen zu bekommen. Über den britischen Generalkonsul in Kairo nahm sie Kontakt mit dem französischen Kaufmann und Konsul in Ägypten M. Thi-

---

11 Archiv Hagenbeck, Nachlaßverzeichnis 3.10.1887.
12 L. Dittrich u. S. Dittrich und I. Faust: Das Bild der Giraffe, Hannover, 1993, S. 9 ff.

baut auf, der über gute Verbindungen zu den Personen verfügte, die damals die Giraffen gefangen hatten, die für den Pascha Mehmed Ali bestimmt waren. In den Jahren 1836 bis 1843 gelang es Thibaut, mehr als ein Dutzend Giraffen fangen zu lassen und nach und nach in London zum Verkauf zu bringen, vorwiegend an britische Zoos und Wandermenagerien.[13] Die Giraffen, die in Europa nach der Antike noch niemals lebend beobachtet werden konnten, erregten begreiflicherweise in der Öffentlichkeit ein enormes Aufsehen, und der Import der Tiere aus Ägypten hatte die Aufmerksamkeit von an Tierimporten und -schaustellungen interessierten Kreise Europas auf dieses Land gelenkt. Der geschäftliche Erfolg des Franzosen Thibaut beflügelte in London die Tierhändler Charles Jamrach und Charles Rice zu versuchen – Jamrach in Indien und Rice in Australien – Wildtiere, für die es in London Verkaufschancen gab, gezielt im Heimatland zu beschaffen und nach Großbritannien zu bringen. Das Angebot von Asiatischen Elefanten, Panzernashörnern und anderen Tieren von in Indien beheimateten Arten bis in die 1880er Jahre in Europa geht vor allem auf die geschäftlichen Aktivitäten von William Jamrach in Asien zurück.

Einer der zahlreichen Wandermenageristen in der Mitte des 19. Jhs. war der Italiener Lorenzo Casanova. Er betrieb zuletzt in St. Petersburg ein Affentheater, das 1859 abbrannte. Im selben Jahr gelang ihm der Zugriff auf eine Großsäugerart, die in den 1850er Jahren das erste Mal seit der Antike wieder lebend in Europa, und zwar nur im Zoo von London und in der Menagerie im Jardin des Plantes von Paris, zu sehen war. Er konnte in Triest zwei Flußpferde kaufen, die an sich für die kaiserliche Menagerie in Schönbrunn bestimmt waren, die aber von der Hofverwaltung nicht abgenommen wurden, weil Österreich eben mit Frankreich und dem Königreich Sardinien in der Lombardei in kriegerische Verwicklungen geraten und die Zustimmung des Kaisers für den Ankauf nicht schnell genug zu erlangen war.

Casanova ließ seine Frau Josephine mit diesen beiden Flußpferden zunächst über Wien in mehrere deutsche Städte reisen und die Tiere öffentlich zur Schau stellen, ehe er sie 1860 an den Zoo von Amsterdam

---

13 Letter from Mess. Thibaut from Malta, 8. Jan. 1836, to the Society, Proc. Zool. Soc. London, 4, 9-12: Laufer, B.: The Giraffe in History and Art, Chicago, 1928, S. 91; Guildhall Library, Noble Collection, London, Anschlagzettel, Zeitungsberichte, Stiche; Surrey Gardens Scrapbook. British Library, London, Th.C+S 51-58.

verkaufte. Durch dieses Flußpferdgeschäft war Casanova offenbar mit Kreisen in Ägypten in Verbindung gekommen, die ihm Informationen über die Erwerbsmöglichkeiten von Giraffen und anderen interessanten Tieren des Landes am Nil vermitteln konnten. 1861 begab er sich nach Ägypten, zum Teil vorfinanziert vom Zoologischen Garten Köln. Seinen ersten Tiertransport brachte Casanova 1862 nach Europa. Er bestand aus vier Giraffen, einem Afrikanischen Elefanten, 13 jungen Fleckenhyänen, 11 Leoparden, einem Löwen und einem Caracal.[14] In den kommenden Jahren reiste er alljährlich in den Sudan, nicht mehr nach Kordofan, sondern über die Hafenstadt Suakim am Roten Meer in 15 Tagesreisen zu dem Handelsplatz Kassala, dem Hauptort in Ostnubien, nahe der Grenze zu Äthiopien hin gelegen, in die Landschaften an den Flüssen Atbara, Setit und Gasch, in denen die Jäger vom Stamm der Homran ihre Jagdgebiete hatten. Sie sind diejenigen, die in der Lage waren, die gewünschten Großsäugetiere zu fangen.[15] Casanova nahm außerdem von Kassala noch Tiere mit, die von der einheimischen Bevölkerung meist als Säuglinge bzw. Jungvögel zufällig erbeutet und aufgezogen worden waren und ihm schließlich zum Verkauf angeboten wurden. Casanovas Tiertransporte umfaßten vor allem Antilopen mehrerer Arten, wie Eland, Säbel-, Mendesantilopen und Buschböcke, Rotstirn- und Sömmeringgazellen, Kaffernbüffel, Giraffen, Pinselohr- und Warzenschweine, Afrikanische Elefanten, Erdferkel, Streifen- und Fleckenhyänen, Löwen, Leoparden, Stachelschweine, Mantelpaviane, Strauße, Kronenkraniche und Hornraben sowie kleinere Vogelarten. Im Jahre 1868 brachte er die ersten beiden Spitzmaulnashörner mit, die nach Europa gelangten. Eines blieb am Leben und kam in den Londoner Zoo.[16] 1863 brachte er den ersten Nubischen Wildesel mit, der gleichfalls dem Londoner Zoo geliefert wurde. Dieses Tier führte 1865 zur zoologischen Erstbeschreibung dieser Art und damit zur Entdeckung für die Wissenschaft durch den Zoologen Philip Lutley Sclater.

Casanova war, ohne über einen festen Stützpunkt in Europa zu verfügen, gezwungen, seine Tiere möglichst noch im Eingangshafen, meist

---

14 F. Weinland: Zool. Garten, Frankf./Main, 4, 1863, Nr. 11, S. 225.

15 J. Menges: Bemerkungen über den deutschen Thierhandel von Nord-Ost-Afrika. Zool. Garten, Frankf./Main, 17, 1876, 229-236.

16 L.C. Rookmaker: De iconografie van de tweehoornig neushoorn van 1500-1800, S. 277-303 in: Zoom op Zoo. Antwerp Zoo focusing on Arts and Science, ed. Cecile Kruyfhooft, 150 jaar tijdschrift "Zoo Antwerpen", 1985.

Triest, schnell an einen Käufer zu bringen. Für eine Anzahl von ihnen hatte er feste Abnahmezusicherungen vorliegen – er unterrichtete die Zoos und andere Interessenten vor dem Eintreffen in Triest darüber, welche Tiere er mitbrachte –, für viele andere aber nicht. Auch diese mußte er rasch nach seiner Ankunft, also in der Zeit von Mai bis Juli, loswerden, damit er bereits im Oktober oder November, d.h. unmittelbar nach dem Ende der Regenzeit im Sudan, wieder zur Stelle war, um den Fang neuer Tiere zu organisieren bzw. einen neuen Tiertransport zusammenstellen zu können. Nachdem Claes Hagenbeck 1863 von J.C. Jamrachs Erben – die Verhandlungen führte Charles Jamrach – das Gebäude Spielbudenplatz 19 mit seinen Haltungsmöglichkeiten für Tiere aller Art gekauft hatte, schloß er 1864 mit Lorenzo Casanova einen Kontrakt ab. Casanova lieferte ihm fortan einen großen Teil der mitgebrachten und nicht von anderen fest bestellten Tiere zu einem vorher vereinbarten Preis.[17] Mit dieser vertraglichen Bindung eines Tierimporteurs aus dem ägyptischen Sudan hatte die Handelsmenagerie Hagenbeck die Bedeutung eines Tierhandelsunternehmens erreicht, wie sie zuvor nur die Unternehmen von Charles und Sohn William Jamrach sowie Charles Rice in London besaßen. Zwar blieb die Handelsmenagerie Hagenbeck für die Vielseitigkeit ihres Angebotes darauf angewiesen, was sie auf dem Tiermarkt in London oder auf britische Häfen anlaufenden Schiffen sowie in europäischen Häfen, vornehmlich in Hamburg, erwerben konnte. Durch den Direktimport über Casanova war sie aber für nubische Tiere zur ersten Adresse in Europa geworden.

Mit der Handelsmenagerie am Spielbudenplatz 19 war nun neben dem 1863 eröffneten Zoo am Dammtor auch ein zweiter Ort entstanden, an dem man in Hamburg regelmäßig seltene fremdländische Tiere sehen konnte, freilich sehr viel bescheidener, aber auch mit einem Eintrittspreis von 2-3 Schillingen, d.h. 24-36 Pfennigen,[18] sehr viel billiger als der Zoo, dessen Eintrittspreise 12 Schillinge für Erwachsene und sechs für Kinder waren.

---

17 C. Hagenbeck 1908, S. 64.
18 H. Leutemann: Sonderbare Geschäfte, Daheim, 3. Jg. Oct. 1867, 13-16, Seite 15.

Lorenzo Casanova starb 1870 unmittelbar nachdem er einen seiner umfangreichsten Transporte von u.a. neun Giraffen, fünf Afrikanischen Elefanten, 60 Raubtieren, darunter 30 Streifen- und Fleckenhyänen, sieben Löwen, acht Leoparden, ferner einige Geparden und Kleinraubtiere, 17 Antilopen, vier Kaffernbüffel, zwei Erdferkel und 12 Strauße im Hafen von Port Suez an Carl Hagenbeck übergeben hatte. Casanovas Unternehmungen in Nubien hatten die Aufmerksamkeit von anderen in Ägypten Handel treibenden Europäern erregt, und einigen gelang es gleich ihm, in Kontakt mit den Tiere fangenden Männern vor allem vom Stamm der Homran zu kommen. So traf 1870 gleichzeitig mit dem letzten Transport von Lorenzo Casanova ein solcher des Italieners Migoletti im Hafen von Port Suez ein. Er enthielt fünf Giraffen, 14 Strauße, ein Spitzmaulnashorn, ferner einige Löwen, Leoparden, Hyänen, Antilopen und Büffel. Carl Hagenbeck sicherte sich auch diese Tiere und brachte 1870 einen so umfangreichen Tiertransport nach Europa, wie es ihn nie zuvor gegeben hatte. Zahlreiche Tiere konnte er sofort an verschiedene Zoologische Gärten und Wandermenagerien verkaufen. Viele andere aber wurden zunächst in seiner Handelsmenagerie am Spielbudenplatz in Hamburg untergebracht, um dann nach und nach von hier aus verkauft zu werden. Dieser Tiertransport erregte in Hamburg ein ungeheueres Aufsehen, und die lokale Presse berichtete darüber. So schrieb die Hamburger Zeitung "Reform"[19] auf der Titelseite: "Morgen, Sonntag, an einem Vierschillingstag, wird das Publikum sich einen Anblick fremder Thiere verschaffen können, wie er noch nie von einem Thiergarten geboten wurde". Zu sehen waren in der Menagerie u.a. zehn Giraffen, 30 Hyänen, zahlreiche Strauße und drei Afrikanische Elefanten. Kein Zoo der Welt und keine Wandermenagerie konnte bis dahin eine so große Anzahl von exotischen Großtieren zeigen. Carl Hagenbeck wurde mit einem Schlage zumindest in Hamburg zu einer bekannten Persönlichkeit. Die Situation in der Handelsmenagerie wird von einem Besucher[20] folgendermaßen beschrieben. In dem Gebäude am Spielbudenplatz gab es Räume, in denen Affen, Papageien und andere Stubenvögel in Käfigen gehalten wur-

---

19 Samstagsausgabe vom 9. Juli 1870 (23. Jg. Nr. 109).
20 R. Meyer: Ein Gang durch die C. Hagenbeck'sche Handels-Menagerie in Hamburg. Zool. Garten, Frankf./Main, 14, 1873, S. 25-27.

den, außerdem Reptilien in Behältern. Hinter dem Gebäude lag ein Hof, in dem sich Tiere in Kisten und Behältern befanden. An den Seiten standen Käfige für größere Vögel. An den Hof schloß sich eine Halle mit Stallungen für Huftiere und Käfigen für Raubtiere an. Gegenüber dieser öffentlich zugänglichen Menagerie, in der Kastanienallee, hatte Hagenbeck einen hinter dem Odeon und der Centralhalle gelegenen, ummauerten Hof angemietet, in dem sich Huftiere und große Vögel, die meisten in Behältern untergebracht, befanden. Auch Ponies und andere Haustiere wurden hier, vermutlich angebunden, gehalten. Das ganze Hagenbecksche Unternehmen entsprach also ungefähr einer der mobilen Tierbuden, mit denen noch immer die Wandermenageristen durch die Lande zogen.

Die Firma Hagenbeck verfügte noch nicht über die Mittel, den Ankauf einer großen Anzahl teurer Tiere finanzieren zu können. Daher schloß Carl Hagenbeck mit seinem Schwager Charles Rice über den großen Tiertransport von 1870 ein "Profitgeschäft" ab. Sie teilten sich die Kosten für die Tiere und die Unkosten, die ihre Haltung bis zum Verkauf verursachte. Beide Partner bemühten sich unter gegenseitiger Abstimmung, die Tiere im jeweiligen Kundenbereich zu verkaufen, d.h. Rice in Großbritannien (und Amerika) und Hagenbeck auf dem europäischen Kontinent. Die erzielten Gewinne, unabhängig davon, wer wieviel und was verkauft hatte, wurden zwischen beiden Partnern zu gleichen Beträgen geteilt. Solche Profitgeschäfte tätigte Carl Hagenbeck mit Rice bis zu dessen Tod im Jahre 1879 und auch später noch gelegentlich mit einigen seiner Tierlieferanten, die entweder eine größere Anzahl von Tieren derselben oder nahe verwandter Tierarten importiert hatten und deren Weitergabe an den Kunden nicht ganz so rasch, wie sonst von Einzeltieren üblich, geschehen konnte, oder die besonders heikel waren.

So gelang es Rice 1875, zwei Florida-Manatis nach London zu importieren, die ersten Seekühe, die nach Europa kamen, finanziert zu gleichen Teilen von ihm selbst und von Carl Hagenbeck. Eines der Tiere wurde an das Berliner Aquarium-Unter den Linden verkauft. Es konnte dort, ernährt mit 40 Salatköpfen pro Tag, etwa sechs Wochen lang am Leben erhalten werden.[21] Die andere Seekuh blieb in London. Beim Verkauf des Manati an das Berliner Aquarium wurde ein Betrag von 2.500 Mk erzielt.[22] Nach dem Verkauf beider Tiere erhielten Rice und

---

21 B. Dürigen: Der Lamatin, Isis IX., 1884, 191-192.
22 H. Strehlow: Zur Geschichte des Berliner Aquariums Unter den Linden. Zool. Gar-

Hagenbeck aus dem Geschäft je 450 Mk als Gewinnanteil.[23] Der Gewinn dürfte, wie damals üblich, etwa 10 % des Einkaufspreises zuzüglich der Un- und Transportkosten betragen haben, wahrlich ein sehr bescheidener Erlös aus einem derart riskanten Tiergeschäft.

Mit Rice war Carl Hagenbeck für rund zehn Jahre in zweifacher Hinsicht verbunden, einmal durch solche gemeinsamen Verkäufe von Tieren, die der eine oder andere Partner importieren konnte. Dann aber war Rice mit seinem unmittelbaren Zugang zu den britischen Häfen, vornehmlich zu dem Londoner Hafen, in dem als Mitbringsel zahlreiche exotische Tiere aus allen Teilen der Welt eintrafen, der Hauptlieferant für die meisten Tiere, die Hagenbeck seinen Kunden anbot. Demgegenüber traten in dieser Zeit seine anderen Lieferungen, soweit sie nicht Importe aus Ostafrika waren, über die gleich noch nähere Ausführungen zu machen sind, an Umfang und Vielfalt des Artenspektrums zurück. Hagenbeck sicherte sich bis in die Mitte der 70er Jahre wohl auch die meisten exotischen Tiere, die von Seefahrern in den Hamburger Hafen mitgebracht wurden. Er besuchte regelmäßig die im Herbst stattfindenden Auktionen, die im Zoo von Antwerpen abgehalten wurden. Dort kamen im wesentlichen Tiere zur Versteigerung, die der Zoo von Antwerpen im Hafen dieser Stadt kaufen konnte oder, soweit es sich um bestimmte Vogelarten, wie Wasser-, Zier- und Käfigvögel handelte, von belgischen und niederländischen Züchtern geliefert worden waren. Auch der Vogelexporteur Louis Ruhe aus Grünenplan bzw. Alfeld/Leine, der 1868 in New York eine Zweigstelle eröffnete, über die er Abertausende von in Deutschland gezüchteten Canarienvögel an die amerikanischen Kunden brachte, lieferte ihm ab und zu seltene Tiere aus Nordamerika, wie 1877 die ersten Californischen Seelöwen, die nach Europa kamen.

Zwar war es Carl Hagenbeck möglich, durch in Hamburg ansässige Reedereien, die Wal- und Robbenfang in den nördlichen Meeren betreiben, Eisbären direkt zu importieren. Aber insgesamt gesehen war der Londoner Tiermarkt seine wichtigste Beschaffungsquelle für alle Tierarten, die nicht in Nubien zu bekommen waren.

---

ten NF, 57, 1987, 26-40.

23 Alle Angaben im folgenden, Geschäftsvorgänge mit Tieren der Fa. C. Hagenbeck betreffend, Tierpreise, Verkaufserlöse u.a. Archiv Hagenbeck, Hamburg, Tierbücher, -listen u.a. Archivalien.

Unter den Europäern, die im ägyptischen Sudan in den Fußstapfen von Casanova Tiere zu bekommen suchten und nach Europa brachten, wurde der aus Bayern stammende Bernhard Kohn für Carl Hagenbeck nach dem Tode von Casanova zu einem wichtigen Geschäftspartner. Mit ihm stand er seit 1871 in geschäftlichem Kontakt. In seiner Autobiographie[24] bewertet er dessen Tierhandelsaktivitäten nicht sehr günstig, "er pfuschte" (Casanova) "ins Handwerk", wohl weil dieser gewiefte Kaufmann, der in Ägypten mit Fellen, Gummi und allem möglichen handelte,[25] für Hagenbeck in finanzieller Hinsicht ein schwierigerer Partner war als Casanova.

Tierimporte und Tierpark am Neuen Pferdemarkt

Der erste Anlauf, mit eigenen Kräften eine Importquelle zu erschließen, in erster Linie für Flußpferde, endete in einem Desaster. Flußpferde waren damals von den Zoologischen Gärten besonders begehrte Schautiere. Außer den beiden 1859 in die Hände von Lorenzo Casanova und danach in den Zoo von Amsterdam gelangten Exemplaren waren zuvor nur 1850 und 1854 zwei Flußpferde in den Zoo von London gekommen und 1853 ein Pärchen in die Menagerie von Paris, alle ein Geschenk des ägyptischen Paschas. Es gab aber offenbar in Europa Nachrichten, daß in den gegenüber der Insel Sansibar ins Meer mündenden Flüssen des afrikanischen Festlandes viele Flußpferde lebten. Dank regelmäßiger Schiffsverbindungen von Ägypten nach Sansibar, das damals ein selbständiges Sultanat war und zu dem auch das der Insel benachbarte, auf dem afrikanischen Kontinent gelegene Küstengebiet gehörte, erachtete man es für möglich, eingefangene Flußpferde auf dem Seewege über Sansibar und Port Suez nach Europa bringen zu können. Dietrich Hagenbeck sollte diese Quelle für die Hagenbecksche Handelsmenagerie erschließen. Er hatte sich im Juni 1872 auf diese Aufgabe vorbereitet, indem er einen vermutlich von Migoletti nach Port Suez gebrachten Tiertransport nach Triest und Hamburg überführte. Dieser bestand aus drei Giraffen, sechs Afrikanischen Elefanten, sieben Sömmeringgazellen, zwei Kuhantilopen, einem Büffel, drei Erdferkeln, vier Löwen, einem Leoparden, zwei Hyä-

---

24 C. Hagenbeck 1908, S. 474.
25 Ebd., S. 86.

nen, einem Warzenschwein, einem Strauß, zwei Sekretären, zwei Marabus, einem Hornraben und einigen Kleintieren. Am 18. Juli 1872 begleitete Dietrich erneut einen Tiertransport aus Ägypten, wiederum mit drei Giraffen, einem Elefanten, einem Erdferkel, einer Löwin und vier Vögeln. Finanziell handelte es sich in beiden Fällen um Gemeinschaftsgeschäfte mit Charles Rice, und die meisten Tiere wurden in England verkauft. Am 29. Dezember 1872 reiste Dietrich, ausgerüstet mit Fangnetzen und Harpunen und 800 englischen Pfund (16.000 Mark), zu denen er aus dem eigenen Vermögen 200 Pfund beigesteuert hatte, über Triest, Alexandrien, Port Suez nach Sansibar und traf dort am 31. Januar 1873 ein. Seine Kontaktadresse dürfte der Stützpunkt der Hamburger Fa. O'Swald gewesen sein, die u.a. Elfenbein importierte. Am 8. Februar wurde er vom Sultan empfangen und erhielt die notwendigen Empfehlungen und Genehmigungen für sein Vorhaben. Am 10. Februar setzte er nach Bagamoya, einem kleinen Hafen auf dem gegenüberliegenden Festland, über und begann, zunächst den Kingane-Fluß, später auch andere, von Dar es-Salam aus zu erreichende Flüsse zu erkunden. Zwar sah er vor allem im Kinganefluß viele Flußpferde, und er konnte auch eines schießen. Aber ohne die Mitwirkung von in der Jagd auf Flußpferde oder gar in deren Fang geübten Einheimischen hatte er innerhalb von vier Wochen keinen Erfolg. Zwar gelang es ihm nach einem im Archiv Hagenbeck aufbewahrten Brief vom 25. Juni 1873, ein junges Flußpferd zu fangen. Doch es verstarb nach sechs Tagen.[26] Gleich nach seiner Ankunft auf Sansibar oder an der ostafrikanischen Küste muß sich Dietrich mit dem Malariaerreger infiziert haben. Bereits ab 1. März 1873 wurde er von Fieberschüben geplagt, die ihn mehrfach zwangen, nach Sansibar zurückzufahren, um sich ärztlich behandeln zu lassen, ohne Erfolg. Am 27. August mußte er seine Bemühungen, an Flußpferde zu kommen, einstellen. Er kehrte todkrank nach Sansibar zurück und starb dort am 9. September 1873.

Als Voraussetzung, große eigene Transporte von importierten Tieren unterbringen zu können, hatte Carl Hagenbeck am "Neuen Pferdemarkt 13" in der Vorstadt St. Pauli ein neues Anwesen erworben und zog im Frühjahr 1874 nach dort um. In den Räumen am Spielbudenplatz 19 richteten sich seine Geschwister Christiane, die sich schon ab 1870 dort mit selbständig betriebenem Vogelhandel beschäftigt hatte, und Wilhelm

---

26 Brief Dietrich Hagenbecks an Carl aus Sansibar: Gartenlaube 73, 1873, S. 754.

ein, der zunächst mit Christiane zusammenarbeitete, dann aber ab 1886 im rückwärtigen Teil des Grundstückes ein eigenes Unternehmen betrieb, das sich vorwiegend mit der Dressur von Tieren befasste.

Am Neuen Pferdemarkt gab es ein repräsentatives großes Vordergebäude, in dem Wohnung und "Comptoir" untergebracht waren. Die große Halle im Erdgeschoß, als Empfangsraum für Geschäftspartner und besondere Besucher gedacht, war an den Wänden mit Geweihen und Gehörnen, Schädelpräparaten und Fellen, die teils auch mit Präparaten in Regalen lagerten, geschmückt.[27] Hinter diesem Vordergebäude, zugänglich über einen Torweg, lag ein Hinterhaus und ein etwa 7.500 m² großer Hof bzw. Garten. Dort gestaltete Carl Hagenbeck seinen ersten "Thierpark". In einer großen Halle wurden Käfige zur Aufnahme von Huftieren installiert. Diese hatten davor in dem Hof bzw. Garten einen großen, umzäunten Auslauf, in dem sie sich gemeinsam aufhalten konnten, soweit sie sich vertrugen. Schon ein Jahr später, 1875, als Carl Hagenbeck mit der Dressur von Elefanten begann, wurde an Stelle des großen Gemeinschaftsgeheges eine Halle zur Aufnahme von 20 Elefanten errichtet. Sie enthielt auch eine Manege, in der die Elefanten zirkusreif abgerichtet werden konnten. In dem Hintergebäude wurden die Räume zur Unterbringung von Käfigvögeln, Affen und Reptilien vorbereitet. Es wurde ein großes Raubtierhaus mit Gitterkäfigen gebaut, zur Haltung aller Arten von Großraubtieren. Auch ein kleines Restaurant war zunächst vorhanden, wurde aber bald ebenfalls zur Unterbringung von Tieren benutzt. Im Hof und Garten gab es zahlreiche kleine Gehege, Volieren und Bassins, so daß sich manche Besucher an ein Labyrinth erinnert fühlten, wenn sie durch den "Thierpark" gingen. Dieser war ganzjährig geöffnet, und er wurde schnell auch für nach Hamburg kommende Touristen neben dem Zoo am Dammtor zu einer zoologischen Attraktion. Man konnte dort nicht nur Raritäten finden, sondern durch die mehr oder weniger lange Haltung der zum Weiterverkauf erworbenen Tiere auch stets einen artenreichen und interessanten Tierbestand.

Der Eintrittspreis betrug, vermutlich für Erwachsene, fünfzig Pfennige.[28] Ein solcher für Kinder ist nicht bekannt, doch gab es ihn zweifellos.

---

27 H.M. Kadich, von: Gastliche Tage bei Karl Hagenbeck. Zool. Garten, Frankf./Main 44, 1903, S. 37-42.
28 R. Haarhaus: Unter Kunden Komödianten und wilden Tieren. Lebenserinnerungen von Robert Thomas, Wärter im Zoologischen Garten Leipzig. Leipzig 1905, S. 412.

Er dürfte etwa zehn bis zwanzig Pfennige betragen haben. Der Eintrittspreis für den neuen Tierpark war also etwa doppelt so hoch wie der für
die ehemalige Handelsmenagerie am Spielbudenplatz. Hatten dort die
Einnahmen an der Besucherkasse nur eine geringe Bedeutung für den
Ertrag der Hagenbeckschen Firma gehabt, war das nun anders geworden.
Nach erhalten gebliebenen Aufzeichnungen Carl Hagenbecks aus den
Jahren 1884 (August bis Oktober) und 1902 (März), dürfte der Tierpark
in der Saison täglich mehr als hundert, an Sonn- und Feiertagen mehrere
hundert, außerhalb der Saison allerdings nur wenige Besucher pro Tag
gehabt haben. Der Besucherstrom war zu einem Wirtschaftsfaktor für die
Fa. Hagenbeck geworden. Und Carl Hagenbeck war somit in den 1870er
Jahren nicht nur ein bedeutender Tierhändler und Importeur, sondern ab
1874 auch Besitzer eines Zoologischen Gartens, der zwar in seinen
Ausmaßen und vor allem hinsichtlich seiner Gestaltung nicht den anderen Zoologischen Gärten in Deutschland entsprach, aber als Tierschauat-
traktion in Hamburg einen bedeutenden Stellenwert hatte.

Über die Hamburger Reederei Jansen importierte Carl Hagenbeck
1875 aus Lappland für den Verkauf 31 Rentiere und ließ diese von drei
einheimischen Männern, einer Frau mit einem Baby und einem Kind,
samt dem Hausrat der Familie, begleiten. Ein Jahr darauf ließ Bernhard
Kohn seinen Transport von drei Homraner Jägern, einem Schwarzen und
zwei als Nubier bezeichneten Männern (vermutlich eines hamitischen
Stammes) begleiten. Der Transport wurde von Hans-Georg Schmutzer
begleitet, der die Tiere zum Teil selbst gefangen hatte. Andere stammten
von seinem Bruder Anton. Im einzelnen handelte es sich um sechs Giraffen, vier Antilopen bzw. Gazellen, um Streifenhyänen, junge Löwen,
zwei junge Afrikanische Elefanten, ein Spitzmaulnashorn und die seltenen Dscheladapaviane, von denen bisher nur wenige lebend nach Europa
gekommen waren. Auch ein Flußpferd war dabei, das Hagenbeck sofort
an den Berliner Zoo verkaufen konnte. Außerdem hatte Bernhard Kohn
ein reichhaltiges ethnologisches Material mitgeschickt, ferner Antilopengehörne, Nashornhörner und Straußeneier. Die Homraner Jäger hatten
auch Reitdromedare dabei, und sie zeigten, auf diesen reitend, an den
mitgebrachten Tieren – wohl eher pantomimisch –, wie sie in ihrer Heimat diese einfangen. Diese Völkerschau muß eine von Hagenbeck und
Charles Rice finanzierte Gemeinschaftsveranstaltung gewesen sein, denn
nach deren Ende wurden zwischen beiden die Kosten und der Gewinn
sowie das ethnologische Material geteilt.

Der Partner Bernhard Kohns, Hans-Georg Schmutzer, war bereits 1872 mit dem Alfelder Tierhändler Charles Reiche in Kontakt gekommen. Er hatte diesem 1873 einen ersten Transport mit nubischen Tieren gebracht und dann, zusammen mit dessen Mitarbeiter Karl Lohse weitere in den darauffolgenden Jahren. Carl Hagenbeck war mit der Reicheschen Tierhandlung ab 1876 eine bedeutende Konkurrenzfirma entstanden. Er konnte jedoch 1876 eine wichtige Persönlichkeit mit Afrikaerfahrung an seine Firma binden, Josef Menges. Menges hatte 1873 mit dem britischen General Charles George = Gordon Pascha (1833-1885), der in den Jahren 1874-1879 Generalgouverneur der Südprovinzen Ägyptens und des nördlichen Sudans war, als Mitglied eines aus Europäern gebildeten Expeditionscorps zur Sicherung der britischen Herrschaft die Landschaften des Sudans bis zum Weißen Nil bereist. Nach Deutschland zurückgekehrt, kam er 1876 anläßlich Hagenbecks "Nubierschau" mit diesem in Kontakt. Carl Hagenbeck konnte Menges für ein Gehalt von zunächst 140 Mark monatlich und ab 1879 für 180 Mark fest anstellen. Im Oktober 1876 schickte er ihn, ausgerüstet mit Fangnetzen und Harpunen zum Fang von Flußpferden sowie mit dem Aufzuchtmehl Maizena zur Ernährung von Tiersäuglingen in das nubische Fanggebiet.

Im folgenden Jahr, im Juli 1877, brachte Bernhard Kohn erneut 15 Personen aus dem Sudan nach Hamburg, und Menges begleitet die dazugehörigen Tiere, die er selbst beschaffen konnte: vier Afrikanische Elefanten, drei Giraffen, sechs Strauße, sieben Reitdromedare und zwei Esel in den Jardin d'Acclimatation von Paris, wo die Truppe mit den Tieren ab dem 19. Juli bis zum August 1877 zu sehen war. Noch zweimal organisierte Josef Menges eine Nubierschau mit Tieren, 1878 und 1879, ehe einige Katastrophen diesen Abschnitt der Entwicklung der Firma Hagenbeck beendeten. Unter den Tieren, die Menges 1878 von Kohn zu Hagenbeck nach Hamburg brachte, waren zwei zoologische Raritäten, die zum ersten Mal nach Deutschland kamen, eine Pferdeantilope, die Hagenbeck am 15.8.1878 für 1.850 Mk an den Zoo Berlin verkaufte, und ein Klippspringer, der leider verstarb, ehe er zum Angebot gebracht werden konnte. Josef Menges blieb bis 1885 Angestellter bei Hagenbeck. Danach machte er sich selbständig und führte seine Sammel- und Fangreisen auf eigene Rechnung durch, blieb aber mit Carl Hagenbeck weiterhin in geschäftlicher Verbindung und führte ihm noch viele interessante Tiere zu. Die von ihm importierten Tiere, die er nicht sofort absetzen konnte, stellte er bis zum späteren Verkauf in verschiedenen Zoologischen Gärten auf sein eigenes Risiko ein.

Dramatische Ereignisse und Katastrophen

In den Jahren 1879 und 1880 ging mit zwei dramatischen Ereignissen der erste Abschnitt des Hagenbeckschen Tierhandels zu Ende. Im November 1879 starb an den Folgen eines Unfalles, der sich beim Vorführen von Raubtieren in Berlin ereignet hatte, der Schwager Carl Hagenbecks, Charles Rice. Im Konzertsaal des Restaurants zur Siegessäule in der Sommerstraße von Berlin zeigte Rice ab dem 15. November eine große zoologisch-anthropologische Ausstellung mit mehr als hundert Tieren in 30 Käfigen und kleinen Gehegen sowie Vorführungen von Raubtieren in einem großen Käfig. Unter den Tieren waren ein junger Afrikanischer Elefant, ein Panzernashorn, zwei Giraffen, ein Tapir, ein Eisbär, drei Königstiger, ein Schimpanse und drei Orang-Utans, neun Reitdromedare, mehrere Hirsche verschiedener Arten, ein Strauß, ein Kasuar und andere Vögel, einige Affen, darunter ein Dscheladapavian, den nach dem Tode von Rice der Berliner Zoodirektor Bodinus als erstes Exemplar seiner Art, das in einen deutschen Zoo gelangte, für 700 Mk erwarb. Die Schau von Rice konnte also einen stattlichen Tierbestand präsentieren. Die Löwen der Ausstellung wurden von einer jungen Dame, der "schwarzen Helena" vorgeführt,[29] die schwarzhaarig, aber keine Schwarze war. Wie der Unfall von Rice zustande kam, ist nicht überliefert. Mit dem Tod von Rice verlor Hagenbeck nicht nur seine Bezugsquelle für in London angebotene Tiere, sondern vor allem auch seinen Kapitalgeber für teure und umfangreiche Tierankäufe und den Vermittler für den Absatz eigener Tiere auf dem englischen Markt.

1880 begann die Erhebung gegen die von England dominierte ägyptische Herrschaft im Sudan, der in der damaligen Zeit sogenannte Mahdiaufstand. Bernhard Kohn wurde 1883 in Kassala ermordet, Gordon Pascha fiel in Khartoum. Die Kämpfe, die sich bis 1898 hinzogen, beendeten den Tierimport aus dem Sudan, ebenso aus der Küstenregion von Eritrea. Eben hatte der Ungar Eßler Carl Hagenbeck von dort eine Heuglins Gazelle mitgebracht, die erste Vertreterin ihrer Art, die nach Europa ge-

---

29 Zool. Garten, Frankf./Main, 20, 1879, S. 382-383.

kommen war. Sie blieb die einzige im Besitz Hagenbecks und starb leider, ehe sie zum Angebot gebracht werden konnte. Auch Giraffen z.B. kamen nicht mehr nach Europa und wurden, nachdem die meisten in den Zoos und Wandermenagerien gestorben waren, zu zoologischen Raritäten. Carl Hagenbeck und Josef Menges mußten sich ab 1880 nach einer neuen Quelle für den direkten Import von exotischen Tieren umsehen.

Gegen Ende der 1870er Jahre hatte sich die wirtschaftliche Lage in Deutschland und einigen anderen Staaten Europas verschlechtert, und dieses wirkte sich auch auf den Umsatz im Tierhandel aus. Mehrere deutsche Zoologische Gärten, wie die von Dresden oder Hannover und Nill's Tiergarten in Stuttgart, kauften 1878 bei Hagenbeck keine Tiere, andere, wie der Hamburger und Pinkerts Zoo in Leipzig, nur Tiere im Wert von einigen hundert Mark. Nur die Zoos von Berlin (10.500 Mk), der eben erst – 1876 – eröffnete Zoo in Düsseldorf (9.710 Mk), die Zoos von Breslau (7.400 Mk) und Frankfurt (6.700 Mk) erwarben noch Tiere in nennenswertem Umfang, aber auch nur Großtiere, wie einen Afrikanischen Elefanten, Schimpansen, einen Orang-Utan, Giraffen oder Kamele. Insgesamt konnte Hagenbeck 1878 an die zehn deutschen Zoos nur Tiere im Werte von ungefähr 40.000 Mk verkaufen. Auch die Geschäfte mit dem Ausland stagnierten. An seinen Partner Charles Rice konnte er 1878 Tiere im Wert von 11.600 Mk weiterreichen, die ihm der Grieche Abazopulo aus dem Sudan zugeführt hatte, darunter ein junges Flußpferd. Der Jardin d'Acclimatation von Paris nahm ihm Tiere für 4.600 Mk ab, der Zoo Antwerpen für 900 Mk. Lediglich einige Wandermenageristen waren 1878/79 noch nicht von der wirtschaftlichen Depression betroffen. Der Menagerist B. Kleeberg erwarb 1879 Tiere im Werte von 33.700 Mk von Hagenbeck, Karl Kaufmann solche für 23.000 Mk und W. Winkler für 9.145 Mk. Ein Lichtblick war auch der Auftrag des im Jahre 1875 eröffneten Zoos von Cincinnati über eine Lieferung von Tieren im Werte von 27.160 Mk für das Jahr 1879. Die Society, die den Zoo in Cincinnati betrieb, hatte 1875 den wissenschaftlichen Sekretär des Zoologischen Gartens Hamburg, Dr. Hermann Dorner, zum Leiter berufen,[30] der die Leistungsfähigkeit der Fa. Hagenbeck aus eigener Anschauung kannte. Die Lieferung von 1879 an diesen Zoo war die erste direkte Geschäftsbeziehung Carl Hagenbecks zu einem amerikanischen Partner. Es ist allerdings möglich, daß er bereits sieben Jahre zuvor den Eigentümer der

---

30 Zool. Garten, Frankf./Main, 16, 1875, Correspondenzen S. 120.

im Central Park von New York gelegenen Menagerie, W.A. Conklin, persönlich kennengelernt hatte, als dieser 1872 eine Rundreise durch Europa unternahm, um die hiesigen Zoos kennenzulernen. Conklin wird aber erst 1881 sein Geschäftspartner, über den er Tiere an US-amerikanische Zoos und Zirkusse verkaufen kann. Möglich ist aber auch, daß ihm diesen Kontakt erst Adolph Schoepf, der Sohn des Dresdener Zoodirektors Albin Schoepf, den er 1879 als Mitarbeiter gewonnen hatte, geknüpft hat, als er 1881 von Hagenbeck in die USA geschickt wurde.

"Die Geschäfte gehen schlecht, sehr schlecht" schrieb Carl Hagenbeck jedenfalls an seinen Freund, den Vogelhändler Ludwig (= Louis) Ruhe, in einem Brief vom 25.3.1878 nach New York, und sie sollten sich 1879 noch weiter verschlechtern. Die deutschen Zoos kauften in diesem Jahr alle zusammen nur noch Tiere für rund 10.000 Mk von ihm, und unter seinen Auslandsgeschäften sind nur Tierlieferungen an den Zoo von Pest (später Budapest) für 12.000 Mk, an den deutschen Besitzer des Zoos in St. Petersburg, E. Rost, für rund 11.500 Mk und den Jardin d'Acclimatation in Paris für 4.600 Mk erwähnenswert.

Carl Hagenbeck[31] beschreibt den Beinahe-Zusammenbruch seiner Firma 1879: "Das Geschäft der Tierimportation war ziemlich gesunken, es war, wenn man so sagen kann, zu einer Art Überproduktion gekommen. Obgleich mir die sämtlichen Absatzquellen bekannt waren, wie keinem anderen, wurde mir es schwer, meine Tiere an den Mann zu bringen. Ich war gezwungen, sie zu fabelhaft billigen Preisen zu verkaufen, nur um dieses 'fressende Kapital' von mir abzuschütteln. Überraschend gestaltete sich die Bilanz dieses angenehmen Jahres: ich war so annähernd alles, was ich in den vielen Jahren vorher in unermüdlicher Arbeit erworben hatte, in diesem einen Jahr" (1879) "wieder losgeworden. Mein einziger Rückhalt bestand darin, daß das Grundstück, welches ich besaß, gut 100.000 Mk mehr Wert war, als es zu Buche stand".

Zu diesen aus der Erinnerung geschriebenen Worten ist noch ein Kommentar angebracht. Die sogenannte Überproduktion bezieht sich zum einen darauf, daß ihm in den Jahren ab 1874 in der Tierhandelsfirma Gebrüder Reiche in Alfeld ein gefährlicher Konkurrent entstanden war, der zunächst über das schon erwähnte Brüderpaar Hans-Georg und Anton Schmutzer gemeinsam mit Karl Lohse aus dem gleichen Gebiet in Nubien Tiere derselben Arten, teilweise in noch größerer Anzahl als er, im-

---

31 C. Hagenbeck 1908, S. 104.

portierte und in Deutschland demselben Kundenkreis anbot. Daß außerdem die meisten Zoos in den späten 1870er Jahren eine Periode der Finanzschwäche durchliefen, was sich in einem verminderten Ankauf auswirkte, wurde schon erwähnt. Daß die "Tierimportation" gesunken wäre, läßt sich nicht bestätigen. Carl Hagenbeck übernahm z.B. am 15. August 1878 einen großen Tiertransport des Griechen Abazopulo aus Nubien. Dieser enthielt ein Flußpferd, das er sofort an Charles Rice weiterverkaufen konnte. Weiterhin waren in diesem Transport drei Spitzmaulnashörner, noch immer eine extraordinäre Rarität. Aber Hagenbeck konnte diese nicht sofort weiterverkaufen. Ein Nashorn ging unmittelbar nach der Ankunft für etwa 8.000 Mk an den Zirkus Barnum nach Amerika. Das zweite konnte er erst 14 Monate später und nur für ungefähr 6.500 Mk an den Liverpooler Tierhändler William Cross verkaufen. Natürlich hatte dieses Tier seinen Wert inzwischen zu einem erheblichen Teil aufgefressen, und auf dieses bezieht sich wohl auch die Angabe Hagenbecks von Verkäufen "zu fabelhaft billigen Preisen", die sonst nämlich in seinen erhalten gebliebenen Unterlagen kaum nachzuweisen sind. Das dritte Nashorn aber konnte er erst zweieinhalb Jahre nach der Übernahme an den Zirkus Bach, allerdings für den damals üblichen Preis von 10.000 Mk verkaufen. Natürlich brachte ein so lange vorrätig gehaltenes Tier unter kaufmännischem Gesichtspunkt gesehen freilich keinen Gewinn mehr.

In dem Transport von Abazopulo waren noch 13 Giraffen gewesen, die Hagenbeck umgehend alle zum üblichen Preis von etwa 1.500 bis 2.000 Mk pro Exemplar an deutsche Zoos oder Wandermenageristen absetzen konnte, drei an den Frankfurter Zoo, drei an die Menagerie Kleeberg, zwei an die Menagerie Scholz, zwei an den Zirkus Barnum, zwei an den Hamburger Zoo und eine an die Menagerie Karl Kaufmann. Auch die sieben mitgebrachten Löwen wurde er zu üblichen Preisen sofort los, ein Paar an den Zoo Dresden, zwei an die Menagerie Karl Kaufmann und je einen Löwen an den Zoo von Cincinnati, an Charles Rice und an die Menagerie Scholz. Schließlich enthielt der Abazopulo-Transport noch zwei Strauße, vier Ziegen und zwei Affen, deren Verbleib nicht mehr nachzuweisen ist. Insgesamt betrugen die Erwerbskosten Hagenbecks für diesen Tiertransport 26.000 Mk. Der Verkaufserlös ergab mit rund 55.000 Mk einen Gewinn von rund 30.000 Mk. Damit bewegte dieser sich im Rahmen des üblichen, wenn eben auch die Erträge für zwei Nashörner viel zu spät realisiert werden konnten. Im Jahr darauf, dem eigentlichen Katastrophenjahr, erwarb Carl Hagenbeck aus einem Transport von Josef Menges Tiere für 6.000 Mk, von dem Tierhändler William Cross aus Liverpool solche im Werte von 23.000 Mk und von seinem Geschäftspartner in Bordeaux, dem Tierhändler Baudin, Tiere für 11.500 Mk. Verkaufen konnte er an diesen Händler Tiere für rund 3.000 Mk. Nicht so sehr die "Tierimportation" war, wie Carl Hagenbeck sich zu erinnern glaubt, "so ziemlich gesunken", als vielmehr die Absatzmöglichkeit von exotischen Tieren in Europa aus Gründen eines reichen Konkurrenzangebotes und einer – allerdings vorübergehenden – Finanzschwäche seiner traditionellen Kunden. Aus dieser Lage heraus erklären sich auch die künftigen Strategien des Tierhändlers Hagenbeck.

Neuer Aufschwung mit Krediten

Carl Hagenbeck mußte 1880 einen Teil seiner Tiergeschäfte mit Krediten bezahlen. Seine optimistische Einstellung, über die wirtschaftlichen Schwierigkeiten schließlich hinwegkommen zu können, von der er in seiner Autobiographie[32] spricht, mag der Grund dafür gewesen sein, daß er Kredite von den Familienmitgliedern bekam. So erhielt er im Frühjahr 1880 von seinem Schwager Carl Anton Friedrich Wolter, dem Ehemann seiner Schwester Maria Dorothea Luise, 10.000 Mk geliehen, mit 5 % zu verzinsen, und von dessen Bruder Emil Christoph Christian Wolter, der in den 1890er Jahren sein Prokurist wurde, zunächst 4.000 Mk zum Ankauf von Kamelen und im April nochmals 7.000 Mk zum Kauf von Tieren, die Joseph Menges aus Afrika mitbrachte. Emil Wolter erhielt ebenfalls eine Verzinsung von 5 % und außerdem 20 % des von Hagenbeck beim Verkauf erzielten Gewinns. Emil Wolter ließ seinen Kredit stehen. Er war 1883 auf 16.394 Mk angewachsen. Auch sein Schwiegervater Caspar Heinrich Mehrmann gewährte ihm einen Kredit von 1.200 Mk, der 1894 noch nicht getilgt war.

Einer der Schlüsse, die Carl Hagenbeck aus dem schwierigen Jahr 1879 zog, war der, daß er sich eine bessere Verkaufschance für bestimmte Raubtiere ausrechnete, die sozusagen übliches Handelsgut geworden und von mehreren Händlern zu erhalten waren, wenn er diese dressiert anbot. So begann er noch im Winter 1879/80 zwei Streifenhyänen, zwei Braunbären, einen Lippenbären und zwei große Hunde, alles junge Tiere,

---

32 C. Hagenbeck 1908, S. 104.

zu einer Gruppe zusammenzugewöhnen. Im Frühjahr 1880 verkaufte er diese an den Menageristen Caspar Steiner. Frau Steiner führte die Tiere als Miß Cora vor.[33] Gruppen von dressierten Tieren anzubieten wurde ab den 1890er Jahren eine Spezialität sowohl von Carl wie vor allem von dem sich als selbständiger Unternehmer darauf konzentrierenden Wilhelm Hagenbeck, der, wie bereits gesagt, 1878 in der in Hagenbecks Thierpark am Neuen Pferdemarkt 1875 errichteten Dressurhalle, unter der Anleitung eines schwarzen Amerikaners, die Dressur von sechs Asiatischen Elefanten für die sogenannte "Hinduschau" mitgemacht hatte. Man kann davon ausgehen, daß Carl Hagenbeck in den 80er Jahren die Dressurerfolge, die bei einem sanften Umgang mit jungen Raubtieren, Elefanten und Tieren anderer Arten, die in der Zirkusmanege vorgeführt werden können, zusammen mit seinem Bruder Wilhelm in Erfahrung brachte. Historisch gesehen knüpfte er an die Methode an, die schon Henri Martin u.a. ab den 1830er Jahren bei der Einstudierung der großen Tiertableaus angewandt hatten. Er wandte sich ausdrücklich gegen die sogenannte "wilde Dressur", wie sie vor allem zunächst von August Hempel, besser bekannt unter dem Namen "Batty", vorgeführt wurde. Hempel war 1864 nach einer etwa zweijährigen Beschäftigung als Tierbegleiter von Tiertransporten aus Südafrika für Lorenzo Casanova zum Zirkus Renz gegangen und hatte dort fünf Löwen "dressiert", die einem Engländer namens Batty gehörten. Dessen Namen führte er nun als Tierbändiger. Er hielt die Löwen in einem Käfigwagen, hetzte sie, zwischen ihnen stehend, darin umher und provozierte bei ihnen für die Zuschauer eindrucksvolles aggressives Abwehrverhalten. Nach ihm nannten sich später noch einige andere Tierbändiger "Batty". Carl Hagenbeck lehnte einen derartigen Umgang mit Raubtieren ab. Im Gedächtnis geblieben ist in der Öffentlichkeit, daß er für seine eigenen Dressurarbeiten für die Raubtiergruppe, die er 1891 seinem Schwager Heinrich Mehrmann, dem Bruder seiner Frau Amanda, als Dompteur anvertraute, und ab dem Beginn seiner Zusammenarbeit mit dem Dompteur Eduard Deyerling die sanfte Dressur zum Prinzip für den Umgang mit allen aus seinem Hause herausgehenden Dressurgruppen erklärte und deswegen in zeitgenössischen Darstellungen als "Vater der zahmen Tierdressur" angesehen wurde. In seiner Autobiographie spricht er davon[34], daß er die "zahme"

---

33 Ebd., S. 348.
34 Ebd., S. 140.

Dressur einführte, und nicht explizit, daß er sie "erfunden" habe. Sein Bruder Wilhelm erwies sich mit dieser Methode als Tierlehrer derart erfolgreich, daß er seine Tierhandelstätigkeit weitgehend aufgab und sich vorwiegend der Abrichtung von Raubtieren, Elefanten und anderen Tieren widmete.

Ein anderes Unternehmen, der erneute Versuch, mit eigenen Mitteln eine Quelle für Tierimporte, aber auch eine unabhängig vom Tierhandel fließende Geldquelle zu erschließen, endete als Mißerfolg. Durch die Vermittlung des hamburgischen Geschäftsmannes Martin Jacobson und seines Bruders, des norwegischen Kapitäns Johan Adrian Jacobson, der bereits 1877 aus Grönland für Carl Hagenbeck sechs Eskimos sowie 1878 aus norwegisch Lappland zehn Lappen angeworben hatte, kaufte Hagenbeck im Dezember 1879 in Christiansund für 9.500 Mk den Motorsegler "Heunegutten". Das Schiff wurde in "Eisbär" umgetauft und im Frühjahr 1880 für den Fang von Walen (mit Beiboot), zum Fischfang, vor allem aber für den Fang von Seehunden, Walrossen und Eisbären ausgerüstet. Die finanziellen Aufwendungen dafür betrugen rund 32.000 Mk. Noch im selben Jahr fuhr das Schiff unter Kapitän S. Bang nach Grönland und Labrador. J. Adrian Jacobson, der an Bord war, brachte von dort sieben Eskimos und ein Baby für die zweite Eskimoschau Carl Hagenbecks mit. Tiere konnten auf dieser Reise und auch in den nächsten beiden Jahren nicht gefangen werden. Im Jahre 1883 wurde es daher unter Verlust in Hammerfest wieder verkauft.[35] Der Verlust betrug für Hagenbeck 15.075 Mk. Die andere Hälfte mußten Martin und Adrian Jacobson tragen, wobei Adrian ihm zunächst noch Geld schuldig blieb. Hagenbeck trennte sich daraufhin von Adrian Jacobson. Seine Eskimos waren im übrigen Anfang 1881 alle nacheinander einer Pockeninfektion erlegen, ein Ereignis, das offenbar ebenfalls zu der Trennung von ihm beigetragen hat. Jacobson reiste in den nächsten Jahren als Sammler für die ethnologische Abteilung des Berliner Museums und für andere Museen, bis er 1893 für die Weltausstellung in Chicago durch Übernahme der Leitung der ethnographischen Abteilung von Hagenbecks Gesamtschau erneut in seine Dienste trat.

---

35 W. Kresse: Seeschiffs-Verzeichnis der Hamburger Reedereien 1824-1888 (= Mitteilungen aus dem Museum für Hamburgische Geschichte NF 5), Hamburg 1969, Teil 1, S.186.

Eigene Tierimporte aus Südostasien und Somaliland, Verkauf von Tieren in die USA und Tiersonderschauen

Die wirtschaftliche Wende für den Aufschwung zur Spitzenstellung der Firma im Tierhandel wurde 1881 eingeleitet, als es Carl Hagenbeck gelang, Tiere in größerem Umfang in die USA zu verkaufen und durch seinen Mitarbeiter Josef Menges auf Ceylon Fuß zu fassen. Außerdem führte ihm Josef Menges, der sich anschließend nach Äthiopien und Somaliland begab, weil er durch den Krieg im Sudan in seine traditionellen Fanggebiete nicht zurückkehren konnte, von dort Tiere von Arten zu, die bisher kaum oder gar nicht lebend nach Europa gekommen waren.

Carl Hagenbeck hatte bereits 1878 an den berühmten amerikanischen Zirkus Barnum zwei Giraffen, einen Strauß und einige andere Tiere im Wert von 8.000 Mk verkaufen können, und im Jahr darauf sogar ein Spitzmaulnashorn, ihm zugeführt von Abazopulo, das erste, das nach Amerika kam, sowie zwei Asiatische Elefanten, die er von dem Tierhändler William Cross aus Liverpool erworben hatte, ein Geschäft von insgesamt 25.000 Mk. Allerdings mußte er für 4.000 Mk zwei Californische Seelöwen zurücknehmen, die damals in Deutschland noch eine zoologische Rarität waren, sowie ein Pärchen Wapitihirsche. Durch diese Tierlieferungen und durch einen großen Tiertransport 1878 in den Zoo von Cincinnati war er als leistungsfähiger Tierhändler in den USA bekannt geworden. Er hatte in den USA vor allem gegen die deutsche Konkurrenzfirma Gebrüder Reiche aus Alfeld anzutreten, die als Exporteure großer Mengen von als Sänger abgerichteter, in Deutschland gezüchteter Kanarienvögel dort über eine Infrastruktur verfügten, Tiere an den Kunden heranzubringen. Schon seit 1847 besaßen die Gebrüder Reiche in New York eine Filiale, und seit 1872 importierten sie wie Hagenbeck aus Nubien zahlreiche Tiere. Der Umfang ihres Handels mit afrikanischen Tieren überstieg den Anteil Carl Hagenbecks an den gemeinsam mit seinem Partner Charles Rice getätigten Importen. Die Gebrüder Reiche verkauften von vornherein den größten Teil der von ihnen importierten Tiere auf dem amerikanischen Markt. Gegen diese dort etablierte Firma mußte sich Carl Hagenbeck durchsetzen, und dies gelang ihm schließlich, als er im Verlauf der 1880er Jahre vor allem dressierte Asiatische Elefanten in größerem Umfange liefern konnte. Nach dem Tode seines Partners Charles Rice mußte er sich den amerikanischen Markt allein erschließen.

Unter den US-amerikanischen Zirkussen begann in der zweiten Hälfte der 1870er Jahre eine scharfe Konkurrenz.[36] Im Jahre 1880 war es zu einer Fusion der beiden Großzirkusse Barnum und Bailey gekommen. Nach einer Lieferung von Tieren noch an den Zirkus Barnum konnte Carl Hagenbeck 1881 mit dem Zirkus Adam Forepaugh einen großen Geschäftsabschluß verbuchen. Für fast 25.000 Mk überquerten drei Tiersendungen den Atlantik, darunter nicht weniger als zehn Asiatische Elefanten, ein Afrikanischer Elefant, zehn Kamele, zwei Leoparden, eine Löwin, ein Braunbär, 27 Affen mehrerer Arten und sogar einige Antilopen. Die ersten vier Asiatischen Elefanten, zwei Paare, mußte sich Carl Hagenbeck noch von dem Londoner Tierhändler William Jamrach beschaffen, dem Sohn von Charles Jamrach, der in London eine eigene Tierhandlung betrieb und die Kontakte nach Indien aufgebaut hatte. Die übrigen Asiatischen Elefanten konnte Hagenbeck aus Ceylon bezogen anbieten, nachdem Menges seinen Mitarbeitern August Engelke und Johannes Castens den Zugang auf Elefantenmärkte in Ceylon vorbereitet und diese einen ersten Tiertransport nach Hamburg gebracht hatten. Engelke hatte sich einarbeiten können, als er 1880 einen Tiertransport zum Zirkus Barnum nach Amerika begleitet hatte. Entscheidend dafür, in den USA als Tierhändler festen Fuß fassen zu können, war, daß er W.A. Conklin, den Eigentümer der im Central Park von New York gelegenen Menagerie, als Geschäftspartner gewinnen konnte. Ab 1882 nahm Conklin Tiere in größerem Umfang von Hagenbeck auf. Sie standen in seiner Menagerie auf Hagenbecks Risiko, wurden von dort angeboten und waren für die Käufer zu besichtigen. Einmal im Jahr wurde mit Conklin abgerechnet. Es konnte nicht ermittelt werden, wie hoch der Prozentsatz am Verkaufserlös war, den Conklin einbehielt. Im Jahre 1882 lieferte Hagenbeck für 28.000 Mk Tiere an Conklin, im Jahr darauf für 50.000 Mk und 1884 für 64.000 Mk. In den folgenden Jahren gingen die Verkäufe über Conklin etwas zurück. Die meisten Tiere wurden von diesem an verschiedene amerikanische Zirkusse, aber auch an Zoos und Privattierhalter verkauft.

---

36 Richard W. Flint: American Showmen and European Dealers. Commerce in Wild Animals in Nineteenth-Century America. In: R.J. Hoage & W. Deiss (eds.): New Worlds, new Animals. From Menagerie to Zoological Park in Nineteenth Century, Baltimore, Maryland 1996, S. 97-108, 178-181.

Sein Mitarbeiter Adolph Schoepf war nach dem Tode des Vaters Alwin 1881 als Nachfolger in das Direktorat des Zoologischen Gartens Dresden berufen worden. Daher begab sich Carl Hagenbeck 1883 selbst auf eine Reise in die USA. Er besuchte einige Städte, deren neu gegründete Zoos potentielle Käufer seiner Tiere waren, aber auch einige Sehenswürdigkeiten. Seine Reise führte ihn nach New York, Trenton, Washington, Columbus, Buffalo, Niagara Falls, Hamilton, Oxford, Cincinnati, St. Louis und Chicago. Im Jahre 1880 intensivierte Carl Hagenbeck aber auch seine Kontakte nach Rußland. Nach dem Tode seines Schwagers Charles Rice hatte er im Dezember 1879 die 14 Nubier, die Menges angeworben hatte und die in England gastierten, auf das Festland geholt und ließ sie zunächst mit drei Wagenladungen von Tieren – sechs Dromedaren, zwei Sangarindern, zwei Zebus, zwei Kaffernbüffeln und einem Esel in deutschen Städten auftreten und danach bis St. Petersburg reisen. Seiner Schwester, der Witwe Rice, flossen 10 % des Reingewinnes zu. Nach ihrem Auftritt in St. Petersburg intensivierten sich die Kontakte Hagenbecks nach dort. Zwar hatte die Fa. Hagenbeck schon bald nach der Gründung des Zoos in St. Petersburg durch die deutschstämmige Schaustellerin Sophie Gebhardt und ab 1875 mit ihrem Ehemann E. Rost dorthin Tiere verkauft, 1875 z.B. sogar einen Asiatischen Elefanten und zwei Giraffen. Nunmehr lieferte ihm dieser Zoo in zunehmenden Maße Tiere aus Rußland, vor allem halbjährige und anderthalbjährige Braunbären, die bei Menageristen als schauattraktive Jungtiere sehr beliebt waren und von denen, zunächst über den Tierhändler Baudin in Marseille, einem langjährigen Geschäftspartner Carl Hagenbecks, viele in die Hände von Bärenführern aus dem Balkan oder aus Norditalien gelangten, die sie abrichteten und als Tanzbären durch Europa führten. 1881 bezog Carl Hagenbeck aus dem Zoo St. Petersburg 20, 1882 zwölf, 1883 fünfzehn, 1885 gar 66, in den folgenden Jahren allerdings nicht mehr ganz so viele junge Braunbären. Auch Wölfe, Uhus und andere Tiere aus Rußlands Wäldern kamen über diesen Zoo in seine Hand. Und schließlich kamen durch die konsularischen und Bankverbindungen auch die ersten Massenimporte von Jungfernkranichen, die Einheimische von der Krim und den nördlich daran grenzenden russischen Steppen als Küken fingen und aufzogen, zustande. Nachdem Carl Hagenbeck in den 1870er Jahren über den Zoo Moskau alljährlich zwölf bis 16 Jungfernkraniche importieren konnte, brachte ihm nun 1883 der ehemalige Wandermenagerist Adolf Philadelphia in zwei Transporten 140 mit. Zwar konnte Hagenbeck vom ersten Transport 40 Exemplare allein an den Jardin d'Acclimatation in Paris und acht Exemplare an den bedeutenden Privattierhalter Baron Cornely in Beaujardin nahe Tours verkaufen. Auch die Zoologischen Gärten nahmen ihm nicht mehr nur Einzeltiere oder die Kraniche paarweise ab, sondern kauften z.B. sechs Exemplare, also eine Gruppe. Aber der Verkauf von so großen Mengen derselben Tierart nahm Zeit in Anspruch, und damit waren auch die Vorratshaltung in Hagenbecks Tierpark länger und die Unkosten größer. Der Massenimport von Jungfernkranichen aus Rußland etablierte sich aber und steigerte sich sogar in den 1890er Jahren auf mehr als 200 Stück per anno.

Nach der Aufnahme Floridas in die USA hatte die wirtschaftliche Ausbeutung der natürlichen Ressourcen des Landes in großem Umfang begonnen. Aus den Everglades und anderen Sümpfen zwischen dem Golf von Mexiko und dem Atlantik wurden mit Netzen große Mengen von Hechtalligatoren und Kaimanen zur Gewinnung von Öl und Leder gefangen. Der in New Orleans ansässige Deutsche Moritz Schuchard kam an lebende Alligatoren und andere Reptilien des Landes heran. Auch Schnappschildkröten, andere Wasserschildkrötenarten, Boas und Klapperschlangen konnte man in Transporten von hunderten von Exemplaren importieren. Die englischen Tierhändler William Jamrach und William Cross hatten sich zu dieser Zeit ähnlich ergiebige Quellen für den Import von Riesenschlangen und in weniger großem Umfang auch für andere Reptilienarten aus Südafrika und dem indischen Subkontinent erschlossen.

Die Chance, Reptilien in großer Zahl importieren oder in Großbritannien kaufen zu können, ermöglichte Carl Hagenbeck, sogenannte Reptilien-Ausstellungen zu organisieren. Die erste wurde vom 28. Mai bis zum 30. August 1880 auf dem Zoogelände in Düsseldorf veranstaltet und fand parallel zur rheinisch-westfälischen Kunst- und Gewerbeausstellung statt, die gleichfalls auf dem Zoogelände organisiert worden war. Man begann mit neun Hechtalligatoren, darunter drei sehr große Exemplare von dreieinhalb bis viereinhalb Metern Länge, drei amerikanischen Schnappschildkröten und neun Schlangen. Im Juni kamen eine australische Eidechse, kleine Alligatoren und acht amerikanische Wasserschildkröten dazu, ferner nicht weniger als 340 griechische Landschildkröten. Diese konnte man auf der Ausstellung erwerben. Sie waren so begehrt, daß noch im Verlaufe des Juni 140 und schließlich sogar weitere 1290 Exemplare nachgeschoben werden mußten. Im August wurden nochmals

383 Griechische Landschildkröten nach Düsseldorf gebracht. Auch Alligatoren, Riesenschlangen und exotische Eidechsen wurden nachgeliefert. Mit dem Thema der Ausstellung nahm man es nicht so genau. So waren auch zwei Mantelpaviane, zwölf Weißbüscheläffchen und zehn junge Hyänen ausgestellt. Die Tiere, die nicht verkauft wurden und überlebt hatten, nahm Hagenbeck nach Ende der Ausstellung in seinen Tierpark nach Hamburg zurück. Finanziell gesehen wurde die Ausstellung von ihm gemeinsam mit Emil Wolter organisiert. Durchgeführt wurde sie von Johannes Castens, einem Verwandten von Carl Hagenbecks Frau, und dessen Ehefrau, die für 20 Mk pro Woche die Reptilien versorgten. Aus der Unterfinanzierung seines Unternehmens im Jahre 1879 hatte Carl Hagenbeck den Schluß gezogen, solche Sonderveranstaltung getrennt zu bilanzieren. So wurden alle Unkosten, einschließlich der Ankaufskosten des Tierbestandes, der Ausstellung auferlegt und diese mit den Einnahmen und Erlösen verrechnet. Die Ausstellung in Düsseldorf konnte allein 6.664.15 Mk an Einnahmen verbuchen und warf einen Gewinn von 4.572 Mk ab.

Die Düsseldorfer Reptilien-Ausstellung war die erste ihrer Art, die fortan von Hagenbeck nahezu alljährlich durchgeführt wurden. Die nächste gab es 1881 im Zoo von Dresden, und schließlich noch nach 1907 sogar eine solche in seinem eigenen neuen Tierpark in Stellingen. Mitunter waren es mehrere gleichzeitig an verschiedenen Orten. So gab es im Jahre 1882 vom 29.4. bis 30.6. eine Schlangenausstellung im Aquarium-Unter den Linden in Berlin, eine solche vom 31. Mai bis zum 17. August zunächst in Zürich und dann in Basel und im August noch eine im Aquarium zu Hannover. Nicht alle wurden ein finanzieller Erfolg. In Berlin war vereinbart, daß Hagenbeck in den ersten vier Wochen der Ausstellung 2/3 der Mehreinnahmen erhielt, die das Aquarium im Vergleich zu den Eintrittsgeldern im entsprechenden Monat des Vorjahres hatte, danach bis zum Ende der Schau noch 1/3 der Mehreinnahmen. Insgesamt erhielt Hagenbeck einen Erlös aus Eintrittsgeldern von 6.327 Mk. Aus Hannover ergab sich nur ein Gewinn von 961,42 Mk, und die Ausstellung in der Schweiz brachte ihm, nicht zuletzt durch einen ungewöhnlich hohen Verlust von Tieren, nicht nur von Riesenschlangen, sondern auch von kleinen Alligatoren und den der Schau beigegebenen Nashornvögeln sowie daraus, daß der Betrag für vier verkaufte Riesenschlangen von 600 Mk nicht einging, einen Verlust von 1243,20 Mk.

Diese Reptilienausstellungen, die für Tierliebhaber, ehe sich ein entsprechender Facheinzelhandel in den deutschen Großstädten etabliert hatte, auch eine Möglichkeit bot, Schildkröten oder eine Boa erwerben zu können, haben zweifellos das ihrige für das Bekanntwerden Carl Hagenbecks in Deutschland beigetragen.

Bedeutender dafür waren freilich die von ihm in den 1880er Jahren organisierten Singhalesenschauen mit den vielen Elefanten, ein Spektakel, das es bisher in dieser Form noch nicht gegeben hatte. Die ersten Verbindungen zu den alljährlich auf der Insel Ceylon veranstalteten Elefantenmärkten hatte 1881 der erfahrene, gut englisch sprechende Josef Menges geknüpft. Der mit ihm gereiste August Engelke kam mit neun Asiatischen Elefanten zurück, die Hagenbeck an den amerikanischen Zirkus Forepaugh verkaufte. Am 9. August 1881 begab sich Josef Menges noch einmal nach Colombo. Johannes Castens übernahm diesmal und in den folgenden Jahren den Transport der Tiere von Ceylon nach Europa.

Bereits am 12. Oktober war er mit den ersten neun Elefanten zurück, die Hagenbeck sowohl in Deutschland wie in den USA an verschiedene Menageristen bzw. Zirkusse und zwei davon an E. Rost in St. Petersburg verkaufte. Josef Menges hatte bei diesem Aufenthalt in Colombo die konsularischen Verbindungen geknüpft, daß 1883 vierzehn Singhalesen, die meisten Männer Elefantenführer, sogenannte Mahouts oder Cornaks, sowie fünf Frauen und drei Kinder, und 21 Arbeitselefanten nach Europa kommen konnten. Dabei waren auch drei Zebus mit Karren, die den Hausrat der Singhalesen zogen, ein Gepard und einige andere Tiere. Die Beschaffung und die Unkosten für die Tiere erforderten allein einen Aufwand von rund 80.000 Mk. Die Schau wurde mit überwältigendem Erfolg im Jardin d'Acclimatation in Paris und im Zoologischen Garten Berlin gezeigt. Nach dem Ende dieser Veranstaltung verkaufte Hagenbeck die Arbeitselefanten bzw. gab sie, allein 15 davon, zum Zirkus Barnum & Bailey in Engagement. Acht davon kehrten im nächsten Jahr für die zweite Singhalesenschau nach Deutschland zurück. Insgesamt verkaufte Hagenbeck, nicht zuletzt dank der Resonanz, die die Singhalesenschau in der Presse erfahren hatte, 25 Asiatische Elefanten, so daß er sich noch sieben von Charles und William Jamrach in London beschaffen mußte und drei von einem Tierhändler in Triest.

Im folgenden Jahr, 1884, kamen 67 Singhalesen aus Ceylon und 14 Arbeitselefanten, sowie 15 Zebus mit zwei Karren, was einen Finanzierungsaufwand von rund 71.000 Mk allein für die Tiere erforderte. Zwei

Elefanten starben auf dem Transport. Zusammen mit den acht aus dem Engagement bei Barnum zurückgekehrten waren 20 Elefanten in der Schau zu sehen, die in zahlreichen deutschen Städten sowie in Wien und Pest auftrat. Hagenbeck konnte alle Elefanten 1884 bzw. 1885 verkaufen, so daß er zum größten Elefantenhändler in Europa geworden war. Da alljährlich eine neue Schau mit Singhalesen veranstaltet wurde, im Jahre 1886 aber aus Ceylon keine neuen Elefanten beschafft werden konnten, mußte er drei Paar Asiatische Elefanten in London (für 14.400 Mk) dafür ankaufen. Vier von den sieben im Jahre 1887 importierten Asiatischen Elefanten, einer davon starb auf dem Transport, zwei in Deutschland, konnte er nach dem Ende der Ceylonausstellung nicht mehr sofort absetzen. Diese Tiere brachten ihn[37] auf den Gedanken, einen eigenen Zeltzirkus nach dem Muster des amerikanischen Großzirkus Barnum & Bailey zu gründen, in dem sich die Elefanten und andere Tiere sozusagen ihren eigenen Unterhalt verdienen konnten.

Für sein Handelsangebot waren in den 1880er Jahren folgende Bezugsquellen von besonderer Bedeutung. Nach dem Ausfall von Charles Rice wurden vor allem William Jamrach und in geringerem Umfang der alt gewordene Charles Jamrach (1815-1891) in London seine Hauptlieferanten für Tierarten insbesondere aus den asiatischen Faunengebieten und aus Australien. Er bezog von den Jamrachs nicht nur die genannten Asiatischen Elefanten, zwei Panzernashörner und 1885 sogar ein Weibchen mit einem Jungen, sechs Orang-Utans, Großkatzen, vor allem Tiger, Leoparden, Schwarze Panther, Geparden, Nebelparder (in seinen Unterlagen Wolkentiger genannt), Binturongs, Flughunde, Hirschziegenantilopen, Nilgaus, Axishirsche, Schweinshirsche, 1885 auch einen Goral aus Japan, sowie Großvögel wie Kasuare, Kraniche mehrere Arten, Trappen, Hornvögel, exotische Gänse- und Taubenvögel, Reptilien, vor allem asiatische Riesenschlangen und Kobras.

Neben den Jamrachs spielte William Cross aus Liverpool als Lieferant eine große Rolle, vor allem für Löwen, Leoparden, Pumas, Malaienbären, Nasenbären, Kleinraubtiere und Affen. Die Tierhändler J. Warncken aus London und Carpenter aus Liverpool waren wichtige Bezugsquellen für Affen, Vögel und Reptilien. Insgesamt war Carl Hagenbeck trotz der Eigenimporte aus Ceylon und Rußland in den 1880er

---

37 C. Hagenbeck 1908, S. 134.

Jahren für die Beschaffung eines artenreichen Tierangebotes noch immer weitgehend vom englischen Markt abhängig.

Außer den genannten spielen in dieser Zeit noch zwei Importquellen für seine Tierhandlung eine große Rolle. Die Handelsmenagerie Hagenbeck war von jeher durch ihre Angebote von jungen Eisbären bekannt. In den 1870er Jahren konnte Carl Hagenbeck von der Hamburger Reederei Jansen, die Walfang betrieb, alljährlich Eisbären, in manchen Jahren, wie 1876 und 1877, neun bzw. acht Exemplare, erwerben. Nachdem es Carl Hagenbeck nicht gelungen war, mit einem eigenen Unternehmen sich Eisbären und andere Tiere aus dem subpolaren Bereich zu beschaffen, versorgte ihn der Kapitän Juell in den 1880er Jahren mit Eisbären, von denen einige mit den Eskimos gezeigt wurden. Auch das erste Walroß, das dritte Exemplar dieser Robbenart, das in Europa lebend ausgestellt wurde und das Hagenbeck 1886 dem Aquarium von Berlin verkaufen konnte, stammte von Kapitän Juell. Zoologisch bedeutsam waren für seine Firma schließlich noch Tiere, die Josef Menges aus Somaliland mitbrachte.

Die Erschließung Äthiopiens und des Somalilandes als Fanggebiete durch Josef Menges ab 1881 brachte einige Tierarten nach Europa, die hier bisher nur sehr selten oder noch nicht zu sehen gewesen waren. Darunter waren der Somaliwildesel, der für die Wissenschaft 1884 nach einem im Jahr zuvor von Hagenbeck aus einem Mengestransport dem Londoner Zoo gelieferten Exemplar beschrieben wurde, der Somalistrauß, 1883 von dem deutschen Zoologen A. Reichenow als neue Subspezies definiert, oder die Beisa-Antilope, Spekes- (1883) und Grantgazelle (1885) und der Kleine Kudu (1883). Auf der Somalischau, die am 26. April 1895 im Crystal Palace von London begann, zeigte Menges die erste Giraffengazelle, die lebend in Europa zu sehen war. Er hatte vier Tiere dieser langhalsigen Gazellenart besessen, aber nur dieses eine Jungtier hatte den Transport überstanden. Leider starb es bereits am 5. Mai 1895. Im Jahre 1899 wurde dann die Somali-Giraffengazelle von Oscar Neumann[38] als neue Subspezies wissenschaftlich beschrieben. Die meisten Tiere hatte Menges selbst bzw. wurden unter seiner direkten Anleitung gefangen, die Antilopen in Netzen. Daher kamen von der Beisa-Antilope größere Mengen in seine Hände. So brachte er von dieser Antilopenart 1883 acht, 1884 sechs und 1885 sogar siebzehn Tiere mit. Bei

---

38 Sitz.-Ber. Ges. Nat. Freunde, Berlin, Jg. 1899, S.19-21.

so großen Mengen frisch gefangener Antilopen, wenn die Tiere auch bereits im Fanglager an Fütterung und Betreuung gewöhnt worden waren, ist mit größeren Verlusten zu rechnen. Von den in den Jahren 1883 bis 1886 von Menges übernommenen 34 Beisa-Antilopen verlor Hagenbeck 17 in Hamburg. Er konnte so viele Antilopen derselben Art auch nicht rasch genug verkaufen. Anfänglich für 1.000 Mk pro Exemplar abgegeben, verlangte er für in seinem Tierpark überwinterte Beisas im darauffolgenden Jahr nur noch 750 Mk. Auch die großen Mengen von Straußen, die Menges mitbrachte, konnte Hagenbeck nicht schnell weiterverkaufen. Obwohl 19 von Menges 1882 mitgebrachte Somalistrauße die ersten Strauße dieser Unterart waren, die nach Europa kamen, konnte Hagenbeck sie zunächst nicht gut verkaufen. Lediglich der Zoo Berlin und der Hamburger Zoo nahmen ihm je einen Strauß ab, noch dazu beide ein Weibchen, das die typischen Merkmale der neuen Straußen-Unterart gar nicht zeigte. Zwei Exemplare konnte Hagenbeck an den Zirkus Barnum & Bailey verkaufen, zwölf schließlich mit einem Tiertransport an den Zoo von Calcutta loswerden.[39] Menges brachte in den Jahren 1882 bis 1885 insgesamt 114 junge Somalistrauße zu Hagenbeck, von denen 28 starben. Neun Strauße reisten mit den Somaliern, die Josef Menges angeworben hatten und die 1885, betreut von Carl Hagenbecks ältestem Halbbruder John aus der zweiten Ehe seines Vaters, in deutschen Zoos zu sehen waren. Junge Männer im Alter von 15-18 Jahren ritten bei der Schaustellung im Berliner Zoo auf den Straußen.[40] Auch für die Strauße mußte Hagenbeck schließlich einen leicht reduzierten Verkaufspreis akzeptieren. Menges bezog bis 1885 von Hagenbeck zu dem Erlös der von ihm verkauften Tiere ein festes Gehalt von 180 Mark monatlich. Danach arbeitete er auf eigene Rechnung. Hagenbeck kaufte auch fortan viele Tiere, die Menges alljährlich mitbrachte. Er erhielt von ihm Angebote, wie andere Kunden auch.

Es ist wahrscheinlich, daß Hagenbeck Menges als fest angestellten Mitarbeiter nicht mehr halten wollte oder sogar von sich aus das Anstellungsverhältnis beendete, weil ihm das wirtschaftliche Risiko, die großen Mengestransporte bis zum Verkauf der Tiere zu beherbergen und für die Unterhaltskosten der Tiere aufzukommen sowie das festgelegte Kapital

---

39 Th. Noack: Neues aus der Thierhandlung von Karl Hagenbeck, sowie aus dem Zoologischen Garten Hamburg. Zool. Garten, 25, 1898, S. 101.
40 A. Lehmann: Tiere als Artisten, Wittenberg-Lutherstadt, 1955, S. 62.

zu hoch erschienen, auch diese Maßnahme vielleicht eine Lehre aus dem wirtschaftlich schweren Jahr 1879. Noch im Jahre 1903 vermied es Carl Hagenbeck, eine größere Zahl importierter Grantzebras zu übernehmen. Die Kilimandjaro-Landwirtschafts- und Handelsgesellschaft hatte ihm 29 Grantzebras zugesandt. Er nahm diese jedoch nur in Kommission. Tatsächlich starben 15 Zebras an einem Massenbefall mit Einhufer-Spulwürmern,[41] die man damals noch nicht wirkungsvoll bekämpfen konnte. Vermutlich war es zu dieser Masseninvasion von Eingeweidewürmern noch in Deutsch-Ostafrika gekommen, als die Zebras nach dem Fang zur Eingewöhnung in einem engräumigen Kral gehalten worden waren, mit den im eigenen Kot ausgeschiedenen Wurmeiern ständig in Berührung kamen.

Menges hatte als Zwischenlager 1887 die Tierhandlung Giaschini in Triest[42] erwerben können, aber offenbar nur für einige Jahre. Danach stellte er die Tiere seiner Transporte, die er nicht sofort bei Eintreffen in einem italienischen Hafen verkaufen konnte, in deutschen Zoologischen Gärten ein, z.B. 1896 im Zoo Dresden und später ab 1899 bis 1903 im Zoo Frankfurt/Main. Danach, nunmehr im Besitz des Stellinger Geländes, nahm Carl Hagenbeck die Tiere auf, die Menges nicht hatte verkaufen können, hielt sie freilich nur in Kommission.

Tiere in Zirkusdarbietungen und auf der Weltausstellung von 1893

Im Jahre 1887 gründete Carl Hagenbeck mit vier Asiatischen Arbeitselefanten aus der letzten Singhalesenschau, dem Bullen Pluto und den Elefantenkühen Puntschi, Jenny und Lady, seinen eigenen Zeltzirkus. Die erste öffentliche Vorstellung fand am 2. April 1887 auf dem Heiliggeistfeld in Hamburg statt und war ein großer Erfolg. Das Zelt faßte 4000 Personen. Zum Transport der Tiere in andere Gastspielorte waren 30 bis 35 Eisenbahnwaggons nötig. Carl Hagenbeck hatte für 80.000 Mk einen kompletten Güterzug für 6 1/2 Monate mieten können. Sein Bruder Wilhelm hatte eine sogenannte gemischte Raubtiergruppe dafür zusammengewöhnt, bestehend aus vier männlichen Löwen, einer Tigerin, fünf Leoparden und einem Schwarzen Panther. Vom Zirkus Karl Merkel wurden

---

41 Jahresbericht Kilimandjaro-Gesellschaft, Berlin, für 1903.
42 Zool. Garten, Frankf./Main, 28, 1887, S. 154.

sechs dressierte Pferde, vom Zirkus Scipione Giniselli aus St. Petersburg, mit dem Carl Hagenbeck in Geschäftsverbindung stand, vier schwarze Hengste engagiert. Aus seinem eigenen Bestand kamen noch ein dressiertes Steppenzebra hinzu und sechs dressierte Affen sowie fünf Zebus. Selbstverständlich gab es auch artistische Darbietungen. Außerdem traten zwanzig Ceylonesen als exotisches Element im Zirkus auf, die Eduard Gehring in Ceylon angeheuert hatte und die von ihm in Europa betreut wurden. Gehring hatte seit 1883 Erfahrung mit Völkerschaugruppen in Deutschland und England sammeln können. Einige der Ceylonesen ritten im Zirkus Hagenbeck die Elefanten. Für das Management und die Organisation des Zirkus war der amerikanische Zirkus Barnum & Bailey das Vorbild. Sein Schwager Heinrich Mehrmann wurde mit der Leitung betraut.

Kurz vor Beginn der Vorstellungen auf dem Heiliggeistfeld gab es eine Katastrophe insofern, als ein Sturm das Zelt zerstörte. Carl Hagenbeck beschreibt die dramatischen Stunden.[43] Auch sonst gab es Aufregungen mit diesem Geschäftszweig. Im folgenden Jahr waren zu der Elefantengruppe noch vier weitere Elefanten, darunter ein Bulle aus der Menagerie Moritz Heidenreich und eine Elefantenkuh vom Zirkus Barnum & Bailey, hinzugekommen. Diese Elefanten, geleitet von Heinrich Mehrmann, verursachten am 31. Juli 1888 in München während des "Großen Nationalen Festumzugs", als sie vom Pfeifen einer Drachenfigur in Panik gerieten und durchgingen, die sogenannte "Elefantenkatastrophe",[44] die in der Presse ausführlich behandelt wurde.

1887 begann die Dressurarbeit im großen Stil. In seiner Autobiographie[45] schreibt Hagenbeck, daß er in den Jahren 1887-1889 einundzwanzig Löwen angekauft habe, aber nur vier davon zur Dressur geeignet gewesen seien. Eine so große Zahl von Löwen auf ihre Dressurfähigkeit zu prüfen und darauf, ob sie sich eignen, mit anderen Raubtieren in eine gemischte Dressurgruppe integriert zu werden, wurde möglich, weil Hagenbeck schon ab den späten 1870er Jahren aus den deutschen, aber z.B. auch aus anderen Zoologischen Gärten dort geborene Junglöwen kaufen konnte, meist aber wohl die Nachzucht abnehmen mußte, wenn er andere Tiere liefern wollte. Auch in einigen Wandermenagerien und Zirkussen

---

43 C. Hagenbeck 1908, S. 135-136.
44 Ebd., S. 276-279.
45 Ebd., S. 140.

wurden Löwen gezüchtet, die er meist als knapp ein Jahr alt Jungtiere erwarb. Ab 1885 kamen per anno etwa acht bis neun gezüchtete Löwen in seine Hand, die er irgendwie weiterreichen und unterbringen mußte. Auch andere nachgezogene Großkatzen, vor allem Leoparden und in geringerem Umfang auch Tiger sowie Wildwiederkäuer, vor allem Hirsche, wurden oder mußten von ihm bei Tierlieferungen an seine Kunden von diesen zurückgenommen werden. Einerseits ergänzten solche Nachzuchttiere sein Tierangebot. Offenbar wurden diese aber von vielen Käufern als geringerwertig erachtet, denn sie waren nicht nur im Einkauf für Hagenbeck, sondern auch im Verkauf erheblich billiger als Wildfänge. Beim Angebot von importierten Wildfängen mit ihrem höheren Preis wurde ausdrücklich darauf hingewiesen, daß es sich um solche handele. Beim damaligen Stand der Hygiene und z.B. der Unmöglichkeit, Magen-Darmparasiten, die sich in den Raubtierkäfigen und Gehegen gut entwickeln konnten und bei den dort aufwachsenden Jungtieren zu einem starken Befall führten, gab es vielleicht auch objektive Gründe, in der Wildbahn gefangene oder aufgegriffene und aufgezogene Importtiere nachgezüchteten Tieren vorzuziehen. In Menschenhand geborene Raubtiere, die den Menschen stets nur als Partner, nicht aber durch Fang und gewaltsame Unterwerfung als dominanten Stärkeren kennengelernt haben, wurden noch in jüngster Zeit, als der Wildbahn noch Tiere entnommen werden durften, von manchen Tierlehrern weniger geschätzt als diese. Aus seinen Unterlagen geht hervor, daß Carl Hagenbeck ab Mitte der 1880er Jahre fast ausschließlich gezüchtete Löwen für die in seinem Hause zusammengestellten Raubtiergruppen verwendet hat.

Deyerling ging mit einer solchen Raubtiergruppe zum Nouveau Cirque in Paris,[46] und eröffnete die große Reihe der von verschiedenen Dompteuren vorgeführten, dressierten und in vielen Schauunternehmen oder auch allein und von Zoologischen Gärten für eine Saison engagierten Raubtiergruppen Carl Hagenbecks. Auch sein Bruder Wilhelm bildete in dieser Zeit Raubtiere und andere Tiere zirkusreif aus. Eine Glanzleistung von Wilhelms Fähigkeiten, mit Tieren gut umgehen zu können, war der Ritt eines Löwen auf einem Pferde, den er erstmalig im Hippodrom von Paris zeigen konnte, eine Tierdressur, die sich bis heute in den Zirkussen erhalten hat, ebenso wie eine Bewegungsdressur von Elefant und Pferd, die er ebenfalls in diesen Jahren kreierte. Die noch schwieri-

---

46 Ebd., S. 143.

gere Dressur, einen Tiger auf einem Pferde reiten zu lassen, gelang erstmalig 1897 dem auch für Hagenbeck arbeitenden Wilhelm Philadelphia.[47] Wilhelm Hagenbeck erfand 1888 den aus mehreren transportablen Gitterelementen zusammengesetzten Rundkäfig für die Vorführung von Raubtieren in der Manege, der noch heute üblich ist. Den Laufgang von den Käfigwagen der Raubtiere bis zu diesem erfand später der Zirkusdirektor Karl Krone. Bis dahin wurden die Käfigwagen an den Manegekäfig herangeschoben.

Im Jahre 1889 löste Carl Hagenbeck seinen eigenen Zirkus wieder auf, nachdem er die wichtigsten Tiergruppen hatte gut verkaufen können. Die Dressur von Tieren und die Vermietung dressierter Tiergruppen spielte in seinem Hause aber weiterhin eine große Rolle. Ab Ende Mai 1891 übernahm sein Schwager Heinrich Mehrmann eine große gemischte Raubtiergruppe für ein Fixum von 1.000 Mk pro Monat und 5 % der Nettoeinnahmen, die sich aus dem Engagement dieser Gruppe ergaben. Sie bestand aus zwölf Löwen, zwei Tigern, sechs Geparden, zwei Kragenbären und einem Eisbären. Die Raubtiere wurden in einem Rundkäfig von zwölf Metern Durchmesser vorgeführt. Die Gitterwand war 4,50 m hoch. Man sah interessante Bewegungsdressuren, z.B. von zwei Tigern, die einen römischen Kampfwagen zogen, in dem ein gekrönter männlicher Löwe saß. Eine Löwin lenkte ein Dreirad, das von zwei Doggen geschoben wurde. Ein Tiger und eine Löwin betätigten eine Wippe. Ein Kragenbär balancierte auf einem Balken. Alle Raubtiere dieser Gruppe bildeten eine Pyramide usw.[48] Die gemischte Raubtiergruppe ging zunächst nach London. Ihren nächsten Auftritt sollte sie 1893 auf der Weltausstellung in Chicago haben. Carl Hagenbeck war von der Leitung des Zoos von Cincinnati angeworben worden, dort in "Hagenbecks Zoological Arena" verschiedene Dressurgruppen aus seinem Hause aufreten zu lassen. Eine davon sollte die Gruppe Heinrich Mehrmanns sein. Die Tiere kamen Ende 1891 todkrank aus England zurück in ihr Winterquartier, das Raubtierhaus von Hagenbecks Tierpark am Neuen Pferdemarkt in St. Pauli. Sie hatten durch die Verfütterung von mit Rotzbakterien verseuchtem Fleisch sich an dieser für sie lebensgefährlichen Krankheit infiziert. Diejenigen Tiere, die nicht sofort starben, ließ Hagenbeck wegen

---

47 A. Lehmann 1955, S. 129.
48 W. Tegtmeyer: The Field, London, vom 23. May 1891: Carnivora at Crystal Palace.

Hinfälligkeit einschläfern.[49] Schleunigst mußte nun für Ersatz gesorgt werden, wenn der Auftritt in Chicago stattfinden sollte.

Es gelang Hagenbeck, aus verschiedenen Zoos und Menagerien sofort vier Löwen und drei Tiger zu erwerben und aus einem Angebot von Josef Menges einige Geparden, fünf Leoparden, einen Puma und zwei Ozelots. Mit einem dieser Tiere schleppte er sich eine "geheimnisvolle" Krankheit offenbar infektiöser Natur ein, der nacheinander nicht nur diese, sondern auch andere in seinem Raubtierhaus gehaltene Großkatzen zum Opfer fielen, und mit großer Wahrscheinlichkeit auch viele der im zeitigen Frühjahr eingefangenen Nordsee-Seehunde, die ebenfalls in das Raubtierhaus gebracht worden waren. Es ist anscheinend die erste Tierseuche, die Carl Hagenbeck in seiner eigenen Tierhaltung erleben mußte, und das Unvermögen, den Seuchenzug stoppen zu können, muß ihn tief bewegt haben. Es ist heute nicht mehr möglich, zu ermitteln, um was für eine hochkontagiöse Krankheit es sich gehandelt haben mag.

Hagenbeck selbst äußerte einige Monate später einen Verdacht, der falsch ist. Im Hochsommer 1892 brach in Hamburg eine große Choleraepidemie aus, der Tausende Menschen zum Opfer fielen.[50] Die Trinkwasserversorgung in dieser Großstadt hatte noch nicht den hygienischen Stand erreicht wie anderswo, z.B. in dem nahegelegenen, 1864 preußisch gewordenen Altona, das von der Epedemie verschont blieb. Hagenbeck glaubte später, daß seine Raubtiere das erste Opfer der Cholera in Hamburg gewesen sein könnten. Das Cholerabakterium ist aber für Raubtiere nicht infektiös. Es muß sich um eine andere durch ein Virus oder bakterielle Erreger bedingte Tierkrankheit gehandelt haben. Nicht nur der finanzielle Verlust, den Hagenbeck mit 70.000 Mk beziffert,[51] war erheblich. Seine Annahme, daß die Tiere letztlich durch die hygienischen Verhältnisse, wie sie in der Großstadt Hamburg herrschten, gestorben seien, legen den Gedanken nahe, diese könnte am Beginn seiner Überlegungen gestanden haben, seinen Tierpark an den Rand der Stadt oder gar nach außerhalb zu verlegen. Im Jahre 1897, im Jahr des Ankaufs des Grundstückes in Stellingen, auf dem der neue Tierpark entstehen sollte, wurde Hagenbeck im alten Tierpark am Pferdemarkt von neuem von größeren

---

49 C. Hagenbeck 1908, S. 145.

50 R.Z. Evans: Tod in Hamburg. Stadt, Gesellschaft und Politik in den Cholera-Jahren 1830-1910, Reinbeck 1990.

51 C. Hagenbeck 1908, S. 149.

Verlusten betroffen. Diesmal erlagen Wiederkäuer, vorwiegend Bantengs und Hirsche der Krankheit. Ungefähr vierzig Tiere mögen daran gestorben sein. Auch diese Todesfälle müssen durch eine Infektionskrankheit bewirkt worden und der letzte Anlaß gewesen sein, nunmehr die Verlegung des Tierparks energisch zu betreiben. Carl Hagenbeck war vermutlich, ehe er das Stellinger Gelände erwerben konnte, sogar nicht abgeneigt, den Hamburger Raum zu verlassen und sich anderswo, bevorzugt in einer Stadt, die noch keinen Zoologischen Garten hatte, einen neuen Tierpark einzurichten. So war er um diese Zeit mit Persönlichkeiten der aufstrebenden Stadt Magdeburg darüber im Gespräch. Auch die verkehrsgünstige Lage dieser Stadt dürfte für ihn interessant gewesen sein. Freilich kamen diese Gespräche zu keinem Ergebnis.[52]

"Hagenbeck's Animal Show" auf der Weltausstellung in Chicago 1893 und die anschließende Tournee von "Hagenbeck's Trained Animals" durch einige US-amerikanische Städte standen von Anfang an unter keinem guten Stern. Wegen der Choleraepedemie 1892 durften die Tiere nicht unmittelbar aus Hamburg nach Chicago kommen. Hagenbeck mußte sie zunächst in England in Quarantäne halten. Er fand auf dem Gelände der Blackpool Tower Gesellschaft, mit der er in Geschäftsverbindung stand, die Gelegenheit dazu, jedoch mußte er für die Tiere erst ein Gebäude errichten lassen. Unterzubringen waren acht Löwen, vier Tiger, zwei Leoparden, eine erwachsene Elefantin und ein Elefantenkalb, mehrere Bären, darunter ein Eisbär, Affen, Pferde u.a.m. in fünf großen Wagen. Wilhelm Philadelphia stieß mit einer Dressurgruppe dazu, die aus einem Elefanten, auf dem ein Löwe ritt, vier weiteren Elefanten, dem Pferd für den Löwenritt und einem Pony für die Elefantenshow, zwei Affen und einer Dogge bestand. Nach dem Eintreffen der Tiere in Chicago erkrankte Heinrich Mehrmann, der die Gruppe vorführen sollte. Eduard Deyerling stand als Ersatzmann zunächst nicht zur Verfügung, und Carl Hagenbeck mußte anfänglich selbst die Dressurvorführungen vornehmen. Obwohl nach amerikanischen Presseberichten, die in Hagenbecks Archiv zahlreich vorhanden sind, die Hagenbeckschen Schaustellungen diejenigen Darbietungen auf der Weltausstellung gewesen sein sollen, die am zweitstärksten frequentierten gewesen seien – man schätzte, daß ca. zwei Millionen Besucher sie gesehen hatten –, waren sie dennoch geschäftlich kein Erfolg. Schon im Herbst 1893 gab es mit den amerikani-

---

52 Sonntagsbeilage der Magdeburgischen Zeitung vom 14. März 1909.

schen Partnern über die finanzielle Abwicklung Unstimmigkeiten. Man warf Hagenbeck Nichterfüllung bzw. nicht volle Erfüllung der vertraglich zugesicherten Leistungen vor, aus seiner Sicht völlig unbegründet. Er erachtete seine Zusagen, z.B. durch Bereitstellung von mehr Schautieren in der "Sideshow", sogar als übererfüllt. Die Auseinandersetzungen mit Nichtauszahlung seines Anteils an den Eintrittsgeldern durch seine amerikanischen Partner führte durch Einschaltung eines Anwaltes schließlich zu einem Vergleich, bei dem Carl Hagenbeck aber den größten Teil seines Gewinnes, unter Einrechnung seiner hohen Vorkosten, verlor. Er mußte froh sein, die Tiere 1895 wieder zurückführen zu können. Auf der Positivliste stand, daß sich Carl Hagenbeck in den USA als "Animaltrainer" einen großen Namen gemacht hatte, und das will im Lande des größten Zirkus der Welt, Barnum & Bailey, schon etwas heißen. Er ließ einen Tiger Dreirad fahren, zeigte den berühmten Löwenritt auf dem Pferde, hatte Löwen als Zugtiere vor einen Wagen gespannt und neben einer adulten Elefantin, die vermutlich viele für die Mutter hielten, ein kaum einen Meter großes Elefantenkalb in der Schau. Einen so kleinen Elefanten dürften die meisten Besucher der Weltausstellung noch nicht gesehen haben. Auch die dressierten Schweine, Affen und Papageien waren ein großer Publikumserfolg. Zu seiner Schaustellung gehörte sogar ein großes Aquarium, in dem Tiere aus dem Indischen Ozean gehalten wurden.[53] Sein Selbstbewußtsein mußte erheblich gewachsen sein, wenn er in der Realität oder abgebildet in zahlreichen Presseveröffentlichungen die pompöse Fassade des Gebäudes sah, verziert mit seinem Namen und den Attraktionen, in dem er seine Schau auf der Weltausstellung veranstaltete. Zu vielen Artikeln darüber war ein Porträtfoto von ihm abgebildet. Das wichtigste Ergebnis seines Amerika-Schaudebüts dürfte aber gewesen sein, daß er hier durch das Studium anderer Schaustellungen auf der Weltausstellung darin bestärkt wurde, Tiere vor einem Landschaftsausschnitt, den man für ihrem Lebensraum zugehörig halten konnte, aufgebaut aus Kulissen bzw. auf eine Rückwand gemalt, besonders wirkungsvoll zeigen zu können. Und vor diesem Hintergrund hat er die finanziellen Verluste zwar beklagt und durch Berichte auch in Deutschland bekannt gemacht, aber doch anscheinend leichter verschmerzt als die des Katastrophenjahres 1879 oder die vermeintlich durch die Cholera bedingten Tierverluste in Hamburg 1892.

---

53 R.W. Flint 1996, S. 91-108 und 178-181; S. 107 und A. Lehmann 1955, S. 181.

Diese schlimmen geschäftlichen Erfahrungen hinderten Carl Hagenbeck freilich nicht, 1902 "Hagenbeck's Greater Shows, Triple Circus and East India Exposition" in den USA zu reisen zu lassen. Sie bestand aus sechs Dressurgruppen, einer gemischten Raubtiergruppe, vorgeführt von Richard Sawade, sieben Eisbären mit Johann Dudak, sechs Seelöwen und einem Seehunde mit William Judge, einem Elefanten und zwei auf diesem reitenden Tigern unter Popesca, 14 dressierten Papageien unter Julius Wagner und einer Haustiergruppe unter Castang.

Erschließung Rußlands als Lieferquelle für Tiere

Am 26. Juni 1896 unterzeichnete als Repräsentant Carl Hagenbecks H. Breitwieser, ein Tierhändler aus Altona, mit dem russischen Kaufmann Stepan Nikolajewitsch Wereschiagin in Semipalatinsk einen Handelskontrakt über die Lieferung von 18 Maralhirschen, sechs Männchen und zwölf Weibchen. Semipalatinsk liegt am Irtysch, am Westabhang des Altaigebirges. Wereschiagin (der Name des russischen Partners wird in den Unterlagen Hagenbecks in lateinischen Buchstaben verschieden umgeschrieben, z.B. auch Weretschiagin. Er könnte sogar Wereschtschiagin geheißen haben) war offenbar ein Kaufmann, der seine Handelstätigkeit bis an die Grenzen der Mongolei ausübte und Kontakt zu lokalen Tierfängern hatte. Wie die Verbindung von Hagenbeck zu Wereschiagin zustande kam, ließ sich nicht mehr eruieren. H. Breitwieser, ein ehemaliger Matrose, sprach Russisch und war von Hagenbeck für diese Mission angeheuert worden.[54] Er kehrte zunächst mit 6,2 Maralen (d.h. 6 Männchen und 2 Weibchen) zurück und holte im November aus Moskau die

---

[54] Lorenz Hagenbeck (Den Tieren gehört mein Herz, Hamburg, 1955, Seite 18) meint, daß Breitwieser ehemals Schausteller war und als Raubtierpfleger mit dem bei Carl Hagenbeck engagierten Dompteur Richard Sawade auf dem Balkan und in Rußland gereist sei. Dort habe er Russisch gelernt. Lorenz Hagenbeck muß sich irren. Abgesehen davon, daß Sawade erst 1896 in Rußland reiste, weisen die Geschäftsunterlagen Carl Hagenbecks Breitwieser ab 1894 als selbständigen Geschäftsmann und Lieferant von Tieren aus. Nach Lorenz Hagenbeck (ebenda S. 18/19) hatte Breitwieser von Carl Hagenbeck einige Tiere, wie Eisbären, Rentiere, Seehunde und Vögel nach Nischnij-Nowgorod zu einer Gewerbeausstellung gebracht, die von Wereschiagin veranstaltet wurde. Dort sei er auch auf die Marale aufmerksam geworden und hätte deren Import nach Hamburg angeregt.

übrigen Marale. Hagenbeck verkauft 6,3 Maralhirsche an den 11. Herzog von Bedford, der auf seiner Besitzung Woburn Abbey einen großen Tierpark aufbaute. Auch im darauffolgenden Jahr holte Breitwieser 0,7 und dann 1,8 Marale. Auf der zweiten Reise führt er den bei Hagenbeck fest angestellten Wilhelm Grieger bei Wereschiagin ein, der für die späteren Importe von Tieren aus Rußland, vor allem der Przewalskipferde, eine entscheidende Rolle spielen sollte. Auch die im Jahre 1897 aus Rußland importierten Maralhirsche gingen nach England, 0,7 wiederum an den Herzog von Bedford, 1,2 an den Zoo von London.

Über diese Handelsverbindungen kamen ab 1897 auch andere zoologisch interessante Tiere aus dem transkaukasischen Raum zu Hagenbeck, vor allem Sibirische Rehe, die zunächst gleichfalls fast alle dem Herzog von Bedford geliefert wurden. Bereits 1896 hatte Breitwieser 1,3 Sibirische Rehe mit den Maralen mitgebracht. Ferner kamen Persische Kropfgazellen, Steppenmufflons, Ture, Sibirische Steinböcke 2,1 Kulane, 1,0 Leopard und je ein Geier und ein Sibirischer Uhu zu Hagenbeck. In einer Angebotsliste vom Dezember 1898 machte Carl Hagenbeck deutlich, daß er mit dem Import sibirischen Wildes eine ganz bestimmte Absicht hatte. Er schreibt: "Seit einigen Jahren hat der ergebenst Unterzeichnete sein Augenmerk darauf gesetzt, zur Verbesserung des Wildbestandes von Hochwild in europäischen Forsten die großen sibirischen Hirsche des Altai-Gebietes von der chinesischen Grenze zu importieren, deren bewährte Eigenschaften, das Ertragen von größerer Hitze und Kälte und ihr gutes Fortkommen, sowohl in Gebirgs- wie im Flachland, sie ganz besonders geeignet erscheinen läßt. Es sind diese Hirsche fast so groß wie der amerikanische Wapitihirsch und bekommen Geweihe bis 30 Pfund schwer". Hagenbeck hatte die Einbürgerung oder Einkreuzung der Maralhirsche – und auch des Sibirischen Rehes – im Sinn. Zwar importierte Hagenbeck zunächst von Wereschiagin, ab 1902 auch von P. Mirksch, Nowo-Sibirsk, und schließlich ab 1905 von O.E. Neschiwow, Naryn, Kirgisien, größere Mengen von Maralhirschen, Sibirischen Rehen, dazu einige Gelbsteißhirsche, aber der Verkauf an die Besitzer großer Waldungen mit Hochwildbestand kam nur in wenigen Fällen zustande. Außer dem Herzog von Bedford, dem Erzherzog Joseph und dem Fürsten Schwarzenberg, die die sibirischen Hirsche vermutlich in großen Gehegen hielten, im Falle der Sibirischen Rehe dem Fürsten von Hohenlohe-Öhringen und einigen Käufern von Einzeltieren, denen es vermutlich auf die stattliche Trophäe eines Sibirischen Rehbockes ankam, verzeichnen die Unterlagen von Carl Hagenbeck keine Verkäufe im Sinne seiner in der Angebotsliste von 1898 formulierten Vorstellungen. Die Tatsache, daß der sibirischen Subspezies des Rothirsches der eindrucksvolle Brunftschrei des europäischen "Königs der Wälder" abgeht, ebenso den Bastarden zwischen beiden, dürfte von vornherein Hagenbecks Verkaufsvorstellungen unrealistisch gemacht haben. Allerdings erfüllte Hagenbeck durch seinen Bediensteten Fritz Schipfmann im Jahre 1907 den Auftrag der Verwaltung des zaristischen Jagdgebietes von Bialowiecza, einen Transport von 44 Paar Sibirischen Rehen, die dort offenbar zur Verbesserung der Trophäen der endemischen Rehe ausgesetzt werden sollten, zu beschaffen. Die Sibirischen Rehe stammten wiederum von Wereschiagin. Schipfmann verlor bei der Aktion nur zwei Exemplare, zweifellos eine pflegerische Meisterleistung. Die meisten der aus Rußland zu Hagenbeck gekommenen sibirischen Hirsche und Rehe wurden ihm von Zoologischen Gärten abgenommen.

Auch beim Import eines anderen Wildtieres aus der Altairegion verfolgte Carl Hagenbeck ein Konzept, das zu dieser Zeit nicht mehr realistisch war. Im Jahre 1898 erhielt er über Wereschiagin ein Paar Argalis, der großen, bis 1,25 m hohen Altaiwildschafe. Offensichtlich kam Carl Hagenbeck die Idee, daß man dieses Wildschaf mit Hausschafen kreuzen sollte, um, wie er schreibt,[55] "ein Riesenschaf für die Landwirtschaft heranzuzüchten". Im Jahre 1901 brachten ihm II. Breitwieser und F. Schipfmann 2,4 dieser stattlichen Wildschafe nach Hamburg, die er dem Herzog von Bedford verkaufte. 1907 führte ihm Schipfmann nochmals 3,6 Argalis zu, die offenbar bald starben. Diese Tiere wurden vermutlich ohne Beteiligung der Lieferanten und Fänger von Wereschiagin von Hagenbecks Mitarbeitern selbst gefangen. Hagenbeck hat die Aktionen, zu Argalis zu kommen so in Erinnerung:[56] "Auf eine mißglückte Expedition folgte eine zweite, der es ebenso ging. Zwar wurden mehr als sechzig junge Tiere gefangen, aber sie lebten alle nur kurze Zeit und gingen auf der Reise sämtlich an einer durchfallartigen Krankheit zugrunde. Diese beiden erfolglosen Expeditionen kosteten rund 100.000 Mk". Aus den Unterlagen kann man die Kosten für diese von Hamburg aus organisierten Tierfang-Aktionen nicht mehr nachrecherchieren. Sie scheinen aber mit je etwa 50.000 Mk als sehr hoch angegeben. Schipfmann bekam

---

55 C. Hagenbeck 1908, S. 228.
56 Ebd., S. 228.

ein Gehalt von 100 Mk pro Woche. Die von ihm 1907 nach Hamburg mitgebrachten neun Argalis wurden mit einem Gestehungspreis von je 400 Mk veranschlagt. Die sechs von Hagenbeck 1901 an den Herzog von Bedford verkauften Argalis wurden diesem mit rund 12.000 Mk, d.h. zu einem Stückpreis von 2.000 Mk in Rechnung gestellt. Es ist möglich, daß sich die Angabe von Hagenbeck über 100.000 Mk Verlust in seinen Erinnerungen auf den entgangenen Verkaufserlös und nicht auf die Unkosten beim Import der Tiere bezieht.[57] Wie alle Hochgebirgstiere sind auch Argalis nicht leicht an Haltungsbedingungen zu gewöhnen, was man damals weniger gut beherrschte als heute. Gehaltene Argalis blieben auch weiterhin hinsichtlich ihrer Ernährung empfindlich. Schon aus diesem Grunde kann eine Kreuzung mit Hausschafen nicht im Interesse der Züchter liegen, ganz abgesehen davon, daß eine solche Bastardierung auch auf die Wollqualität der Schafe einen negativen Einfluß gehabt hätte. Aus den Unterlagen Hagenbecks geht jedenfalls nicht hervor, daß er ein einziges der importierten Argalis an Züchter oder z.B. an das für Versuche in dieser Hinsicht spezialisierte Institut für Haustierzucht der Universität Halle/Saale abgegeben hätte. Auch der Import der Przewalskipferde aus dem Grenzgebiet der Mongolei, bis heute eine zur Erhaltung einer in freier Wildbahn inzwischen ausgestorbenen Säugetierart nicht hoch genug einzuschätzende Pioniertat, dürfte als Motiv nicht die Arterhaltung oder die Erlangung einer seltenen Wildtierart gehabt haben, sondern die Einkreuzung der Wildart zur Gewinnung eines robusten Hauspferdes. Einige Indizien deuten jedenfalls darauf hin.

Der Import von Przewalskipferden

In den Jahren 1901 und 1902 gelang es Carl Hagenbeck, Przewalskipferde zu importieren, eine Ereignis, das ihm in den Annalen der Bemühungen um die Erhaltung von in der Wildbahn vom Aussterben bedroh-

---

57 Agalis sind hinsichtlich ihrer Ernährung an eine ganz bestimmte Gebirgssteppenflora angepasst. Eine abrupte Änderung der Ernährung, wie sie nach dem Einfangen vermutlich vorgenommen wurde, führt entweder auf direktem Wege durch Beeinflussung ihrer Pansenflora oder dadurch, daß das Gleichgewicht zu der Parasitenfauna in ihrem Magen-Darmtrakt zugunsten der Schmarotzer durch Nachlassen ihrer Abwehrkraft gestört wird, zu den beschriebenen Durchfällen und, falls nicht sofort etwas dagegen unternommen wird, schnell zum Tode der Tiere.

ter Tierarten durch Zucht in Menschenhand zu bleibender Erinnerung verholfen hat. Da Einzelheiten der Hagenbeckschen Importe und Bemühungen, zu den Tieren zu kommen, in der Literatur über die Wildpferde, weil Hagenbecks Unterlagen nicht zugänglich waren, nicht völlig bekannt sind, seien die Umstände der Importe etwas ausführlicher dargestellt.

Der für Rußland Asien erforschende Nicolai Michailowitsch Przewalski (1839-1888) hatte 1879 auf einer Reise in die Dsungarei einen bisher nicht bekannten wildlebenden Einhufer beobachtet und bekannt gemacht. Der Zoologe J. Poljakow bestimmte an Hand eines Felles und Skelettes 1881 die Art als Wildpferd und benannte sie zu Ehren seines Freundes Przewalskipferd. Die Entdeckung eines Wildpferdes erregte in interessierten Kreisen große Aufmerksamkeit. In den folgenden Jahren reisten einige Jäger und Sammler in das Vorkommensgebiet der Wildpferde und brachten Felle und Skelett-Teile mit. Aufmerksam geworden auf die neu entdeckte Tierart war auch der deutschstämmige Großagrarier Friedrich von Falz-Fein, der in der nördlich der Insel Krim gelegenen Steppe einen riesigen landwirtschaftlichen Betrieb unterhielt, dessen wirtschaftliches Rückgrad eine immense Wollschafzucht war mit etwa einer Dreiviertelmillion Tieren. Friedrich von Falz-Fein bemühte sich aber auch, auf seiner nach dem Vorbesitzer eines Teiles der Farm, dem anhaltinischen Herzogshaus der Askanier, Askania Nova genannten Besitzung Steppentiere aus anderen Teilen der Welt anzusiedeln und auf ihren wirtschaftlichen Nutzen zu untersuchen. So ließ er verschiedene afrikanische Antilopenarten, vor allem Elandantilopen, amerikanische Bisons, tibetanische Yaks, persische Halbesel, Zebras, Zebrahybriden u.a. Säugetiere, aber auch Großvögel, wie afrikanische Strauße und südamerikanische Nandus in der Steppe weiden und von berittenen Hirten behüten. Außerdem unterhielt er an seinem Gutshaus einen Tiergarten, für den auch Carl Hagenbeck schon Tiere geliefert hatte. Der Biograph von Friedrich von Falz-Fein, sein Bruder Woldemar, berichtet,[58] daß sich Friedrich seit 1896 bemühte, einige Przewalskipferde lebend zu bekommen. Er machte im Vorkommensgebiet der Wildpferde ansässigen mongolischen Fürsten Geschenke und kam schließlich in Kontakt mit dem in diesem Gebiet Handel treibenden russischen Kaufmann N.P.J. Assanow aus Bijsk, Bezirk Tomsk, der mit Einheimischen den Fang organisieren

---

58 Askania Nova, Neudamm 1930, S. 128 ff.

konnte. Die Mongolen fingen junge Wildpferde nach einer Verfolgungs-
jagd bis zur Erschöpfung mit dem Seil. Die auf diese Weise 1896 eingefangenen Fohlen starben aber alle. Vermutlich gelang es nicht, sie mit
der Milch einer Haustierart, etwa Ziegen- oder Yakmilch aufzuziehen,
weil Pferde, deren Muttermilch ganz anders zusammengesetzt ist, die
Milch fremder Tierarten schlecht vertragen. Friedrich von Falz-Fein gab
1897 nun den Rat, Mongolenpferde, also Hauspferdstuten, so belegen zu
lassen, daß sie in der Zeit von Mitte April bis Mitte Mai werfen, in der
die Wildpferdstuten ihr Fohlen haben, und die Stuten zu veranlassen,
statt des eigenen ein fremdes, eingefangenes Wildpferdfohlen aufzuziehen. Außerdem empfahl er, die Wildpferdmutterstuten und ihr Saugfohlen nicht bis zur Ermüdung zu hetzen und die erschöpften Jungtiere mit
der Schlinge zu fangen, sondern die Stute zu erschießen und das bei der
toten Mutter bleibende Fohlen zu greifen. Dadurch sollte ein evtl. durch
das lange Hetzen ausgelöster Herzschaden bei den Fohlen, den man für
ihren Tod zumindest für mitverantwortlich hielt, vermieden werden. Ob
die mongolischen Fänger tatsächlich auf diese Weise künftig in den Besitz der Wildpferdfohlen kamen, ist umstritten. Daß sie aber nach der
Empfehlung von Friedrich von Falz-Fein ab 1899 diese von Hauspferdstuten aufziehen ließen, ist sicher. Für die rechtzeitig fohlenden Mongolenstuten hatte Assanow zu sorgen.

In den Unterlagen von Carl Hagenbeck fällt auf, daß er 1897 dem Zoo
von Moskau, mit dem er seit den 1870er Jahren handelte, einige Tiere
schenkte, je ein Pärchen Zebus, Palmenroller, Ichneumons, Nasenbären
und eine Zebramanguste, ein finanziell nicht gerade überwältigendes Geschenk, aber immerhin vor allem was den Zeitpunkt anlangt ein bemer-
kenswertes. Hagenbeck könnte in dieser Zeit versucht haben, die Leitung
des Moskauer Zoos zu motivieren, sich um die Beschaffung von Przewalskipferden zu bemühen. Er hatte bisher vom Moskauer Zoo Saiga-
Antilopen (1872 und 1873), Yaks, Trampeltiere, einen Kulan (1873),
asiatische Leoparden, Trappen, Jungfernkraniche und ab 1897 junge
Braunbären bezogen und wiederholt Tiere geliefert, Affen, Vögel und
1875 z.B. zwei Giraffen. Tiergeschenke wurden bis dahin zwischen ihm
und dem Moskauer Zoo aber nicht ausgetauscht.

Von den ersten, auf die neue Art aufgezogenen Wildpferdfohlen gelangten vier Stuten zu Friedrich von Falz-Fein nach Askania Nova und
zwei Hengste in den Moskauer Zoo, angeblich als Geschenk des Kauf-

manns Assanow an den Zaren. Ein Pärchen, das Carl Hagenbeck zugedacht war, überlebte leider nicht.

Woldemar von Falz-Fein hat in der genannten Biographie seines Bruders Hagenbeck vorgeworfen, seine Leute hätten sich anläßlich eines Tiertransportes, den sie nach Askania Nova gebracht hätten, die Kenntnisse, wie man zu Przewalskipferden kommen könnte, erschlichen, und mit diesem Wissen den großen Import von 1891 arrangiert. Doch schon Erna Mohr[59] hat vermutet, daß es solcherart gewonnener Informationen nicht bedurfte.

Carl Hagenbeck drückt sich allerdings selbst so aus,[60] als wäre es in Askania Nova nötig gewesen, festzustellen, "wo man die Wildpferde zu suchen habe". Diese Formulierung sollte zweifellos verschleiern, daß nicht Hagenbecks Leute die Wildpferdherden ausfindig gemacht und die Fohlen gefangen, sondern diese von Assanow gekauft hatten. Daß sich seine beiden Mitarbeiter, die Anfang Januar 1901 zu Assanow aufgebrochen waren, tatsächlich in das Fanggebiet begeben und vor allem bei der Gewöhnung der Mongolenpferdestuten an die gefangenen Fohlen mit geholfen und auch das für Museen interessante Begleitmaterial gesammelt haben, ist sehr wahrscheinlich. Hagenbeck schickte jedenfalls den bereits seit 1897 als Transportbegleiter von sibirischen Tieren erfahrenen Wilhelm Grieger, mit einem Monatslohn von 160 Mk auf seiner Gehaltsliste stehend, und zu seiner Unterstützung Carl Wache, Monatslohn 100 Mk, mit den notwendigen Geldmitteln, Reisedokumenten und Empfehlungsschreiben los. Assanows Fänger hatten im Frühjahr 1901 die erstaunlich große Zahl von 28 Fohlen an ihre Ziehmutter gebracht.

Ursprünglich waren die Wildpferdfohlen Friedrich von Falz-Fein zugedacht gewesen. Aber wie Erna Mohr berichtet, war dieser mit Assanow über den Preis nicht handelseinig geworden und hoffte, durch Abwarten den Kaufmann zu veranlassen, ihm ein günstigeres Angebot zu machen. In dieser Situation konnte sich Hagenbeck alle 28 Tiere, 15 Hengst- und 13 Stutfohlen samt den Ziehmüttern sichern. Die Leistung der beiden Mitarbeiter Hagenbecks, so viele Pferdestuten mit Saugfohlen aus dem mongolischen Grenzgebiet bis nach Hamburg zu bringen, muß man sehr hoch veranschlagen. Nach einer nicht datierten Briefkopie, aufbewahrt in Hagenbecks Archiv, aus der man auch den Adressaten nicht

---

59 E. Mohr: Das Urwildpferd, Lutherstadt Wittenberg 1959.
60 C. Hagenbeck 1908, S. 212.

erkennen kann, schreibt Hagenbeck, daß die Stuten mit den Fohlen in 59 Wandertagen vom Eingewöhnungslager in der Region der mongolischen Stadt Kobdo (heute Chovd), einschließlich der vier Tage, während der sie auf Flußbooten auf dem Ob transportiert worden waren, bis zur Eisenbahnstation Ob gebracht werden mußten. Danach mußten noch rund 5.000 Eisenbahnkilometer zurückgelegt werden. Carl Hagenbeck hat die Kosten für die gesamte Sammelreise mit 106.000 Mk veranschlagt, die Unkosten für die 28 Wildpferdfohlen allerdings nur mit 70.000 Mk bewertet, die für die 28 Mongolenpferdstuten mit 2.800 Mk. Zu den Pferden kamen noch 9,8 Sibirische Rehe, 4,1 Sibirische Steinböcke, 1,0 Kiang, 1,0 Maral und einige Tag- und Nachtgreifvögel. Diese Tiere stammten offenbar von seinem Handelspartner P. Mirksch und waren zugeladen worden. Außerdem brachten Grieger und Wache noch 21 Decken vom Przewalskipferd mit, was den Verdacht unterstützt, die Mongolen hatten mindestens einen Teil der Fohlen gefangen, indem sie zuvor deren Mutter geschossen hatten, sowie ein Wildpferdskelett und 16 Gehörne, 42 Geweihe und 52 Vogelbälge nicht genannter Arten, die meisten Trophäen zweifellos ebenfalls von Mirksch geliefert. Die 19 Decken von Wildpferdfohlen, die zweier adulter Wildpferde und das Skelett übereignete Carl Hagenbeck am 30. Oktober 1901 seinem Neffen, dem Präparator Johann Umlauff jr. zur Bearbeitung für Museen.

Am 27. Oktober 1901 traf der Transport in Hamburg ein. Der größte Teil der Fohlen ging an den 11. Herzog von Bedford, der am 13. November 5,7 Fohlen für rund 90.000 Mk übernahm. Auffällig in Hagenbecks Unterlagen ist, daß die Fohlen zwei Preiskategorien zugerechnet wurden. Für drei Paare mußte der Herzog je 1.000 Pfund, d.h. ungefähr 20.000 Mk, für die übrigen Tiere nur je 250 Pfund, also etwa 5.000 Mk bezahlen. In der Literatur hat es eine Diskussion darüber gegeben, ob alle 1901 nach Hamburg gekommenen Wildpferdfohlen im Frühjahr dieses Jahres geboren seien oder einige aus dem Vorjahr stammten. Die unterschiedlichen Preise, die ein so erfahrener Wildtierhalter wie der Herzog von Bedford für die Fohlen zu zahlen bereit war, könnte für einen großen Altersunterschied sprechen. Die Tatsache aber, daß sich Hagenbecks Leute der Mühe und den Kosten unterzogen, für alle Fohlen die Ziehmutter mit auf die Reise zu nehmen, spricht eindeutig für ein Geburtsjahr 1901 für alle Fohlen. Fünfvierteljahre alte Pferdefohlen brauchen keine Saugmutter mehr. Die Ziehmutter dennoch bei dem Fohlen zu lassen, könnte in schwierigen Situationen auf dem Transport, z.B. bei Unruhe unter den Tieren, eher gefährlich als nützlich sein. Ein Teil der Fohlen muß zu Beginn der Wurfzeit der Przewalskipferde eingefangen und eingewöhnt worden sein. Und diese, vielleicht sechs Wochen älteren Tiere, müssen ihrem Entwicklungszustand nach den hohen Preis gerechtfertigt haben. Die anderen Fohlen dürften etwas später gefangen worden sein, und da es offenbar zwischen beiden Gruppen keine vermittelnden Fohlen gab, vielleicht auch aus einem anderen Gebiet, zumindest aus einer anderen Herde stammen. Dafür spricht auch, daß der Berliner Zoologe Paul Matschie einige der Wildpferde als zu einer anderen Art gehörig einstufte, die er zu Ehren Carl Hagenbecks Equus hagenbecki benannte, eine Ansicht, die allerdings in der Zoologie keinen Bestand hatte. Außer an den Herzog von Bedford verkaufte Hagenbeck am 22. bzw. 23. November dem Zoo Berlin und dem Landwirtschaftlichen Institut der Universität Halle je ein Pärchen, wobei er beiden nur das Stutfohlen mit 5.000 Mk in Rechnung stellte und das Hengstfohlen unberechnet dazu gab. Die übriggebliebenen 8,4 Fohlen konnte er nicht sofort verkaufen. Am 28. Feb. 1902 erwarb der Londoner Zoo ein Pärchen. Auch ihm wurde nur die Stute mit umgerechnet 5.000 Mk berechnet. Ein weiteres Pärchen stellte Hagenbeck zu diesem Zeitpunkt im Londoner Zoo ein. Es ging später in den Zoo von Manchester. Im Frühjahr 1902 nahm ihm der als Züchter verschiedener fremdländischer Säugetier- und Vogelarten bekannte Frans Ernst Blaauw in Gooilust, Niederlande, Sekretär der Königlichen Zoologischen Gesellschaft von Amsterdam, ein Pärchen für seinen privaten Tierpark in Westerveld, nahe Hilversum gelegen, ab, für das diesem nur noch 4.000 Mk, also 1.000 Mk weniger, als der errechnete Unkostenpreis für 5.000 Mk pro Paar, berechnet wurde. Blaauw tauschte 1907 den Hengst, weil er mit dem Pärchen nicht züchten konnte, gegen einen solchen aus dem Transport von 1902 aus. Am 12. Juni 1902 kaufte der Zoo New York-Bronx ein Pärchen für umgerechnet 7.200 Mk. Auch dieses Paar züchtete nicht, darum verkaufte der Bronx-Zoo es 1905 an den Zoo von Cincinnati weiter und erwarb aus dem zweiten Hagenbeckschen Transport ein anderes Pärchen. Damals wußte man noch nicht, daß sich bei Einhufern, die paarweise jung zusammengebracht werden und miteinander aufwachsen, oft ein Geschwistereffekt einstellt, der sexuelle Beziehungen zwischen ihnen nicht aufkommen läßt. Damit hatte Hagenbeck alle Stutfohlen verkauft und nur Hengstfohlen übrig behalten. Nach seinen Unterlagen übernahm am 3. April 1902 die Menagerie im Jardin des Plantes von Paris ein Hengstfohlen für 7.800 Mk. Zwei Hengstfohlen starben bei Hagenbeck, und zwar am 31. Mai 1902 und am 18. Juni desselben Jahres. Das verbliebene letzte Hengstfohlen wurde aufgezogen und war mit einer Stute aus dem Transport von 1902 bis 1906, als beide nach Stellingen zurückkehrten, in Hagenbeck's Greater Shows in den USA zu sehen. Sie müssen also handzahm und führig gewesen sein. Festzuhalten bleibt, daß sich außer dem Berliner, dem Londoner und dem Zoo in New York-Bronx kein anderer Zoo für die seltenen und erstmals nach Europa gekommenen Wildpferde interessierte bzw. das Geld hatte, sie zu kaufen. Nur an den Herzog von Bedford, an den Zoo von New York und an die Menagerie in Paris konnte Hagenbeck die Wildpferde mit Gewinn verkaufen. Zu notieren bleibt auch seine eigene Auffassung, die er nach Dr. Bruno Wagner[61] einem Zeitgenossen gegenüber äußerte. Er sagte nämlich, "er hoffe durch geschickte Kreuzungen eine dauerhafte Gebrauchsrasse zu erzielen". Unter diesem Gesichtspunkt ist auch die Übernahme eines Pärchens von Przewalskipferden durch das Landwirtschaftliche Institut der Universität von Halle zu verstehen. Das Institut übernahm am 22. November 1901 außerdem fünf Mongolenpferdstuten, zwei Ziehmütter der eigenen Fohlen und drei weitere, vermutlich von Fohlen, die an den Herzog von Bedford gegangen und als Milchmütter nicht mehr vonnöten waren. Der Herzog von Bedford und die genannten Zoos dürften vielleicht im Gegensatz zur Ansicht Hagenbecks, daß man für die Landwirtschaft eine neue, robuste Pferderasse heranzüchten solle, vor allem an dem Seltenheitswert der neu entdeckten Tierart interessiert gewesen sein. Gesichtspunkte der Arterhaltung waren damals jedenfalls noch nicht in das Blickfeld der Zoologen und Wildtierhalter getreten.

Im Jahre 1902 reiste Grieger erneut zu Assanow, und er kam am 18. Oktober 1902 mit 4,4 gesunden Wildpferdfohlen und einem weiteren weiblichen Jungtier, das sich ein Bein gebrochen hatte, und entsprechend vielen Mongolenpferdstuten zurück. Vermutlich wegen der Schwierigkeit, alle Fohlen des vorjährigen Transportes abzusetzen, war Hagenbeck nicht mehr bereit, pro Fohlen 2.500 Mk zu zahlen sondern nur noch 1.500 Mk. Wiederum hatte Grieger mit diesem Transport auch andere Tiere mitgebracht, 5,8 Sibirische Rehe, 6,6 ungehörnte und zwei gehörnten Yaks. Zumindest diese könnten von Neschiwow stammen, der sich besonders für den Handel mit Yaks interessierte. Er brachte ferner Argalidecken mit, Rehkronen und Gehörne. Erneut hatte Hagenbeck große

---

61 Archiv Hagenbeck, Brief.

Mühe, die Wildpferdfohlen zu verkaufen. Baron Walther Rothschild in Tring/England, der einen privaten Tierpark unterhielt und 1892 ein eigenes zoologisches Museum mit bedeutenden Sammlungen gegründet hatte, nahm ihm sofort ein Pärchen zum Preise von rund 20.000 Mk ab, also zu dem hohen Preis, den auch der Herzog von Bedford für einige Fohlen bezahlt hatte. Diese Tiere sind in der bisherigen Literatur über die Przewalskipferd-Importe nicht erfaßt worden.[62] Ein Hengstfohlen und seine Ziehmutter ging an einen an der Zucht von Haustieren interessierten Professor der Universität Edinburgh, J.E. Ewart. Er mußte für das Hengstfohlen rund 3.000 Mk zahlen. Das Stutfohlen mit dem gebrochenen Bein und ein weiteres Stutfohlen starben im November 1902 in Stellingen. Zwei Hengst- und ein Stutfohlen blieben zunächst bei Hagenbeck. Von diesen übernahm der Zoo New York-Bronx am 4. März 1905, also zweieinhalb Jahre nach dem Import, ein Pärchen, allerdings nicht gegen Barzahlung, sondern im Tausch gegen 1,3 Bisons, die für Hagenbeck einen Verkaufswert von etwa 2.000 Mk pro Stück hatten, so daß er auf dem Wildpferdekonto schließlich doch noch einen Verkaufserlös gutschreiben konnte. Im Mai 1907, zur Eröffnung des Tierparkes in Stellingen, waren der von Hagenbeck's Greater Shows zurückgekehrte Hengst von 1901 sowie die bisher nicht verkaufte Stute, ein Hengst aus dem Transport von 1902 und der von Blaauw zurückgegebene Hengst aus dem Transport von 1901 zu sehen. Herr Blaauw bekam kurz darauf für den zurückgegebenen Hengst einen aus dem Transport von 1902. Es verblieben also 2,1 Przewalskipferde in Stellingen. Die Stute starb im November 1908, ohne daß sie ein Fohlen gebracht hätte. Einer der Hengste wurde am 6. Juli 1920 an den Zoo von Amsterdam verkauft, der andere starb während des I. Weltkrieges.

In der Literatur wird spekuliert, daß mehr als die genannten Przewalskipferde, vor allem mit dem zweiten Transport, zu Hagenbeck gelangt, bald aber gestorben oder schon auf dem Transport verendet und in Museen gekonnen seien. Aus Hagenbecks Unterlagen läßt sich eine solche Annahme nicht belegen. Ein großer Teil der in seinem Unternehmen in Hamburg und in Stellingen gestorbenen Tiere gelangte zur Präparation oder wenigstens zur Bewahrung wissenschaftlich wertvoller Teile in das

---

62 Rothschild gab auch eine eigene zoologische Zeitschrift heraus, die Novitates Zoologica, hatte selbst wissenschaftliche Ambitionen, und war vor allem auf dem Gebiet der zoologischen Systematik wissenschaftlich tätig.

Präparatoren-Unternehmen Umlauff in Hamburg, das bis zu seinem Tode 1896 von seinem Schwager Johann Friedrich Gustav Umlauff und danach von dessen Sohn Johann jr., also seinem Neffen geführt wurde. Unveröffentlichte Notizen von Johann jr. Umlauff an Hand des offenbar in dieser Firma geführten Totenbuches, die in Hagenbecks Archiv aufbewahrt werden, weisen insgesamt bis 1930 neun Przewalskipferde auf, die er bekommen und für verschiedene Museen und Sammlungen präpariert hat. Die beiden Berliner Exemplare, die 1916 bzw. 1926 starben, eingerechnet, sind alle sieben bei Hagenbeck gestorbenen Tiere, aber keine weiteren, von Umlauff präpariert worden. Erinnert sei daran, daß Grieger und Wache mit dem ersten Wildpferdtransport 21 Decken und ein Skelett dieser Tierart mitgebracht hatten, von denen Hagenbeck über Umlauff zweifellos Material an interessierte Museen weitergereicht hat. Belege darüber gibt es aber leider in Hagenbecks Archiv nicht.

Nach 1902 gab es keine weiteren Importe von Przewalskipferden nach Hamburg. Weitere eingefangene Fohlen gingen wieder zu Friedrich von Falz-Fein. Da Hagenbeck nicht alle importieren Fohlen verkaufen konnte und mit dem Verkauf nur einiger der importierten Pferde seine Unkosten nicht decken konnte, versteht sich seine Zurückhaltung gegenüber weiteren Importen von Przewalskipferden. Die z.B. im Landwirtschaftlichen Institut der Universität Halle gezüchteten Przewalskipferd-Hybriden mit Hauspferdstuten verschiedener Schläge erwiesen sich im wesentlichen als unbrauchbar für Reit- und Zugzwecke.[63, 64]

---

63 L. Zukowsky: Über einige seltene und kostbare Tiere in Carl Hagenbecks Tierpark. Zool. Beobachter und Zool. Garten, 55, 1914, 213-217, Seite 217.

64 Es ist aber auch noch auf folgendes hinzuweisen: Außer den mongolischen Fängern des Kaufmanns Assanow fing noch der in Naryn in Kirgisien ansässige Osip E. Neschiwow Przewalsikipferde, und zwar aus dem westlichen Randvorkommen des Przewalskipferdes, an den Abhängen des zur chinesischen Provinz Sinkiang gehörenden Tienschan-Gebirges gelegen. Von Neschiwow sind keine Wildpferde zu Hagenbeck oder anderswohin nach Mitteleuropa gekommen. Es ist aber nicht auszuschliessen, daß von ihm am Tienschan-Gebirge gefangene Wildpferde oder von diesen stammende Decken bzw. Skelette in russische Institutionen gelangt sein können. Die weiter westlich vorkommenden Wildpferde könnten einen etwas anderen Phänotyp gehabt haben. Es gibt aber keine Nachrichten über einen Verbleib von Wildpferden, die Neschiwow gefangen hat. Wir verdanken die Informationen über Neschiwow Herrn Dr. Alexander P. Saveljev, Kirow, Rußland, der uns auf einen Aufsatz von W.K. Anfilow aufmerksam machte und eine kurze Zusammenfassung des im Original in russischer Sprache veröffentlichten Aufsatzes übermittelte. Neschi-

Die Konkurrenten

Carl Hagenbeck beackerte das Feld des Handels mit exotischen Tieren in Deutschland bzw. in Mitteleuropa nicht allein. Fast während der gesamten Zeit seiner Handelstätigkeit nahm er zwar eine Spitzenposition im Tierhandel ein, aber er hatte auch stets ernstzunehmende Konkurrenten. Diese Konkurrenzsituation im Tierhandel war nicht nur für die Kunden von Vorteil, sondern auch für die Seeleute, die ihre mitgebrachten Tiere im Hafen schnell losschlagen mußten, und für diejenigen, die aus dem Aus- oder Inland Tiere anzubieten hatten. Ein Grund dafür, daß Carl Hagenbeck ständig auf der Suche nach neuen Möglichkeiten war, sich mit Tierschaustellungen weitere Erwerbsquellen zu erschließen, ist zweifellos auch darin zu sehen, daß ihm die Konkurrenz stets hart auf den Fersen war.

Fa. Reiche, Alfeld

Der wichtigste Konkurrent ab Mitte der 1870er Jahre bis 1910, dem Jahr der Auflösung dieser Tierhandlung, war die Fa. Reiche in dem kleinen, niedersächsischen Städtchen Alfeld/Leine.[65] Die Reiches haben sich freilich niemals so in die Öffentlichkeit manövriert, wie das Carl Hagenbeck meisterhaft verstand. Vater und Sohn Carl Reiche blieben biedere Kaufleute. Es ist nicht überliefert, daß sie versucht haben, ihre Tätigkeit in der Öffentlichkeit darzulegen oder darstellen zu lassen. Sie unterhielten freilich in Deutschland auch keine öffentlich zugängliche Menagerie oder gar einen Tiergarten, betrieben keinen Zirkus und arrangierten auch keine Tier-Sonderschauen. Die Brüder Carl (1827-1885) und Heinrich (1833-1887) Reiche, die einer Mode der Zeit zufolge als welterfahrene Kaufleute ihren Namen anglisierten und sich Charles und Henry nannten, waren bereits als Knaben in den Exporthandel mit in ihrer Heimat, Grünenplan im Hils, im Harz, dem Vogelsberg oder in der Rhön gezüchteten Kanarienvögeln und zum Liedsänger abgerichteten heimischen Waldvögeln eingearbeitet worden, den ihr Vater Wilhelm, ein Glasfabrikant, im

wow wurde "der russische Hagenbeck" genannt. W.K. Anfilow: Russki Gagenbek, Istoritscheskij Westnik, St. Petersburg, 126, (12), 1076-1086, 1911.

65 Dazu auch: L. Dittrich: Alfeld, hundert Jahre ein Zentrum des Handels mit fremdländischen Wildtieren, Jb. Landkreis Hildesheim 1997, S. 57-65.

Nebengewerbe betrieb.[66] Im Jahre 1847 gründeten sie in New York die Fa. Charles Reiche and Brother, über die sie die in die USA transportieren Vögel an die Kunden brachten. Im Jahre 1866 verlegten sie den deutschen Sitz ihrer Firma aus Gründen besserer Transportmöglichkeiten der Vögel mit der Eisenbahn in die norddeutschen Häfen von Grünenplan nach Alfeld/Leine. Nach Zeitungsberichten exportieren sie um 1853 per anno etwa 10.000 Vögel in die USA, in den 1870er Jahren etwa 60.000 bis 70.000 pro Jahr. Charles Reiche schrieb 1853 ein Handbuch über die Pflege von Stubenvögeln.[67] Zunächst aus ökonomischen Gründen, um auch die Rückreise der die Vögel nach Übersee begleitenden Pfleger gewinnbringend zu machen, brachten diese ab Mitte der 1860er Jahre einige Wildtiere mit, die sie offenbar in den ausländischen Häfen oder über Kanarienvogelkunden erwerben konnten, und Charles Reiche bot diese von Alfeld aus an, z.B. den deutschen Zoologischen Gärten. Im Jahre 1866 kaufte Charles Reiche von Hagenbeck drei Afrikanische Elefanten aus einem Casanova-Transport und verkaufte sie in den USA.

Die Fa. Reiche besaß also damals schon, anders als Hagenbeck, bereits direkte Geschäftsbeziehungen in den USA. Allein der große amerikanische Zirkus Adam Forepaugh kaufte von den Gebrüdern Reiche im Jahre 1867 Tiere im Wert von 35.000 Dollar und 1875 solche für 95.000 Dollar.[68] In den direkten Import von afrikanischen Tieren war Reiche 1872 eingestiegen. Carl Hagenbeck verschickte für Charles Reiche vier Giraffen nach New York. Vermutlich hat ihm der Geschäftspartner Hagenbecks, Bernhard Kohn, dazu den Weg geöffnet. Der Händler Kohn, der in Ägypten und im ägyptisch kontrollierten Sudan mit allen möglichen Waren handelte, hatte 1872 bei Hagenbeck für den Tiergarten des Khediven (= Vizekönig) von Ägypten Tiere gekauft: ein Quagga, einen Zebrahengst, ein Guanako, zwei Seehunde, zwei Emus und etliche Papageien, die offenbar Dietrich Hagenbeck nach Ägypten brachte. Von dort schrieb dieser seinem Bruder, daß sich in Suez auch Charles Reiche aufhalte und eben von einem aus dem Sudan kommenden Tiertransport eine große Giraffe gekauft habe. Vermutlich hatte Kohn auch von Reiche Tie-

---

66 A.E. Brehm: Sänger als Handelsartikel, Die Gartenlaube Jg. 1870, S. 249-251.

67 Companion or Natural History of Cage Birds, Their Food, Management, Habits, Treatment, Diseases, Etc. New York. Bis 1871 erlebte das Buch sieben Auflagen (nach R.W. Flint 1996, S. 97-108 und 178-180).

68 R.W. Flint 1996, S. 102.

re für den Khediven erworben, und dieser hatte seine Tiere, wahrscheinlich mit seinem Angestellten Karl Lohse, der bis 1883 Reiches Importeur
wurde, dorthin begleitet. Carl Hagenbeck legte Reiche die Kosten für den
Transport der Giraffe und die Passage für den Begleiter nach Deutschland aus. Vielleicht glaubte Carl Hagenbeck damals noch, wie zuvor mit
seinem Schwager Charles Rice in London auch mit Reiche gemeinsame
und aufeinander abgestimmte Geschäfte machen zu können. Charles Reiche war aber in Kontakt mit dem Tierfänger und -aufkäufer Hans Georg
Schmutzer gekommen und konnte diesen für sich gewinnen. Ab 1873
brachte der ihm, begleitet von Karl Lohse, Tiertransporte nach Alfeld,
die den Hagenbeckschen dem Umfang nach in etwa gleich kamen, aus
denselben Tierarten bestanden und etwa im gleichen Zeitraum eintrafen.
Die Abnehmer der Tiere von den beiden Tierhandlungen waren freilich
verschieden.[69] Durch seine Handelsverbindungen verkaufte Reiche, nach
Briefen zu urteilen, die im Stadtarchiv Alfeld aufbewahrt werden, die
meisten seiner Tiere in die USA.[70]

Hagenbeck verfügte damals noch nicht über einen Generalvertreter in
den USA, über den er einen Verkauf von Tieren hätte organisieren können. Er stellte in der New Yorker Filiale des Tierhändlers Louis Ruhe
einige Tiere zum Weiterverkauf ein. Erst als es Hagenbeck 1881 gelang,
den Eigentümer und Betreiber des Menagerie im Central Park von New

---

69 So erhielt, nach einer Mitteilung der Neuen Hannoverschen Zeitung vom 18.6.1874
Charles Reiche am 13.6.1874 einen Transport aus Nubien mit 26 Giraffen u.a. Tieren, die er an die Zoos und Antwerpen, London und vor allem in die USA verkaufte.
Carl Hagenbeck erhielt am 13.6.1874, begleitet ab Suez von seinem Bruder Wilhelm, aus demselben Fanggebiet stammen einen Transport von acht Giraffen und
am 30.6.1874 noch einen Transport von 16 Giraffen und anderen Tieren von Bernhard Kohn, die er an den Jardin d'Acclimatation von Paris (sechs Exemplare), an die
Menagerien Bidell, Daggesell, Heidenreich, Kallenberg, Scholz und Winkler, an
den Zirkus Renz und an die Zoos von Moskau und St. Petersburg verkaufte. Carl
Hagenbeck erhielt am 25. August 1877 von Bernhard Kohn einen Transport mit
dreizehn Straußen, vier Giraffen und mit Raubtieren, Antilopen, Affen, einem Kro-
kodil und einem Erdferkel. Charles Reiche übernahm von Schmutzer und Lohse am
29.8.1877 drei Eisenbahnwaggons mit afrikanischen Tieren, bestehend nach Zei-
tungsmeldungen aus Giraffen, jungen Elefanten, Antilopen, Gazellen, ebenfalls einem Erdferkel und dreizehn Straußen.

70 z.B. Brief Heinrich Reiche von Charles Reiche & Brother, New York, an Hermann
Windhorn, Port Elisabeth, vom 19. Jan. 1882.

York, W.A. Conklin, als Generalvertreter zu gewinnen, konnte auch er einen großen Teil der von ihm importierten Tiere in die USA verkaufen. Im Oktober 1876 eröffneten die Gebrüder Reiche zusammen mit dem Amerikaner W.C. Coup am Broadway/Ecke 35. Straße in New York ein großes Schauaquarium mit Becken für Süßwasser- und Seewasserfische sowie für einige Meeressäugetiere und für -schildkröten, einer öffentlich zugänglichen Fachbibliothek und einem Laboratorium. Es gab auch ein großes Becken mit Felsengrotte, in dem Californische Seelöwen gehalten wurden. Inmitten der zentralen Schauhalle befand sich ein Becken von zehn Meter Durchmesser, in dem ein Wal, vermutlich ein Belugawal, gehalten wurde. Das Meerwasser wurde von einer Dampfmaschine durch eine spezielle Leitung aus dem vor New York gelegenen Meer bezogen und ständig umgewälzt.[71] Dieses Schauaquarium dürfte das größte gewesen sein, das bis dahin irgendwo in der Welt betrieben wurde. Es bestand freilich nur bis 1881. Charles Reiche war zunächst aber noch auf einem anderen Gebiet als dem Tierhandel ein Konkurrent Hagenbecks. In den Jahren 1876 und 1877 hatte Bernhard Kohn Carl Hagenbeck die ersten beiden Nubierschauen ermöglicht, von denen die zweite deswegen sehr interessant war, weil Leute aus dem Stamm vorgestellt wurden, die im Hinterland von Kassalla die Großtiere fingen, die mit den Transporten aus Nubien nach Deutschland kamen und die pantomimisch darstellten, wie sie Tiere fingen. Im Jahre 1878 brachten Schmutzer und Lohse aus demselben Gebiet Charles Reiche ebenfalls eine Nubiertruppe, und kurz darauf konnte Reiche eine Irokesentruppe aus Kanada nach Deutschland bringen, die zu beschaffen ihm durch seine Handelsverbindungen in Nordamerika möglich war. Danach gab allerdings Charles Reiche seine Völkerschauen auf, und weder er noch sein Sohn und Nachfolger als Chef der Firma zeigten je wieder solch Schaustellungen. Vermutlich waren sie nicht zu dem wirtschaftlichen Erfolg geworden, den man sich errechnet hatte. Auch die Hagenbeckschen Völkerschauen gingen ja keineswegs alle finanziell günstig für diesen aus.

Nachdem 1883 der als Mahdiaufstand bezeichnete Befreiungskrieg der Sudanesen von der durch England kontrollierten Herrschaft Ägyptens die nubische Quelle für Tierimporte zum Versiegen gebracht hatte, mußten sich sowohl Hagenbeck wie Reiche andere Faunengebiete für den Tierhandel erschließen. Hagenbeck gelang es durch seinen Mitarbeiter

---

71 R.W. Flint 1996, S. 104-105.

Josef Menges auf Ceylon Fuß zu fassen. Später, ab 1886, baute sein Halbbruder John zunächst als Angestellter seiner Firma diese Bezugsquelle für Tiere aus Ceylon und Indien aus. Ab 1891 sandte John, zeitweilig verbunden mit dem anderen Halbbruder Carls, Gustav, von dort Tiere auf eigene Rechnung. Über Josef Menges erhielt Hagenbeck, allerdings auch Reiche, ab 1884 Tiere aus Somaliland. Durch die Vermittlung von H. Breitwieser, dem Tierhändler aus Hamburg, gelang es Hagenbeck, sich Rußland, vor allem Sibirien, als Quelle für Tierimporte zu erschließen, die dann Wilhelm Grieger und Fritz Schipfmann ausbauten. Charles Reiche und vor allem nach dessen Tod 1885 sein Sohn Carl gewannen durch Verbindungen, die die Verkäufer der exportierten Kanarien- und Waldvögel in verschiedenen Hafenstädten gewannen, Kontakte zu lokalen Beschaffern von Wildtieren, und zwar in Südafrika, Australien und Südamerika, zu Faunengebieten, zu denen Hagenbeck keinen oder nur gelegentlich und kurzzeitig direkte Geschäftsverbindungen hatte. Die meisten Antilopen südafrikanischer Arten und Steppenzebras, vor allem Burchellzebras, die ab Mitte der 1880er Jahre nach Deutschland und in die USA importiert wurden, hatte Carl Reiche durch ihm verbundene Mitarbeiter beschaffen lassen. Anders als Carl Hagenbeck reiste offenbar Carl Reiche auch selbst in solche Gebiete. Heinrich Leutemann schreibt jedenfalls,[72] als er den ersten großen Import von Weißschwanzgnus aus Südafrika in Zeichnung und Text vorstellt, der nach Deutschland und zu Reiche nach Alfeld kam: "Aus Gefälligkeit gegen Herrn Reiche, welcher selbst dort gewesen, ließen einige Großgrundbesitzer im Oranje-Freistaat, auf deren Gelände einige Gnuherden leben, eine Anzahl junge Gnus einfangen". Carl Hagenbeck reise nicht nach Übersee, um Bezugsmöglichkeiten für Tiere zu erschließen. Diese Aufgabe überließ er seinen Mitarbeitern. Carl Hagenbeck reise, um Kunden zu gewinnen oder Sonderschaustellungen zu vereinbaren bzw. an solchen teilzunehmen.

Die beiden in Konkurrenz miteinander stehenden Firmen Hagenbeck und Reiche verkauften sich allerdings auch gegenseitig Tiere, wenn die Wünsche ihrer Kunden anders nicht zu befriedigen waren. So verkaufte Hagenbeck 1872 Reiche ein Panzernashorn, das er zuvor dem Berliner Zoo hatte abnehmen müssen, als Reiche ein solches dem Kölner Zoo zu liefern hatte. Im Jahre 1881 tauschte Reiche bei Hagenbeck gegen vier

---

72 Über Land und Meer, Deutsche Illustrirte Zeitung 1894, S. 1063.

Giraffen ein Javanashorn ein, das er wiederum dem Kölner Zoo bzw. dem Sponsor des Tieres, dem Kölner Bankier Eduard von Oppenheim, beschaffen mußte. Hagenbeck wiederum tauschte 1896 gegen 16 Jungfernkraniche bei Reiche dreizehn Alligatoren für seine Reptilienschau ein. Als Hagenbeck 1907 seinen Tierpark in Stellingen eröffnete, kaufte er nicht nur einige afrikanische Antilopen von Reiche, die er anderen Zoos zu liefern hatte, sondern für seinen eigenen Tierpark eine Rappenantilope, ein Paar Elandantilopen sowie eine Nilgauantilope aus Indien.

Im Jahre 1910 gab Carl Reiche, erst 54-jährig, seine Tierhandlung auf. Er legte sein Kapital bei dem Alfelder Eisen- und Stahlwerk an und starb als dessen Miteigentümer 1925 durch eigene Hand. Über die Gründe, die ihn zum Rückzug aus dem Tierhandel bewogen haben, gibt es keine sicheren Informationen, nur Anhaltspunkte. In der nächsten Generation gab es niemanden mehr, der die Tierhandlung Reiche hätte weiterführen können. Indessen Carl Hagenbeck 1902 nach Ankauf des Grundstückes in Stellingen und einstweiligem Ausbau des Geländes zur Haltung vor allem von Weidetieren und Laufvögeln die räumlichen Möglichkeiten der Tierunterbringung beträchtlich erweitert und so verändert hatte, daß er die allmählich immer schärfer werdenden Quarantänebestimmungen für importierte Huftiere besser erfüllen konnte, hatte Reiche keine derartige Erweiterung in Alfeld vorgenommen. Die Firma Louis Ruhe, eine Konkurrenzfirma in Alfeld, über die noch gesprochen wird, hatte 1902 bis 1904 gleichfalls durch Verlagerung der Firma an den Ortsrand von Alfeld das Betriebsgelände beträchtlich erweitern und bessere Isolierungsmöglichkeiten für frischimportierte Tiere schaffen können. In der zweiten Hälfte der 1890er Jahre hatte Carl Hagenbeck den Leiter des Zoologischen Gartens Chicago, E.D. Colvin, und nach dessen Tod Anfang 1902 seinen Nachfolger C.L. Williams als Generalvertreter gewonnen. Mit den beiden Zoomanagern gelang es ihm, wesentlich mehr Tiere auf dem amerikanischen Markt unterzubringen, und zu Beginn des neuen Jahrhunderts hatte Hagenbeck zweifellos Reiche in Amerika als Haupttierlieferant für Zoos und Zirkusse den Rang abgelaufen. Colvin und Williams waren mit 5 % am Umsatz der Hagenbeck-Tiere beteiligt. Wie noch dargelegt wird, war durch die Gründung mehrerer kleiner Tierhandlungen ab 1907 in Hamburg, anderswo in Deutschland und im Ausland, vor allem in den USA, die Konkurrenz vor allem für den Verkauf von Affen, kleineren Säugetieren und insbesondere für Vögel erheblich gewachsen. Schließlich war Carl Reiche für den Großtierhandel wie kein anderer deutscher Tierhändler, sowohl bei Import wie beim Export, auf angelsächsische Länder und Kolonien angewiesen. Mag sein, daß er die politischen Wetterzeichen richtig zu deuten wußte, die einen großen Krieg in den Bereich der Möglichkeiten rückte, und er seine weltweit agierende Firma noch rechtzeitig verkaufen wollte. Sein Alfelder Konkurrent, Ruhe, übernahm von ihm die Lieferquellen und die Kunden sowie sogar einige Mitarbeiter. Die Tierhandlung Ruhe wurde dadurch zum Konkurrenten für Carl Hagenbeck, sogar zu seinem "Erben" als Hauptlieferant für die deutschen Zoos, weil die maßgeblichen deutschen Zoodirektoren 1909 einen Boykott Hagenbecks beschlossen. Der Boykottbeschluß ist nicht aus irgendwelchen Unterlagen direkt zu belegen, ergibt sich aber aus dem Vergleich der Tierbücher der wichtigsten deutschen Zoos. Sie kauften ab 1910 bis zum Ausbruch des ersten Weltkrieges bei Carl Hagenbeck keine Tiere mehr, trotz des verlockenden Angebots, das er in den folgenden Jahren nach dem Import sehr seltener Tiere machen konnte. Ursache für den Boykott war die Debatte um Carl Hagenbecks Tierpark in Stellingen in den deutschen Tageszeitungen (siehe Kapitel Hagenbecks Tierpark und der Hamburger Zoo). Wenn ab 1910 sich auch nicht alle deutschen Zoos an diesen Beschluß hielten: Hagenbeck rutschte als Tierhändler ins zweite Glied ab, und die Firma Ruhe wurde nach dem ersten Weltkrieg bis in die 1970er Jahre zum leistungsfähigsten Unternehmen des deutschen Tierhandels.

Fa. Ruhe, Alfeld

Wie die Fa. Reiche war auch die Fa. Ruhe in Grünenplan gegründet worden und befaßte sich mit dem Export von Kanarien- und als Liedsänger abgerichteten Waldvögeln, vorwiegend nach den USA. 1878 verlegte sie der Gründer Ludwig (= Louis) Ruhe ebenfalls nach Alfeld. Wie Reiche hatte auch Ruhe 1868 eine Filiale in New York gegründet, und seine Vogelpfleger brachten ebenfalls gelegentlich aus Übersee exotische Tiere mit nach Deutschland, offenbar aber in geringerem Umfang als Reiches Mitarbeiter. Carl Hagenbeck war mit Louis Ruhe befreundet, wie die Anrede: "Lieber Freund Ruhe" in einem erhalten gebliebenen Brief vom 25.2.1878 belegt. Hagenbeck, der zu dieser Zeit noch nicht über eine Möglichkeit verfügte, Tiere direkt auf den amerikanischen Markt zu bringen, hatte z.B. 1877 verschiedene Tiere in der Filiale von Ruhe in New York eingestellt, die Louis Ruhe für ihn verkaufen sollte. In den

Unterlagen von Hagenbeck finden sich Kosten für ihr Futter. 1875 und 1876 hatte er über Ruhe je zwei Eisbären verkaufen können, 1875 sogar einen Asiatischen Elefanten und eine aus dem Jardin d'Acclimatation von Paris bezogene Kuhantilope, damals in den USA noch eine spektakulär seltene afrikanische Tierart. Louis Ruhe lieferte Hagenbeck in Nordamerika beheimatete Tiere, vor allem Vögel, kleinere Säugetierarten, wie Biber, Luchse, Füchse und 1876 auch einen Baribal, vor allem aber einige damals noch garnicht oder kaum nach Europa gekommene Tiere, wie 1876 zwei Gabelböcke, jene merkwürdigen, den Antilopen und Giraffen verwandten Horntiere der nordamerikanischen Beifußsteppen, die ihre Hörner alljährlich abwerfen wie die Hirsche ihr knöchernes Geweih. Man konnte damals aber, so wie es auch heute fast immer noch der Fall ist, diese Tiere in Europa nicht halten. Im Jahre 1883, nach dem Tode seines Vaters, übernahm Hermann I. Ruhe die Firma. Bis zum Ende der Firma Ruhe in den 1980er Jahren gab es nacheinander drei Firmenchefs, die alle Hermann hießen. Die Beziehungen zu Hagenbeck änderten sich zunächst nicht. Ab 1895 war aber Hermann I. Ruhe bestrebt, das Handelsspektrum seiner überwiegend mit Vögeln handelnden Firma auszuweiten. So kaufte er 1895 von Hagenbeck zehn Mantelpaviane, die er von Alfeld aus weiterverkaufte. In den Jahren 1902 bis 1904 erfolgte die schon erwähnte Verlegung der Firma in Alfeld und der enorme Ausbau der Infrastruktur, so daß es möglich wurde, derart viele Tiere in Quarantäne- und Eingewöhnungsställen unterzubringen, wie zur Ausstattung eines kompletten Zoos mit Tieren nötig gewesen wäre. Ruhe hatte sich zu dieser Zeit die Basis geschaffen, für Hagenbeck ein ernsthafter Konkurrent zu werden, obwohl in den Unterlagen der Zoos zur damaligen Zeit noch nicht eine gesteigerte Liefertätigkeit seitens der Firma Ruhe nachzuweisen ist. Er war aber in der Lage, einzelne sehr seltene Tiere der asiatischen Fauna, die bisher kaum nach Europa gekommen waren, zu importieren, wie Serau und Goral aus China, 1905 bzw. 1907 dem Berliner Zoo geliefert, oder Schraubenhornziegen aus Afghanistan. Ruhe hatte auf dem neuen Gelände auch eine große Dressurhalle errichten lassen, in der Elefanten und Raubtiere zirkusreif abgerichtet werden konnten. Er war also auch auf diesem Gebiet dabei, Hagenbeck Konkurrenz zu machen. In seinem Buch: "Wilde Tiere frei Haus", 1960, schreibt Hermann II. Ruhe[73] aus der Erinnerung, daß der bisher für Hagenbeck arbeiten-

---

73 S. 19.

de Seelöwendompteur Judge schon vor dem Umzug in Alfeld im alten Grundstück der Fa. Ruhe eine neue Seelöwengruppe dressiert hatte, vermutlich um 1905, in einer Zeit, als Hagenbeck seinen Tiergarten am Neuen Pferdemarkt in Hamburg schon aufgegeben, eine neue Dressurhalle auf dem Gelände in Stellingen aber noch nicht errichtet hatte. Ruhe mag über Judge darauf gekommen sein, daß mit dem Angebot, für Tierlehrer Räumlichkeiten zu haben, in denen sie nach Ende der Zirkussaison im Winter eine neue Tiergruppe für ein neues Engagement dressieren konnten, Geld zu verdienen war, zumal es nahe lag, den Tierlehrern auch gleich zur Dressur geeignete Tiere anzubieten, wie das Hagenbeck nun schon fast drei Jahrzehnte lang erfolgreich getan hatte. Daß es Hermann I. Ruhe schließlich vor allem dem Boykottverhalten der deutschen Zoodirektoren zu verdanken hatte, ab 1910 Hagenbeck als wichtigsten Tierlieferanten der deutschen Zoos zu ersetzen, und daß im selben Jahr auch die Fa. Reiche erlosch und damit ein Konkurrent verschwand, wurde schon dargestellt. Nach dem Tode des Vaters 1922 führte Hermann II. Ruhe die Tierhandlung weiter und entwickelte sie in den nächsten beiden Jahrzehnten und noch einmal nach dem zweiten Weltkrieg in den 1950er und 1960er Jahren zur bedeutendsten Tierhandlung in Deutschland.

Josef Menges

In den Jahren von 1876 bis 1885 war Josef Menges ein fest bei Hagenbeck angestellter Mitarbeiter. Er reiste für Hagenbeck nach Nubien, sammelte von der einheimischen Bevölkerung gehaltene Tiere ein, fing aber selbst auch bzw. organisierte den Fang von Tieren durch einheimische Jäger. Nach dem Ausbruch des Mahdikrieges reiste er für Hagenbeck nach Ceylon und knüpfte hier die Verbindungen, die dann von dessen Mitarbeitern, darunter Johannes Castens aus der Verwandtschaft der zweiten Frau seines Schwiegervaters und schließlich ab 1886 von seinen Stiefbrüdern John und Gustav, ab 1894 mit John zusammenarbeitend, ausgebaut wurden. Menges wandte sich 1883 nach Somaliland und begann ab 1885 auf eigene Rechnung, in diesem Land, selbst Tiere zu fangen. Alljährlich brachte er einen großen Tiertransport aus dem Land, aus dem zuvor noch niemals Tiere importiert worden waren, nach Deutschland, mit zahlreichen Somalistraußen, Mantelpavianen, Geparden, Karacals, Löwen, Leoparden, Hyänenhunden, Löffelhunden, Streifenhyänen, Beisa-Antilopen, ab und zu auch Antilopen, die noch nie zuvor lebend in

Europa zu sehen waren, wie einen Kleinen Kudu (1885), eine Spekes Gazelle (1883), Grantgazelle (1885), Giraffengazelle (1895) oder die Beira-Antilope, die er selbst in Äthiopien für die Wissenschaft entdeckt hatte (Dorcatragus megalotis Menges 1894). Das Pärchen Kleine Kudus und die Spekesgazelle erwarb Baron J.M. Cornely für seinen Tierpark am Schloß Beaujardin bei Tours. Seine Angebote umfassten ferner Warzenschweine, Dromedare, dazu Perlhühner, Frankoline, Pelikane, Flamingos und andere Vogelarten, kleinere Säugetiere und einige Reptilien, wie Schildkröten. Nach dem Ende des Krieges 1899 reiste er wieder nach Nubien und brachte von dort erneut einige Giraffen, Tora-Kuhantilopen, Pferdeantilopen, Große Kudus, im Jahre 1902 das erste Grevyzebra aus Äthiopien, ferner Löwen u.a. Tiere mit. Im Jahre 1907 unternahm er seine letzte Tierfangreise. Als einziger Fänger und Importeur von Tieren in Somaliland war er in den 1880er und 1890er Jahren ohne Konkurrenz. Zoologische Gärten, vor allem deutsche, Wandermenageristen und Zirkusse, aber auch Carl Hagenbeck und die Fa. Reiche gehörten zu seinen regelmäßigen Kunden. Carl Hagenbeck übernahm von ihm viele Tiere, ab 1886 aber offenbar nur solche und so viele, wie er sicher war, umgehend weiterverkaufen zu können. Es könnte nach den Unterlagen Hagenbecks möglich sein, daß er Menges mitunter, z.B. 1907, Kapital für einen Tierfang vorschoß. Menges Tierhandlung war ein Einmann-Betrieb. Er fing die Tiere bzw. leitete die Fang- und Eingewöhnungsaktionen, organisierte und begleitete die Transporte nach Deutschland und sorgte auch für den Verkauf der Tiere. Die Tiere seiner großen Transporte, die er nicht bereits schon vor dem Eintreffen in Deutschland verkauft hatte, stellte er in Zoologischen Gärten ein, 1896 im Zoo Dresden und danach im Zoo von Frankfurt. 1887 hatte er für einige wenige Jahre als Zwischenlager in Triest die Tierhandlung Giaschini erworben.[74] Schon von dieser Struktur und Organisationsform her konnte Menges für Hagenbeck niemals ein ernsthafter Konkurrent werden, wenngleich weder Hagenbeck noch Reiche eine Chance hatten, neben Menges für das Spektrum der von ihm gelieferten Tiere Konkurrenzimporte zu organisieren. Sie blieben für Tiere aus Somaliland von Menges abhängig.

Im Jahre 1905 gelang es Hagenbeck, Menges für eine Aufgabe zu gewinnen, die es bis dahin in der neueren Geschichte des Tiertransportes ihrem Umfang nach noch nicht gegeben hatte. Die deutsche Kolonial-

---

74 Zool. Garten, Frankf./Main, 28, 1887, S. 154.

truppe in der Kolonie Deutsch-Südwestafrika hatte aus militärtechnischen Gründen die Absicht, in den vielen wasserarmen Gebieten des Landes Reitdromedare einzusetzen. Es war aber nicht gelungen, die vor allem über die Canarischen Inseln beschafften Tiere in Südwestafrika einzugewöhnen. Vermutlich waren ungeeignete Dromedare erworben worden. Nunmehr beauftragte das Kolonialministerium Carl Hagenbeck, zunächst einige hundert, dann mehr als tausend, im ganzen etwas mehr als 2.000 Dromedare für die Kolonialtruppe zu beschaffen. Carl Hagenbeck beschreibt,[75] in welch sorgfältiger Weise dieser enorme Auftrag abgewickelt wurde, mit Bereitstellung des geeigneten Futters von Deutschland aus, mit dem Chartern für den Transport der Tiere geeigneter Schiffe usw. Mit der Beschaffung der Tiere im italienischen Teil des Sudan, dann vor allem in Äthiopien und im Somaliland wurde Josef Menges beauftragt, der mit dem Aufkaufen von Dromedaren Erfahrung hatte. So hatte er die von ihm organisierte Somalierschau 1895 mit zwanzig Dromedaren ausgerüstet. Verschiedene Reisende in Nordostafrika, die z.B. Tiertransporte aus dem Inneren mit Kamelen zu einem Hafen am Roten Meer oder Indischen Ozean gebracht hatten, beschreiben, wie es mitunter schon schwierig war, ein knappes Hundert von Lastkamelen für den Transport anzukaufen. Die Beschaffung aber von etwas mehr als 2.000 Reit- und Lastkamelen durch Menges in einem Zeitraum von nicht viel mehr als einem Jahr muß als eine seiner ganz großen organisatorischen Leistungen bewertet werden. Unterstützt wurde Menges im Somaliland von dem Häuptling Herzy Egeh, den er erstmals 1895 mit Mitgliedern seines Stammes für eine große Somali-Völkerschau nach Deutschland mitgebracht hatte.[76] Die meisten Dromedare kamen über den Hafen Djibuti, andere über Massaua zum Versand nach Lüderitzbucht in Deutsch-Südwestafrika. Hagenbeck verschaffte die gelungene Aktion zweifellos die entsprechende Anerkennung in Berlin.

Kleinere Tierhändler

Ab 1894 traten in Hamburg bzw. Altona und Harburg einige kleinere Tierhandlungen in Erscheinung, die sich, wie in seinen ersten Jahren auch Carl Hagenbeck regelmäßig und später noch im Falle besonders

---

75 C. Hagenbeck 1908, S. 377 ff.
76 L. Hagenbeck 1955, S. 16.

interessanter Tiere, im Hafen von Seeleuten mitgebrachte Tiere zu sichern verstanden. Soweit es sich um Papageien und andere, als Stubenvögel zu haltende Tiere handelte, auch um Affen einiger Arten, die sich im Haus halten ließen, oder um Terrarientiere, dürften vor allem Privatliebhaber ihre Kundschaft gewesen sein. Einige dieser Tierhandlungen belieferten aber auch Zoologische Gärten und Carl Hagenbeck. Sie hatten eine überregionale Bedeutung und gewannen dadurch für die Großhändler Hagenbeck und Reiche durchaus den Wert von Konkurrenten, zumal einige es verstanden hatten, sich über Seeleute, die längere Zeit auf einer bestimmten Route fuhren, Zugang zu lokalen Tiermärkten in interessanten Faunengebieten, wie z.b. auf Madagaskar, zu verschaffen. Sie gewannen dadurch als Importeure für bestimmte Tiere einen Ruf, und z.B. Zoodirektoren, die nach Hamburg kamen, suchten sie auf, um das eine oder andere für sie interessante Tier bei ihnen zu entdecken und zu erwerben. Der Berliner Zoodirektor Ludwig Heck beschreibt, allerdings in etwas herablassender Weise und dem kaufmännischen Anspruch dieser Händler wohl nicht ganz gerecht werdend,[77] seine eigenen Besuche in solchen Tierhandlungen.

Unter den Hamburger Firmen, die sowohl für Zoologische Gärten wie für Carl Hagenbeck als Importeure und Lieferanten einen Stellenwert hatten, ist in erster Linie die Fa. August Fockelmann in Groß-Borstel bei Hamburg zu nennen. Schon Vater Heinrich (1835-1919) hatte 1868 eine Tierhandlung gegründet und an Carl Hagenbeck ab und an Affen und Papageien verschiedener Arten, auch Uhus und Schnee-Eulen, Mongozmakis und einmal eine männliche Hirschziegenantilope geliefert, offenbar alles Tiere, die er im Hamburger Hafen aufkaufen konnte. Der Menagerie in Wien sandte er 1888 sechs Wellensittiche, damals noch eine seltene, aber sehr begehrte Volierenvogelart. In den Unterlagen des Berliner Zoos wird er für 1889 als Lieferant eines Orang-Utans, Preis 500 Mk, genannt, später auch für verschiedene Makiarten aus Madagaskar und für Alt- und Neuweltaffen. Sein Sohn August (1864-1915), der eine Nichte Carl Hagenbecks zur Ehefrau hatte, Emma, geborene Rice, betrieb ab 1893, ebenfalls in Groß-Borstel, eine eigene Tierhandlung. Auch er lieferte Carl Hagenbeck Tiere, die er wohl im Hamburger Hafen erwerben konnte, darunter 1896 und 1897 je zwei Schimpansen, alle zusammen zum Preis von 1.100 Mk. 1896 konnte August Fockelmann die

---

77 L. Heck 1938, S. 249 ff.

Verbindungen nach Madagaskar, die schon sein Vater hatte, intensivieren, so daß er in diesem Jahr allein Carl Hagenbeck 15 Varis und im Jahr darauf acht Varis, 16 Mongozmakis und drei Rotstirnmakis liefern konnte, neben Rhesusaffen und Lippenbären aus Indien, Pavianen, Mangaben und Meerkatzen aus Afrika, einem Straußenpaar u.a. Tieren. Kurz vor der Eröffnung seines Tierparkes in Stellingen kaufte Hagenbeck von ihm zum Weiterverkauf wiederum neben mehreren Tieren der genannten Makiarten noch Kattas aus Madagaskar sowie für den eigenen Tierpark Hyazintharas und andere Ara-Papageien, Paradieskraniche, zwei Pinselohrschweine, eine Säbelantilope und eine Gazelle, und, vermutlich für die Weitergabe, einen Leoparden und einen Löwen, Fasane mehrerer Arten, Amazonaspapageien, Kleinvögel und Leguane. Dem Berliner Zoo lieferte August Fockelmann z.B. 1899 mehrere Affen aus Indien und Hinterindien, darunter damals noch so seltene wie Hulmans, ferner Helmkasuare, Vicugnas, mexikanische Spießhirsche, Rote Varis und Rotstirngazellen, um nur die bemerkenswertesten Tierarten zu nennen. Er konnte nahezu alljährlich für einige hundert Mark Tiere an den Berliner Zoo verkaufen. Der Menagerie in Wien-Schönbrunn lieferte er Halbaffen, Alt- und Neuweltaffen, vor allem aber Sittiche und exotische Tauben mehrerer Arten, dem Kölner Zoo vor allem exotische Kleinvögel, Enten-, Papageien-, Taubenvögel, Turakos, Tukane und auch heimische Singvögel sowie Schildkröten, auch Elefantenschildkröten, einen Californischen Seelöwen, einen Ozelot, Bennettkänguruhs, Goldschakale, einen Baribal u.a.m. Nach dem ersten Weltkrieg wurde die Firma von Otto Fockelmann (1894-1968), dem Sohn Augusts, weitergeführt, durchaus mit internationaler Bedeutung, bis die politisch bedingten Devisen- und Zollbestimmungen in den 1930er Jahren und der zweite Weltkrieg erheblichen Einfluß auf die Firma nahmen.[78]

Von den anderen Tierhandlungen im Hamburger Raum mit überregionaler Bedeutung sei die Tierhandlung von H. Breitwieser genannt, der zeitweilig auf der Basis eines Vertrages für Carl Hagenbeck tätig war, ihm die Verbindung nach Sibirien knüpfte, 1901 für ihn einen Tiertransport nach Tokio brachte und ihm auf dem Rückweg Tiere aus Singapur zuführte. Breitwieser übernahm auch kurzfristige Aufträge von Carl Hagenbeck und holte z.B. 1901 zwei männliche Orang-Utans ab, die mit ei-

---

[78] Siehe H.-G. Klös: Otto Fockelmann † zum 90. Geburtstag, Bongo, Berlin, 9, 1985, S. 119-126.

nem Schiff nach Bremerhaven gekommen waren, und im Mai 1902 einen weiblichen Gorilla, einen weiblichen Schimpansen sowie einige Affen von einem in Plymouth einlaufenden Schiff. Heck schildert Breitwieser[79]: "typischer Leichtmatrose, klein, drahtig und tätowiert". Seiner Sprachkenntnisse und Geschäftserfahrungen wegen mag ihn Hagenbeck immer wieder für sich verpflichtet haben. Im Jahre 1897 machte Hagenbeck auch mit Breitwieser ein gemeinsames, sogenanntes Profitgeschäft. Man teilte sich die Kosten für den Ankauf der Tiere, die entstehenden Unkosten und den Gewinn nach ihrem Verkauf. Breitwieser verstand es immer wieder, sich interessante Tiere zu verschaffen, wie Flachlandtapire, Pinselohrschweine, eine Indische Gazelle, Kantschils, Drills und andere afrikanische Affenarten, Raubtiere, wie Lippenbären, Malaienbären, Binturongs, Fischkatzen, Ozelots u.a.m, die er z.B. Hagenbeck verkaufte. Die Bewertung "Kleinsthändler", die Heck für Breitwieser und einige andere seiner Branche vornimmt, dürfte der Wirklichkeit nicht entsprechen. Ihr Handelsspektrum läßt auch erkennen, daß ab Mitte der 1890er Jahre bis zum ersten Weltkrieg im Hamburger Hafen, wie zuvor wohl nur in London und Liverpool, eine große Zahl von exotischen Tieren eintraf, die einer ganzen Reihe von Händlern einen Lebensunterhalt sicherte. Zu den Händlern, die Heck etwas abwertend beschreibt, bei ihm nur Jonny genannt,[80] gehört auch Johann Bokram aus Altona, von dem Hagenbeck 1895 immerhin 1,3 Asiatische Elefanten erwarb und so seltene Tiere wie eine Vierhornantilope, einen Wollaffen, 1896 ein Kreishornschaf, das er sofort an das Landwirtschaftliche Institut der Universität Halle weiterverkaufte, und 1897 insgesamt 107 Rhesusaffen. Ludwig Heck mag auch vergessen haben, daß er das zweitkostbarste Geschenk, das der Zoo Berlin anläßlich seines 50. Jubiläums im Jahre 1894 erhielt, über Bokram beziehen konnte. Der Leipziger Zoodirektor Ernst Pinkert hatte dem Berliner Zoo einen weiblichen Schabrackentapir geschenkt, in dessen Tierbuch bei Eingang mit einer Wertbemessung von 2.300 Mk verbucht. Das Tier kam von Bokram in den Berliner Zoo.

Schließlich seien noch die genannt, die für Carl Hagenbeck Bedeutung hatten: Heinrich Möller schon ab 1879, von dem Hagenbeck nicht nur Tiere kaufte, sondern dem er auch solche verkaufte und mit dem er tauschte; W. Bandermann, Lieferant vor allem für Affen ab 1882, der

---

79 L. Heck 1938, S. 252.
80 Ebd., S. 252.

ihm 1888 und 1894 je einen Schimpansen verkaufte; H. Rath, Lieferant für kleinere Säugetiere, für Sittiche und andere Vogelarten ab 1894; Wilhelm Dieckmann, von dem er 1894 seine beiden ersten Sibirischen Tiger, für 3.800 Mk, erhielt; Bruno Hermann, der ihm 1902 einen männlichen Sumatra-Orang-Utan und einen weiblichen Borneo-Orang-Utan mit Baby, zusammen für 1.800 Mk, verkaufte, einen männlichen Schimpansen, einen weiblichen Sumatratiger und ein Schwarzes Pantherweibchen, im Jahre 1907 drei Schimpansen, einen Gibbon und eine ganze Reihe afrikanischer Affen; Gustav Gutschmidt, ein Händler mit überregionaler Bedeutung, der z.B. 1898 dem Zoo Köln einen Schabrackentapir und Carl Hagenbeck in erster Linie Halbaffen und Affen aus der Alten und Neuen Welt verkaufte, 1902 auch einen Schimpansen und darüber hinaus auch Riesenschlangen und einige Raubtiere. Es ist wahrscheinlich, daß Hagenbeck zumindest den von Bruno Hermann 1902 bezogenen Borneo-Orang-Utan mit Säugling an Ernst Pinkert, Zoo Leipzig, verkauft hat. Nachweisen läßt sich der Verkauf aus Hagenbecks Unterlagen allerdings nicht mehr. Zum ersten Mal konnte man jedenfalls in Deutschland nun eine Orang-Mutter, überhaupt einen Menschenaffen mit Kind sehen. Karl Max Schneider weist[81] darauf hin, daß Pinkert im Leipziger Zoo eine säugende Orang-Mutter mit 2 1/2-jährigen Kind zeigen konnte, nennt aber 1901 als Jahr dieses Ereignisses.

Auch in anderen deutschen Großstädten etablierten sich ab Mitte der 1890er Jahre Tierhandlungen mit meist lokaler Bedeutung, die auch an den Zoo ihrer Stadt Einzeltiere, vor allem Vögel, kleinere Säugetiere und Reptilien verkauften. Eine überregionale Bedeutung hatten die beiden Berliner Firmen Philipp Kirschner, von dem auch Carl Hagenbeck ab 1894 vor allem aus der australischen Region stammende Säugetiere und Vögel kaufte, und die Fa. Scholze & Poetzschke, die sich ab 1905 auf den Handel mit Reptilien spezialisierte. Ab 1904 taucht auch die Fa. Julius Mohr, Ulm, in den Unterlagen deutscher Zoos und auch bei Carl Hagenbeck auf, zunächst als Lieferant von Tieren der heimischen Fauna. Sie gewann erst nach dem ersten Weltkrieg größere Bedeutung als überregionale Tierhandlung, auch für exotische Tiere.

Schließlich muß noch erwähnt werden, daß einige der am Ende der 1870er und zu Beginn der 1880er Jahre in Deutschland von Einzel-

---

81 "Vom Werden und Wandel des Leipziger Zoos" in: K.M. Schneider (Hg.): Aus der Entwicklung einer Volksbildungsstätte, Leipzig 1953, S. 3-64.

persönlichkeiten gegründeten Zoologischen Gärten sich als Schaubetrieb mit Ambitionen im Tierhandel verstanden, so z.b. der Zoo Leipzig (1878 eröffnet), Krefeld (1879) und Aachen (1882) schon unter Hermann Stechmann und dann natürlich unter Heinrich Möller. Von Bedeutung für Carl Hagenbeck, sowohl als Kunde, aber auch als Konkurrent, wurde von diesen nur der Gastwirt Ernst Pinkert, der den Leipziger Zoo gründete. Pinkert hatte die Gaststätte des Leipziger Fettviehhofes betrieben und nach dessen Auflösung 1877 in den Installationen seine ersten Tiere ausgestellt. Schon im Jahre 1877 hatte er von Hagenbeck eine sogenannte "Glückliche Familie" zur Schaustellung ausgeliehen, bestehend aus einer zoogeborenen Löwin, zusammengewöhnt mit einem Braunbären, einer Hyäne und einem Hund.[82] Einen Teil der Tiere erwarb Pinkert, vor der Eröffnung seines Zoos am 9. Juni 1878, von Hagenbeck. Bereits ein Jahr später macht er als Tierhändler von sich reden, der z.B. einen Braunbären, einen Leoparden, eine Zibetkatze, ein Känguruh und 20 Wellensittiche über Hagenbeck an Charles Rice nach London lieferte. 1881 erwarb er von Georg Schmutzer oder dem Ungarn Eßler, der noch mit Lorenzo Casanova zusammengearbeitet hatte, drei Spitzmaulnashörner und Dscheladas zum Weiterverkauf. Vor allem in den 1890er Jahren und im neuen Jahrhundert bis zu seinem Tode 1909 tauchte Pinkert als Lieferant vor allem für interessante und kostbare Tiere in den Unterlagen verschiedener deutscher Zoos auf. Er lieferte u.a. 1892 ein Bergkänguruh, einen Schwarzen Panther, 50 Mantelpaviane und ein Pärchen Elche, ein Elch aus Kanada, der andere aus Schweden stammten, an den Kölner Zoo. Pinkert verfügte offenbar nicht nur über ausreichend flüssiges Kapital, sondern auch über Mut zum Risiko und rasche Entschlußkraft. So erwarb er im April 1894 die ersten beiden ausgewachsenen Orang-Utan-Männer, die nach Europa kamen. Ein Schiffsoffizier eines Lloyddampfers hatte sie aus Borneo über Singapur bis nach Antwerpen gebracht. Pinkert stellte sie einige Wochen bis zu ihrem Tod im Jardin d'Acclimatation in Paris aus. Da noch niemals Orang-Utans in solch kapitalen Exemplaren in Europa lebend zu sehen gewesen waren, hatten sie einen Tagesbesuch von 28.000 bis 35.000 Menschen.[83] Pinkert dürfte die Ankaufskosten für die beiden Orangs, die "Max" und "Moritz" genannt wur-

---

82 H. Leutemann, in: 50 Jahre Leipziger Zoo, Leipzig 1928, S. 122.
83 H. Bungartz: "Manaburu", der Geist des sumatranischen Urwalds. Hamburger Zoo-Zeitung, Juni 1928, S. 2-14, S. 3-4

den, bald wieder hereinbekommen haben. Im Jahre 1894 schenkte Pinkert dem Berliner Zoo einen Schabrackentapir, 1896 kaufte er eine größere Anzahl, vermutlich mehr als ein Dutzend, wahrscheinlich von einer Firma aus Chemnitz (Eisig & Hoffmann) importierte Bisons und lieferte Hagenbeck zwei Exemplare, dem Herzog von Bedford ein Trio, dem Kölner Zoo eine Kuh und Nills Privatzoo in Stuttgart ein Paar. Pinkert handelte mit afrikanischen und australischen Tieren, mit Tieren aus Indien und Südamerika. 1896 ließ er in den noch erhalten gebliebenen Ställen des ehemaligen Fettviehhofes von dem spanischen Dompteur Manuel Veltran sechs männliche Löwen dressieren, die in seinem Zoo mit Doggen zusammen vorgeführt wurden. Ab 1898 bildete Clara Huth unter dem Namen Claire Heliot in seinem Zoo geborene Löwen dressurmäßig aus. Sie trat in Leipzig, aber auch an anderen Orten auf. Wenn Ernst Pinkert auch nicht im entferntesten mit seinem Tierhandel an Carl Hagenbecks oder Reiches Handelsaktivitäten herankam, er verstand es aber, sich in diesen Jahrzehnten neben den großen Tierhändlern und den kleinen mit dem raschen Zugriff auf die im Hafen eintreffenden Tiere auch im binnenländischen Leipzig zu behaupten.

Ausländische Tierhändler

In den Aufbaujahren seiner Tierhandlung, also in der zweiten Hälfte der 1860er und in den 1870er Jahren, mußte sich Carl Hagenbeck nicht nur bei seinen Kunden in Deutschland, sondern auch bei denen daran angrenzender Länder Kontinentaleuropas, gegenüber in Großbritannien ansässigen Tierhändlern durchsetzen. Vor allem London war schon am Ende des 18. Jhs. zum führenden Handelsplatz für fremdländische Tiere geworden, die im wesentlichen von Seefahrern, Soldaten und aus Übersee zurückkehrenden Kaufleuten mitgebracht worden waren. London hatte die niederländischen Häfen von Antwerpen bis Amsterdam, in denen seit dem 16. Jh. die meisten der für mitteleuropäische Kunden bestimmten exotischen Tiere umgeschlagen worden waren, abgelöst.

Seit 1793 Gilbert Pidcock die stationäre Menagerie im Exeter Change-Gebäude, London, Strand, übernommen hatte, und mehr noch ab 1817 unter der Leitung von Eduard Cross, war diese zum wichtigsten Ort des Handels mit exotischen Tieren in London geworden, neben der jahrhundertealten königlichen Menagerie im Tower, die ebenfalls ihr angebotene Tiere auch zum Wiederverkauf aufnahm. Die Menagerie von Cross bestand im Exeter Change-Gebäude bis 1829, zog dann wegen Umbau des Hauses in die Kings Mews nahe Charing Cross um, aber nur für ein Jahr, bis sie aufgelöst wurde. Eduard Cross übernahm die zoologische Leitung des 1831 eröffneten Surrey Royal Zoological Gardens auf der anderen Themseseite von London und betrieb bis zu seinem Tode (vermutlich 1850) von hier aus noch Tierhandel. Inzwischen hatten aber andere Londoner Tierhändler eine überregionale Bedeutung und eine solche auch in Deutschland gewonnen, von denen die Firmen von Charles und William Jamrach für Carl Hagenbeck als Konkurrenten am wichtigsten waren.

Im Jahre 1840 war Anton, der älteste Sohn des Kommandanten der Hafenwache in Hamburg, Jacob Gerhard Gotthold Jamrach, der seit den 1820er Jahren hier nebenberuflich einen Handel mit Naturalien und exotischen Tieren betrieb, nach London gegangen, um eine eigene Tierhandlung aufzubauen. Unmittelbar nach seinem frühen Tod 1841 folgte ihm sein jüngerer Bruder Carl, der sich nun Charles nannte (1815-1891), und baute die von Anton gegründete Firma aus. Charles Jamrach war sowohl ein Zeitgenosse als auch auf dem deutschen Tiermarkt Konkurrent von Claes Carl Hagenbeck, dem Vater Carls, und von diesem selbst.

Als Lieferant taucht er bis in die 1880er Jahre in den Unterlagen deutscher Zoos auf. Viel wichtiger, sowohl vom Umfang des Angebotes her als auch vom Spektrum der angebotenen Arten, wurde für Carl Hagenbeck aber die Tierhandlung von dessen Sohn, William Jamrach (1843-1914), mit dem er befreundet war. Dieser hatte in den 1860er Jahren vor allem die Einfuhr von Tieren aus Vorder- und Hinterindien in seine Hände zu leiten gewußt und sich zum Ausbau von Lieferkanälen vor Ort auch in Indien aufgehalten. Er importierte nicht nur Großsäugetiere, wie Asiatische Elefanten, Panzernashörner, Tiger und andere Großkatzen, Lippen- und Kragenbären, Antilopen und Hirsche, sondern auch kleinere Säugetiere in großem Umfang. Jean Delacour, der größte Fasanenkenner seiner Zeit, schrieb in seiner Monographie,[84] daß William Jamrach aus Indien mehr als 2.000 Glanzfasane und Satyrtragopane importiert hätte. In Großbritannien waren Fasanerien im vergangenen Jahrhundert vor allem bei der gentry sehr beliebt. William Jamrach, zweifellos vom Umsatz her in den 1870er und 1880er Jahren der bedeutendste Tierhändler in Europa, unterhielt auch noch in Liverpool eine Zweigstelle. Außer Vater und Sohn Jamrach, Charles und William, spielte noch Anton H. Jamrach

---

84 The Pheasants of the World, London 1965, S. 97.

(um 1862 – nach 1914), ein Sohn Williams, als Lieferant auch für deutsche Zoos eine gewisse Rolle. Anton H. Jamrach arbeitete ab 1876 in der Firma seines Großvaters Charles mit und übernahm dann diese nach dessen Tod. Carl Hagenbeck konnte sich gegenüber den Jamrachs zunächst bis zu dessen Tod (1879) mit Hilfe des offenbar nicht unvermögenden Charles William Rice (1841-1879) behaupten, der um 1866 sein Schwager geworden war, als er Carl Hagenbecks jüngere Schwester, Auguste Caroline Marie (1848-1886), heiratete. Von William Jamrach kaufte Hagenbeck im Laufe der Jahre zum Weiterverkauf mindestens acht Panzernashörner, darunter 1885 eine Kuh mit einem Jungen. Die Unterlagen über seine An- und Verkäufe von Tieren sind in Hagenbecks Archiv nicht vollständig, so daß man keine genauen Angaben über die Anzahl der von ihm gehandelten Tiere machen kann. William Jamrach lieferte ihm mindestens 30 Elefanten, acht Orang-Utans, zahlreiche Affen, viele Großkatzen, wie die meisten Königstiger, Sumatratiger, Schwarzen Panther, Asiatische Leoparden und Nebelparder, Nilgau- und Hirschziegenantilopen, Moschustiere, Axishirsche, Sambar- und Pferdehirsche, Vierhornantilopen, Kreishornschafe, Saruskraniche, Satyrtragopane, Glanz- und Amherstfasane, Kronentauben, Kasuare und viele andere Tiere, vor allem aus Asien stammende, bis er selbst ab der zweiten Hälfte der 1880er Jahre sich einen direkten Importweg nach Indien aufgebaut hatte. Am 16. Juli 1902 konnte er einen Beutelwolf für 500 Mk von ihm erwerben, schon damals eine enorme zoologische Rarität. Er verkaufte das Tier umgehend an den Zoo von New York-Bronx für 1.200 Mk. Aber auch später noch blieben vor allem William Jamrach und etwas weniger bedeutend Anton H. Jamrach für Hagenbeck wichtige Bezugsquellen für Tiere. Seine Kasuare, die er 1907 zur Eröffnung des Tierparkes in Stellingen zeigte, hatte er von William Jamrach gekauft. Auch als Kunde war William Jamrach wichtig. Carl Hagenbeck verkaufte ihm vor allem mehrfach Strauße, die Josef Menges mitgebracht hatte, Jungfernkraniche, einige Elefanten und Giraffen, Löwen, starke Rothirsche, die Hagenbeck speziell für Jamrach in Ungarn gekauft hatte, und, nachdem er sich direkte Handelsverbindungen in die USA aufgebaut hatte, mehrfach auch Wapitis und Virginiahirsche.

In den Unterlagen deutscher Zoos tauchen Charles Jamrach als Lieferant von Tieren bis zu seinem Tod 1891 auf und William sowie Anton H. Jamrach bis zum Ausbruch des ersten Weltkrieges 1914. Der Zoo Berlin erhielt von William Jamrach, um nur einige der kostbarsten Tiere zu nennen, z.B. Arabische Oryxantilopen (1892 und 1903), Blauschafe, Leierhirsche (1911), Bawean-Schweinshirsche (1900), die inzwischen ausgestorben sind, Gabelböcke (1902), von denen das Weibchen zwar bald nach der Ankunft starb, der Bock aber zwei Jahre lang gehalten werden konnte, und andere Tiere mehr. Von Anton H. Jamrach stammte der 1901 dem Zoo Berlin gelieferte weibliche Sumpfhirsch. Der Zoo Köln bezog von William Jamrach z.B. 1872 einen weiblichen Asiatischen Elefanten und ein weibliches Panzernashorn, mehrfach Blauschafe, 1911 ein Pärchen Leierhirsche, 1898 einen Kiwi und viele andere Tiere mehr, vor allem Vögel.

Von den anderen britischen Tierhändlern war William M. Cross aus Liverpool in der Zeit von 1879 bis 1897 für Carl Hagenbeck ein Konkurrent, vor allem auf dem amerikanischen Markt. Der Berliner Zoo bezog nahezu alljährlich Tiere für einige tausend Mark von ihm, der Kölner Zoo nicht in jedem Jahr, neben Guanakos, Kamelen, Hirschen, Lippenbären und Löwen vor allem viele Vögel. Carl Hagenbeck kaufte von Cross vor allem Tiere, die aus Südamerika stammten, wie Kapuzineraffen, Pumas, Jaguare, Flachlandtapire, Pakas, Wasserschweine, aber auch Vögel und vor allem Boas zum Weiterverkauf, ferner Rhesusaffen, Schimpansen, Tiger, Schwarze Panther, Leoparden, Eisbären, Malaienbären und am 13. Sept. 1897 für rund 2.000 Mk das junge männliche Walroß, das er umgehend seinem damals in Wien aufgebauten Eismeerpanorama zuwies und dessen Wert er in der Öffentlichkeit mit 20.000 Mk bezifferte. Einige weitere britische Tierhändler spielten als Lieferanten für die deutschen Zoos nur eine ganz untergeordnete Rolle, waren aber für Carl Hagenbeck wichtig. Zu nennen wäre hier in erster Linie der Tierhändler Carpenter aus Liverpool, von dem er am 18. August 1883 einen männlichen Gorilla für rund 4.200 Mk erwerben konnte. Schließlich sei noch der Londoner Tierhändler John D. Hamlyn erwähnt, der ab 1888 als Lieferant für Zoos auch in Deutschland Fuß fassen konnte. Er beschaffte hauptsächlich Känguruhs, Halbaffen, Affen und Raubtiere, dem Kölner Zoo auch Puduhirsche. Auch Carl Hagenbeck erwarb von ihm Tiere, z.B. die 18 Brillenpinguine, die bei der Eröffnung seines Tierparkes in Stellingen dort 1907 zu sehen waren. Nach dem ersten Weltkrieg war Hamlyn der einzige Londoner Tierhändler, dessen Firma den Krieg überdauert und der in Deutschland bereits Geschäftspartner hatte, mit dem der Tierhandel der deutschen Zoos mit einer britischen Firma wieder in Gang kam, und zwar im Jahre 1920.

Eine letzte Kategorie von Konkurrenten erwuchs Carl Hagenbeck durch Händler, die sich, über die englischen hinaus, im Ausland etablierten und von dort Kaufangebote machten oder aber selbst mit Tiertransporten in Deutschland anreisten und versuchten, hier ihre Tiere loszuschlagen, dabei nicht sofort verkaufte bis zur Übernahme durch den endgültigen Besitzer zeitweilig in einem Zoo einstellten. Von Wien aus bot in den Jahren 1872 bis zu seinem Tod 1878 Carl Ratschka, für deutsche Zoos wichtiger als sein Bruder Florin, kleinere Säugetiere und vor allem Vögel der mediterranen Fauna an. In der damals österreichischen Hafenstadt Triest ließ sich G. Singer nieder und bot 1882-1885 Tiere an, die aus Ostasien, Indien und der pazifischen Inselwelt mit Triest anlaufenden Schiffen eingetroffen waren. Carl Hagenbeck kaufte von ihm einige Asiatische Elefanten, Schwarze Panther, Kragenbären, Affen, Kakadus und Kasuare. Moritz Schuchard versandte zwischen 1883 und 1889 aus New Orleans Hechtalligatoren, Schlangenhalsschildkröten und andere Reptilien sowie Ochsenfrösche. Carl Hagenbeck kaufte von ihm, vor allem für seine Reptilienschauen etwa 533 Hechtalligatoren. Ab 1886 gab es Angebote von Carl Zweier, Triest. Zu Beginn des 20. Jhs. kaufte Hagenbeck von ihm z.B. 2,3 Giraffen, dazu Sömmeringgazellen, Arabische Gazellen und in einer Sendung 102 Flamingos. Zweier hatte also den Handel mit Ägypten und dem Sudan, der nach 1900 wieder einsetzte, teilweise nach Triest lenken können. Aus Santa Fé, Argentinien, am La Plata gelegen, erschien ab 1894 ein paar Jahre lang Ferdinand Reischig mit Nandus, Guanakos, Pekaris, auch Weißbartpekaris, Sumpfhirschen, Pumas, Ameisenbären und Gürteltieren. Carl Hagenbeck kaufte von ihm für 800 Mk 1896 zwei Mähnenwölfe, die ersten Tiere ihrer Art, die nach Deutschland kamen. Zuvor waren nur die Zoos von London und Amsterdam in den Besitz dieser merkwürdigen Caniden gekommen. Einen der beiden Rüden konnte Hagenbeck an den Kölner Zoo verkaufen (3. Nov. 1896, für 900 Mk). Es war der erste Mähnenwolf, der in einem deutschen Zoo zu sehen war. Der andere Rüde ging an den Zoo von Rotterdam. Ab 1894 ersetzte William Bartels, zunächst ebenfalls New Orleans, später New York, Moritz Schuchard, und lieferte die Reptilien, aber auch Californische Seelöwen, Grizzlybären und Baribals, Wapitis und Bisons. Etwa ab 1894 hatte sich August Knochenhauer im damaligen Deutsch-Ostafrika, etwa in der Gegend, in der schon zwanzig Jahre zuvor Dietrich Hagenbeck versucht hatte, Flußpferde zu fangen, niedergelassen und fing diese Dickhäuter nun nicht mehr mit Harpunen, die bei den Tieren so gefährliche Verletzungen hinterließen, sondern in Gruben. Knochenhauer hatte seine Station in Lindi. Nach ihm spezialisierte sich in derselben Gegend mit Sitz in Kilwa der Feldwebel Oskar Hoenicke in den Jahren 1905 bis 1910 auf den Flußpferdfang, und nach dessen Rückkehr nach Deutschland die beiden Polizeiwachtmeister Schilder und Littmann auf den Fang dieser Tiere. Fast alle Flußpferde, die ab Mitte der 1890er Jahre bis zum Ausbruch des ersten Weltkrieges aus Ostafrika nach Deutschland kamen, ob zu Hagenbeck, Reiche, Ruhe oder direkt in einen Zoologischen Garten, stammten aus dieser Quelle. Hagenbeck schickte seine Mitarbeiter Ernst Wache, Wilhelm Grieger und zum Schluß Christoph Schulz dorthin, um Flußpferde zu holen. Zu Beginn des neuen Jahrhunderts gründete sich in Deutsch-Ostafrika die Kilimandjaro-Handels- und Landwirtschaftsgesellschaft, die auch einen Sitz in Berlin hatte. Sie propagierte nicht nur die Zähmung und Nutzung ostafrikanischer Zebras als Reit- und Zugtiere oder die Farmzucht von Straußen zur Federgewinnung in Ostafrika und in Deutschland, sondern sammelte von ihr angeschlossenen Farmern gefangene Tiere, vorwiegend Huftiere, wie Zebras und Antilopen, auch Strauße, Kraniche und andere Vögel ein und brachte sie zum Versand ins Mutterland. Man bot die Tiere den Zoologischen Gärten und auch Carl Hagenbeck an. Dieser nahm vorwiegend Zebras, Grantzebras, und Antilopen, wie Elandantilopen, Riedböcke, auch ein Pinselohrschwein und ein Erdferkel in Komission und verkaufte diese Tiere von Hamburg aus für diese Gesellschaft. Unter den Tieren, die mit dem ersten Transport 1902 gekommen waren, befand sich auch eine Thomsongazelle, die erste ihrer Art, die lebend nach Europa gekommen war. Manche Tiere, vor allem Zebras, kaufte er selbst zum Weiterverkauf an. 1905 hörte diese Verbindung auf, weil die Gesellschaft, die aus dem Verkauf von Wildtieren in Deutschland keinen Gewinn hatte ziehen können, in Konkurs ging. Und zu der Nutzung gezähmter Zebras war es selbstverständlich trotz aller Propaganda und spektakulärer gelungener Einzelfälle auch nicht gekommen.

Eine der interessantesten Persönlichkeiten, die aus dem Ausland Tiere der heimischen Fauna anboten, war August Görling in Sydney, der ab 1901 Beuteltiere nach Europa brachte, vor allem Känguruhs seltener Arten, Nasenbeutler, Wombats (Hagenbeck bekam ein Weibchen mit Beuteljungem), Ameisenigel, Tallegalahühner, um nur einige Arten zu nennen. Von Görling scheinen auch alle Beutelwölfe zu stammen, die in den ersten Jahren des 20. Jhs., zum Teil über die Tierhandlung Carl Reiche,

Alfeld, in die europäischen Zoos kamen, in Deutschland in die Zoos von Köln, zwei Männchen, und Berlin, ein Pärchen. In Washington ließ sich ab 1906 Dr. French nieder und bot Tiere der amerikanischen Fauna an: Biber, Silberfüchse, Wapitis, Virginiahirsche und andere. Ein Händler von der Bedeutung des August Görling aus Sydney wurde ab 1903 Osip E. Neschiwow aus Naryn, 100 km südlich des Issyk-Kul-Sees in Kirkisien gelegen. Neschiwow war als Soldat der zaristischen Armee in dieses Grenzgebiet gekommen und hatte Land und Leute dabei kennengelernt. Er erschien alljährlich mit so kostbaren Tieren wie Schneeleoparden, Sibirischen Tigern, Manulkatzen, Zobel, Rotwölfen, Sibirischen Steinböcken, Sibirischen Rehen, Kuttengeiern und dazu Maralen, Ringfasanen, Chukarhühnern sowie Tag- und Nachtgreifen. Seine Tiertransporte hatten einen Wert von 40.000 bis 60.000 Mk. Neschiwows Leute fingen die Schneeleoparden offensichtlich in Schlingen und nur selten in Tellereisen, wie sonst üblich, denn nur wenige hatten eine stark verletzte oder gar verstümmelte Pfote. Neschiwow brachte bis zum Ausbruch des ersten Weltkrieges alljährlich drei bis vier Schneeleoparden nach Mitteleuropa. Er transportierte seine Tiere ab Taschkent mit der Eisenbahn. Sie erreichten nach 28 Tagen Bahnfahrt den Zoo von Breslau, wo er zunächst alle die Tiere einstellte, die er noch nicht verkauft hatte. Diese wurden dann durch Vermittlung des Breslauer Zoos in den Handel gebracht.[85] Zu Carl Hagenbeck kam er 1907 mit nicht weniger als 8.000 Vierzehen-Schildkröten, leider viele davon transportbedingt tot. Zur Eröffnung seines Tierparkes kaufte Hagenbeck von ihm vier Schneeleoparden und drei Rotwölfe. Viele Tiere der genannten seltenen Arten aus Asien, die in den Jahren ab 1903 bis zum Beginn des ersten Weltkrieges in den Unterlagen der Zoos auftauchen, stammen direkt oder über Hagenbeck und den Tierhändler Hermann I. Ruhe von Neschiwow. Kurz vor dem ersten Weltkrieg bekam er in dem ehemaligen Lehrer Abramow aus Przewalsk/Ostkirkisien noch einen Konkurrenten. Abramow hatte sich auf den Fang von Maralhirschen im Naratgebirge, östlich des Balkaschsees gelegen, spezialisiert. Seine Leute fingen die Hirschkälber vom Pferde aus und brachten sie, gebunden vor sich auf dem Sattel liegend, in die Eingewöhnungsstation. Dort wurden sie mit Kuhmilch aufgezogen, angeblich sogar von Kühen adoptiert. Von Przewalsk aus war Abramow dann mit dem Pferdewagen elf Tage bis Taschkent unterwegs,

---

85 Wir verdanken die Angaben zu Neschiwow Herrn Dr. Alexander S. Salevjev, Kirow.

wo er eine Eisenbahnstation erreichte, um seine Tiere nach Europa verladen zu können. Seine Transporte, die auch noch Sibirische Rehe, Wölfe, Geier, Uhus, Steinböcke, Pelikane und Schwäne umfaßten, stellte auch er bis zum Verkauf der Tiere in Zoologischen Gärten ein, 1912 z.B. im Zoo Dresden.[86] Schließlich hatte sich schon Ende der 1880er Jahre der Kaufmann J. Katzenstein in Südafrika einen Namen als Tierhändler gemacht und zunächst die von ihm beschafften Tiere vor allem an Carl Reiche verkauft. Nach dem Ende dieser Firma und ehe Hermann Ruhe ihn erneut verpflichten konnte, brachte er ab 1909 südafrikanische Tiere nach Deutschland, darunter wieder die seltenen Braunen Hyänen, die zuvor an Carl Reiche gegangen waren und von denen nun ein Exemplar der Zoo Köln 1909 direkt von ihm erwarb.

Mit der Etablierung dieser und noch einer Reihe weiterer Tierhandlungen und Tierhändler in außereuropäischen Ländern mit übernationaler und überregionaler Bedeutung wurden nicht nur das Angebotsspektrum, sondern auch die Zahl der angebotenen Tierarten reichhaltiger. Für die traditionellen großen Tierhandlungen in Großbritannien und in Deutschland wurde die Konkurrenzsituation schärfer, und zwar nicht nur durch die Spezifität der Angebote dieser neuen Firmen, sondern auch in finanzieller Hinsicht. Gerade zoologische Seltenheiten und Kostbarkeiten wurden nun direkt vom Ausland her den Zoologischen Gärten angeboten. Es ließen sich auch nicht mehr die Gewinne erwirtschaften, die sich zuvor dann ergeben hatten, wenn die Verluste bei den Tieren bis zu deren Verkauf gering gehalten werden konnten. Es ist möglich, daß die Erweiterung des Hagenbeckschen Handelsspektrums ab 1905 auf landwirtschaftliche Nutztiere eine Reaktion auf die sich im Handel mit Wildtieren veränderte Situation anzusehen ist. In der Fachzeitschrift "Der Zoologische Garten" erschien[87] von H.M. von Kadich die Wertung, daß Carl Hagenbeck "mit seinem Weltgeschäft den Handel mit wilden Tieren auf der ganzen Welt derart monopolisiert hat, daß er heute auf diesem Gebiet geradezu unbeschränkt herrscht". Sie traf zu keinem Zeitpunkt zu. Daß Carl Hagenbeck dieser Überbewertung seiner Marktposition aus geschäftlichen Interessen nicht widersprochen hat (er hatte den Artikel in Auftrag gegeben), kann man sicher verstehen, obwohl der Aufsatz von

---

86 Mitteilungen aus dem Zoologischen Garten Dresden, 3. Jg., Nr. 8, 1912.
87 Bd. 44, 1903, S. 38.

Kadich von den Direktoren der Zoologischen Gärten gelesen wurde, die sowohl seine Kunden wie die seiner Konkurrenten waren.

Familienmitglieder als Geschäftspartner und Konkurrenten

Von den Kindern Claes Carl Hagenbecks widmete sich nicht nur Carl dem Handel mit Wildtieren, sondern auch seine unverheiratet gebliebene Schwester Christiane Caroline (20. Mai 1846 – 21. September 1905), sein Bruder Johann Christian Wilhelm (17. Mai 1850 – 11. Dezember 1910), sowie die beiden Halbbrüder John August Heinrich (15. Oktober 1865 – 15. Juli 1940) und Gustav (19. Mai 1869 – 29. April 1947), aus der zweiten Ehe seines Vaters. Auch sein Bruder Dietrich (8. April 1852 – 9. September 1873), der auf Sansibar der Malaria erlag, hätte sich ohne Zweifel diesem Beruf gewidmet. Christiane baute sich ein florierendes Geschäft auf, das in erster Linie auf dem Handel mit exotischen Vögeln und kleineren Säugetieren beruhte, die sie sich im Hamburger Hafen verschaffte und die sie sich offenbar von Seeleuten gezielt mitbringen ließ. Ihren Angeboten nach hatte sie feste Verbindungen zu lokalen Tierhändlern in Australien, Afrika, Madagaskar, Indien, Südostasien, Süd- und Nordamerika. Außer mit Volieren- und Stubenvögeln handelte sie auch mit Kleinsäugern und Reptilien aus diesen Faunengebieten. Sie galt bei den Zeitgenossen als eine ausgezeichnete Kennerin fremdländischer Vögel und fand bis zu ihrem Tode auch in den deutschen Zoologischen Gärten regelmäßige Abnehmer. Ihr Handelsgebiet erstreckte sich demnach auf einen Bereich, den zwar ebenfalls Carl Hagenbeck mit abdeckte, aber in weniger großem Umfang als seine Schwester. Dabei könnte eine gewisse Rücksichtnahme auf ihre Geschäftsinteressen mit im Spiel gewesen sein.

Wilhelm Hagenbeck war nach dem Tod von Dietrich ab 1874 zunächst Begleiter von Tiertransporten, die der Geschäftspartner seines Bruders in Ägypten, Konsul Meyer, aus Nubien bis nach Suez geführt hatte und die er von dort nach Hamburg brachte. Schon während der Partnerschaft mit seiner Schwester begann er, etwa ab 1884, Tiere zu dressieren, z.B. zwei Asiatische Elefanten, die in Carl Hagenbecks Singhalesentruppe von 1884 integriert wurden und für die er eine besondere Gage erhielt. Ab 1886, nach der Trennung von seiner Schwester, widmete er sich vorwiegend der Dressur und hatte bald als Tierlehrer einen großen Ruf. Eine seiner Spezialitäten war der auf einem Pferd reitende Löwe. Er zeigte ihn erstmals,[88] vermutlich 1887, im Hippodrome von Paris, damals eine große Sensation. Ab 1897 bildete er auch sogenannte gemischte Raubtiernummern aus, bestehend aus Löwen, Tigern, Leoparden und Schwarzen Panthern. Er dressierte auch Seehunde und Pferde. Nach Carl Hagenbecks Autobiographie[89] war er 1895 der erste Tierlehrer, der eine große Gruppe zusammengewöhnter Eisbären im Zirkus vorführte. Neben der Dressur von Tieren handelte Wilhelm Hagenbeck auch in geringerem Umfang mit Tieren, z.B. mit Elefanten und Raubtieren, doch waren das wohl eher Gelegenheitsgeschäfte als geplante Handelsunternehmungen. Er verkaufte solche Tiere, neben den von ihm dressierten Gruppen, auch seinem Bruder Carl. Viele der von ihm dressierten Tiere, vor allem Elefanten und Eisbären, erwarb er auf eigene Inititative, vermutlich aus denselben Quellen wie sein Bruder Carl.

Carl Hagenbecks älterer Halbbruder John trat für einen Wochenlohn von 20 Mk 1894 als Gehilfe des Dompteurs Heinrich Mehrmann, des Schwagers Carl Hagenbecks, in die Firma ein. Dann begleitete er eine Singhalesentruppe nach Dresden. Im Jahre 1886 war er mit dem von Fritz Angerer 1885 in Kamerun angeworbenen Prinz Dodo in Deutschland und im Ausland unterwegs.[90] Im Oktober 1886 reiste er, auf der Gehaltsliste stehend, im Auftrage von Carl Hagenbeck nach Colombo, holte dort eine von dem dortigen deutschen Konsul engagierte Truppe von Singhalesen mit ihren Haustieren ab und begleitete diese dann auf ihrer Tour in Europa. Ende 1888 begab er sich erneut nach Colombo, um Tiere für Carl zu sammeln und nach Hamburg zu schicken. Ab 1891 wurde er in Colombo seßhaft, erwarb eine Tee- und eine Gummiplantage und verschaffte zunächst Carl Hagenbeck, nunmehr auf eigene Rechnung, Tiere aus verschiedenen Quellen, darunter auch aus indischen Zoologischen Gärten. Im Jahre 1894 stieß sein Bruder Gustav zu ihm, und beide gründeten nun eine eigene Handelsfirma, die zwar auch weiterhin Tiere aus Ceylon und Indien an Carl Hagenbeck verkaufte, aber auch an andere, z.B. an Zoologische Gärten direkt lieferte. Damit waren die beiden Halbbrüder von Geschäftspartnern zu -konkurrenten geworden. Offenbar war Carl Hagenbeck mit dieser Entwicklung nicht zufrieden, denn er schuf sich über den ehemaligen Schiffsoffizier Jürgen Johansen ab

---

88 A. Lehmann 1955, S. 127.
89 C. Hagenbeck 1908, S. 345.
90 F. Angerer: Carl Hagenbecks Kamerunexpedition, Eigenverlag 1886.

1901 von den beiden Halbbrüdern unabhängige Bezugskanäle für Tiere aus Ceylon und Indien. Das weitere Schicksal John Hagenbecks ist, auch kriegsbedingt, sehr wechselvoll verlaufen. Der jüngere Halbbruder Gustav war seit 1888 in der Firma angestellt und betreute zunächst die von dem Zirkusdirektor Frank Fillis, Kapstadt, zusammengestellte Truppe von 14 Hottentotten, die in London und Paris auftrat. Auf der Weltausstellung 1893 in Chicago war er der Repräsentant seines Bruders Carl. Er begleitete auch zunächst Carl Hagenbecks Trained Animal Show auf der anschließenden, in einem finanziellen Desaster endenden Tournee durch den Osten der USA, war aber bereits vor dem Ende dieser Show nach einem Zerwürfnis mit Heinrich Mehrmann ausgeschieden. Er reiste, wie dargestellt, zu seinem Bruder John nach Colombo und arbeitete zunächst mit diesem zusammen. Nach dem Ende der gemeinsamen Firma gründete er 1905 eine eigene, die sich mit dem Import und Export von Tieren und der Organisation von Ceylon- und Indienschauen beschäftigen wollte. Das Unternehmen scheint nicht recht floriert zu haben. Im Jahre 1909 kehrte er nach Deutschland zurück und betrieb schließlich in Cuxhaven eine zoologische Handlung. Als Geschäftspartner oder -konkurrent Carl Hagenbecks ist er im wesentlichen nur als Compagnon seines Bruders John aufgetreten und nur einige wenige Male durch den Verkauf von einigen Tieren auf eigene Rechnung als selbständiger Großtierhändler.

Carl Hagenbeck heiratete am 11. März 1871 Amanda Mathilde Wilhelmina Mehrmann (1849-1913). Aus dieser Ehe gingen sechs Kinder hervor, zwei Söhne und vier Töchter. Seine beiden Söhne, Heinrich (5.7.1875 – 4.2.1945) und Lorenz (2.4.1882 – 26.2.1956), traten ebenfalls in die Firma ein, Heinrich am 9. Mai 1894 noch nicht 19-jährig, Lorenz am 3. Oktober 1901 im Alter von 19 1/2 Jahren. Am 1. Juli 1911 widmete Carl Hagenbeck seine Firma in eine Familien-GmbH um, mit seinen beiden Söhnen Heinrich und Lorenz als gleichgestellte Teilhaber. Diese Maßnahme könnte eine Antwort Carl Hagenbecks auf den Boykott seines Tierhandels durch die deutschen Zoodirektoren gewesen sein, der sich ab Frühjahr 1910 auswirkte. Er konnte seltene Tiere, z.B. den von Schomburgk mitgebrachten Kongo-Elefanten, die Zwergflußpferde, den Seeleoparden, die Südlichen See-Elefanten oder die Königspinguine an deutsche Zoos nicht mehr verkaufen. Die Einnahmen des Tierparkes reichten nicht aus, die Unkosten und die finanziellen Lasten durch die aufgenommenen Kredite zu decken. Carl Hagenbeck mußte also dringend daran gelegen sein, auch wieder mit dem Tierhandel mehr Geld zu verdienen. Über seine Söhne hätte sich vielleicht der auf seine Person bezogene Boykott überwinden lassen. Sein Tod 1913 und der Ausbruch des ersten Weltkrieges begruben zunächst die Querelen zwischen der Firma Hagenbeck und den deutschen Zoodirektoren, bis sie 1928 wieder aufflammten, als in Berlin erneut das Projekt diskutiert wurde, einen Hagenbeck-Tierpark zu errichten. Auch in der Familien-GmbH bestimmte allerdings weiterhin der Seniorchef die Geschicke. Aus der Autobiographie seines Sohnes Lorenz[91] geht hervor, daß es den Söhnen kaum möglich war, eine von der Absicht des Vaters abweichende Meinung über einen Geschäftsvorgang durchzusetzen. "Macht was ihr wollt", schrie er, "aber so wie ich es will, wirds gemacht". Erst in den letzten Monaten seines Lebens[92] akzeptierte er bereitwilliger deren Ideen.

Auch sein Schwiegersohn Johannes Birch, der vermutlich 1900 oder 1901 seine dritte Tochter Maria (1877-1970) geheiratet hatte, war für ihn zeitweilig tätig und brachte ihm als Kapitän von Schiffen der Woermann-Linie aus Indien und Ceylon in den Jahren 1901 bis 1907 Tiere mit, die über dessen eigenes Konto abgerechnet wurden. Darunter waren 1902 acht Elefantenschildkröten, die Carl Hagenbeck für 2.200 Mark abnahm. Es ist möglich, daß Johannes Birch die Tiere größtenteils durch Vermittlung von John und Gustav Hagenbeck in Indien oder auf Ceylon übernehmen konnte. Die beiden anderen Schwiegersöhne, Wilhelm (Willy) Wegner, Ehemann seiner ältesten Tochter Amanda (1871-1945), und dessen Bruder Fritz Wegner (1872-1934), Ehemann seiner Tochter Caroline, waren gleichfalls in der Firma tätig, aber nicht in Übersee und auch nicht als Tierbegleiter.

Die Kunden

Als Carl Hagenbeck sich selbständig machte, gab es in Deutschland acht Zoologische Gärten und eine stationäre Menagerie, die des Gastwirts Gustav Werner in Stuttgart. Als Hagenbeck 1913 starb, war diese nicht mehr vorhanden, aber drei große Tierhaltungen und sieben kleine waren hinzugekommen. In Europa außerhalb Deutschlands bestanden zu Beginn seines Tierhandels 19 Zoos, weitere 16 kamen während seiner Han-

---

91 L. Hagenbeck 1955, S. 82/82/90.
92 Ebd. S. 92.

delstätigkeit hinzu. Man könnte geneigt sein, den Aufschwung, den der gewerbliche Handel mit Wildtieren im letzten Drittel des 19. Jhs. nahm, mit diesen Zoogründungen zu erklären. Zwar waren die meisten europäischen und bis auf einige der kleinen deutschen Zoos alle Kunden der Fa. Hagenbeck, aber ihr in der Regel nur relativ bescheidener Ankaufsetat hätte die Existenz zweier großer Tierhandlungen in Deutschland, der Firmen Carl Hagenbeck und der Gebrüder Reiche in Alfeld, nicht gewährleisten können, geschweige denn ermöglicht, daß sich gegen Ende des Jahrhunderts noch eine größere Zahl kleinerer in Deutschland und im europäischen Ausland hätte entwickeln können. Die Gründungswelle hingegen von Zoologischen Gärten, die während der Lebenszeit Carl Hagenbecks in den USA über das ganze Land rollte, war zumindest für die beiden genannten großen deutschen Tierhandlungen von entscheidender Bedeutung. Als sich Carl Hagenbeck selbständig machte, gab es in Nordamerika einen einzigen Zoo, die privat betriebene Menagerie im Central Park von New York, deren Besitzer und Betreiber, Conklin, ab 1881 für Carl Hagenbeck noch eine große Rolle spielen sollte. Zu Hagenbecks Lebzeiten öffneten allein in den USA weitere 21 Zoologische Gärten ihre Pforten. Aber auch sie und alle Zoologischen Gärten, die ab den 1870er Jahren bis zum Ausbruch des ersten Weltkrieges 1914 in der Welt entstanden, haben den Tierhändlern nicht die Absatzmöglichkeiten bieten können, die sie als Grundlage für ihre geschäftliche Existenz brauchten. Sie waren nur eines ihrer vier Standbeine, wenn auch ein wichtiges.

Zoologische Gärten

Die Finanzkraft der einzelnen Zoos war sehr unterschiedlich. Entsprechend der wirtschaftlichen Situation in den verschiedenen Jahren schwankte ihr Ankaufsetat außerdem erheblich. Auch wenn, verglichen mit der heutigen Situation, die Haltungsdauer vieler Tiere in den Zoos des vorigen und zu Beginn dieses Jahrhunderts noch kurz war und demzufolge die Ersatzbeschaffung für ausgefallene Zootiere einen entscheidenden Stellenwert in der Ankaufspolitik der Zoos hatte: die Aufnahmefähigkeit der früheren Zoos war, bis auf wenige Ausnahmen, noch sehr begrenzt. Es waren damals in erster Linie infektiöse Tierkrankheiten, vor allem die auch in der menschlichen Gesellschaft noch weit verbreitete Tuberkulose, der Affen, aber auch andere Tiere, wie Huf- und Raubtiere zum Opfer fielen, und zwar bei einem Seuchenzug häufig fast der gesamte Bestand eines Zoologischen Gartens. Auch andere bakteriell bedingte Krankheiten, wie der durch verseuchtes Futterfleisch eingeschleppte Rotz, forderten mehrfach erhebliche Opfer unter den Raubtieren. Typhusartige Krankheiten, auch durch Organschmarotzer direkt bedingte oder durch sie geförderte Erkrankungen waren eine Geißel der Zootiere, der man noch weitgehend machtlos gegenüberstand. Die Ernährung der Zootiere war, dem Wissensstand der Zeit entsprechend, aus heutiger Sicht einseitig, die den Tieren gereichten Diäten waren hinsichtlich ihres Vitamin- und Mineralgehaltes sowie der Spurenelemente unzureichend zusammengesetzt. Für viele Tierarten, deren Vertreter wir heute ganz selbstverständlich in einem Zoo zu sehen erwarten und die unter Zoobedingungen Nachzucht bringen, hatte man die Haltungsbedingungen noch nicht gefunden. Man wußte damals vielfach noch nicht einmal, welche ökologischen Faktoren für sie unter Wildbahnbedingungen wichtig und wie diese beschaffen sind, geschweige denn daß man hätte experimentieren können, welche Substitute man im Lebensraum Zoo dafür entwickeln könnte, um den Tieren artgemäße Lebensbedingungen zu schaffen. Es ist aber nicht so, daß die Zoos unbekümmert um die Risiken, die die Haltung solcher Tiere damals beinhaltete, seltene Tiere kauften, nur um eines kurzlebigen Schaueffektes willen. Auch dafür gibt es selbstverständlich Beispiele, vor allem bei der Anschaffung von Menschenaffen und Seehunden. Die meisten Zoos aber waren in ihrem Tierankauf, zumindest was Großtiere anbelangt, eher konservativ, und sie erwarben bei Ausfall von Schautieren wieder Vertreter der Tierarten, die zu halten sie bereits gewohnt waren, sehr zum Leidwesen der Tierhändler, die es, wie aus den Unterlagen von Carl Hagenbeck in einigen Fällen hervorgeht, mitunter nicht fertigbrachten, Tiere von damals noch sehr selten, sogar erstmals lebend nach Europa gebrachten Arten in einem Zoologischen Garten unterzubringen. Schon der in der Regel bescheidene Ankaufsetat verbot den meisten Zoos Experimente in dieser Richtung.

Die in vielen Fällen auch ungesicherte Position der fachlichen Zooleiter gegenüber den Aufsichtsräten der Zoos wirkte wohl in die gleiche Richtung. Die Zoos waren damals alle Aktiengesellschaften, sofern sie nicht, wie z.B in Leipzig, vom Eigentümer selbst betrieben wurden. Mitunter ist in jüngster Zeit der Eindruck vermittelt worden, die Direktoren der alten Zoos seien wie manche Briefmarkensammler Raritätenjäger gewesen. Dafür bringen die Unterlagen von Carl Hagenbeck, die sich im wesentlichen auf Säugetiere erstrecken, nur in wenigen und bestimmten

Einzelfällen Belege. Freilich, wenn man die Unterlagen eines Zoos allein betrachtet, ohne sie in Zusammenhang mit denen der Tierhändler zu bringen, kann man zu einem solchen falschen Schluß kommen, etwa wenn man die nur in einem einzigen Exemplar vorhandenen Tierarten, die im Bestand des Zoos waren, auflistet. Schaut man sich aber bei einem Tierhändler wie Carl Hagenbeck das Handelspektrum an, ergibt sich, daß es bei seltenen Arten mitunter viele Jahre dauerte, bis es ihm gelang, zu einem einmal verkauften Tier einen passenden Partner anbieten zu können. Vielleicht hatte der betreffende Zoo das Einzeltier erworben in der Hoffnung, von einem anderen Händler den gesuchten Partner dazu zu bekommen. Manchmal ließ sich ein solcher Wunsch auch realisieren. Aber gerade die Tatsache, die noch dargestellt wird, daß z.B. Carl Hagenbeck seltene Einzeltiere nicht an einen Zoo verkaufen konnte, läßt deutlich werden, daß der Optimismus, zu der Rarität noch einen passenden Partner zu bekommen, bei den potentiellen Kunden mitunter nicht sehr groß war. Und das Motiv, das Tier allein aus dem Grund zu kaufen, damit sich das Artenspektrum des Zoos erhöht, war bei den meisten Zoodirektoren des 19. Jhs. zumindest im Bereich der Säugetiere offenbar kaum oder noch nicht vorhanden. Die alten Zoos haben allerdings selbst dazu beigetragen, daß der Eindruck, es ginge ihnen vorrangig um die Vielzahl der gehaltenen Arten, entstehen konnte, weil üblicherweise zur Charakterisierung des Tierbestandes als Maßstab der Leistungsfähigkeit eines Zoos, sowohl der Umfang des Tierbestandes als eben auch die Artenzahl in den Jahresberichten genannt wurde. Die Vergrößerung von beiden signalisierte die Vielzahl und die Qualität der vorhandenen Haltungssysteme und war so gesehen ein tatsächliches Qualitätsmerkmal eines Zoos, wenigstens in der Zeit, in die die Lebensspanne von Carl Hagenbeck fällt.

Unter den deutschen Zoologischen Gärten war als der finanzkräftigste der Berliner Zoo für Carl Hagenbeck der größte Kunde. Er konnte ihm alljährlich bis zum Boykott seiner Firma, ab 1910, Tiere verkaufen, meist mit einem Gesamtwert von 10.000 bis 35.000 Mk. Nach den Berliner Unterlagen konnte er etwa 1/3 bis 3/4 der jährlichen Ankaufsumme auf seine Firma ziehen. Seine Konkurrenten in Berlin waren zunächst Charles und dann William und Anton H. Jamrach aus London, William Cross aus Liverpool, Josef Menges nach 1885 bis 1905, Ernst Pinkert aus Leipzig sowie August Fockelmann und Hagenbecks Schwester Christiane aus Hamburg. Berlin kaufte außerdem ab 1894 nicht wenige Tiere auch bei kleineren Händlern. Wie auch die anderen deutschen Zoos kaufte Berlin von ihm die meisten der von diesem Zoo erworbenen teuren Großtiere, wie Elefanten, Nashörner, Giraffen. Auch Persönlichkeiten, die Spender von spektakulären Tieren waren, hatten diese in manchen Fällen von Hagenbeck erworben, wie z.B. das Berliner Bankhaus Bleichröder, dem der Berliner Zoo das wertvollste Geschenk verdankte, das er zu seinem 50. Jubiläum 1894 erhielt, einen Flußpferdbullen im Werte von 10.000 Mk. Der Berliner Zoo gehörte seit der Amtszeit von Bodinus, also ab 1870, zu den wenigen Tiergärten, die am Erwerb von kostbaren Tieren und solcher seltener oder sogar bisher noch niemals mit einem lebenden Vertreter gezeigter Tierarten als zoologische Rarität interessiert waren. Nur darf man sich keine übertriebenen Vorstellungen machen, welchen Umfang der Erwerb solcher Raritäten, zumindest im Bereich der Säugetiere, für einen Zoo, und welchen Stellenwert in der Bilanz ihr Verkauf für den Tierhändler hatte. Es war die Masse der üblicherweise gehaltenen und gehandelten Tiere, die die Höhe des erwirtschafteten Gewinns für Hagenbeck ausmachte, also der Affen, Raubtiere und Huftiere sowie die Anzahl der umgesetzten "Big Four": der Elefanten, Nashörner, Flußpferde und Giraffen. Um darzulegen, daß der Berliner Zoo den Anspruch und die Mittel hatte, auch die Infrastruktur, solche Tiere aufnehmen und ausstellen zu können, seien hier diejenigen genannt, die von Hagenbeck erworben wurden und die Erstimporte nach Deutschland waren. Genannt seien für 1870 Spitzmaulnashorn und Erdferkel, 1871 Tora-Kuhantilope, 1872 Hyänenhund, Mendesantilope und Anoa, 1889 Vierhornantilope, 1892 Kleiner Kudu, 1901 Schwarzer Jaguar, Przewalskipferd und Elippsenwasserbock. Dabei ist zu berücksichtigen, daß der Berliner Zoo Raritäten auch von anderer Stelle, z.B. von den Tierhandlungen Reiche und Ruhe aus Alfeld sowie den Jamrachs aus London erwarb.

Nächst dem Berliner Zoo waren unter den deutschen Tiergärten der damals noch bestehende Hamburger und der Kölner Zoo für Carl Hagenbeck, was den Verkauf von Tieren anbelangt, am wichtigsten. Beide erwarben alljährlich für mehrere tausend Mark Tiere und waren auch an Raritäten interessiert, der Hamburger Zoo trotz der Möglichkeiten, solche auch von Seeleuten im Hamburger Hafen kaufen zu können. Erstmals in Deutschland ausgestellte und von Hagenbeck bezogene Tiere waren in Hamburg 1870 gleichzeitig mit Berlin das Erdferkel, 1884 Goral und 1885 Schwarzwedelhirsch und in Köln 1894 Gaur und Gayal und 1896 Mähnenwolf. Von den übrigen deutschen Zoos kauften regelmäßig

Tiere alljährlich für einige hundert bis wenige tausend Mark Dresden, Frankfurt, Hannover und Breslau sowie, nach der Gründung, Johannes bzw. Adolph Nills Zoo in Stuttgart ab 1871, Düsseldorf ab 1876, Leipzig ab 1878, Königsberg ab 1896 und Nürnberg ab 1912. Hagenbeck konnte von diesen Zoos nur dann einen größeren Betrag auf seine Firma ziehen, wenn diese Zoos einen Elefanten, ein Nashorn, Giraffen oder ein Flußpferd erwarben. Auch das 1896 von dem Brauereibesitzer Konrad Binding dem Frankfurter Zoo geschenkte Flußpferd, das im Zoo Antwerpen geboren worden war, war ein Handelsobjekt von Hagenbeck. Die Zoologischen Gärten Karlsruhe, gegründet 1865, Münster 1875, Elberfeld (später Wuppertal) 1881, und Halle 1901 sowie die damals unter deutscher Verwaltung stehenden Zoos in Mulhouse, gegründet 1860, und in Posen, 1874, kauften von Hagenbeck nur gelegentlich Einzeltiere, meist für geringe Beträge, und die kleinen Tiergärten von Krefeld, gegründet 1879, Aachen 1882, Logabirum 1906, Bernburg 1909, Rostock 1910 und Bremerhaven 1913 gehörten nicht zu seinen Kunden. Ein bedeutendes geschäftliches Ereignis war die Erstausstattung des neugegründeten Zoo Königsberg 1896 mit Tieren im Wert von 36.537 Mk und eine größere Lieferung zur Eröffnung des Nürnberger Zoos 1912. Zur Eröffnung des neuen Frankfurter Zoos 1874 hatte er nur 22 Affen und einen Afrikanischen Elefanten liefern können, zur Eröffnung des Zoos in Halle 1901 nur Tiere im Wert von 2.231 Mk und im folgenden Jahr einen weiblichen Asiatischen Elefanten für 4.500 Mk sowie einen Eisbären für 700 Mk.

Bei der Abnahme teurer Tiere oder einer größeren Anzahl von Tieren räumte Carl Hagenbeck den Zoos, bezogen auf die in seinen Preislisten ausgewiesenen Preise, eine Reduktion von 5 % bis 20 % ein. So war ein Pärchen frischimportierter Asiatischer Elefanten (Tom & Tora), die der Zoo Köln 1901 für 9.000 Mk erwarb, in der Preisliste mit 9.500 Mk ausgewiesen. Der Berliner Zoo kaufte 1901 den einzigen Moschusochsen, einen jungen Bullen für 3.500 Mk, den Carl Hagenbeck aus der im Jahre 1900 in Grönland für eine Einbürgerung der Tierart in Schweden vorgenommenen Fangaktion erhalten hatte. In seiner Preisliste war das Tier mit 4.500 Mk angeboten. Er hatte es nicht sofort verkaufen können. Daher konnte der Zoo den Preis drücken.

Die Verbindungen Hagenbecks zu den deutschen Zoos erstreckten sich nicht nur auf den Verkauf von Tieren. Auf die Völkerschauen, die Hagenbeck in den Zoos veranstalten konnte, wird gesondert hingewiesen, ebenfalls auf die kurzzeitige Präsentation von dressierten Tieren durch ihren bei Hagenbeck engagierten Dompteur. Hagenbeck stellte in der zweiten Hälfte der 1870er Jahre gelegentlich für eine kurze Zeit Handelstiere in Zoologischen Gärten ein. Im Jahre 1877 hatte er mit dem eben eröffneten Zoo von Düsseldorf ein Abkommen geschlossen, daß er künftig in diesem Zoo Teile seiner Handelsmenagerie bis zum Verkauf ausstellen wolle.[93] Dazu ist es aus nicht näher bekannten Gründen nicht gekommen. Es ist möglich, daß Hagenbeck dem ersten Direktor des Zoos, L. Van der Snikt, der zuvor Leiter des Zoos von Gent war, der keine gute Entwicklung genommen hatte, nicht das nötige Vertrauen entgegenbrachte. Stattdessen stellte Hagenbeck im kommenden Jahr, also 1878, Tiere im Zoo Hannover vorübergehend ein: zwei Eisbären, sechs Leoparden, einen Ameisenbären, eine Anzahl Fliegende Hunde und Alligatoren. Diese Maßnahme ist wahrscheinlich als eine Abwehr des dem Zoo Hannover geographisch nahegelegenen Konkurrenten Reiche in Alfeld zu sehen. Freilich hätte dann diese Überlegung keinen Erfolg gehabt. Als 1882 das nach dem Brand des alten Affenhauses neuerrichtete wieder besetzt werden mußte, kaufte der Zoo Hannover dafür dreißig Affen, aber keinen einzigen bei Hagenbeck. Statt der zeitweiligen Ausstellungen von Handelstieren veranstaltete Hagenbeck 1880 in Düsseldorf eine Reptilienschau unter eigener Regie. Sie hatte einen Vorläufer in der Schau von 16 Alligatoren im Zoo Dresden 1878/79. Der Zoo Dresden hatte für die Kosten der Tiere zu bezahlen und Verluste an Tieren finanziell zu ersetzen. Hagenbeck erzielte aus dieser Schau keine Gewinne.

Einige wenige Beispiele sollen schließlich belegen, daß Carl Hagenbeck verschiedenen Zoos auch behilflich war, Probleme des Managements zu lösen. Für den Umzug der adulten, großen Asiatischen Elefantin 1874 von dem alten Frankfurter Zoogelände zum neuen Zoo stellte er seinen Elefantentransportwagen zur Verfügung. Im Jahre 1894 übernahm er für den Düsseldorfer Zoo eine Aufgabe, die einen etwas merkwürdigen Eindruck hinterläßt. Um zu einem Löwenpaar zu kommen, übersandte der Zoo Carl Hagenbeck den männlichen Löwen mit der Bitte, diesen in seinem Tierpark am Neuen Pferdemarkt mit einem zu liefernden Weibchen zusammenzubringen und die aneinander gewöhnten Tiere zu-

---

93 Ph.L. Martin: Die Praxis der Naturgeschichte, 3. Theil, 1. Hälfte, Naturstudien, Die botanischen, zoologischen und Akklimatisationsgärten, Menagerien, Aquarien und Terrarien in der gegenwärtigen Entwicklung, Weimar 1878, S. 55.

rückzuschicken. Üblicherweise, was auch sinnvoll ist, wird eine solche Maßnahme in den Zoos selbst vorgenommen. Während der Bauphase versandte Carl Hagenbeck dem Königsberger Zoo 1895 fünf Baupläne von Gebäuden für Tiere aus seinem Besitz. Da Hagenbeck damals Stellingen noch nicht besaß und wohl für eine in Aussicht genommene Dependence auch noch keine Baupläne hatte erstellen lassen, kann es sich nur um Pläne von Gebäuden handeln, die er in seinem Tiergarten in Hamburg am Neuen Pferdemarkt um 1874 und danach hatte errichten lassen.

Unter den europäischen Zoos außerhalb Deutschlands hatten der Jardin d'Acclimatation und der Zoo von Pest bzw. Budapest für Carl Hagenbeck die größte Bedeutung als Kunden. Beide kauften von ihm regelmäßig Tiere und meist alljährlich für mehrere tausend bis gelegentlich sogar für mehr als zehntausend Mark. Dem Zoo von Pest hatte Carl Hagenbeck 1884 eine Wisentkuh geschenkt, die er aus der Menagerie von Wien-Schönbrunn erworben hatte. Der Wisent, dort geboren, war zwar schon dreizehn Jahre alt, stellte aber immer noch ein wertvolles Geschenk dar. Im Jahre 1897 lieferte Hagenbeck diesem Zoo das komplette sogenannte Affenparadies, das zuvor auf der Gewerbeausstellung in Berlin gezeigt worden war, mit 95 Rhesusaffen. Bereits im kommenden Jahr mußte er dafür 70 neue Rhesusaffen liefern. Dann hatte wohl der Zoo diese Art der Affenschaustellung aufgegeben. Der Jardin d'Acclimatation erwarb nicht nur wiederholt Großtiere von Hagenbeck, darunter z.B. 1874 nach dem Wiederaufbau, der infolge der Zerstörungen durch die Pariser Commune 1871 notwendig geworden war, gleich sechs Giraffen (für umgerechnet rund 29.000 Mk), 1878 neun Strauße usw. Carl Hagenbeck bezog auch seinerseits zahlreiche Tiere aus dem Akklimatisationsgarten, teils dort geborene, teils von diesem aus dem Handel in und mit Frankreich erworbene, die seinen Lieferungen gegengerechnet wurden. Nächst diesen beiden Zoos waren die von Amsterdam, Rotterdam und Antwerpen regelmäßige Kunden von Carl Hagenbeck, die alljährlich Tiere für einige hundert bis mehrere tausend Mark erwarben, wobei die Situation in Antwerpen aus den Unterlagen von Hagenbeck schwer zu durchschauen ist. Dieser Zoo veranstaltete alljährlich im Herbst und gelegentlich auch im Frühjahr Auktionen von Tieren, die er selbst aus dem Angebot im Antwerpener Hafen für den Wiederverkauf, aber auch, soweit es sich vor allem um Volieren-, Park- und Stubenvögel handelte, von belgischen und niederländischen Züchtern erworben hatte.

An solchen Auktionen nahmen die meisten der mitteleuropäischen Zoodirektoren und auch die großen Tierhändler teil. Letztere brachten dort auch Tiere zum Verkauf. Deswegen ist es aus den Hagenbeckschen Unterlagen nicht zu ermitteln, ob die nach Antwerpen gelieferten Tiere für diesen Zoo selbst oder für einen anderen Kunden, der dort verkehrte, bestimmt waren. Hagenbeck selbst kaufte sehr oft Tiere in Antwerpen, auf den Auktionen, aber auch zu anderen Zeiten, meist Vögel sowie kleinere Säugetiere und auch andere Tiere. Über deren Herkunft kann man keine Klarheit mehr gewinnen. Dieselbe Bedeutung als Kunden wie die genannten, die häufig Tiere bei ihm kauften und meist für einige hundert bis mehrere tausend Mark, hatten der unter deutscher Leitung stehende Zoo von St. Petersburg und in den Jahren 1872 bis 1875 auch der Zoo von Moskau. Der Petersburger Zoo war ein Tierhandelsunternehmen, und die meisten von Hagenbeck nach dort gelieferten Tiere werden weitergereicht worden sein, an Wandermenagerien, Zirkusse und private fürstliche Tierhalter in Rußland. Eine besondere Rolle spielte für ihn der Zoo in Kopenhagen. Bis 1895 hatte dieser fast alljährlich Tiere im Wert von einigen tausend Mark von ihm bezogen. Im Jahre 1896 schloß Carl Hagenbeck mit diesem Zoo einen Vertrag ab, der ihm gestattete, attraktive Tiere nach seiner Wahl und in einem von ihm bestimmten Umfang dort zeitweilig auszustellen. Dafür war er zu 55 % an den Mehreinnahmen beteiligt, die im Vergleich zum Mittelwert der Einnahmen des entsprechenden Monates in den zurückliegenden drei Jahren zu verzeichnen waren. Hagenbeck schickte nicht nur 1896 ein Affenparadies hin, zeigte Raritäten, wie zwei Asiatische Elefanten, einen Somaliwildesel, zwei Schimpansen, einen albinotischen Braunbären, 1898 einen Orang-Utan, der dort starb und von ihm als finanzieller Verlust verbucht werden mußte. Er ließ auch seine Dompteure mit Dressurgruppen auftreten. Freilich ergab nur das erste Jahr 1896 einen finanziellen Gewinn. Hagenbeck erhielt 43.000 Mk. Nach Abzug der Unkosten verblieben ihm im folgenden Jahr nur noch 7.100 Mk. Über die weiteren Jahre fehlen die Aufzeichnungen. Der Gewinn dürfte immer bescheidener ausgefallen sein. Jedenfalls wurde der Vertrag 1900 nicht verlängert.

In der nächsten Kategorie der ausländischen Zookunden, die zwar häufig, meist aber nur Tiere im Wert von wenigen hundert Mark und nur dann, wenn Großtiere, wie ein Elefant, Giraffen oder ein Flußpferd erworben wurden, für einige tausend Mark einkauften, wäre die Menagerie in Wien-Schönbrunn zu nennen. Schon Claes Hagenbeck zählte ab 1860 zu den gelegentlichen Lieferanten der kaiserlichen Menagerie, die allerdings viele und gerade auch wertvolle Tiere als diplomatische Gabe oder über österreichische Konsulate erhielt und kleinere Tiere, vor allem Vögel, von lokalen Tierhändlern erwarb. Der Londoner Zoo war ein Kunde von einer ebensolchen Bedeutung. Die Zoologischen Gärten Blackpool, Bristol, Manchester, Dublin, Basel, Brüssel und Rom ab 1911 kauften hingegen nur wiederholt Einzeltiere. Die Geschäftsbeziehungen zu ihnen belegen aber den weitgespannten Bekanntheitsgrad Carl Hagenbecks und die Attraktivität seines Angebotes.

Bei vielen Gelegenheiten versäumte Carl Hagenbeck nicht, auf seinen weltweiten Kundenkreis hinzuweisen. Zweifellos waren solche überseeischen Handelsverbindungen bemerkenswert und belegen erneut, daß Hagenbeck schließlich in den interessierten Kreisen weithin bekannt und als Tierhändler anerkannt war. Geschäftlich freilich schlugen die meisten dieser Überseeverkäufe nicht zu Buche. Die größte Tierlieferung war die Ausstattung des im Jahre 1908 eröffneten Zoos in Peking mit Tieren im Wert von 58.000 Mk. Der Transport umfaßte acht Halbaffen in vier Arten, 29 Affen in elf Arten, meist afrikanische Affen, dazu Kapuziner und Rhesusaffen, neun Großkatzen (Löwen, Bengaltiger, Puma, Leoparden und Jaguar), einen weiblichen Asiatischen Elefanten, ein Paar Zebras, acht Hirsche in vier Arten, Eland-, Nilgau- und Hirschziegenantilopen, sechs Känguruhs in drei Arten, Nasen- und Waschbären, Strauße, Emus und Nandus, Sarus-, Kronen- und Jungfernkraniche, 22 Gänsevögel, zwei Pelikane, sechzehn Papageien in sechs Arten, vier deutsche Hausrinder und ein Pärchen Bernhardinerhunde. Für 150 Mk war der Tiersendung noch eine komplette Ausgabe von Brehm's Tierleben beigefügt.

Auch die Lieferung an den Zoo von Buenos Aires im Oktober 1907 für 35.650 Mk, die u.a. je ein Pärchen Flußpferde und Rotbüffel enthielt, ist finanziell bedeutend gewesen. Der Zoo von Calcutta erhielt mehrfach Tiere von Hagenbeck, so 1885 Somalistrauße, 1894 ein Pärchen Hyänenhunde, eine Fleckenhyäne, ein Pärchen Wasserschweine und eine Anakonda sowie 1907 u.a. ein männliches Flußpferd für 18.000 Mk. Die übrigen Sendungen an weitentfernte Empfänger waren Einzellieferungen, so 1901 ein Zebra für rund 2.600 Mk nach Adelaide und im gleichen Jahr ein Pärchen Löwen, Eisbären Strauße sowie einige Kleinsäuger und Vögel an den Zoologischen Garten Tokio. Der Hamburger Tierhändler H. Breitwieser brachte diesen Transport nach Japan. Im Jahre 1907 erhielt der Zoo von Tokio ein Pärchen Giraffen, zwei Beutelteufel, einen

Königsgeier und einige Aras. Diesmal begleitete Ernst Wache den Transport. Für die Hin- und Rückfahrt brauchte er insgesamt zwanzig Wochen und eine halbe. Gleichfalls 1907 ging ein Transport vorwiegend mit südafrikanischen Antilopen für umgerechnet 12.000 Mk an den Zoo von Kairo-Gizeh, im gleichen Jahr je eine Tiersendung im Wert von rund 4.600 Mk nach Melbourne und für rund 8.500 Mk an den Zoo von Rio de Janeiro sowie ein Nandupärchen an den Zoo von Sydney. Dieser Zoo hatte von Hagenbeck bereits 1901 einen Jaguar, zwei sibirische Braunbären, ein Pärchen Pekari und einen männlichen Kondor bekommen, alle zusammen für einen Preis von 1.250 Mk. Damit sind die Lieferungen an ferne Empfänger genannt, die sich aus den erhalten gebliebenen Aufzeichnungen Carl Hagenbecks ergeben. Da diese nicht vollständig bewahrt sind, ist es möglich, daß es noch einige wenige weitere gegeben hat. Sie dürften fast alle erst nach der Jahrhundertwende erfolgt sein. Man muß davon ausgehen, daß der Ruf Carl Hagenbecks bis dahin auch in sehr weit von Hamburg entfernte Gegenden der Welt gedrungen war.

Zu nennen bleibt noch der amerikanische Markt. In der Zeit, in der Carl Hagenbeck als selbstständiger Tierhändler tätig war, wurden in den USA einundzwanzig Tiergärten gegründet, ein für die europäischen Tierhändler auch deswegen interessanter Absatzmarkt, weil es bis zur Jahrhundertwende dort keine den berühmten europäischen Tierhandlungen vergleichbare Firmen gab. Mit den wenigsten Zoos trat aber Carl Hagenbeck direkt in Geschäftsverbindung. Die wichtigste Ausnahme war der Zoo von Cincinati, dessen erster Direktor, Dr. Hermann Dorner, der ehemalige wissenschaftliche Sekretär des Hamburger Zoos war. Der Zoo wurde 1875 eröffnet. Im Jahre 1878 kaufte er bei Hagenbeck viele Tiere im Gesamtwert von rund 33.000 Mk. Auch in den späteren Jahren und unter anderen Direktoren rissen die direkten Geschäftsverbindungen des Zoos zu Hagenbeck nicht ab, und mehrfach gingen Elefanten, zweimal Flußpferde von Hamburg nach Cincinnati, wobei das 1907 dorthin geschickte auf dem Transport verendete. Ab 1902 wurde der aus Chicago nach dort berufene Zoomanager C.L. Williams Hagenbecks amerikanischer Generalvertreter, über den alle Tierverkäufe in den USA aus der Firma Hagenbeck liefen. Nach dem Ausscheiden Williams übernahm dessen Nachfolger S.A. Stephan bis zum Ausbruch des ersten Weltkrieges diese Funktion. Auch der 1899 eröffnete Zoo von New York-Bronx erwarb 1902 direkt von Hagenbeck eine größere Tiersendung im Wert von umgerechnet etwa 40.000 Mk, u.a. einen Beutelwolf enthaltend, ein

Orangweibchen mit Jungem, einen Orang-Mann, je ein Paar Schimpansen und Przewalskipferde. Die übrigen amerikanischen Kunden bezogen die von Hagenbeck angebotenen Tiere über den Generalagenten, der mit 5 % am Umsatz beteiligt war. Der erste amerikanische Generalagent war ab 1881 bis 1894 der Besitzer und Betreiber der Menagerie im Central Park von New York, W.A. Conklin, gewesen. Die alljährlichen Lieferungen von Tieren hatten einen erheblichen Umfang. Im Jahre 1883 wurden für etwa 50.000 Mk Tiere an Conklin geliefert, 1884 betrug der Wert der Tiersendungen schon 65.000 Mk, 1886 nur rund 24.000 Mk. Conklin nahm die Tiere in Kommission. Die Endempfänger wurden in Hamburg nicht immer notiert. Da keineswegs alle Tiere noch im Lieferjahr verkauft wurden, ist es auch schwierig, den Gesamtjahresumsatz zu ermitteln. Die Tierverluste, die selbstverständlich zu Lasten Hagenbecks gingen, scheinen aber nicht sehr bedeutend gewesen zu sein, wenn man davon absieht, daß das 1886 gelieferte Panzernashorn starb, ehe es verkauft werden konnte. Daß aber auch in den USA zoologische Raritäten allein wegen ihres Seltenheitswertes nicht in jedem Falle gut zu verkaufen waren, sei am Beispiel eines Quaggas gezeigt, das bisher in der Literatur über dieses Zebra nicht enthalten ist. In seiner südafrikanischen Heimat wurde das letzte Quagga um 1878 geschossen. Einige wenige lebten zu dieser Zeit noch in verschiedenen Zoos. Das letzte Zooquagga starb nach bisherigem Kenntnisstand am 12. August 1883 im Zoo von Amsterdam. Aber auch Carl Hagenbeck besaß zu dieser Zeit noch ein Quagga, das er im Jahre 1883 von Conklin im Tausch gegen ein Bergzebra erworben hatte. Der Wert des Tieres wurde mit 2.880 Mk festgeschrieben. Eine irrtümliche Artzuschreibung dürfte ausgeschlossen sein, weil Carl Hagenbeck gleichzeitig mit dem Tier noch Bergzebras und Burchellzebras vermerkt, die morphologischen Unterschiede zwischen diesen Zebras sowie ihre art- bzw. unterarttypische Zeichnung selbstverständlich genau kannte. Das nunmehr im Besitz von Hagenbeck befindliche Quagga war ein Wallach und war aus diesem Grunde in den USA wohl unverkäuflich. Bis 1885 blieb es unter den zum Verkauf bestimmten Hagenbeck-Tieren in der Central Park-Menagerie stehen. In diesem Jahr ist es, nunmehr tatsächlich der letzte Vertreter dieser Zebra-Unterart, gestorben. Das genaue Datum wurde leider nicht festgehalten. Nach Conklin wurde der Direktor des Zoos von Chicago (Lincoln Park) E.D. Colvin bis zu seinem Tode Ende 1901 der Generalvertreter Hagenbecks in den USA, und nunmehr, zu Beginn des neuen Jahrhunderts, wurden alljährlich Lieferungen im Werte von rund 110.000 Mk (1901) oder 200.000 Mk (1902) über den Atlantik geschickt. Soweit die Unterlagen erkennen lassen, hat Hagenbeck allein 27 Elefanten, 40 Raubtiere und 60 Kamele in den USA verkauft. Tatsächlich sind es sicher noch mehr gewesen, weil seine Unterlagen in Hamburg nur unvollständig erhalten sind. Abnehmer waren nicht nur die Zoos, sondern vor allem auch die großen US-amerikanischen Zirkusse, wie Barnum und Baily, Ringling Brothers, Forepaugh, Campbell u.a. Sie brauchten nicht nur Elefanten, Raubtiere und Kamele für ihre circensischen Darbietungen, sondern auch viele andere Tiere für die großen Tierschauen, die sie unterhielten. Nicht nur für Carl Hagenbeck und für die Alfelder Tierhandlung Reiche war das Amerikageschäft der lukrativste Zweig des Verkaufs von Tieren nach Übersee.

Wandermenagerien und Zirkusse

Nachdem es schon im 17. und 18. Jahrhundert Tierführer gegeben hatte, die mit einzelnen zoologisch besonders bemerkenswerten oder populären Tieren von Ort zu Ort durch Mittel- und Westeuropa gezogen waren, entstanden ab den letzten Jahrzehnten des 18. Jhs. Reiseunternehmen mit vielen, mitunter mehr als hundert Schautieren. Einige Wandermenageristen fühlten sich einem Bildungsauftrag verpflichtet und informierten die Besucher über die gezeigten Tiere, meist durch mündliche Erklärungen, durch den Verkauf einer Broschüre oder gedruckter Abbildungen der Tiere. Obwohl die Zeit, in der wandernde Tierschauen die Vermittlung von zoologischem Wissen über fremdländische Tiere und vor allem die Darbietung lebendiger Anschauung so gut wie allein getragen hatten, bereits Mitte des Jahrhunderts zu Ende gegangen war, gab es solche noch während des gesamten 19. Jahrhunderts. Carl Hagenbeck hatte etwa 50 größtenteils deutsche Wandermenageristen, einige auch aus den angrenzenden Ländern Mitteleuropas, als Kunden. Zwar wurde ihre Schaustellung von Tieren in Kästen, kleinen Käfigen oder angebunden in Pferchen von vielen als nicht mehr zeitgemäß abgelehnt, ebenso ihre zoologischen Informationen, die längst nicht mehr dem Stand der Wissenschaft entsprachen, auch nicht dem, den man aus den inzwischen erschienenen populären Sammelwerken, wie z.B. Brehms Tierleben, entnehmen konnte. Dennoch fanden die Wandermenagerien noch ihr Publikum, wobei der Umstand sicher eine Rolle spielte, daß sie ihre Auftritte auch in vielen deutschen Städten mittlerer Größe hatten, die fernab von den Großstädten mit einen Zoo lagen. Außerdem dürften die Dressurvorführungen, die fast alle zeigten, und spektakuläre Aktionen, wie z.B. Schaufütterungen oder das Herausnehmen einer Riesenschlange aus dem Käfig und die Demonstration ihrer Körperlänge, ihre Anziehungskraft für viele Schaulustige behalten haben. Es ist heute weitgehend vergessen, daß einige der großen Wandermenageristen mit einem umfangreicheren Tierbestand durch das Land zogen, als ihn fast alle deutschen Zoos im vergangenen Jahrhundert zeigten bzw. finanzieren konnten. Als Carl Hagenbeck am 25. April 1877 für 60.000 Mk die Menagerie von Robert Daggesell kaufte, bestand die u.a. aus einem Afrikanischen und einem Asiatischen Elefanten, einem Panzernashorn, zwei Giraffen, einem Zebra, einem Gnu, dreizehn Löwen, sieben Bengaltigern, neun Leoparden, einem Schwarzen Panther, einem Puma, zwei Streifen- und einer Fleckenhyäne, je einem Eis-, Lippen- und Kragenbären, dreizehn Affen in fünf Arten, drei Hechtalligatoren und 26 anderen Tieren, Kamelen, Zebus, vielen Papageien, einigen Kasuaren usw. Die Menagerie reiste mit neun Tier- und einem Packwagen. Nur die größten deutschen Zoos hatten in dieser Zeit einen vergleichbaren Bestand an Großsäugern und keiner auch nur annähernd so viele Raubtiere. Und dabei war Daggesells Menagerie keineswegs die größte, die in Deutschland umherreiste. Ihre Unkosten waren durch die Reisetätigkeit hoch und das finanzielle Einspielergebnis mitunter offenbar schwer zu kalkulieren. In Hagenbecks Unterlagen findet sich ein Brief aus dem Jahre 1880, in dem der renomierte Wandermenagerist Moritz Heidenreich um Zahlungsaufschub für auf Kredit angeschaffte Tiere bat, mit Ausführungen über das Ausbleiben der erwarteten Eintrittsgelder. Die Ersatzbeschaffung von Tieren spielte eine große Rolle. Man muß wohl annehmen, daß die Haltungsbedingungen für manche Tiere ungünstig waren, und daß insbesondere der ständige Ortswechsel und die Haltung der Tiere unter Zeltdächern, in Buden oder Menageriewagen bei jedem Wetter sich verkürzend auf ihre Lebenserwartung auswirkte. Zeitweiliger Geldmangel dürfte sich am ehesten in der Fütterung der Tiere ausgewirkt haben. Aber man darf nicht grundsätzlich davon ausgehen, daß die Tiere in den Wandermenagerien schlecht gepflegt wurden. Es gibt Hinweise dafür, daß zumindest in einigen den Umständen entsprechend erträgliche Bedingungen für die Tiere vorhanden und vermutlich sogar eine gute Pflege gewährleistet waren. So kaufte z.B. Carl Hagenbeck von dem Wandermenageristen A. Bach 1886 eine Giraffe, ein Spitzmaulnashorn und ein weibliches Flußpferd zurück. Er hatte die Giraffe mit einer anderen, die wahrscheinlich inzwischen gestorben war, vier Jahre und die beiden anderen Tiere drei Jahre zuvor an den Menageristen verkauft. Die Tiere müssen in gutem Zustand gewesen sein, denn er vergütete dem Menageristen dafür ebensoviel, wie dieser Jahre zuvor ihm hatte bezahlen müssen. Das Spitzmaulnashorn und das Flußpferd verkaufte Hagenbeck unmittelbar nach der Rücknahme an den Zoo Breslau für einen höheren Preis, als er dem Menageristen gezahlt hatte, was auch bedeutet, daß die Tiere einwandfrei gepflegt gewesen sein müssen. Wiederholt nahm Carl Hagenbeck nach ein paar Jahren Elefanten von den Menageristen zurück, z.B. Elefantenbullen, wenn diese mit den groß und vermutlich widersetzlich gewordenen Tieren nicht mehr umgehen oder reisen konnten. Er kaufte auch den Menageristen Tiere ab, die er nicht geliefert hatte, so 1882 W. Winkler ein Flußpferd, das dieser vielleicht von Reiche erworben hatte, für den durchaus angemessenen Preis von 8.500 Mk. Auch solche Rücknahmen lassen den Schluß zu, daß sich die Tiere in einem guten Zustand befunden haben müssen. Ein anderer Hinweis auf gute Haltungsbedingungen sind Zuchterfolge. Löwen wurden unter Menageriebedingungen schon seit den Tagen der berühmten Menageristen der Familie van Aken, Hermann, Wilhelm und Cornelius, sowie des noch berühmteren Henri Martin, d.h. seit Anfang der 1820er Jahre geboren. Wilhelm van Aken erhielt ab Oktober 1823 von einem Löwenpaar, das vermutlich selbst schon unter Menageriebedingungen geboren wurde, nämlich im Tower von London, in neun Würfen 24 Junge, die zwar nicht alle aufwuchsen und zum Teil von einer Hundeamme großgezogen werden mußten. Auch Leoparden, Mischlinge zwischen Löwen und Tiger und, allerdings nur sehr selten, auch Tiger wurden schon in der ersten Hälfte des 19. Jhs. in einigen Menagerien gezüchtet. Carl Hagenbeck kaufte mehrfach von seinen Menageristenkunden gezüchtete Löwen, deren Geburtsdatum oder Alter ihm angegeben wurde, so 1885 zwei halbjährige Weibchen von Christian Berg, vier dreivierteljährige von Ferdinand Souli oder sieben von C. Paulsen 1895, die nach den mitgegebenen Altersangaben aus zwei Würfen stammten. Im Jahr zuvor hatte Hagenbeck von ihm ein Pärchen menageriegeborene Schwarze Panther im Alter von fünf Monaten übernommen. Aber selbstverständlich, neben gut organisierten Wandermenagerien, in denen die Tiere gut gepflegt wurden, gab es zweifellos auch schlechte, mit erbärmlichen Haltungsbedingungen für die Tiere. Ob solche freilich zu den Kunden der großen Tierhandlungen Hagenbeck und Reiche gehörten, ist zumindest fraglich. Im Stadtarchiv von Alfeld hat sich ein Brief erhalten, in dem Carl Reiche über einen Mittelsmann sorgfältig Erkundungen einholt, vor allem natürlich über die finanzielle Bonität des ihm bis dahin offenbar unbekannten Menageristen.

Mitunter mußte Carl Hagenbeck Kunden unter den Menageristen für den Ankauf neuer Tiere Sonderkonditionen einräumen. So schloß er am 4. Juni 1877 mit der Wandermenagerie Gebrüder Böhme einen schriftlich fixierten Vertrag ab, nach dem die Menageristen Tiere für 2.315 Mk von ihm kauften, einen Leoparden, einen Lippenbären, einen Syrischen Braunbären, eine Zibetkatze, eine gefleckte Hyäne, einen Wolf, eine Tigerkatze, je zwei Meerkatzen und Rhesusaffen sowie einen Menageriewagen samt drei großen Schildern, auf dem einige der Menagerietiere dargestellt waren, meist in dramatischen Szenen. Die Zahlungsbedingungen lauteten: "So bald als möglich, aber ab 1. Juli mindestens pro Monat 200 Mark am ersten jedes Monats. Als Sicherheit bleiben die gekauften Tiere Herrn Hagenbecks Eigentum, bis die ganze Schuld getilgt ist". Als Zeuge der Vertragsvereinbarung unterschrieb Robert Daggesell, der damals bereits privatisierte. Oder als ein anders gelagertes Beispiel: August Fischer Vater, der 1878 der erste Oberwärter des Leipziger Zoos werden sollte, und August Fischer Sohn, beide Menageriebesitzer aus Quedlinburg, bescheinigten am 19. Januar 1877 Carl Hagenbeck schriftlich, Tiere für 3.380 Mk gekauft zu haben. Sie zahlten 380 Mk an und wollten ab 1. April dieses Jahres monatlich 200 Mk, wenn irgend möglich aber mehr zahlen. Am 25. August 1885 übernahm der bedeutende Menagerist Carl Kaufmann einen Gorilla und zahlte 1.000 Mk weniger als Hagenbeck für das Tier hatte bezahlen müssen, nämlich nur 3.000 Mk. Es wurde aber vereinbart, daß Kaufmann weitere 3.000 Mk zu zahlen habe, wenn der Gorilla in zwei Monaten noch leben sollte. Die Zahlung traf nicht ein, so daß man annehmen muß, der Gorilla war inzwischen verstorben. Eine andere Regelung besagte, daß der Menagerist, wenn er den hohen Preis für ein teures Tier doch bar bezahlte, eine Rückvergütung erwarten durfte, wenn das Tier frühzeitig sterben sollte. Eine solche Zusicherung erhielt E. Ehlbeck 1896, als er bei Hagenbeck sein zweites Flußpferd kaufte. Er hatte bereits ein Jahr zuvor ein nur 5 1/2 Monate altes im Zoo von Antwerpen geborenes Flußpferd für 8.000 Mk erworben, und dies muß ihm nach einigen Monaten gestorben sein. Heute, wo wir wissen, wie anfällig sehr junge Flußpferde sind, hätte man die Überlebenschancen eines so jungen Flußpferdes in einer Wandermenagerie von vornherein als relativ gering beurteilt. Ehlbeck kaufte nunmehr ein älteres Flußpferd, mußte aber 10.000 Mk dafür bezahlen. Offenbar war er aber skeptisch, was die Lebenserwartung des Tieres betraf. Jedenfalls sicherte ihm Carl Hagenbeck zu, er bekäme 1.000 Mk zurückvergütet, wenn das Flußpferd innerhalb von fünf Monaten sterben sollte. Es starb vermutlich nicht, denn Hagenbeck schrieb dem Konto, das er für Ehlbeck unterhielt, keinen Betrag gut. Arme Wandermenageristen, wie z.B. August Fischer Junior, waren auch bereit, fehlerhafte oder gar kranke Tiere zu kaufen, wenn diese billig zu haben waren. So verkaufte Carl Hagenbeck A. Fischer jun. 1884 einen zweifellos zoogeborenen Löwen, 15 Monate alt, der Anzeichen einer zentralnervösen Störung hatte, einen sogenannten "Sterngucker", der also manchmal seinen Kopf unmotiviert mit Blick nach oben hin- und herwendete, daher der Name. Diese Störung, deren Ursachen man damals noch nicht kannte, kann entweder parasitär oder durch Vitaminmangel bewirkt sein. Statt etwa 1.000 Mk mußte August Fischer nur die Hälfte bezahlen.

Zu den wichtigen Kunden Carl Hagenbecks gehörten folgende Wandermenageristen: August Scholz, mit dem Carl Hagenbeck 1860 seine erste Reise als Tierbegleiter machen durfte,[94] Robert Daggesell, der alljährlich bis zum Verkauf seiner Menagerie 1877 bei ihm Tiere für einige tausend Taler kaufte, ferner Gottlieb Kreutzberg, der 1874 nach einer Verletzung durch einen Löwen starb. Die meisten Wandermenageristen, etwa dreizehn an der Zahl, kauften bei ihm alljährlich Tiere für einige tausend Mk. Einige sind nur einmal als Käufer vermerkt, mit einem hohen Betrag von mehr als zehntausend Mk, weil sie einen Elefanten oder andere Großtiere erwarben, und etwa ebenso viele, also fünf, sind kleinere Schausteller, die jedesmal für ein paar hundert Mk Tiere kauften. Finanziell am meisten interessant waren natürlich die ganz großen, nach Gottlieb Kreutzbergs Tod der bedeutendste, Carl Kaufmann, dessen Ankaufsetat den des finanzkräftigsten deutschen Zoos, des Berliner, erheblich überstieg. Kaufmann erwarb allein von Hagenbeck 1876 Tiere für 17.000 Mk, 1877 für 42.740 Mk, 1878 für 23.000 Mk, 1879 für 33.700 Mk usw. Von Reiche, Alfeld, dürfte er außerdem noch Tiere gekauft haben. Im Jahre 1876 hatte er von Hagenbeck für 15.000 Mk das vierte Spitzmaulnashorn erworben, das nach Europa kam, das zweite, das in Deutschland zu sehen war. 1878 kaufte er ein Flußpferd, mehrfach Giraf-

---

94 C. Hagenbeck 1908, S. 53 ff.

fen und Schimpansen, im Jahr 1883 sowohl einen Schimpansen wie einen Orang-Utan und einen Gorilla, den zehnten, der Europa lebend erreichte, und der in der Literatur über diesen Menschenaffen bisher nicht enthalten ist. Carl Hagenbeck bekam ihn für umgerechnet 4.284 Mk im August 1883 von dem Tierhändler Carpenter aus Liverpool. Leider lebte auch dieser Gorilla, wie die meisten vor ihm nach London, Paris oder in das Aquarium in Berlin-Unter den Linden gebrachten nur kurze Zeit, nach den Zahlungsbedingungen jedenfalls weniger als drei Monate. Kein Zoo in Europa, nur das Berliner Aquarium Unter den Linden 1877/78 konnte im vergangenen Jahrhundert einmal alle drei Menschenaffenarten mit lebenden Vertretern zeigen. Nächst Carl Kaufmann waren es die Menageristen A. Bach (Kunde von 1878-1886), Moritz Heidenreich (von 1871-1887), Albert Kallenberg, dessen Menageric Carl Hagenbeck 1876 aufkaufte und der im Jahr zuvor von ihm nicht nur eine Giraffe und zwei Orang-Utans, sondern auch einen der überaus seltenen (und empfindlichen und dadurch für eine Menagerie gänzlich ungeeigneten) Gabelböcke erworben hatte, sowie J. Scholz, dessen Menagerie nach seinem Tod 1875 von seinem Sohn Heinrich weitergeführt wurde, und der letzte der großen Menageristen, Ernst Malferteiner, die alljährlich für viele tausend bis einige zehntausend Mk Tiere erwarben. Allein die großen Wandermenageristen kauften von Hagenbeck für einen größeren Betrag als alle deutschen Zoologischen Gärten zusammengenommen. Auch ein Schausteller mit einem zoologisch anspruchsvollen Programm, wie es die Ausstellung von Kleintieren, etwa von Kantschils, Wickelbären und dergl. durch Karl Jehring darstellte, findet sich in Hagenbecks Kundenliste. Solchen Leuten gelangen im vergangenen Jahrhundert manchmal bemerkenswerte Beobachtungen. So berichtet der Korrespondent Döbner der Fachzeitschrift "Der Zoologische Garten" 1866, daß einem namentlich nicht genannten Schausteller durch einen Zuchterfolg die Länge der Tragzeit des Kantschils festzustellen gelungen sei.[95]

Zu den deutschen Menageristen kamen einige wenige ausländische, wie Planet, Salva und Soulé aus Frankreich und Cuneo aus Italien, die einmal oder einige wenige Male Käufe tätigten, meist von Großtieren, so daß die Rechnung über mehrere tausend oder zehntausend Mark lautete.

In die Endzeit der Wandermenagerien fällt der Brauch, daß Carl Hagenbeck ganze Ensembles von Tieren für eine bestimmte Zeit, meist eine

---

95 Zool. Garten, Frankf./M. 7, 1866, S. 150.

Saison, vermietete, in der Regel gegen eine monatliche Pauschalgebühr oder Jahresmiete. So erhielt die russische Menagerie Karl Grail 1894 Tiere im Wert von 12.240 Mk, einen Asiatischen Elefantenbullen, zwei Paar Löwen, ein Trio Leoparden, einen Tiger, zwei Seehunde, zwei Stachelschweine und einen Alligator. Die Jahresmiete betrug 2.400 Mk. Diese Menagerie bekam auch Einzeltiere als Leihgabe, wie 1897 einen Eisbären. Ab 1894 bekam auch Heinrich Scholz leihweise Tiere im Werte von 10.000 Mk, je eine Asiatische Elefantenkuh, Tigerin, Löwin und dazu vier Streifenhyänen und ein Pärchen Rote Riesenkänguruhs. Scholz kam für das Futter der Tiere auf, hatte das Risiko und mußte pro Monat 1.000 Mk zahlen. Er konnte auch die Tiere erwerben, wenn er noch 500 Mk am Schluß daraufzahlte. Der Menagerist blieb aber, auch in den kommenden Jahren, bei den Leihabkommen mit Hagenbeck.

Auch die deutschen Zirkusse waren selbstverständlich Kunde bei Hagenbeck und kauften Elefanten, Giraffen, Kamele und Raubtiere und nur wenig andere Tiere für die Tierschau. Die beiden Zirkusse, die finanziell für Hagenbeck wichtig wurden, waren der Zirkus Carl Merkel, der fast alljährlich Tiere für einige tausend bis zehntausend Mk, und der Zirkus Ernst Renz, der für einige hundert bis wenige tausend Mk Tiere erwarb. Von Renz kaufte Hagenbeck 1881 zwei Giraffen zurück, die er im Vorjahr geliefert hatte. Paul Busch kaufte 1902 sechs Asiatische Elefanten (2,4) und drei Grantzebras, die er alle am Ende der Saison an Hagenbeck wieder zurück gab, aber auch noch zwei weitere Asiatische Elefantenkühe, Strauße und ein Zebra, die er behielt. Auch der Zirkus Wilhelm Althoff tätigte 1884 den Kauf eines Elefanten. Carl Krone und Karl Holzmüller, später Besitzer respektabler Zirkusse, waren im vergangenen Jahrhundert noch Wandermenageristen mit bescheidenen Einkäufen bei Hagenbeck. Als ganz gelegentliche Käufer von Einzeltieren, meist Raubtieren, wie Löwen, Eisbären und Kragenbären, oder Elefanten und Giraffen erscheinen die Namen ausländischer Zirkusse, Hermann Carlo aus Buenos Aires 1885 und 1886, Oscar Carré aus Amsterdam 1876, Frank Fillis aus Kapstadt 1887 bis 1897, dem Carl Hagenbeck das Engagement der Hottentotten für die Schau von 1888 verdankt, Fitzgerald Dau, "Lord" George Sangers 1897 und Percy James Mundy 1901, alle aus Großbritannien. Die großen amerikanischen Zirkusse, Barnum & Bailey, Forepaugh, Ringling Brothers u.a., die von dieser Branche Hagenbeck die meisten Tiere, vor allem Elefanten und andere Großtiere, abnahmen, bezogen diese über dessen amerikanischen Generalagenten. Aus den Unterlagen ist nicht in allen Fällen zu erkennen, welche der nach Amerika gelieferten Tiere an sie weitergereicht wurden. Daß nicht mehr deutsche Zirkusse Kunden bei Carl Hagenbeck waren, liegt daran, daß die große Zeit der Zirkusse mit umfangreichen Schaustellungen von exotischen Tieren hierzulande noch nicht gekommen war. Dazu mußten die Wandermenagerien erst noch von der Bühne der Geschichte abtreten.

Privattierhalter

Nicht nur finanziell, sondern auch für das Image der Firma Hagenbeck war der Kreis von Privattierhaltern, vornehmlich Adligen, von Bedeutung. Auch zu Zeiten von Carl Hagenbeck hielten sich Landbesitzer im Park ihres Schlosses oder der Villa exotische Tiere, vornehmlich Hirsche und Parkgeflügel, wie Kraniche und Gänsevögel. Einige unterhielten eingegatterte Tiere, die sich vermehren und dann zur Bejagung dienen sollten, wiederum meist Hirsche oder Steinwild, und andere hatten gar einen privaten Tierpark.

Aus finanziellen Gründen war der 11. Herzog von Bedford für Hagenbeck am wichtigsten. Dieser britische Landlord, der der Präsident der Royal Zoological Society of London und zugleich der größte Privattierhalter seiner Zeit war, baute sich ab den 1890er Jahren auf seiner Besitzung Woburn Abbey einen großen Tierpark auf. Carl Hagenbeck hatte ab 1896 mit ihm geschäftliche Beziehungen und lieferte anfänglich Hirsche, wie einen brasilianischen Sumpfhirsch, einen indischen Muntjak, vor allem die erstmals aus Sibirien importierten Marale, gleich neun davon, und ein Trio amerikanische Bisons, immerhin sofort Tiere für rund 23.000 Mk. Im nächsten Jahr betrug der Wert der Lieferung schon rund 63.000 Mk, und es waren vor allem ganz offensichtlich die interessanten Angebote sibirischer Tiere, die den Herzog veranlaßten, einen derart umfangreichen Auftrag nicht an einen Londoner Tierhändler, sondern an Carl Hagenbeck zu vergeben. Hagenbeck lieferte u.a. elf Marale, zwölf Gelbsteißhirsche, acht Sibirische Rehe, elf Kropfgazellen, 55 Auerhühner, 50 Jungfernkraniche, einen Elch, eine Großtrappe und zwei Celebeshirscheber. Letztere beschaffte er sich aus dem Londoner Zoo. Der Umfang der Lieferungen steigerte sich noch. Im Jahre 1901, als der Herzog nicht weniger als zwölf der importierten 28 Przewalskipferde übernahm, betrug der Gesamtwert der Tierlieferung, zu der auch noch zwei Davidshirsche, fünf Wapitis, sechs Virginiahirsche, zehn Sibirische Rehe, sechs Argali, ein Kiang, ein Großer Kudu und ein Pärchen Strauße aus Afrika gehörten, mehr als 120.000 Mk. Und in großem Umfang gingen die Tierlieferungen weiter. Der Herzog erwarb die ersten Grevyzebras, die Carl Hagenbeck beschaffen konnte, so schwierige Pfleglinge wie Saiga-Antilopen, alle aus Rußland bezogen. 1902 konnte Carl Hagenbeck 4,2 Saigas, erworben von Wereschiagin, über den Londoner Tierhändler Hamlyn an den Herzog verkaufen, das Exemplar für 600 Mk, bis 1913 dann noch weitere 13 Saigas im direkten Verkauf.[96] Der Herzog kaufte bei ihm Giraffen, verschiedene afrikanische Antilopen, Känguruhs und viele Vögel, wie Flamingos, Auer- und Birkhühner, Reb- und Steinhühner, verschiedene Kraniche und immer wieder neue Hirsche aus Rußland bzw. Sibirien. Der finanzielle Umfang des Verkaufs von Tieren an diesen britischen Privattierhalter überstieg ab 1896 den, der sich aus dem Verkauf von Tieren an alle deutschen Zoos zusammengenommen ergab, erheblich. Und der Herzog von Bedford war bei weitem nicht der einzige Privathalter unter den Kunden Hagenbecks, nicht einmal in Großbritannien. Baron Walther von Rothschild in Tring bei London kaufte bei ihm, z.B. 1902 ein Pärchen Przewalskipferde, und E.G. Loder 1901 für seine Besitzung in Horshaw fünf Argalis, 24 Sikahirsche, sieben Bennettkänguruhs und zwei Hirschziegenantilopen. Aus Frankreich gehörte der in Fachkreisen als Liebhaber seltener Tiere bekannte Baron Cornely, Chateau Beaujardin bei Tours, schon in den 1880er Jahren zu seinen Kunden, der von ihm so seltene Tiere wie seine einzige Spekes Gazelle aus einem Mengestransport abnahm, die er jemals im Angebot hatte, oder Vierhornantilopen und ein Gabelbockweibchen. Prinz Louis Napoleon Bonaparte erwarb von ihm 1907 Kronen-, Jungfern- und Paradieskraniche, also Parkvögel, Baron Edmund de Rothschild, Paris, zoologisch interessante Tiere, wie einen Beutelmarder, Diana-Meerkatzen und eine Schirrantilope, Ferdinand Fürst von Bulgarien mehrfach ab 1896 Löwen für seinen der Öffentlichkeit zugänglichen Zoo in Sofia. Prinz Alexander von Oldenburg, der am Zarenhof in St. Petersburg lebte und am Kaukasus bei Gagry einen privaten Tiergarten unterhielt,[97] erwarb mehrfach Tiere, darunter 1901 eine Asiatische Elefantenkuh. Der große russische Landlord Friedrich von Falz-Fein kaufte Tiere für seinen Tier-

---

96 M. Jones: History of the Saiga (Saiga tatarica) in Captivity. Pap. Techn. Sci. Session IUDZG-Conference, Denver, Col. 1996, S. 74-80.
97 C. Hagenbeck 1908, S. 446, L. Hagenbeck 1955, S. 253.

park Askania-Nova, Känguruhs, Antilopen, Saruskraniche, übrigens noch 1907, also nach dem angeblichen, von seinem Biographen und Bruder Woldemar in die Literatur gebrachten, wegen der Przewalskipferde entstandenen Zerwürfnis, der Bruder Alexander von Falz-Fein ebenfalls 1907 Antilopen, Lamas, Känguruhs und verschiedene Kraniche für seinen eigenen Gutspark. Der bedeutende niederländische Privattierhalter und Züchter F.E. Blaauw, Gooilust bei s'Gravenland, war unter seinen Kunden und erwarb nicht nur seltene Säugetiere, wie 1907 ein Pärchen Przewalskipferde, sondern auch 1894 einen männlichen Darwinsstrauß, den Carl Hagenbeck von einem in Hamburg einlaufenden Schiff erwerben konnte. Im deutschsprachigen Raum waren seine größten Kunden Fürst Christian Kraft zu Hohenlohe-Öhringen, der ab 1901 Sibirische Rehe in großer Zahl, 1901 sieben, 1902 zwanzig, und bis 1907 mehr als zwanzig Sibirische Steinböcke erwarb, Lieferungen jedesmal im Wert zwischen 8.600 und 16.000 Mk. Alexander, der Erbprinz von Hohenlohe-Schillingsfürst, Sohn des dritten deutschen Reichskanzlers, war ein wichtiger Kunde, der 1896 vor allem Bennettkänguruhs kaufte, die er in den Waldungen seiner böhmischen Herrschaft Podjebrad[98] ansiedeln wollte, ferner Rentiere, Sikahirsche, Mandschuren-Sikahirsche, Emus, aber auch 1902 eines der ersten Chapmanzebras, die Carl Hagenbeck im Angebot hatte. Erzherzog Josef kaufte bei ihm 1907 Maralhirsche, Fürst Kinsky im gleichen Jahr Mandschuren-Sikahirsche, Fürst Colloredo-Mansfeld Virginiahirsche, Prinz Alexander von Thurn und Taxis 1894 Axishirsche. Auch die Grafen Rantzau, Solms, Luckner (auf Schulenburg), von Herberstein, Wurmbrand und Benno Zedtwitz oder der ungarische Graf Emmerich Kazolyn, der 1907 siebzehn Mähnenschafe kaufte, der Reichsrat von Poschinger und der Hamburgische Baron von Donner, Konsul Rosenkranz und andere sind in den Hagenbeckschen Unterlagen als ein- oder mehrmalige Käufer von Parktieren erwähnt.

Zu erwähnen ist auch der Sultan von Marokko, der 1901 eine große Tiersendung im Werte von 40.000 Mk für seine Privatmenagerie in Rabat bestellt hatte. Für die Kenntnis über diese Tierhaltung ist es wichtig zu wissen, daß Carl Hagenbeck dem Sultan ein Pärchen Kaplöwen geliefert hat. Der Sultan züchtete später Löwen, und man darf davon ausgehen, daß auch diese Kaplöwen zumindest an der Zucht beteiligt waren. Die unter Tiergartenbiologen verbreitete Annahme, der marokkanische

---

98 Brehms Tierleben, 4. Aufl. Bd. 10, Säugetiere 1, 1922, S. 211.

Herrscher habe die in Europa so begehrten Berberlöwen rasserein gezüchtet, dürfte zweifelhaft sein. Hagenbecks Transport umfaßte ferner ein Paar Bengal- und einen Sibirischen Tiger, je einen Eis- und Braunbären, drei Paar Hirsche in drei Arten, ein Pärchen Alpakas, einen Flachlandtapir, ein Paar Riesenzebus, vier Kasuare, sechs Kraniche in drei Arten, weiße Pfauen, Aras und zwei indische Netzpythons sowie ein Paar westafrikanische Paviane. Der Transport wurde von Hagenbecks Mitarbeiter Ernst Wache über Tanger zum Sultan gebracht. In einem Brief vom 16. September 1901, der in Hagenbecks Archiv aufbewahrt wird, berichtet er an Carl Hagenbeck u.a., welche Tiere der Sultan sonst noch in seinem Palasthof hielt. Nachrichten solcher Art drangen sonst aus dem unzugänglichen Bereich der Hofhaltung nicht nach Europa. Danach hielt der Sultan am Palast Leoparden, Schwarze Panther, je einen Eis- und Braunbären, für die er nun von Hagenbeck den Partner gekauft hatte, ein Paar Zebras, 20 Wildschweine, für einen Mohamedaner ein erstaunliches Phänomen, ferner Dam- und Axishirsche, Lamas, zehn Antilopen (die Arten werden nicht genannt), zwanzig Mähnenschafe, ein Pärchen Zwergzebus, Hausziegen, Affen, Kasuare, Pfauen, Aras und Schlangen. 1911 erhielt der Sultan einen weiteren großen Tiertransport, diesmal wurde er von Matthias Walter begleitet.[99]

Und selbst in das ferne Lhasa wurden von Hagenbeck Tiere geschickt. Nach unveröffentlichten Aufzeichnungen von Johann Umlauff jr.[100] erhielt der 13. Dalai Lama von der Fa. Umlauff Tierskelette und zoologische Präparate im Werte von 18.000 Mk für ein kleines Museum in seinem Sommerpalast in Lhasa und von Carl Hagenbeck ein Paar Zebroide, das zum Ziehen einer Kalesche abgerichtet werden mußte, sowie Affen und Vögel, vor allem Papageien, wie Aras und Kakadus, die gebügelt werden mußten, um in einer sogenannten Papageienallee, wie sie damals auch in den europäischen Zoos üblich war, aufgehängt zu werden. Leider ist die genaue Spezifikation der Tiersendung nicht erhalten geblieben, und das Jahr, in dem der Transport stattfand, wird einmal mit 1905 und dann mit 1906 angegeben. Die Tiere reisten mit anderen Gütern, die der Dalai Lama für den Sommerpalast hatte einkaufen lassen, in einem Ex-

---

99 L. Hagenbeck 1955, S. 85.
100 Maschinenschriftliches Manuskript im Archiv Hagenbeck, S. 56 ff.

trazug über Rußland. Nach vier Wochen waren die Tiere in Lhasa einge-troffen.[101]

Die Liste der Privattierhalter ließe sich noch beträchtlich erweitern. Die meisten dieser Kunden, insbesondere die ausländischen, erwarben nach 1900 Tiere von Carl Hagenbeck, ein Beleg dafür, daß er zu dieser Zeit in den einschlägigen Kreisen als Tierhändler bestens und weltweit bekannt war.

Gelegenheitsgeschäfte

Ebensowenig wie sich schon ein Großkaufmann vom Schlage eines An-ton Fugger in Augsburg, der Neffe von Jacob Fugger d. Reiche, 1564 ge-scheut hatte, die Mühe auf sich zu nehmen, einem Kunden auch nur eine einzige Meerkatze zu verschaffen,[102] waren auch für Carl Hagenbeck Einzelgeschäfte, gewissermaßen über die Ladentafel hinweg, nicht zu unbedeutend, um sie seinen Hamburger Konkurrenten zu überlassen, und nicht nur in seinen Anfangsjahren. Wegen der Lückenhaftigkeit der er-halten gebliebenen Aufzeichnungen lassen sich quantitative Angaben, welchen finanziellen Umfang solche Tagesgeschäfte gegenüber den Groß-verkäufen hatten, nicht machen. Aber aus den noch erhaltenen Buchun-gen kann man schließen, daß sie insgesamt gesehen nicht unbedeutend waren und zahlreiche Liebhaber einen Affen oder Papagcicn, einen Wik-kelbären, ein Gürteltier, eine Schlange oder Schildkröte bei ihm erstan-den, aus seinem Tierbestand aussuchten und bar an der Kasse bezahlten oder aber sich gegen Rechnung schicken ließen. Dabei war Hagenbeck gegenüber den zahlreichen anderen, kleinen Tierhändlern in Hamburg oder in anderen deutschen Großstädten natürlich auch in Liebhaber-

---

101 Der 13. Dalai Lama war offenbar durch seine engen Beziehungen zu britischen Be-ratern über die europäischen Kultur näher informiert worden. So ließ er sich in sei-nem Sommerpalast nicht nur das erwähnte naturkundliche Museum einrichten, son-dern auch Wohn- Speise- und Schlafräume in verschiedenen europäischen Stilen, einen Bibliotheksraum, ein Rauch-, ein Spiel- und ein Jagdzimmner mit Jagdbildern des Tiermalers Wilhelm Kuhnert sowie mit Geweihen und Gehörnen (Manuskript Umlauff ebenda). Für Biologen ist vor allem erinnernswert, daß dieser Dalai Lama in den 1920er Jahren ein Gesetz erließ, das zum ersten Mal die meisten Arten der Wirbeltierfauna Tibets unter Schutz stellte.

102 G. Freiherr von Poelwitz: Anton Fugger, Bd. 3, Tübingen 1967, Fußnote 38 zu Kapitel IV, Seite 160.

kreisen als Lieferant für "bessere Sachen" bekannt. Und so gab es zahlreiche Käufer, die einen Wapitihirsch erwarben, einen Sikahirsch oder einen Sibirischen Rehbock bestellten, und wir wollen hoffen, daß es ihnen nicht etwa auf die schöne Trophäe dieser Tiere ankam, sondern daß sie auch die Tiere wirklich halten wollten. Daß es auch damals schon Personen gab, die ein exotisches Tier offenbar als Statussymbol brauchten, ersieht man daraus, daß schon 1885 und 1887 eine Dame bzw. ein Herr mit Pariser Adresse je einen Geparden erwarben oder Baron von Merck, wohl der Enkel des Hamburger Zoogründers, 1907 ein vier Monate altes Löwenbaby kaufte.

Im 19. Jh. waren Tiere auch auf der Bühne zu sehen. Im Jahre 1875 verkaufte Hagenbeck eine Asiatische Elefantenkuh an das Viktoria Theater in Berlin, ein Jahr darauf eine an das Böhmische Landestheater und 1886 gar einen Asiatischen Elefantenbullen, einen zahmen Stoßzahnträger versteht sich, an das Teatro alla Scala in Mailand. Man geht wohl nicht fehl, anzunehmen, daß letzterer zu den Klängen des Triumphmarsches mit dem Sieger Radames in Verdis Aida die berühmte Bühne betrat. Nicht nur die darstellende Kunst, auch die Wissenschaft brauchte Tiere von Carl Hagenbeck. In den frühen 1880er Jahren studierte der Erlanger Professor Emil Selenka die Embryonalentwicklung bei Säugetieren und brauchte dazu umfangreiches Material früher Entwicklungsstadien. Das amerikanische Opossum, die Beutelratte mit dem enormen Reproduktionspotential und der kurzen Entwicklungszeit des Embryonen bis zur Geburtsreife, schien ihm das geeignete Studienobjekt zu sein. Ein Opossumweibchen kann bis zu 25 Junge in einem Wurf haben, die sich in nur dreizehn Tagen zu dem winzigen, noch nicht einmal 0,6 Gramm schweren geburtsreifen Foetus entwickeln. Carl Hagenbeck konnte Opossums beschaffen, aber er hatte Mühe damit. Zwar waren Beutelratten schon bald nach der Entdeckung der Neuen Welt als Kuriositäten und Zeugnisse einer gänzlich fremdartigen Fauna nach Europa gekommen. Kaiser Rudolph II. hatte um 1600 Abbildungen von ihnen, in Europa nach dem Leben gezeichnet, in seiner Kunst- und Wunderkammer auf der Prager Burg,[103] Großherzog Cosimo III. (1648-1729) hatte sie in seiner Menagerie in Florenz schon gezüchtet und das Muttertier mit zwei Jungen nach dem Leben abbilden lassen[104], und einige Wander-

---

103 H. Haupt, u.a.: Le Bestiaire de Rodolphe II, Paris 1990, S. 216.
104 M. Mosca (Hg.): Natura viva in Casa Medici, Florenz, New York 1985, S. 53.

menageristen hatten sich Opossums in einem Hafen beschaffen können und waren mit ihnen umhergezogen.[105] In den USA aber waren diese Tiere für den Handel nicht marktfähig und wurden als lästige Störenfriede, wie bei uns die echten Ratten, vernichtet.

Carl Hagenbeck schickte jedenfalls zunächst einmal zwei Opossums, die er sich von seinen Geschwistern Wilhelm und Christiane aus dem Hamburger Hafen beschaffen konnte, zu seinem Generalvertreter Conklin nach New York, damit der sich ein Bild machen konnte, welche Tierart gewünscht war. Und nun klappte das Geschäft. Conklin besorgte 1884 25 Exemplare, von denen Selenka 23 bekam und die Menagerie Falk eines. Das letzte Exemplar scheint gestorben zu sein. Im Jahre 1885 bekam Selenka 34 Opossums. Danach wandte er sich einem anderen Studienobjekt zu, und Hagenbeck beschaffte ihm von dem Tierhändler Warncken aus London die gewünschten fünfzehn Rattenkänguruhs (Bettongia spec). Das Landwirtschaftliche Institut der Universität Halle unterhielt unter Prof. Julius Kühn einen Haustiergarten, in dem nicht nur Vertreter bekannter Haustiertierrassen und Kreuzungsprodukte zwischen Tieren verschiedener Haustierrassen und auch solche mit der wilden Stammform gehalten wurden. Hagenbeck lieferte mehrfach Vertreter der wildlebenden Stammform von Haustieren, aber auch Haustiere fremder Völker, wie 1874 ein Vierhornschaf aus dem Senegal, Somalischafe, 1897 zwei Bantengkühe, die Hausrinder in Indonesien, und 1907 ein Paar Przewalski-Wildpferde sowie vier Mongolenstuten, die Ammen für Wildpferdfohlen gewesen waren, und 1901 ein Pärchen Mähnenschafe, trotz des Namens eine wild lebende Ziegenart aus Nordafrika.

Aber auch weniger hehre Kunden versorgten sich bei Hagenbeck mit Tieren. Durch seine guten Beziehungen zum Zoo von St. Petersburg, der ein Handelsunternehmen war, konnte er sich schon in den 1870er Jahren junge, meist halb- oder eineinhalbjährige Braunbären verschaffen. In Rußland war die gefährliche Jagd auf Bären, wenn sie im Frühjahr aus dem Winterlager kamen, erlaubt. Bärinnen hatten während der Winterruhe ihre Jungen gesetzt und führten sie nun mit sich. Man schoß die Bärin, fing die Jungen ein, ließ sie aufziehen und verkaufte sie dann. Zu-

---

105 Viktoria & Albert Museum, London, Abt. Theatermuseum, Anschlagzettel 1785, sowie Anonymus 1844, Verzeichnis sämmtlicher Thiere, welche sich in der Menagerie von Advinent & Zaneboni befinden nebst einer kurzen Beschreibung der merkwürdigeren und ihrer Lebensweise, Wien, Nat. Bibl. Wien 739800-B.

nächst hatte Hagenbeck die aus Rußland bezogenen Jungbären an die beiden Tierhändler Poisson und Baudin in Marseille, etwa zehn bis zwanzig pro Jahr, weiterverkauft, von denen sie die Endabnehmer erhielten. Ab 1887 zog Hagenbeck das Bärengeschäft gänzlich auf sich, und nun erschienen die Namen der Endabnehmer in seinen Buchungsunterlagen. Und da liest man die Namen Georgevič, Gjordjevič, Golubovič, Jovanovič, Jozovič, Judič, Lubič, Mittrovič, Molič, Radolasvič, Stankovič, Stefanovič, Stojanovič, Todorovič, und Zvancič, aber auch Györgerke sowie Basso, Bernabo, Costa, Feltin, Marusoso und Rapanioli. Die Bärenführer holten ihren neuen Bären keineswegs selbst aus Hamburg ab, sondern ließen ihn sich per Bahnexpreß zuschicken, gegen Vorauszahlung versteht sich. Es sind in den Unterlagen Hagenbecks keine Hinweise zu finden, daß es irgendwelche Schwierigkeiten mit der Bezahlung gegeben hätte. Die Bären kosteten, je nach Alter, 120 Mk oder 150 Mk, waren also immerhin so teuer wie vier bis sechs Rhesusaffen, mit denen man schon ein Affentheater hätte aufbauen können. Die Bärenführer fingen also ihre Tanzbären nicht etwa selbst in den Karpaten oder irgend einem Gebirge des Balkans, sondern kauften sie nach dem Angebot bei Hagenbeck. Und es bedurfte wohl keiner großen Tierlehrerfähigkeiten, die durch die künstliche Aufzucht schon zahmen Bären noch zum Aufrichten auf die Hinterbeine und zum Vorführen einiger Tanzschritte zu bringen. Daß die Bärenführer häufig wenig sensibel mit ihren Tieren umgingen und diesen wohl oft kein gutes Schicksal bestimmt war, beweist auch der wiederholte Kauf junger Bären alle paar Jahre durch dieselben Personen bei Hagenbeck. Nach dem Tierschutzgesetz von 1933 war es in Deutschland dann verboten, Tanzbären vorzuführen.

Aber auch ein anderes Geschäft Hagenbecks würde heute kritisch betrachtet werden. Er kaufte einige Jahre lang in Deutschland Jungfüchse auf, die man zur Verminderung der Population aus dem Bau ausgegraben und dann aufgezogen hatte, und verkaufte sie an die britische Firma Hillarius und Co. in Hull. Die Rotfüchse dienten in Großbritannien dazu, die fox-hounds scharf auf dieses Wild zu machen. Im Jahre 1905 verkaufte er 53, im Jahr 1907 gar 106 Jungfüchse an die britische Firma und nahm dafür allein in diesem Jahr rund 18.000 Mk ein. Das ist ein höherer Betrag als er im Jahre 1907 von allen deutschen Zoos, mit Ausnahme des Berliner und Kölner Zoos, für den Verkauf von exotischen Tieren erlösen konnte, und diese Feststellung unterstreicht die finanzielle Dimension dieses Fuchsgeschäftes mit den Briten. Glücklicherweise ist die Abrichtung der Hundemeute auf den Fuchs heute mit lebenden Tieren nicht mehr erlaubt, und das Einfuhrverbot für Füchse nach Großbritannien aus Gründen der Tollwutvorsorge – diese gefährliche Infektionskrankheit gibt es auf den britischen Inseln nicht – verbietet seit längerem den Verkauf von Füchsen nach dort.

Zoologische Aspekte des Hagenbeckschen Tierhandels

Aus mehreren Gründen wäre es von Interesse, wenn sich quantitative Aussagen über den Umsatz von Tieren und Tierarten des Handels Carl Hagenbecks aus den erhalten gebliebenen Unterlagen gewinnen ließen. Aber die noch existierenden Buchungsbücher sind lückenhaft. Es fehlen die Buchungsunterlagen aus den Jahren vor 1871, der Jahre 1889 bis 1893, 1898 bis 1900, 1903 bis 1906 und ab 1908, also für insgesamt 23 Jahre von 48 Jahren. An- und Verkauf von Tieren lassen sich für die fehlenden Jahre nur unvollständig aus anderen Archivalien ermitteln und auch nur von bestimmten, prominenten Tierarten. Außerdem erfassen auch die noch einzusehenden Buchungsunterlagen offensichtlich nicht alle Tiere, die gehandelt wurden. So wurden z.B. von manchen Tierarten mehr Tiere veräußert als eingekauft, und aus Unterlagen deutscher Zoologischer Gärten geht mitunter der Einkauf von Tieren hervor, die von Hagenbeck gekauft wurden, bei ihm aber nicht auftauchen. Ein Grund dafür kann sein, daß Carl Hagenbeck nicht nur mit seinem Schwager Charles Rice bis 1879, sondern auch mit dem Hamburger Tierhändler H. Breitwieser, mit den Alfeldern Charles und Carl Reiche und mit noch anderen Geschäftspartnern gemeinsam finanzierte Tiergeschäfte abwickelte, und Hagenbeck Anzahl und Art der verkauften Tiere nicht notieren ließ. Vielleicht wurden aber auch manche Tiere im Hamburger Hafen sozusagen aus der Hosentasche heraus bezahlt und sofort an einen Kunden weitergeleitet. Das Geschäft war damit abgeschlossen, so daß eine Buchung, die den Stand des Kontos des jeweiligen Kunden festhielt, nicht mehr erfolgte. Den im Folgenden gemachten quantitativen Angaben liegen auf der Grundlage der vorhandenen Geschäftsbücher und anderer Archivalien gemachte Hochrechnungen mit geschätzten Mittelwerten für die fehlenden Jahre zugrunde, die nur als grobe Richtgrößen gewertet werden dürfen und die im einzelnen falsch sein können, dann nämlich, wenn es in den Jahren fehlender Unterlagen Ankäufe in größerem Umfang von Tieren der betreffenden Art gegeben hat. Die Schätzwerte wurden nur angegeben, um in etwa die Dimension erkennen zu lassen, die der Umfang des Tierhandels Carl Hagenbecks gehabt hat.

In dem Bericht von Meyer[106] finden sich einige Angaben über Tierarten und -mengen, die Carl Hagenbeck bis 1872 gehandelt haben will. Sie lassen sich durch die Lückenhaftigkeit der erhalten gebliebenen Unterlagen nicht verifizieren. Er selbst hat seinem ersten Biographen, Heinrich Leutemann, gegenüber 1887 einige Angaben über Tiere, die er bisher verkauft hatte, gemacht. In einem Falle stimmen diese mit den aus den erhaltenen gebliebenen Archivalien zu entnehmenden weitgehend überein. So hat Carl Hagenbeck Leutemann berichtet, er habe etwa 150 Giraffen verkauft. Aus den Unterlagen ergibt sich ein Verkauf von 141 Giraffen. Bei einigen Tieren gibt es größere Abweichungen, etwa bei Rentieren, von denen er 150 verkauft haben will, die Buchungen aber den Ankauf von nur 101 Rentieren ausweisen, oder Elefanten, von denen bis 1887 etwa 300 verkauft worden sein sollen, aus den Archivalien sich aber nur der Verkauf von nur 208 Elefanten, 50 Afrikanischen und 158 Asiatischen ergibt. Leutemann schreibt, Hagenbeck habe 17 Asiatische und neun Afrikanische Nashörner verkauft. Nachzuweisen sind bis dahin neun Asiatische und vier Afrikanische Nashörner, die er angekauft hat. Mit Sicherheit sind in den von Leutemann angegebenen Zahlen von Nashörnern und Asiatischen Elefanten eine nicht zu ermitelnde Anzahl von Tieren enthalten, die Charles Rice in Großbritannien verkauft hat und an deren Verkauf Hagenbeck finanziell, vielleicht auch bei der Beschaffung, beteiligt war und deren Verkauf nicht von ihm gebucht wurde. Sehr stark weichen aber die von Leutemann für den Verkauf von Raubtieren angegebenen Zahlen von den zu erfassenden ab. Danach soll Carl Hagenbeck etwa 1000 Löwen, ebensoviele Bären mehrerer Arten, 600 bis 700 Leoparden und 300 bis 400 Tiger bis 1887 verkauft haben. Nach den noch auswertbaren Unterlagen hat er soviele Tiere der genannten Raubtiere etwa bis zu seinem Lebensende 1913 verkauft, wenn man die Zahlen auf konkrete Tierindividuen und nicht auf Verkaufsvorgänge bezieht. Gar nicht so selten hat nämlich Carl Hagenbeck gerade Raubtiere, in weitaus geringeren Fällen auch Elefanten, vor allem Asiatische, mehrfach verkauft, d.h. dasselbe Tier vom ersten Käufer, oft einem Menageristen,

---

106 R. Meyer: Ein Gang durch die C. Hagenbeck'sche Handels-Menagerie in Hamburgs Zool. Garten, Frankf./M. 14, 1873, S. 25-27.

durchaus aber auch einem Zoo, wieder zurückgekauft und anderweitig erneut veräußert. Ferner erscheinen gerade Tiere dieser Arten, und zwar dressierte, zu vermieteten Gruppen vereinigt, deswegen oft mehrfach in den Büchern, weil er deren Abgabe zur Festlegung des Kontostandes und zur Verbuchung der eingehenden Leihgebühren unter dem jeweiligen Namen des Leihnehmers festhielt, genauso freilich die schließlich erfolgte Rücknahme der Tiere und selbstverständlich deren erneute Abgabe in ein neues Engagement, nunmehr unter dem Namen des neuen Leihnehmers. Zählt man die einzelnen Geschäftsabschlüsse und wertet diese als geschäftlichen Erfolg, und so mag Carl Hagenbeck nicht zu Unrecht gedacht haben, könnten die von ihm Leutemann mitgeteilten Zahlen durchaus die richtige Größenordnung treffen, aber eben nicht die Anzahl der durch seine Hände gegangenen Tiere widerspiegeln, und an dieser sind wir heute, z.B. aus ökologischen Gründen, mehr interessiert als an der Anzahl der damaligen Geschäftsvorgänge. Betont aber muß werden, daß das Wachstum der Hagenbeckschen Tierhandelsfirma zu einem Unternehmen von Weltbedeutung und mit weltweiten Handelsbeziehungen nicht direkt durch die Entwicklung des Deutschen Reiches zu einer Kolonialmacht bedingt gewesen ist. Der Bezug von Tieren aus deutschen Kolonien spielt mit Ausnahme des immer umfangreicher werdenden Tierfanges von Christoph Schulz im damaligen Deutsch-Ostafrika ab 1910 und der nicht von Hagenbeck forcierten Anlieferung junger Schimpansen ab 1900 aus Kamerun eine untergeordnete Rolle.

Der Handel mit Menschenaffen

Weil die Menschenaffen heute zu den in ihrem Verbreitungsgebiet gefährdeten oder gar vom Aussterben bedrohten Tierarten gehören, ist es historisch von Interesse, welchen Umfang der Handel mit diesen Tieren bei Hagenbeck gehabt hat. Unter vorsichtiger Einrechnung von Schätzwerten für die nicht durch Buchungen überprüfbaren Jahre mag Carl Hagenbeck während seiner gesamten Tierhandelstätigkeit zwischen 60 und 100 Orang-Utans, ebensoviele Schimpansen und sehr wahrscheinlich zwölf Flachlandgorillas in der Hand gehabt haben. Orang-Utans kamen bereits seit dem letzten Drittel des 18. Jhs. mit einer gewissen Regelmäßigkeit als Einzeltiere, immer Jungtiere, eben dem reinen Säuglingsalter entwachsen, nach Europa, und sie stammten wohl sämtlich letztlich aus der Hand von Eingeborenen, die ein Muttertier gejagt und den von ihr am Leib getragenen Säugling zunächst zum eigenen Vergnügen aufgezogen hatten. Als sich ab Mitte des 19. Jhs. ein regelmäßiger und vor allem schnellerer Schiffsverkehr nach Borneo, Sumatra und auch nach Java, wo sich die Hauptumschlagplätze für Handelsgüter dieser Region befanden, entwickelte, kamen auch mehr Orang-Utans nach Europa. Ihre Lebenserwartung war hier nicht zuletzt wegen ihrer Empfindlichkeit gegenüber anthropogenen Infektionskrankheiten, der Unfähigkeit der Betreuer, mit den Eingeweideschmarotzern fertig zu werden und der mangelhaften, zu sehr auf menschliche Bedürfnisse zugeschnittenen Ernährung nicht sehr hoch. Eine skeptische Prognose zu ihrer Lebenserwartung wirkte sich auch auf die Verkaufspraxis aus. Zunächst war der Preis für einen Orang-Utan, z.B. im Vergleich zu einem Schimpansen, hoch, ein Hinweis darauf, daß man schon in Südostasien für den jungen Orang mehr bezahlen mußte als im tropischen Afrika für einen Schimpansen. Der Verkaufswert eines gesund erscheinenden Orang-Utan-Kindes lag bei mehr als 1.200 Mk. So verkaufte Carl Hagenbeck am 1. Mai 1872 dem Berliner Zoo einen Orang-Utan für 400 Thaler cash, also etwa 1.200 Mk, und der Zoo mußte weitere 100 Thaler zahlen, wenn das Tier am 1. August 1872 noch leben sollte. Dies tat es, und die Zahlung ging ein. Freilich ist der Orang-Utan-Mann noch im August gestorben.[107] Der Zoo Hamburg bekam am 28. Mai 1873 einen Orang-Utan von Hagenbeck für ebenfalls 400 Thaler und mußte in den beiden folgenden Monaten, jeweils zum letzten des Monats, noch 100 Thaler zahlen, was er tat. Das Aquarium in Berlin-Unter den Linden erhielt am 9. Februar 1876 ein großes Orang-Utan-Männchen und ein Weibchen für 3.000 Mk cash. Das Männchen war der erste ausgewachsene Orang, der nach Europa kam.[108] Außer den 3.000 Mk hatte das Aquarium während zweier Monate die Hälfte der gegenüber den entsprechenden Monaten des Vorjahres erzielten Mehreinnahmen an Hagenbeck abzuführen. Am 4. Oktober 1876 erhielt es zwei kleine Orang-Utans für 1.200 Mk und jeweils einer Zahlungsforderung von 300 Mk in den folgenden vier Monaten, falls die Tiere noch lebten. Zwei Monate ging die vereinbarte Zahlung ein, im dritten Monat waren es nur 150 Mk, d.h. ein Affe war gestorben, und im vierten

---

107 H.G. Klös u.a.: Die Arche Noah an der Spree, Berlin 1994, S. 78.
108 H. Strehlow: Beiträge zur Menschenaffenhaltung im Berliner Aquarium Unter den Linden. Teil III. Orang Utans (Pongo pygmaeus) und Schimpansen (Pan troglodytes), Bongo 14, Berlin 1988, S. 101.

Monat kam keine Überweisung mehr, auch der zweite Orang war tot. Hagenbeck beschaffte sich die Orangs aus Großbritannien, vornehmlich von William Jamrach, der anscheinend in der Regel nur Einzeltiere anbieten konnte. Am 4. März 1881 kaufte Carl Hagenbeck von ihm sechs Orangs und verlor nach kurzer Zeit drei davon, am 27. April einen und am 21. Mai 1881 zwei. Diese schnellen Verluste könnten, falls sich die Orangs nicht mit einer sehr kontagiösen Krankheit angesteckt hatten, die sich von einem auf den anderen Affen übertrug, ein Hinweis darauf sein, daß diese von Jamrach importierten Orangs nicht aus den Händen von Einheimischen stammten, die sie aufgezogen und in stabilem Zustand abgegeben hatten, sondern eigens für den Verkauf nach Europa beschafft und ungenügend betreut worden waren. Carl Hagenbeck kaufte, soweit die erhalten gebliebenen Unterlagen diese Aussage zulassen, niemals wieder eine größere Anzahl von Orangs aus einer Hand. Adulte Orang-Utans kamen zunächst nur sehr selten nach Europa.

Ab den 1890er Jahren begann zunächst auf Borneo, dann auch auf Sumatra der Fang von erwachsenen Orangs speziell für den Verkauf nach Europa. Die ersten beiden adulten Orangmänner, Max und Moritz, kaufte 1893 der Leipziger Zoodirektor und Tierhändler Ernst Pinkert, ebenso 1895 den dritten Orang, Anton, den Pinkert z.B. zeitweilig auch im Dresdener Zoo ausstellte. Carl Hagenbeck erwarb 1898 seinen ersten jungerwachsenen Orang und stellte ihn als eine Attraktion, die zu liefern er vertraglich verpflichtet war, im Zoo von Kopenhagen aus, erneut einen solchen im Jahre 1902, Ankaufssumme nur 830 Mk. Ab 1901 kamen auch einige Orang-Utan-Mütter mit Kind nach Europa, zunächst eine Orangmutter mit Baby 1901 zu Pinkert, 1902 auch eine in den Besitz von Carl Hagenbeck, der sie, zusammen mit einem adulten Orang-Mann aus Sumatra, alle zusammen für 1.000 Dollar an den Zoo von New York-Bronx verkaufte. Er hatte die Menschenaffen von H. Breitwieser für 1.800 Mk erworben. Bei der Eröffnung seines eigenen Tierparks in Stellingen konnte er das halberwachsene Pärchen Jacob und Rosa zeigen, Tiere, die seinen Angaben nach bereits sieben Jahre bei einem Farmer auf Borneo gelebt hatten und mit der Flasche aufgezogen worden waren.[109] Um 1912 war es offenbar nicht mehr so einfach, einen adulten Orang zu verkaufen. In den Angebotslisten erscheint ein adultes Tier zunächst ohne Preisangabe, d.h. Preis nach Gebot, dann 1913 mit 3.000 Mk

---

109 C. Hagenbeck 1908, S. 422.

ausgezeichnet. In der Liste von 1914 ist es nicht mehr enthalten. Was mit ihm geworden ist, läßt sich nicht mehr ermitteln. Allerdings fielen nach dem Hagenbeckboykott von 1910 die deutschen Zoos als potentielle Käufer eines so teuren Tieres aus.

Auch junge Schimpansen waren bereits im 18. Jh. – ausnahmsweise sogar schon Mitte des 17. Jhs. – als Einzeltiere nach Europa gekommen, aus den gleichen Gründen mit einer ebenso geringen Lebenserwartung wie die Orang-Utans. Carl Hagenbeck bezog die von ihm weiterverkauften Schimpansen zunächst von seinem Schwager Charles Rice und nach dessen Tod von William Cross aus Liverpool. Ab 1888 mit der Etablierung der deutschen Verwaltung in Kamerun kamen regelmäßig auch einzelne junge Schimpansen mit Schiffsoffizieren in den Hamburger Hafen, im neuen Jahrhundert in immer größerer Zahl. Im Jahre 1907 zur Eröffnung seines Tierparks konnte Hagenbeck im Hamburger Hafen elf junge Schimpansen kaufen, von denen ihm einer sofort starb, die anderen aber gezeigt wurden. Für das gleiche Jahr findet sich aber in den Frankfurter Zoounterlagen, für deren Überlassung ich Christoph Scherpner, Frankfurt, danke, eine aufschlußreiche Notiz des damaligen Frankfurter Zoodirektors Adalbert Seitz: "Die massenhaft importierten Schimpansen, die im Alter von ein bis zwei Jahren eingefangen und zu Schleuderpreisen von 500 bis 600 Mk. angeboten werden, leben nicht lange." Aus Hagenbecks Unterlagen geht hervor, daß etwa ab 1902 im Hamburger Hafen junge, bereits kranke Schimpansen ankamen, die Hagenbeck entweder nicht ankaufte oder aber nur zur Pflege und in Kommission aufnahm, ohne dafür etwas zu bezahlen. Die Affen starben auch nach kurzer Zeit. Ab diesen Jahren müssen vor allem in Kamerun Kolonisten Einheimische ermuntert haben, für den Verkauf nach Europa Schimpansen einzufangen. Daß unter solchen Umständen die Aufzucht der auf diese Weise erhaltenen Jungtiere mangelhaft und nicht mit den von früher eher zufällig als Einzeltier in die Hand einer Familie gelangten und zum eigenen Vergnügen großgezogenen Tiere zu vergleichen war, ist naheliegend. Jungadulte oder gar adulte Schimpansen sind, soweit die Unterlagen erkennen lassen, nicht in die Hände Carl Hagenbecks und wohl auch nur ganz ausnahmsweise überhaupt nach Europa gelangt, wie z.B. der sechsjährige Schimpansenmann "August", als Geschenk eines Gönners 1908 in den Frankfurter Zoo.

Wie sich der Gewinn für Carl Hagenbeck beim Verkauf eines Schimpansen ergab, sei an einem Beispiel aus dem Jahre 1902 demonstriert.

Von einem Offizier eines Schiffes der Woermann-Linie, das Kamerun anfuhr, übernahm er ein Pärchen Schimpansen in Kommission. Die Kosten für beide Schimpansen beliefen sich bis Hamburg auf 444,82 Mk. Der männliche Schimpanse starb in Hamburg, das Weibchen konnte Hagenbeck für 350 $, gleich 1.456 Mk, nach Amerika verkaufen. Die Frachtkosten für den Menschenaffen von Hamburg nach Amerika betrugen 50 Mk, der Einfuhrzoll belief sich auf 200 Mk; 86 Mk bekam der amerikanische Agent Hagenbecks für die Vermittlung des Geschäfts, 45 Mk betrugen die Aufwendungen für Telegramme und Spesen, d.h. für die Versorgung des Tieres an Bord, somit die Unkosten insgesamt 381 Mk. Vom Verkaufserlös blieben 1.057 Mk übrig. Abzüglich der Unkosten bis Hamburg, worin der Betrag für den Erwerb der Tiere in Kamerun eingeschlossen war, von 442,82 Mk für beide Schimpansen, ergab sich ein Gewinn von 632,18 Mk. Davon bekamen der Schiffsoffizier und Hagenbeck je die Hälfte, d.h. 316,09 Mk. Dies war ein hoher Gewinn. Aus anderen Kommissionsgeschäften dieser Art konnte Carl Hagenbeck nur geringere Gewinne erzielen, z.B. rund 130 Mk.

Wegen ihrer geringen Zahl und der besonderen historischen Bedeutung seien die zwölf Gorillas, die Carl Hagenbeck in die Hände bekam, sämtlich Jungtiere, eben dem reinen Säuglingsalter entwachsen, einzeln aufgeführt. Den ersten bekam er 1881 über seine Schwester Christiane, und er verkaufte ihn als Gemeinschaftsgeschäft mit ihr an das Berliner Aquarium-Unter den Linden, wo der Gorilla bald nach seinem Eintreffen am 8. Oktober 1881 starb. In Carl Hagenbecks Unterlagen ist zwar für das Jahr 1882 eine Zahlung an seine Schwester von knapp 4.000 Mk verbucht in Sachen "Verlust auf Gorilla 1881 in Berlin".[110] Die Hagenbecks hatten aber nur den Verkaufserlös des Kadavers, geliefert dem anatomischen Institut der Universität Berlin, erstattet bekommen, nämlich rund 3.000 Mk. Der nächste Gorilla stammte von dem Tierhändler Carpenter aus Liverpool. Hagenbeck bezahlte rund 4.200 Mk für den Affen und verkaufte ihn am 25. August 1883 für 3.000 Mk cash an den Wandermenageristen Carl Kaufmann, der noch weitere 3.000 Mk zahlen sollte, wenn der Gorilla zwei Monate überlebte. So lange lebte er nicht. Daß

---

110 Siehe auch E.P. Tratz: Chronologie der Erforschung des Gorillas. Zool. Garten NF, 20, 1953, S. 163-170, und H. Strehlow: Beiträge zur Menschenaffenhaltung im Berliner Aquarium Unter den Linden. II. Weitere Gorillas (Gorilla g. gorilla), Bongo, Berlin, 12, 1987, S. 105-110.

Carl Hagenbeck ein solches Verlustgeschäft machen mußte, läßt erkennen, daß er 1883 keinen anderen Abnehmer finden konnte, der das Tier für den hohen Einkaufspreis abzunehmen gewillt war. Im September 1883 war dieser Menschenaffe, ehe er in die Wandermenagerie ging, einige Tage im Hamburger Zoo zu sehen.[111] Den dritten Gorilla erhielt Hagenbeck am 23. August 1896 im Hamburger Hafen von einem Kapitän Becker für 1.000 Mk. Vermutlich ging er an den Zoo von Kopenhagen. Vorher könnte er kurzfristig, einer Abbildung zufolge, auf der Berliner Gewerbeausstellung gezeigt worden sein.

Nummer vier war ein Gorillaweibchen, das Hagenbeck von H. Breitwieser im Mai 1902 von einem in Plymouth einlaufenden Schiff holen ließ. Sehr wahrscheinlich ging der Gorilla an den Zoo von Rotterdam. Der fünfte Gorilla, am 6. April 1905 aus nicht mehr zu ermittelnder Quelle stammend, vermutlich im Hamburger Hafen erworben, ging an Ernst Pinkert nach Leipzig. Der sechste, am 27. Juli 1905 im Hamburger Hafen übernommen, starb bei Hagenbeck am 12. August 1905, ohne daß er zum Verkauf angeboten worden war, ebenso wie alle drei Gorillas, die Hagenbeck am 15. Februar 1906 aus dem Hamburger Hafen aufnahm und die nach wenigen Tagen starben. Ganz offensichtlich trafen die Gorillas als Frischfänge, nicht eingewöhnt und schon krank, in Hamburg ein. Carl Hagenbeck hat für die Übernahme dieser Gorillas nichts bezahlt. Im 13. Band von Brehms Tierleben (1922) ist dazu ein Zitat (S. 695) des Offiziers der deutschen Schutztruppe in Kamerun, Jasper von Oertzen, abgedruckt: "In Kamerun ist heute die Jagd auf Menschenaffen ganz verboten. Eingeborene Jäger hatten eine Zeitlang im Auftrage von Weißen unter den Beständen des interessanten Wildes gewütet, denn der Verkauf von Skeletten und Decken brachte den Europäern reichen Gewinn. Durch Europäer angeregt haben die Jaundes gelernt, die Großaffen mittels Netzen zu fangen. Sie umstellten deren Nachtlagerplatz mit ihren zehn Meter langen Wildnetzen", (die sie natürlich von den Europäern bekommen hatten), "und fällen rasch die meist weichholzigen Bäume längs der Netze. Durch den Lärm und die in den Kessel gelassenen Hunde wird der Trupp versprengt. Ein oder das andere Tier gerät in die Netze, es wird gedeckt und dann gefangen und getötet. Alte Tiere zerreißen die Netze wie Spinnengewebe. Bei derartigen Jagden sind schon vier und mehr Tiere lebend erbeutet worden, die dann regelmäßig eingingen. ... zu

---

111 Zool. Garten, Frankf./M., 25, 1884, S. 26.

Hagenbeck nach Stellingen kamen um diese Zeit der Gorillahochflut binnen zwei Jahren nicht weniger als acht Stück aus Kamerun. Hagenbeck nahm sie aber nur in Pflege und bewahrte dadurch ebensowohl sich selber vor Verlust wie die Besitzer vor Gewinn, denn von allen diesen Gorillas lebte nicht ein einziger auch nur so lange, daß er überhaupt zum Verkauf ausgeboten werden konnte."

Nummer zehn und elf waren zwei junge Gorillas, die Hagenbeck im März 1907 von dem Hauptmann der deutschen Schutztruppe Hans Dominik, Leiter der Militärstation in Jaunde, übernahm. Auch Dominik hatte adulte Gorillas in Netzen fangen und den Müttern abgenommene Säuglinge künstlich aufziehen lassen, höchst mangelhaft, wie der Tod der beiden Tiere nach nur dreizehn bzw. siebzehn Tagen zeigt. Dominik hatte eines der beiden Gorillakinder durch Hagenbeck in das Berliner Aquarium-Unter den Linden überstellen lassen und 3.000 Mk cash vom Aquarium erhalten. Er sollte darüber hinaus alle Mehreinnahmen, bezogen auf die Einnahmen des Vorjahres, erhalten, bis eine Summe von 12.000 Mk erreicht war. Zu einer Zahlung ist es wegen des frühen Todes der Affen nicht gekommen. Der letzte Gorilla Hagenbecks war das junge Weibchen "Hum-Hum", das der Oberleutnant Heinicke der deutschen Schutztruppe aus Kamerun im Juni 1908 mitbrachte.[112] Aber auch dieses Gorillakind starb bald nach seinem Eintreffen in Stellingen. Die Gorillas starben nicht, wie Carl Hagenbeck meinte, weil sie den Verlust ihrer Heimat nicht verschmerzen konnten, sondern vielmehr, wie sich erst nach dem zweiten Weltkrieg herausstellte, weil sie nicht artgemäß aufgezogen und betreut worden waren, ehe sie nach Europa kamen, und man hier die für diese Menschenaffenart notwendigen artspezifischen Haltungsbedingungen noch nicht gefunden hatte. Ab den 1950er Jahren gelang dann in den Zoos die Haltung der Gorillas bis zum Greisenalter und ihre Zucht ebenso gut wie die von Menschenaffen der anderen Arten, die man schon in den zwanziger bzw. dreißiger Jahren des 20. Jhs. artgemäß halten konnte.

Die "Big Four"

Für die Bilanz einer Tierhandlung war der Umsatz der teuren Großtiere, der "Big Four": Elefant, Nashorn, Flußpferd und Giraffe von besonderer

---

112 C. Hagenbeck 1908, S. 436.

Bedeutung, zum einen wegen des großen Kapitalbedarfes, den der Erwerb einer größeren Anzahl dieser Tiere erforderte, und natürlich wegen der Gewinne, die ihr Verkauf brachte. Aus den vorhandenen Archivalien Hagenbecks läßt sich ein Ankauf von 61 Afrikanischen Elefanten, von denen er 57 direkt importierte, und von ca. 350 Asiatischen Elefanten ermitteln. Die wahre Anzahl ist sicher größer gewesen. Zwischen dem Handel mit den Elefanten beider Arten gibt es einen gravierenden Unterschied. Die Afrikanischen Elefanten waren speziell für den Verkauf nach Europa eingefangen worden. Es waren Jungtiere im Alter von knapp einem Jahr bis höchstens drei Jahren. Seit den Tagen des Lorenzo Casanova – 1862 – kamen diejenigen, die Hagenbeck erhielt, bis 1883 aus Nubien, danach wegen des Krieges dort aus Somaliland und ab 1908 aus dem damaligen Deutsch-Ostafrika. Nur sehr wenige Elefanten stammten aus Westafrika. Ein 1909 aus dem Kongo kommender Waldelefant, den Hans Schomburgk mitgebracht hatte, erwies sich bis 1914 als nicht verkäuflich. In den Angebotslisten war er zunächst mit 7.500 Mk ausgezeichnet, zum Schluß nur noch mit 5.000 Mk. Die deutschen Zoos, die vielleicht an diesem seltenen Tier interessiert gewesen sein könnten, haben es vermutlich wegen des Hagenbeck-Boykotts nicht gekauft, und für die Zirkusse war der kleinwüchsige Elefant in einer Dressurgruppe kein Schaustück. Es war vermutlich der fünfte Waldelefant, der nach Europa gekommen war. Der erste, 1882, war ein Weibchen gewesen, ein Geschenk der Reederei Woermann, Hamburg, an den Hamburger Zoo anläßlich der Einrichtung eines regelmäßigen Liniendienstes nach Kamerun, das 1884 Schutzgebiet und 1886 deutsche Kolonie geworden war.[113] Auch der nächste Waldelefant gelangte in den Hamburger Zoo.[114] Der dritte wurde von dem im Kolonialdienst stehenden Hans Dominik 1898 mitgebracht und kam als Geschenk an den Berliner Zoo.[115] Den vierten

---

113 Eine regelmäßige Schiffsverbindung nach Kamerun gab es allerdings schon in den 1870er Jahren, als die Hamburger Firmen Woermann, Jantzen und Thormälen ihre Exporte nach dort auf eigenen Schiffen transportierten. Die Zahl der europäischen Siedler war zunächst noch gering. Die Erschließung des Hinterlandes setzte erst nach 1900 ein. Die deutsche Schutztruppe bestand um 1900 aus 40 Offizieren, 53 Unteroffizieren und einheimischen Soldaten. Nach H. Günther: Geschichte der deutschen Kolonien. 3. Aufl., München, Wien, Zürich 1995, S. 138 ff.

114 L. Schlawe: : Aus der Geschichte des Hamburger Tiergartens, Zool. Garten NF 41, 1971, S. 168-186, S. 181.

115 Berliner Zoozeitschrift Jg. 1899.

konnte Carl Hagenbeck 1905 im französischen Congo kaufen. Dieser Elefant, ein junges Männchen, beschäftigte die zoologische Wissenschaft jahrzehntelang. Bei seinem Eintreffen in Hamburg am 4. Juli 1905 hatte er eine Schulterhöhe von nur 112 cm bei einem geschätzten Alter, seiner Vorgeschichte nach, von sechs Jahren. Unter Annahme einer korrekten Altersangabe beschrieb der Zoologe Theodor Noack, der schon wiederholt Tiere, die Mitarbeiter oder Partner der Firma Hagenbeck nach Europa gebracht hatten, zoologisch bearbeitet hatte, diesen Elefanten als neue Unterart des Waldelefanten und benannte ihn als Loxodonta cyclotis pumilo,[116] zu deutsch als Zwergelefanten. Hagenbeck reichte den Elefanten umgehend an den Zoo von New York-Bronx weiter. Als er dort 1915 starb, hatte er eine Schulterhöhe von 2,03 m und damit die normale Körpergröße eines männlichen Waldelefanten erreicht. So kam der Verdacht auf, daß seine beim Import angegebene Vorgeschichte und damit sein Alter von sechs Jahren entweder nicht stimmte und der Elefant höchstens halb so alt gewesen ist, oder aber daß er, durch die künstliche Aufzucht bedingt, nur ein kümmerliches Wachstum erfahren hatte. Tatsächlich bleiben zumindest Asiatische Elefanten in ihrem Körperwachstum enorm zurück, wenn sie etwa nur ungenügend mit Proteinen versorgt werden. In schlecht geführten Zirkussen hat man solche Erfahrungen machen müssen.

W.T. Hornaday, der Direktor des Bronx Zoo von New York, erhielt am 6. Dezember 1922 erneut einen Waldelefanten, diesmal ein Weibchen, von sehr geringer Körpergröße, den er ebenfalls als Zwergelefanten bezeichnete.[117] Er hatte bei einem geschätzten Alter von etwa zwei Jahren eine Schulterhöhe von nur 96,5 cm. Im Jahre 1930, also zehn Jahre alt, maß er 178 cm an der Schulter, ein Wert, der für einen jungerwachsenen weiblichen Waldelefanten am unteren Ende der Skala liegt. Auch der Berliner Zoo erhielt 1926 über die Fa. Hagenbeck einen männlichen Waldelefanten, der bei seinem Eintreffen schon neun Jahre alt gewesen sein soll, aber eine Schulterhöhe von nur 1,30 m hatte. Auch dieser wurde als Zwergelefant angesehen.[118]

---

116 Th. Noack: A dwarf form of the African elephant, Ann. Mag. Nat. Hist. 57 (17), 1906, S. 501-503.
117 W.T. Hornaday: Our second Pygmy elephant. Bull. New York Zool. Soc., N° 26, (1), 1923, S. 3-4.
118 H. Pohle: Notizen über einen Afrikanischen Elefanten. Z. Säugetierkde. 1 1926, S. 58-61.

Nach der Beschreibung des Zwergelefanten durch Noack 1906 setzte in der zoologischen Literatur eine ausgedehnte Diskussion darüber ein, ob es nun wirklich neben dem Wald- oder Rundohrelefanten in der Zone der afrikanischen Regenwälder von Sierra Leone bis über den Congofluß hinaus eine zweite Elefantenrasse oder gar -art gibt, mit Tieren von nur sehr geringen Körpermaßen. Tatsächlich wurden bis in die jüngste Zeit immer wieder einmal einzelne Tiere oder in ganz kleinen Sozialverbänden von nur wenigen Tieren zusammenlebende kleinwüchsige Elefanten beobachtet. Der als ehemaliger Tierpfleger im hannoverschen Zoo erfahrene Hans Steinfurth konnte in der Zentralafrikanischen Republik solche Tiere in den 1980er Jahren sogar filmen. Dennoch ergaben anatomisch/morphologische Untersuchungen an dem bisher vorhandenen Skelettmaterial von Waldelefanten kein signifikantes Merkmal, daß die Existenz einer weiteren Unterart oder gar Spezies wahrscheinlich macht, obwohl das Vorkommen kleinwüchsiger Waldelefanten nicht zu bestreiten ist. Die wissenschaftliche Diskussion des Themas ist zuletzt in einer Dissertation zusammengefaßt worden.[119] Vielleicht kann man die Diskussion und tatsächlichen Beobachtungen dahingehend zusammenfassen, daß es in bestimmten Waldbiotopen des afrikanischen Regenwaldes, vor allem in sumpfigen Wäldern, sehr kleinwüchsige und kleinbleibende Elefanten gibt, vermutlich als Folge bestimmter ökologischer Verhältnisse in sumpfigen Gebieten, die in ganz kleinen, homogenen Sozialverbänden zusammenleben und sich von ihren großwüchsigen Artgenossen getrennt halten, gelegentlich aber dennoch von diesen isoliert in deren Streifgebieten beobachtet werden können.

Kein Tier, das Hagenbeck importiert hat, nicht einmal die Przewalskipferde, haben jedenfalls die zoologische Wissenschaft derart bewegt wie der 1905 aus dem damals französischen Congo eingeführte Waldelefant.

Von den Frischfängen aus Ostafrika kamen in einem Transport nur einige wenige Exemplare nach Europa, und sie wurden an die Zoos und Wandermenagerien auch nur als Einzeltiere oder paarweise abgegeben. Die Verluste, die bei frischgefangenen Tieren zu erwarten waren, ereigneten sich im wesentlichen schon, ehe die Tiere Europa erreichten. Durch den Fang und die Trennung von der Mutter geschwächte oder ver-

---

119 G. Merz: Untersuchungen über den Lebensraum und Verhalten des Afrikanischen Waldelefanten im Tai-Nationalpark der Republik Elfenbeinküste unter dem Einfluß der regionalen Entwicklung. Diss. Nat.-Math. Fak. Univ. Heidelberg 1982.

letzte Tiere überstanden die enormen Strapazen des Fußmarsches aus dem Fanggebiet in schwierigem Gelände bis zum Verladehafen am Roten Meer oder der ostafrikanischen Küste nicht. H. Dorner, der damalige wissenschaftliche Sekretär des Zoologischen Gartens Hamburg, listet[120] solche Verluste an Elefanten eines Casanova-Transportes auf, die sich zwar schon 1868 ereigneten, die aber solange als typisch angesehen werden können, wie die Afrikanischen Elefanten aus Nubien kamen. Casanova hatte 32 Elefanten "vor", also vom Hafen aus gesehen hinter Cassala, der Hauptstadt des östlichen Nubiens, erwerben können. Die zwei größten entkamen ihm auf dem Wege nach Cassala. Den Besitz von dreißig Elefanten meldete er von Cassala aus telegrafisch Carl Hagenbeck am 14. März 1868. Auf dem Wege von Cassala bis Suakim, der Hafenstation am Roten Meer, teils durch wasserlose Wüstensteppe führend, den die Elefanten zu Fuß zurücklegen mußten, also getrieben wurden, starben dreizehn. Durch ein Kentern des Bootes beim Ausladen in Port Suez ertranken fünf. Damals wurden die Tiere von Suez per Eisenbahn nach Alexandrien verschickt, weil es noch keinen Suezkanal gab, und der Hochseedampfer ankerte in Suez nicht am Quai, sondern auf Reede. Ein Elefant starb auf dem Transport, so daß von den 32 von Casanova erworbenen noch elf in Hamburg ankamen. Ähnlich hohe Verluste gab es auch bei anderen Tieren. So erlagen alle sechzehn Kaffernbüffel Casanovas den Strapazen des Marsches und acht der adulten zwölf Strauße, die ebenfalls in 30 bis 40 Tagesmärschen getrieben wurden. Erst als später in Deutsch-Ostafrika die Tiere noch im Landesinneren auf die Eisenbahn verladen und schon dort in Transportkästen verstaut werden konnten, dürften den Tieren diese Strapazen erspart geblieben sein, und damit auch solche Verluste. Carl Hagenbeck hat sehr wenige der von ihm angekauften Afrikanischen Elefanten verloren, allerdings 1872 drei an den Folgen von Rattenbissen, die diese Nager den Elefanten in einer Nacht beigebracht hatten. Seit Jahrzehnten ermöglichen es Gifte, Ratten völlig aus einem Elefantenstall fernzuhalten. Aber zuvor mußten auch Zoos erfahren, daß diese Nager Elefanten anfielen, insbesondere Löcher in die dicken Hornsohlen nagten. Die Ratten werden nach Aufnahme der ersten schweißdurchtränkten Hornspäne der Elefantensohlen wie süchtig und lassen sich auch durch Abwehrmaßnahmen der Dickhäuter nicht davon abhalten, weiterzunagen.

---

120 Casanova und Hagenbeck, Die Gartenlaube, Jg. 1869, Nr. 3, S. 42-47.

Die Asiatischen Elefanten, die nach Europa kamen, waren fast alle auf den traditionellen Elefantenmärkten auf Ceylon, in Indien oder auf Sumatra gekauft worden, sofern sie nicht aus Zoos oder fürstlichen Elefantenhaltungen stammten, z.B. aus dem Zoo von Calcutta. Die auf den Märkten vor allem auch einheimischen Kunden angebotenen Elefanten, die sie als Arbeits- oder Transporttiere nutzen wollten, waren zwar sämtlich gefangen, aber nach Jahrhunderte alter Erfahrung von kundiger Hand gezähmt und eingewöhnt worden. Große Transporte solcher Elefanten nach Europa zu bringen, war also ein Ergebnis geschickten Einkaufs und verlangte ein entsprechend großes Kapital. Carl Hagenbeck hatte durch Vermittlung seines Mitarbeiters Josef Menges zunächst zu Elefantenmärkten auf Ceylon Zugang erhalten. Für die 21 im Jahre 1883 nach Europa gebrachten Elefanten brauchte er fast 75.000 Mk als Einkaufssumme, für die zwölf 1884 gekauften 48.000 Mk, für die 1888 erworbenen acht, bereits als Arbeitselefanten ausgebildeten, voll erwachsenen Tiere 40.000 Mk und noch 1902 für 32 Elefanten rund 83.000 Mk. Nur ein Großkaufmann konnte solche Summen bereithalten. Entsprechend dem Kapital-Input mußte natürlich auch ein möglichst rascher Verkauf entsprechende Gewinne bringen. In Europa konnte Hagenbeck an Zoos und Menagerien nur Einzeltiere verkaufen. Noch war es in den frühen Zirkussen nicht üblich – und wohl auch bei diesen das Kapital nicht vorhanden – eine eigene Gruppe von Elefanten anzuschaffen und zu unterhalten. Importe von ganzen Gruppen von Elefanten nach Europa konnten nur in einer speziellen Marktsituation erfolgen. Carl Hagenbeck eröffnete sich ein aufnahmefähiger Absatzmarkt für Elefanten, nachdem in den USA 1880 eine Fusion der beiden Großzirkusse Barnum und Bailey & Hutchinson erfolgt war und zwischen dem neuen Großunternehmen und dem etablierten Großzirkus Adam Forepaugh & Sells ein harter Konkurrenzkampf einsetzte. Jeder von diesen mußte die meisten Elefanten haben. Hagenbeck verkaufte 1881 an Barnum & Bailey noch zwei, im Jahr darauf an Forepaugh & Sells bereits dreizehn Asiatische Elefanten, daraufhin 1883 an Barnum & Bailey zehn, von denen aber, offenbar weil doch bei diesem Zirkus noch nicht genügend Kapital vorhanden war, acht an Hagenbeck zurückverkauft wurden. Der Markt für Elefanten in den USA blieb für Hagenbeck offen, wenn auch die Dickhäuter nicht mehr in diesem Umfang dort abgesetzt werden konnten. Ehe Hagenbeck 1883 die vielen Elefanten in die USA verkaufen konnte, ließ er sie bei seiner ersten großen Singhalesenschau auftreten. Diese Völker- und Tierschau kann man auch als eine Werbeveranstaltung für den Kauf von dressierten Asiatischen Elefanten ansehen. Nach dem Verkauf der 1883 importierten Elefanten wirkten die acht aus den USA von Barnum zurückgekehrten auf den künftigen Singhalesenschauen mit, wie auch zunächst viele der in späteren Jahren aus Ceylon bzw. Indien nach Europa gebrachten Elefanten. In Europa änderten sich die Verkaufschancen für Asiatische Elefanten bis zum Ende von Carl Hagenbecks Tätigkeit allerdings nicht. Zoos, Wandermenagerien und auch die Zirkusse erwarben nur Einzeltiere. Nur die amerikanischen Großzirkusse, vor allem eben Barnum & Bailey, blieben Großabnehmer vor allem von bereits ausgebildeten Arbeitselefanten. Im Jahre 1904 schickte Carl Hagenbeck 36 Asiatische Elefanten über den Atlantik, von denen 20 für eine Show im Lunapark von Coney Island der Schausteller Thompson & Dundee, acht für den Zirkus Ringling und weitere acht für Hagenbecks eigene Darbietungen auf der Weltausstellung in St. Louis bestimmt waren.[121] Die deutschen Zirkusse änderten, vermutlich aus Gründen fehlenden Kapitals, auch nicht ihre Ankaufsstrategie, als ihnen Carl Hagenbeck durch Eröffnung eines eigenen Zirkusunternehmen 1887 die Attraktivität einer größeren Gruppe dressierter Asiatischer Elefanten vor Augen geführt hatte. Die deutschen Zirkusse, wie auch die europäischen, waren bis zum ersten Weltkrieg eher daran interessiert, einzelne oder einige wenige Elefanten, die einen speziellen Trick beherrschten, nicht einmal zu kaufen, sondern für eine Saison zu engagieren, etwa einen Elefanten, der einen Löwen oder Tiger reiten ließ. Solche Dressuren übte in Deutschland eine ganze Reihe von ihm verpflichteter Tierlehrer, vor allem Wilhelm Hagenbeck, ein. Er kaufte keineswegs alle seine zur Ausbildung vorgesehenen Elefanten bei seinem Bruder, obwohl einige schon, wie er ihm auch einige fertig ausgebildete verkaufte, die Carl Hagenbeck mit einem Dresseur dann unter seinem eigenen Namen auftreten ließ oder in ein Engagement gab. Schließlich kam auch der Verkauf von einzelnen Elefanten kurz vor dem ersten Weltkrieg fast zum Erliegen. Nach den noch vorhandenen Unterlagen konnte Carl Hagenbeck, nachdem der amerikanische Markt gesättigt war, in den Jahren 1911, 1912 und 1913 jeweils nur noch drei Elefanten verkaufen. Die große Gruppe von Asiatischen Elefanten, die kurz vor Ausbruch des Krieges noch in Hamburg eintraf, fand zum größten Teil im eigenen Zoo in Stellingen und in dem neuen eige-

---

121 L. Hagenbeck 1955, S. 39.

nen Zirkus Aufnahme, der ab 1916 aus dem aufgekauften Zirkus Adolf Straßburger unter der Leitung von Lorenz Hagenbeck während des ersten Weltkrieges zunächst eine Skandinavien-Tournee unternahm, dann ein Gastspiel in Kopenhagen gab und bis zum Kriegsende in den Niederlanden reiste.

Nach seinem eigenen Bekunden[122] hat Carl Hagenbeck fünf Sumatranashörner importiert, die alle starben, ehe sie verkauft werden konnten: eines 1886, zwei 1891, erworben durch die Vermittlung seines Neffen Johann Umlauff jr. in Marseille, der sich gerade dort zu Sprachstudien aufhielt, von einem deutschen Schiff und zwei 1894, von einem L.E. Ziegler in Hamburg übernommen. Von einem weiteren Sumatranashorn, das William Jamrach schon 1871 importieren und an den Zoo Hamburg verkaufen konnte, hat er als Vermittler des Geschäftes 3.200 Mk Provision verbuchen können. Mit einem gleichzeitig von Jamrach an den Londoner Zoo verkauften Exemplar waren diese beiden Sumatranashörner die ersten Tiere ihrer Art, die nach Europa kamen.

Aus den erhalten gebliebenen Unterlagen geht der Erwerb von vierzehn Panzernashörnern, zuzüglich eines Weibchens mit einem Kalb im Dezember 1885 hervor, das dieses im Februar 1885 im Zoo von Calcutta geboren hatte.[123] Diese beiden, über William Jamrach bezogen, schickte er 1886 seinem Generalagenten Conklin nach New York. Die Mutter und das männliche Jungtier starben dort. Von den vierzehn übrigen Panzernashörnern verkaufte Hagenbeck 1873 eines an den amerikanischen Zirkus Myers anläßlich dessen Gastspielaufenthalts in Europa, eines 1875 an die Menagerie Daggesell für 12.000 Mk. Dieses Tier kaufte er 1877 zurück und gab es für nunmehr 9.000 Mk an die Menagerie Carl Kaufmann weiter. Diese Menagerie erhielt von ihm 1882 ein zweites Panzernashorn für 6.000 Mk. Hagenbeck hatte es für 4.800 Mk von W. Jamrach kaufen können. Zwei Panzernashörner starben ihm, die übrigen fünf verkaufte er an Zoologische Gärten, darunter 1872 ein Weibchen an den Zoo Köln und ein Pärchen an den Zoo Berlin, alle von William Jamrach importiert, eines an den Zoo Dresden und je einen Bullen 1907, direkt aus Indien importiert, an die Zoologischen Gärten Antwerpen und Manchester. Die Empfänger der drei verbleibenden Panzernashörner lassen

122 C. Hagenbeck 1908, S. 312/313.
123 Th. Noack: Über das zottelohrige Nashorn (Rh. lasiotus), Zool. Garten, Frankf./M., 27, 1886, S. 138-144.

sich nicht mehr nachweisen. Das letzte der vierzehn Panzernashörner hatte er 1883, bereits zwölf Jahre alt, von der französischen Menagerie Pianet für 7.000 Mk gekauft und mit einem beträchtlichen Gewinn für rund 18.000 Mk an den Zirkus Barnum & Bailey weiterverkauft.

Hagenbeck besaß ein einziges Javanashorn, erworben von William Jamrach 1881, das er an den Tierhändler Reiche in Alfeld und dieser an Baron von Oppenhcim verkaufte, der es dem Kölner Zoo zum Geschenk machte.

Durch Hagenbecks Hände gingen mindestens 19 Spitzmaulnashörner. Sein erstes lieferte er 1868 für 20.000 Mk an den Zoo von London. Daß dieses erste importierte Spitzmaulnashorn drei Monate bei Hagenbeck blieb, bis es nach London verkauft werden konnte, legt den Schluß nahe, kein deutscher Zoo verfügte über so viel flüssige Mittel, ein derart teures Tier erwerben zu können. Das Spitzmaulnashorn war das teuerste Tier, das bis dahin in den Tierhandel gekommen war. Das zweite Spitzmaulnashorn verkaufte er 1870 dem Zoo von Berlin für 6.000 Thaler = 18.000 Mk,[124] das nächste 1876 für 15.000 Mk an die Menagerie Carl Kaufmann. Sieben Jahre später kaufte er das Tier zurück, veräußerte es 1883 an die Menagerie Bach, kaufte es 1886 wiederum zurück und verkaufte es erneut für 15.000 Mk dem Zoo Breslau. Von den 1878 direkt aus Nubien importierten Spitzmaulnashörnern verkaufte er eines 1879 dem Zirkus Barnum für rund 8.000 Mk, eines dem Tierhändler Cross, Liverpool, für 6.500 Mk und eines an die Menagerie Bach für 10.000 Mk, innerhalb von zehn Monaten abzuzahlen. Sollte es vor Ablauf der Frist sterben, würden Bach 1.000 Mk gutgeschrieben. Das Tier starb nicht vor Ende der Zahlungsfrist.

Carl Hagenbeck importierte erst wieder ab 1902 Spitzmaulnashörner, nunmehr aus der Kolonie Deutsch-Ostafrika. Ab 1907 stellte er Spitzmaulnashörner in seinem Tierpark in Stellingen aus. Eines lieferte er 1910 an den Zoo von Rom, der Verbleib der anderen ist nicht mehr nachweisbar. Von den letzten vier, im Jahr 1912 importiert, konnte er drei bis 1914 nicht mehr verkaufen. Möglicherweise war das auch eine Folge des Boykotts durch die deutschen Zoos. Wie schwierig die Beurteilung der Quellenlage z.B. über den Verlust frisch gefangener Tiere sein kann, sei am Beispiel von Berichten über eingefangene Spitzmaulnashörner aufgezeigt. Der Leiter der Fangstation der Kilimandjaro-Handels- und Land-

---

124 F.C. Noll: Die Rhinoceros-Arten. Zool. Garten, Frankf./M., 14, 1873, S. 140.

wirtschafts-Gesellschaft, Fritz Bronsart von Schellendorf, schrieb am 1. Juni 1903, vier Wochen vor seiner Entlassung wegen Mißmanagements, an Carl Hagenbeck nach Hamburg. Von einem Dutzend von ihm selbst gefangener Nashörner hätte er nur eines dem nach Europa auslaufenden Dampfer anliefern können, und dieses sei einen Tag vor Hamburg unter "Waches Ägide" (also unter der Betreuung des im Dienste Hagenbecks stehenden Tierbegleiters) eingegangen. Josef Deeg, ein Mitarbeiter Fritz Bronsarts, schrieb am 26. Januar 1904 dazu, es wären nur vier Nashörner gefangen worden. Bronsart hätte die größere Anzahl nur genannt, um darzulegen, wie angeblich intensiv er sich um den Fang von Nashörnern bemüht hätte. Ein Breitmaulnashorn hat Carl Hagenbeck anscheinend nicht besessen.

In den Unterlagen Hagenbecks ist der Kauf bzw. Verkauf von 52 Flußpferden nachzuweisen. Bis 1882 stammten sie aus Nubien, insgesamt vier. W.L. Sigel, der Inspektor des Hamburger Zoos, schreibt 1882,[125] daß in den letzten Jahren (gemeint ist die Zeit, in der durch Europäer gefangene Flußpferde exportiert wurden) aus dem Sudan etwa zwanzig Flußpferde nach Europa geschafft worden wären. Die meisten dürfte Reiche importiert und durch den darauf spezialisierten Tierfänger Hans-Georg Schmutzer bekommen haben. Hagenbeck kaufte mehrfach, mindestens dreimal, je zwei Flußpferde von Reiche. Die Methode, die gefangenen Flußpferde in riesigen Flechtkästen mit festem Bretterboden, an zwei Stangen hängend und getragen zwischen je zwei hintereinander gehenden, jedes von einem Mann geführten Lastdromedaren, vom Eingewöhnungskral im Fanggebiet bis zum Hafen am Roten Meer zu schleppen, sei von dem Mitarbeiter Reiches Karl Lohse entwickelt worden. Vier an den Seiten gehende Männer hielten den Kasten und verhinderten, daß er zu stark schwankte, ein fünfter war für das Begießen des Flußpferdes mit Wasser zuständig, das in zwölf großen Schläuchen von sechs Tragkamelen mitgeführt wurde, die ihrerseits von einem Mann geführt wurden. Ein weiterer Begleiter trieb die zwölf Milchziegen, mit deren Milch das Flußpferdjungtier ernährt wurde, so daß für den Transport dieses Tieres einschließlich des Führers der Karawane insgesamt zwölf Personen, zehn Kamele und zwölf Ziegen gebraucht wurden. Kein Wunder, daß auch das Flußpferd, wie Spitzmaul- und Panzernashorn, zu den

---

125 Das Nilpferd des Zoologischen Gartens zu Hamburg, Zool. Garten, Frankf./M., 23, S. 289-298.

teuersten Tieren gehörte. Sein Verkaufspreis lag, solange die Tiere aus Nubien kamen, nur ausnahmsweise knapp unter, meist aber über 10.000 Mk. Später, als Flußpferde in Deutsch-Ostafrika in Gruben und nicht allzuweit von der Küste gefangen wurden, sank der Preis. Christoph Schulz, der 1911 von Carl Hagenbeck nach Ostafrika geschickt wurde, schreibt in einem Brief von Weihnachten 1911, daß in der Station Kilwa, die der Feldwebel Hoenicke aufgebaut hatte, die er aber in diesem Jahr wegen seiner Rückversetzung nach Deutschland aufgeben mußte und die von den beiden Polizeiwachtmeistern Schilder und Littmann übernommen und weiterbetrieben wurde, noch zehn Flußpferde gehalten würden, für die Schulz 500 Mk pro Tier bot. Fünf davon, alle Bullen, hatte 1912 Hagenbeck im Angebot mit Preisen zwischen 4.750 Mk und 9.000 Mk. Nur sehr wenige Flußpferde, die Hagenbeck handelte, stammten aus Westafrika, so eines aus Liberia, das er 1896 im Hafen von Marseille erwerben und unmittelbar an den Jardin d'Acclimatation von Paris für 10.000 Mk verkaufen konnte, oder eines 1885, über das der Braunschweiger Zoologe Th. Noack berichtet hat.[126] Die meisten Flußpferde veräußerte Hagenbeck an Zoologische Gärten in Europa und den USA, nur sieben an Menagerien in Deutschland. Zwei Flußpferde, die Hagenbeck von Reiche aus Alfeld gekauft hatte, begleiteten 1879 die große Nubiervölkerschau.

In den Unterlagen Carl Hagenbecks ist der Ankauf von 174 Giraffen festgehalten. In den Jahren 1883 bis 1901 konnte er wegen des Krieges im Sudan keine Giraffen aus Afrika importieren bzw. auch nicht von dem inzwischen auf eigene Rechnung arbeitenden Josef Menges kaufen. Die im Jahre 1888 an den Zoo Amsterdam verkaufte Giraffe dürfte ein aus einer Menagerie zurückgekauftes Tier gewesen sein. Die nach 1901 bis 1907 gehandelten Giraffen Hagenbecks stammten wieder von Josef Menges. Im Jahre 1909 erwarb er vom Zoo Köln die erste zoogeborene Giraffe. 1911 kamen die ersten Giraffen aus Deutsch-Ostafrika in seine Hand, durch Christoph Schulz, doch ließen sich diese, wiederum wohl eine Folge des Zooboykotts, zunächst nicht verkaufen, obwohl sie einer bisher noch niemals importierten Unterart angehörten und wundervolle Schautiere waren. Aber auch aus Ägypten und Nubien kamen bis zum Ausbruch des ersten Weltkrieges wieder Giraffen nach Europa und auch einige wenige zu Hagenbeck.

---

126 Th. Noack 1898, S. 170 ff.

Unter den Tieren, deren Fang Carl Hagenbeck mehr oder weniger direkt veranlaßte und die durch ihn in den Handel gebracht wurden, sind in erster Linie Seehunde und Eisbären zu nennen. Nicht nur sein Vater Claes, sondern auch er selbst während der gesamten Zeit seines Geschäftsbetriebes kauften vor allem von den Finkenwerder Fischern gejagte Seehunde auf und veräußerten sie an Interessenten. In den Unterlagen Carl Hagenbecks ist der Ankauf von mindestens 576 Seehunden nachweisbar. Da für viele Jahre die Nachweise fehlen, dürften es sehr viel mehr gewesen sein, vielleicht etwa 750, die durch seine Hände gingen. Die Fischer jagten die Seehunde, indem sie sich vorsichtig den auf Sandflächen im Watt ruhenden Robben näherten und sie in zuvor aufgestellte Netze trieben. Der Fang erfolgte in den Monaten März bis Mai und von Oktober bis Dezember. Sie erhielten von Hagenbeck pro Tier 10 bis 20 Mk. Der Verkaufspreis pro Exemplar betrug 50 bis 60 Mk für Frischfänge und 60 bis 80 Mk für eingewöhnte, d.h. futterfeste und 300 Mk für bereits länger gehaltene Tiere. Viele Zoos und Menagerien kauften nahezu alljährlich einen oder zwei Seehunde, deren Lebensdauer bei ihnen nur selten länger als ein oder zwei Jahre betrug. Ab 1874 finden sich die deutschen Zoos nur noch selten in der Kundenliste Hagenbecks. Sie kauften nun ihre Seehunde für ein paar Mark billiger wohl direkt bei den Fängern. Die ausländischen Zoos, wie Kopenhagen, Paris, Pest und Wien, aber auch Tierhändler in Großbritannien und Frankreich blieben Hagenbecks Kunden.

Der Ankauf von Seehunden durch Carl Hagenbeck – und damit auch der gezielte Fang durch einige wenige Finkenwerder Fischer – nahm 1896 dramatisch zu, als er sein Eismeerpanorama mit einer größeren Anzahl ausstattete. So kaufte er 1896 insgesamt 101 Seehunde, davon 51 von einem einzigen Fischer. Sechzehn verkaufte Hagenbeck in diesem Jahr wie üblich an verschiedene Kunden, 34 starben ihm, der Rest wurde an das Eismeerpanorama überwiesen. Die großen Verluste, die in den Jahren davor so nicht aufgetreten waren, belegen wieder, daß es bei großen Mengen von gefangenen Tieren unmöglich war, sich intensiv um die Eingewöhnung jedes einzelnen Tieres zu bemühen. Im Eismeerpanorama starben fast alle Seehunde schon nach wenigen Monaten. Die Beschaffungsmöglichkeiten im Wattenmeer der Elbmündung waren aber offenbar ausgeschöpft. Hagenbeck kaufte für das Eismeerpanorama im Herbst noch 17 Seehunde in Antwerpen, mußte für diese Tiere allerdings den drei- bis vierfachen Preis bezahlen. 1897 kaufte er von einem Finkenwerder Fischer 80 Seehunde, von einem anderen dazu zwölf weitere. Ab 1898 nahm der Erwerb von Seehunden für das Eismeerpanorama ab. Die empfindlichen Seehunde wurden durch die robusteren Californischen Seelöwen ersetzt, obwohl diese tiergeographisch in einem "Eismeer"-Panorama natürlich nichts zu suchen hatten.

Gelegentlich bot Carl Hagenbeck einzelne "Ostsee-Seehunde", also Kegelrobben an, die ihm stets als Einzeltiere von verschiedenen Personen, vermutlich Fischern, denen sie ins Netz gegangen waren, geliefert wurden.

Auch der Eisbär gehört zu den Tierarten, die im wesentlichen durch seine Firma in die Zoos, Menagerien und den Tierhandel kamen. Insgesamt läßt sich der Erwerb von 205 Eisbären in den Archivalien nachweisen. Es dürften sehr viel mehr, vielleicht etwa 400 Eisbären gewesen sein, die durch seine Hände gingen, und damit ebensoviele wie Braunbären, die er meist als Jungtiere aus Rußland bezog. Die Bären anderer Arten, Baribals, Kragen-, Lippen- und Malaienbären, sind mit vielleicht etwa fünfzig Individuen je Art von ihm gehandelt worden. Vom Brillenbären läßt sich nur der Ankauf von vier Tieren belegen. Die Eisbären wurden ihm von Seeleuten geliefert, die vor allem in der Barentsee als Walfänger und Robbenschläger tätig waren. Bis 1876 beschaffte sich Carl Hagenbeck Eisbären auch aus anderen Häfen, z.B. aus London oder Bordeaux. Ab 1872 kamen sie aber mehr und mehr von einem norwegischen Hafen oder in Hamburg selbst löschenden Schiffen. Im Jahre 1896 schickte Carl Hagenbeck zunächst elf Eisbären in das erste Eismeerpanorama, von denen sechs von der Hamburger Reederei Jansen & Co. stammten. Diese Firma wurde zu seinem Hauptlieferanten für Eisbären. Sie muß sich auf den Fang dieser Tiere spezialisiert haben. Sein Bruder Wilhelm, der sich gegen Ende des Jahrhunderts mit der Dressur von Eisbären befaßt hat, kaufte sie nicht von ihm, sondern schöpfte offensichtlich aus denselben Quellen. Wenn schließlich kurz vor dem ersten Weltkrieg Mathilde Rupp als Tilly Bébé zwanzig von Wilhelm Hagenbeck zusammengewöhnte und dressierte Eisbären in einer Gruppe vorführen konnte, dessen eigener Sohn Willy schließlich gar siebzig, dann unterstreichen solche fast unvorstellbar große Gruppen, welchen Umfang der Eisbärenfang angenommen hatte. Der erste Weltkrieg beendete diese Entwicklung. Carl Hagenbeck hatte zuletzt Schwierigkeiten, noch Eisbä-

ren zu verkaufen. Zwei adulte, als wunderschöne Rieseneisbären ange-
priesene Exemplare, die 1911 noch ohne Preisnotierung, ein Jahr darauf
für 5.000 Mk und dann für nur noch 4.500 Mk in den Angebotslisten
standen, waren bis 1914 nicht zu verkaufen.

Massenfang von Tieren ermöglicht neue Formen der Tierschaustellung

Nicht nur der Massenfang von Eisbären und Seehunden ermöglichte
neue Formen der Tierschaustellung, das Eismeerpanorama und Dressurvorführungen großer Tiergruppen, sondern auch der von Affen. In den
Jahrzehnten, in denen sich Carl Hagenbeck dem Tierhandel widmete,
änderte sich nicht so sehr das Artenspektrum der häufiger nach Europa
gebrachten Affen, als vielmehr die Anzahl der hierher verschifften. Wie
seit Jahrhunderten kamen aus Afrika vor allem verschiedene Meerkat-
zen-, Mangaben- und Pavianarten, aus Indien und Südostasien vor allem
Makakenarten und aus Süd- bzw. Mittelamerika vor allem Klammeraffen, Kapuzineraffen und Krallenäffchen, vor allem Weißbüschel- und
Löwenäffchen. Dscheladas und einige wenige Guerezaaffen hatte zuerst
1872 Eßler mitgebracht. Auch diese gingen durch die Hände Hagenbecks. Ab und zu kamen Gibbons und Langurenarten mit Seeleuten in
den Hamburger Hafen und ganz vereinzelt Woll- und Brüllaffen sowie
Uakaris aus Südamerika in den Besitz von Carl Hagenbeck. Meistens bezog er diese Affen aus London oder Liverpool. Ab den späten 1870er
Jahren und regelmäßiger ab Mitte der 1880er Jahre gelangten größere
Mengen von einzelnen Arten in seine Tierhandlung. Menges war es gelungen, mit hüttengroßen Fallen ganze Herden von Mantelpavianen einzufangen und einzugewöhnen. Aus Indien wurden vor allem mit einigen
Kapitänen Mengen von schließlich mehr als hundert Rhesusaffen nach
Europa verschifft. Solche Zahlen belegen, daß beginnend ab Mitte der
1880er Jahre, vermehrt ab Mitte der 1890er Jahre, in Indien ein gezielter
Fang von Rhesusaffen für den Markt in Europa betrieben wurde. Daß
Carl Hagenbeck zuerst auf der Weltausstellung von Chicago 1893, danach auf der Gewerbeausstellung in Berlin 1896 und anschliessend in
mehreren anderen europäischen Städten sogenannte Affenparadiese zeigen konnte, war erst durch solche Massenimporte von Rhesusaffen möglich geworden. Allerdings waren die Verluste erheblich, die durch solcherart Haltung der Affen in großen Gruppen auftraten, mitbegünstigt

dadurch, daß viele Tiere einer derart zusammengewürfelten Gruppe unter sozialem Streß standen, und weil die damaligen Möglichkeiten von hygienischer Prophylaxe und der Therapie in der Tiermedizien eine gesunde Zusammenhaltung von so vielen Tieren nicht gewährleisten konnten. Aus den Eingangsdaten der Tiersendungen läßt sich ablesen, daß eine ruhige, Zeit in Anspruch nehmende Aneinandergewöhnung der Affen und damit die Formierung einer ausgeglichenen Sozialgruppe mit einer stabilen Sozialstruktur für diese Art der Schaustellung von Affen gar nicht vorgesehen war. Einige Zoologische Gärten stellten sich auf das neuartige Angebot von größeren Gruppen bestimmter Affenarten ein und kauften zehn, zwölf oder zwanzig Affen auf's Mal und begannen Mantelpaviane, Rhesusaffen und Javaner in Sozialgruppen zu halten. Die ersten Zoos waren die von Warschau und Berlin, die 1884 bzw. 1886 von Carl Hagenbeck zehn bzw. zwölf Mantelpaviane kauften, und der von Pest, der 1885 zwanzig Rhesusaffen erwarb. Ab 1901 brachte Jürgen Johansen große Transporte von Hirschziegenantilopen, teils wohl Nachzucht indischer Tierhaltungen, zu Carl Hagenbeck. Sie ermöglichten mehreren deutschen Zoos den Aufbau schauattraktiver Zuchtgruppen von diesen Tieren.

Zuchterfolge beeinflussen den Tierhandel

Schließlich ergab sich ab den 1870er Jahren für einige Tierarten eine Veränderung der Importstrategie. In einigen Zoos wurden vor allem Löwen, in viel geringerem Umfang Leoparden und Tiger gezüchtet. Die Zoos von Dresden, Köln, Hannover und Hamburg hatten ab Mitte der 1860er Jahre (Dresden) bzw. den 1870er Jahren meist über eine Anzahl von Jahren hinweg regelmäßig Nachzucht von Löwen, gegen Ende des Jahrhunderts auch der Zoo von Königsberg. Die Zoos von Dresden und Frankfurt züchteten mehrfach Tiger, die von Düsseldorf und Köln Leoparden, die in die Hände von Carl Hagenbeck gelangten. Auch der Leipziger Zoo züchtete ab 1881 regelmäßig und in immer größerem Umfang Löwen, doch kamen von dort auf direktem Wege keine Nachzuchtlöwen zu ihm. Dafür mögen unter den Löwen, die Carl Hagenbeck in Antwerpen kaufte oder über den englischen Tierhandel bezog, viele gewesen sein, die in britischen Zoos gezüchtet worden waren. Es ist nicht mehr eindeutig auszumachen, ob Carl Hagenbeck von sich aus bestrebt war, sich die Zoonachzucht für den Weiterverkauf zu sichern, oder ob die Zoos aus Platzmangel und aus finanziellen Gründen darauf bestanden haben, daß er ihnen alle oder einige der gezüchteten Großkatzen abnahm, wenn er andere Tiere an sie verkaufen wollte. Man muß davon ausgehen, daß von den nachprüfbar von Carl Hagenbeck gehandelten Löwen etwa ein Viertel im Zoo bzw. in einer Menagerie geboren worden war, von den Leoparden etwa ein Fünftel, von den Tigern höchstens fünf Prozent. Jedenfalls nahm bei allen drei Großkatzenarten die Anzahl der Tiere zu, die unter Angabe des Geburtsdatums bzw. des genauen Alters von ihm erworben und wieder verkauft wurde. Dabei hatten die gezüchteten Großkatzen einen geringeren Wert als gefangene, und in Carl Hagenbecks Tierlisten wurde beim Angebot stets vermerkt, wenn es sich um Importtiere aus der Wildbahn handelt. Immer wieder wird auch deutlich, daß die Zucht von Großkatzen in Zoos und Menagerien noch nicht in allen Fällen zu einwandfreien Tieren führte. Manche hatten Verletzungen an Schwanz, Ohren oder Gliedmaßen, die ihnen vermutlich die Mutter unter Streßbedingungen im Wochenbett beigebracht hatte, andere ließen Aufzuchtmängel erkennen, wie Blindheit oder zentralnervöse Störungen als Folge von Vitaminmangel bzw. Parasitismus. Aber Carl Hagenbeck konnte auch solche Tiere verkaufen, und sei es an ärmere Wandermenageristen. Selbst ein als "Krüppel" bezeichneter Löwe fand noch seinen Käufer. Die forcierte Zucht von Löwen, von manchen Zoos, wie dem von Leipzig, als Prestige-Erfolg gesehen, nahm aber auch Einfluß auf die Schaustellung des Löwen, vor allem im Zirkus. Wenn es schließlich ab den 1890er Jahren möglich war, große Dressurgruppen vor allem von Löwen zusammenzustellen, so deswegen, weil zur Auswahl und Aufnahme in eine solche Gruppe genügend im Alter zueinander passende Tiere in Europa zur Verfügung standen und man nicht mehr auf den nicht vorhersehbaren und planbaren Import geeigneter angewiesen war. Die großen Gruppen dressierter Löwen waren es, die nicht nur ihre Dompteuse Clara Huth alias Claire Heliot aus Leipzig weithin berühmt machten, sondern auch den Leipziger Zoo, in dem diese Löwen gezüchtet worden waren.

Carl Hagenbeck mag insgesamt etwa 750 Löwen und 350 bis 400 Tiger gehandelt haben, von denen sicher nicht mehr als zusammen 900 aus der Wildbahn stammten. Nur auf den ersten Blick scheint das eine große Zahl zu sein. Sie steht aber in keinem Verhältnis zur Anzahl der in Afrika, Indien oder Ostasien von Europäern gejagten Großkatzen. Welchen

Umfang die Jagd auf Großkatzen hatte, erhellt ein aus Hagenbecks Unterlagen ersichtlicher Geschäftsvorgang. Am 12. Februar 1879 erwarb er zur Weitergabe an eine Trophäenausstellung über seinen Schwager Charles Rice, London, 3.850 Schädel von Löwen und Tigern zum Preise von 22 Mk pro Stück. Rice hatte alle in Großbritannien aufgetrieben. Die Schädel waren wohl Jagdtrophäen von Untertanen ihrer britischen Majestät, die bei der Rückkehr vom Militär- oder Kolonialdienst mitgebracht und nun, vielleicht von deren Nachkommen, veräußert worden waren.

Aber nicht nur Löwen, sondern auch Hirsche einiger Arten wurden von immer mehr Zoos in einem derartigen Umfang gezüchtet, daß Carl Hagenbeck in seinem Handelsangebot von diesen mehr Nachzucht- als Importtiere hatte. So lassen sich in seinen Unterlagen nur elf eindeutig importierte Wapitihirsche gegenüber dem Ankauf von 41 zoogeborenen nachweisen oder 58 zoogeborene gegenüber elf importierten Sikahirschen und nur fünf importierte Schweinshirsche gegenüber 31 zoogeborenen. Bei anderen Hirscharten, wie den erst durch Importe kurz vor der Jahrhundertwende auf dem Tiermarkt in größerer Zahl erschienenen Gelbsteiß- und Maralhirschen, überwog hingegen noch jahrelang die Zahl der Wildfänge die der zoogezüchteten Tiere bei weitem. Und von wieder anderen Hirscharten, die an sich auch schon in diesem und jenem Zoo regelmäßig gezüchtet wurden, wie Axis- und Sambarhirschen, konnte er mehr Import- als Nachzuchttiere absetzen, wohl vor allem zur Blutsauffrischung für etablierte Zuchtgruppen. Auch bei einigen Antilopenarten, wie vor allem bei der Elandantilope, stellten sich in den Zoos vermehrt Zuchterfolge ein, so daß in Carl Hagenbecks Unterlagen achtzehn importierten dreizehn zoogezüchtete gegenüberstehen. Aber derart regelmäßige Nachzucht und vor allem Zuchterfolge in großer Zahl stellten sich bei anderen afrikanischen Antilopenarten und auch bei Zebras in den Zoos erst viel später, nach dem zweiten Weltkrieg ein. Die damals noch nicht vorhersehbare Verfügbarkeit größerer Mengen afrikanischer Weidetiere ist eine der Ursachen dafür, daß Carl Hagenbecks zweites Panorama, das Südpanorama, kein Erfolg wurde. Bei seiner ersten Verwirklichung 1898 im Berliner Zoo wurde darin eine Vielzahl von gerade vorhandenen Weidetierarten aufgenommen, ebenso noch 1907 in seinem eigenen Tierpark in Stellingen, als in dem später als "Afrikasteppe" bezeichneten großen Gehege noch ein Sammelsurium von Ein- und Zweihufern aus verschiedenen Faunengebieten gezeigt wurde, Zebras, Hausesel, Kamele, Lama-Arten, Yaks, auch einige Antilopen. Zumindest bei den Zoobesuchern, die mehr als nur Ortsbewegungen irgendwelcher Tiere, die sie gar nicht identifizieren konnten, beobachten wollten, fand diese Tierschaustellung keinen Beifall. Erst kurz vor dem ersten Weltkrieg, als es Carl Hagenbecks Mitarbeiter Christoph Schulz gelungen war, Antilopen, wie Impalas, Weißbartgnus u.a.m. in Netzen sowie Grantzebras in Kralanlagen nicht nur in großer Zahl zu fangen, wie um die Jahrhundertwende Fritz Bronsart von Schellendorf schon Grantzebras, sondern anders als dieser die vielen gefangenen Tiere gut einzugewöhnen und gesund nach Europa zu bringen, wurde es möglich, große Huftiergehege unter einem bestimmten ökologischen Thema mit den zugehörigen Tieren zu besetzen und z.B. auch an eine geographische Ordnung der Tierschaustellung in einem Tierpark zu denken. Aber die ersten großen Transporte von Christoph Schulz mit großen Stückzahlen einiger Arten von afrikanischen Huftieren trafen erst 1913 und 1914 in Stellingen ein, als Carl Hagenbeck, der ihren Import noch mit in die Wege geleitet hatte, bereits seine Augen geschlossen hatte.

Die Völkerschauen

Die Anfänge

Heinrich Leutemann (1824-1905), ein populärer Tiermaler und Illustrator, schrieb 1887 in seiner "Lebensbeschreibung des Thierhändlers Carl Hagenbeck":[127]

---

127 Hamburg 1887, S. 48. Das Heft mit einer Auflage von 2000 Exemplaren wurde im Auftrage Hagenbecks von Leutemann gegen Honorar verfaßt und für 50 Pf während Sonderausstellungen verkauft. Es ist insgesamt als eine verläßliche Darstellung anzusehen. Die erste Völkerschau Hagenbecks fand also zeitlich vor dem massiven Gewinneinbruch im Tierhandel statt und war nicht, wie oft vermutet wurde, erst eine Folge dieser Schwierigkeiten. Die Völkerschauen Hagenbecks wurden erstmals aus ethnographischer Sicht dargestellt von H. Thode-Arora: Für fünfzig Pfennig um die Welt. Die Hagenbeckschen Völkerschauen, Frankfurt, New York 1989. Vgl. auch die umfassendere Arbeit von N. Rothfels: Bring 'Em Back Alive: Carl Hagenbeck and the Exotic Animal And People Trade in Germany, 1848-1914, Diss. Harvard Univ. 1994, S. 133ff. und H. Thode-Arora: "Charakteristische Gestalten des Volkslebens". Die Hagenbeckschen Südasien-, Orient- und Afrika-Völkerschauen, in: G. Höpp (Hg.): Fremde Erfahrungen (= Studien Zentrum Moderner Orient 4), Berlin 1996, S. 109-134.

"Ungefähr im August 1875 erhielt ich von H. einen Brief, worin er mir mittheilte, daß er, da Nachfrage nach Rennthieren sei, eine Heerde Rennthiere aus Lappland bestellt habe, und zu deren Wartung auch einige Lappländer werde mitkommen lassen. Darauf schrieb ich ihm sofort, wenn er das beabsichtige, so möge er doch gleich das Unternehmen dadurch zu einer eigenartigen Sehenswürdigkeit gestalten, daß er durch Mitbringen von Schlitten, Zelten, Geräthschaften, durch Anschließen von Frauen und Kindern, Hunden und sonstigem Zubehör die ganze Gruppe zum vollständigen Vorzeigen des Lappländer Lebens geeignet mache."

Auch Carl Hagenbeck selbst gibt in seiner 1908 erschienenen Autobiographie eine entsprechende Darstellung des Beginns seiner Völkerschauen.[128] Man kann also davon ausgehen, daß der Tiermaler entscheidenden Anteil an der "Erfindung" dieses neuen Geschäftszweiges des Tierhändlers hatte. Leutemann kannte Hagenbeck schon seit 1860 von zahlreichen Besuchen in Hamburg, bei denen er Tiere skizzierte. Seit dem Auftreten der Lappländer wurde er nicht nur zu einem der wichtigsten Popularisierer der Hagenbeckschen Völkerschauen, sondern auch zum Ideengeber und möglicherweise sogar zum Inszenator der ersten Schauen. Während ihres Aufenthaltes auf dem Gelände Hagenbecks am Neuen Pferdemarkt zeichnete Leutemann die Lappländer mit ihren 28 Rentieren. Er fertigte damit die erste von zahlreichen, in den folgenden Jahren in Hagenbeckschen Völkerschauen entstandenen Skizzen. Auf Carl Hagenbecks Gelände am Neuen Pferdemarkt und anschließend im "Nordpoltheater", einem Vergnügungslokal in Hamburg, konnten die sechs Mitglieder von Besuchern betrachtet werden, wie sie ihre Tiere versorgten und ihr "ungezwungenes Treiben" vorführten. Sie zeigten, wie man mit Rentieren bespannte Schlitten fuhr, die Tiere einfing und molk oder als Packpferde verwendete, wie man die Eskimozelte aufstellte und abbaute.[129] Bei dieser Schau gab es aber noch keine der später üblich gewordenen Vorführungen mit festgelegten Programmpunkten zu festen Zeiten.

Die Ausstellung von Angehörigen exotischer Völker in Europa war allerdings keine neue Idee. Seitdem Kolumbus einige Indianer als "Zeugen" seiner Entdeckungen nach Spanien gebracht hatte, wurden zahlreiche Bewohner überseeischer Gebiete nach Europa mitgenommen und spätestens seit dem 17. Jahrhundert und dann vor allem im 18. und im

---

128 Hier wurde die Ausgabe von 1909 verwendet, S. 80-83.
129 H. Leutemann 1887, S. 49.

19. Jahrhundert auch öffentlich gegen ein Entgelt in größeren Städten zur Schau gestellt.[130] Sowohl Leutemann als auch der junge Carl Hagenbeck konnten solche Schaustellungen in ihren Heimatstädten, einer Messe- bzw. einer Hafenstadt, sehen. Das durch exotische Menschen erregte Aufsehen kann man nur ermessen, wenn man bedenkt, daß die meisten Europäer damals kaum jemals mit Fremden aus der Ferne, vor allem nicht mit Angehörigen von exotischen "Naturvölkern", in Kontakt kamen.[131] Die Lappen galten ebenfalls als nicht zum (alt)europäischen Kulturkreis gehörig und deshalb auch als "exotisch". Nicht nur die Schaulust, sondern auch wissenschaftliches Interesse zog seit Jahrhunderten viele Neugierige an. Dieses Interesse ging von der Auffassung aus, daß alle Völker unterschiedliche Stufen der Entwicklung repräsentierten, mit den europäischen an der Spitze und den Naturvölkern am unteren Ende. Es hatte einen physisch-anthropologischen Aspekt, der die äußerliche Unterscheidung verschiedener Völker voneinander betrachtete und den Vergleich zwischen ihnen anstrebte.[132] Zum anderen beschäftigte man sich mit ethnologischen Untersuchungen, mit den kulturellen Merkmalen dieser Völker, die sich im Verhalten, in ihrer Sprache und an ihrer materialen Kultur zeigten.[133]

---

130 Vgl. hierzu nur die Überblicksdarstellungen in U. Bitterli: Die "Wilden" und die "Zivilisierten". Grundzüge einer Geistes- und Kulturgeschichte der europäisch-überseeischen Begegnung, München 1976; Chr.F. Feest (Hg.): Indians and Europe, Aachen 1987. Vgl. auch die Literaturzusammenstellung bei N. Rothfels 1994, S. 135ff. 1822 waren in der Londoner Egyptian Hall auch schon Lappländer mit Tieren, vor gemalten Kulissen auftretend, zu sehen: R. Altick: The Shows of London, Cambridge/Mass., London 1978, S. 273-275.

131 Eine umfassende Darstellung der Rezeption von Völkerschauen fehlt nach wie vor. Die Arbeit von A. Daum: Wissenschaftspopularisierung im 19. Jahrhundert. Bürgerliche Kultur, naturwissenschaftliche Bildung und die deutsche Öffentlichkeit, 1848-1914, Köln 1998 lag bei Abfassung des Manuskripts noch nicht vor.

132 Zu diesen Aspekten der Völkerschauen Hagenbecks zusammenfassend N. Rothfels 1994, S. 159ff. Auf seine Ausführungen zum physisch-anthropologischen und zum ethnologischen Interesse stützt sich dieses Kapitel wesentlich. Vgl. auch H. Thode-Arora 1989, S. 127ff u.a.

133 J. Stagl: Kulturanthropologie und Gesellschaft. Wege zu einer Wissenschaft, München 1974, S. 13ff. und S. Moravia: Beobachtende Vernunft. Philosophie und Anthropologie in der Aufklärung, München 1973. Zur deutschen Ethnologie A. Fiedermutz-Laun: Adolf Bastian und die Begründung der deutschen Ethnologie im 19. Jahrhundert, Berichte zur Wissenschaftsgeschichte 9, 1986, S. 167-181, die wissenschaftshistorischen Bezüge prägnant aufzeigend.

Leutemanns besondere Aufmerksamkeit für die Lappländer in Hamburg konzentrierte sich nicht auf die physisch-anthropologische Seite, sondern auf das materiale Zubehör der Gruppe und auf ihre "alltäglichen Sitten und Gebräuche", vor allem auf ihr "Familienleben". Sein Interesse war durch eine andere Schaustellung von Mitgliedern dieses Volkes geweckt worden, die kurze Zeit zuvor in mehreren Städten Deutschlands zu sehen gewesen waren und eine Ausrüstung mit sich geführt hatten, die der Maler als von Eskimos stammend identifizierte.[134] Außerdem waren sie nach seiner Meinung bereits sehr eng mit der europäischen Zivilisation in Kontakt gekommen und hatten dadurch ihre Natürlichkeit im Verhalten ziemlich verloren. Genau diese Eigenschaft aber besaß nach Leutemanns Auffassung die Hagenbecksche Schau. Auch Carl Hagenbeck betonte, daß die Mitglieder seiner Veranstaltung als Merkmal ihrer originären Naturverbundenheit beispielsweise noch ihre Kleidung selbst anfertigten.[135] Die große Bedeutung des Begriffs der "Natürlichkeit" im Zusammenhang mit Völkerschauen erklärt sich aus der Gleichsetzung von Natur und exotischen Völkern, die im Unterschied zu den europäischen zwar eine Natur, aber keine Geschichte besaßen, da sie keine Entwicklung aufzuweisen hatten. Der Berliner Ethnologe Adolf Bastian drückte dies 1884 mit den Worten aus, der Gegenstand der Ethnologie sei das "Wissen von der Menschheit, soweit dasselbe nicht in den Bereich der Geschichtsvölker einbegriffen ist."[136] Der Anspruch der Authentizität in dieser Hinsicht sollte nach dem Willen Leutemanns und Carl Hagenbecks das Neue an den von ihnen initiierten Völkerschauen sein, das sie von den zuvor veranstalteten abhob. Diese Bemühungen wußten auch Wissenschaftler wie die Angehörigen der 1869 gegründeten Berliner Gesellschaft für Anthropologie, Ethnologie und Urgeschichte zu würdigen, die zu den regelmäßigen Besuchern dieser Hagenbeckschen Unternehmungen gehörten.[137] Ihr Vorsitzender, der Mediziner Rudolf Virchow, ließ die Lappländer während einer Sitzung der Gesellschaft

---

134 Diesen konkreten Zusammenhang schildert N. Rothfels 1994, S. 139ff. erstmals, siehe auch ebd. S. 145f. Zur Forderung nach Authentizität ebd. S. 144ff.

135 C. Hagenbeck 1909, S. 82.

136 Zit. nach J. Stagl 1974, S. 30.

137 N. Rothfels 1994 bietet die bisher ausführlichste Darstellung der Rolle Rudolf Virchows in Berlin. Zur Situation in Basel B. Staehelin: Völkerschauen im Zoologischen Garten Basel 1879-1935 (= Basler Beiträge zur Afrikakunde 11), Basel 1993, S. 116ff.

vorführen.[138] Die positive Wirkung der Lappländerschau von 1875 auf die Besucher erklärte sich Leutemann 1887 aber wohl zu recht mit der "vollständigen Neuheit und Echtheit des Schauspiels", das man in seiner idyllischen Wirkung auch und gerade ohne evolutionstheoretische Vorkenntnisse genießen konnte.[139] Mit dieser Interpretation sprach er ein zentrales Element Hagenbeckscher Völkerschauen an, das viele von ihnen in den folgenden Jahrzehnten immer wieder zu großen Publikumserfolgen werden und zu wissenschaftlicher Akzeptanz kommen ließ. Wesentlich war dabei nicht nur die Auswahl von "typischen" Individuen mit ihrer authentischen und möglichst wirkungsvollen Ausstattung mit Ethnologica, sondern auch die Darstellung ihres engen Umgangs mit Haustieren, der ihr Leben prägte. Die Bezeichnung "anthropologisch-zoologische Ausstellung" für solche Schauen sollte also nicht die Nähe dieser Menschen zum Tierreich ausdrücken, sondern die direkte lebensweltliche Beziehung vom Menschen zum Tier. Es war auch kein ökologischer Zusammenhang darzustellen, sondern ein biozönotischer.[140] Daher wurden nicht alle erreichbaren Tiere desselben Gebietes, sondern ausschließlich Haustiere bzw. zahme Tiere ausgestellt. In dieser Verbindung trafen sich also die beiden wichtigsten Zweige des Unternehmens Hagenbecks für die nächsten Jahre – Tierhandel und Völkerschauen. Das neuerworbene Gelände Hagenbecks am Neuen Pferdemarkt bot das notwendige Areal, um dort unter freiem Himmel entsprechende Szenerien wirkungsvoll zu arrangieren, wodurch das Vorhaben "an Wahrheit um so mehr gewann."[141]

Die Verbindung von Authentizität und malerischer Inszenierung, wie sie sich bei dieser Lappländerschau von 1875 ergab, erwies sich als sehr erfolgreich. Bald zeigte sich aber, daß sich der Publikumsgeschmack von solchen Vorstellungen löste und sich mehr an Kriterien wie opulenter und als besonders exotisch empfundener Ausstattung sowie an gefälligen oder spektakulären Vorführungen orientierte. Er forcierte dadurch die Bevorzugung von in erster Linie an theatralische Shows gewöhnter Teilnehmergruppen und sorgte so auch mit dafür, daß sich das Spektrum der

---

138 Verhandlungen der Berliner Gesellschaft für Anthropologie, Ethnologie und Urgeschichte 1875, S. 28-39 und S. 225-228.
139 H. Leutemann 1887, S. 49.
140 Die Inszenierung der Völkerschauen orientierte sich somit in Richtung von Tableaus bzw. Panoramen, vgl. Kapitel "Panoramen".
141 H. Leutemann 1887, S. 49.

durch Hagenbeck ausgestellten Völker im Laufe der Jahre sehr reduzierte.

Von Hamburg aus ging die kleine Lappländerschau zunächst nach Berlin, wo sie auf der Hasenheide auftrat, einem vielbesuchten Vergnügungsgelände. Der Direktor des Berliner Zoos Heinrich Bodinus hatte das Angebot Hagenbecks, sie bei sich auftreten zu lassen, abgelehnt.[142] Anschließend reiste sie nach Leipzig, wo sie auf einem Gelände vor den Toren der Stadt zu sehen war. Dieser Aufenthalt war wohl von Leutemann vermittelt worden, der in Leipzig wohnte und arbeitete. Auf der Hasenheide in Berlin kam die Völkerschau aber in direkte räumliche Nähe zu den Schaubuden und Vergnügungslokalitäten, aus der sie Hagenbeck und Leutemann lösen wollten. Ihr mangelnder finanzieller Erfolg dort bestärkte beide in der Auffassung, man müsse Ausstellungsorte finden, in denen die Inszenierung unter freiem Himmel und in einem seriösen Umfeld gewährleistet sei. Im Wissen um die oft obskuren Begleitumstände solcher Schauen standen auch Zeitungen und Zeitschriften der Lappländerschau Hagenbecks zunächst skeptisch gegenüber. Da es Leutemann dann aber doch gelang, eine Illustration mit Text in der weitverbreiteten Familienzeitschrift "Die Gartenlaube" zu veröffentlichen,[143] erreichte Hagenbecks erste Völkerschau schließlich doch über die Grenzen Hamburgs hinaus einen hohen und positiv besetzten Bekanntheitsgrad. Bei den weiteren Schauen sorgte er dann dafür, daß Zeitungen frühzeitig vom Eintreffen neuer Gruppen informiert wurden und schon im Vorfeld darüber berichteten.

Insgesamt hatte sich die erste Völkerschau Hagenbecks als unerwartet großer Erfolg erwiesen, und Hagenbeck plante daher schnell weitere, diesmal aus einem anderen Teil der Erde. Er benutzte dabei die ihm zur Verfügung stehenden Verbindungen, indem Bernhard Kohn in seinem Auftrag 1876 drei Homraner Jäger als "Nubier" nach Europa brachte, die zunächst als Tiertransport-Begleiter für Hans-Georg Schmutzer fungierten.[144] Die drei Männer hatten nicht nur Tiere, sondern auch eine umfangreiche ethnologische Sammlung bei sich, die ebenfalls von Kohn zu-

---

142 Dagegen waren Völkerschauen in England zuvor vereinzelt auch in Zoos zu sehen: R. Altick 1978, S. 285. Das folgende nach H. Leutemann 1887, S. 50.
143 Gartenlaube 1875, S. 740ff.
144 C. Hagenbeck 1909, S. 83-85. Es wird nicht ganz klar, ob die von ihm der ersten Nubierschau zugeordnete Frau tatsächlich an dieser und nicht an der zweiten teilnahm.

sammengestellt worden war, ferner Antilopengehörne, Nashornhörner und Straußeneier. Bernhard Kohns Landeskenntnisse sicherten wiederum die Authentizität dieser Schau. Anders als die Lappländer führte die Nubiergruppe bereits festgelegte inszenierte Szenen aus dem Alltagleben vor, wie das Satteln der Dromedare und das Vorführen einer Karawane, Waffentänze, Musizieren etc.[145] In Deutschland war die Schau mit großem Publikumserfolg auf Hagenbecks Gelände in Hamburg und in Leipzig zu sehen. Erstmals öffneten sich auch mit dem neuen Düsseldorfer und dem Breslauer Zoo etablierte, die Naturkunde popularisierende Institutionen einer Völkerschau. Auch auf diesen Stationen zog die Schau viele Besucher an, in Breslau allein etwa 30.000 Menschen. Der Schwager Hagenbecks, Charles Rice, war wie am Tiertransport, so auch an dieser Völkerschau finanziell beteiligt, die Kosten und der Gewinn sowie nach Abschluß der Unternehmung das ethnologische Material wurden unter beiden aufgeteilt.

Im Juli 1877 kam die zweite von Kohn zusammengestellte Nubierschau nach Deutschland.[146] Sie umfaßte 15 Personen, darunter eine Frau, sowie einen Tiertransport mit vier Afrikanischen Elefanten, drei Giraffen, sechs Straußen, sieben Reitdromedaren, zwei Eseln, den Josef Menges zusammengestellt hatte. Erstmals gelang es Hagenbeck, seine Schau auch nach Paris in den Jardin d'Acclimatation zu vermitteln, zu dem er durch den Tierhandel bereits Geschäftsbeziehungen unterhielt.[147] Er hatte den Direktor des Parks, Albert Geoffroy Saint-Hilaire, zur Besichtigung der Gruppe gleich nach ihrer Ankunft aus Afrika nach Hamburg eingeladen und ihn von der Attraktivität und Seriosität dieser Schau überzeugen können.[148] Anschließend reiste die Schau nach Berlin und Dresden. Rice sorgte wohl für die Vermittlung der Auftrittsmöglichkeit im Alexandra-Palast in London, womit er auch den englischen Markt für Hagenbecks Völkerschauen erschloß.

Noch während die Nubier in Europa auftraten, warb der norwegische Kapitän Johan Adrian Jacobsen für Hagenbeck auf Grönland sechs Eskimos – drei Männer, eine Frau und ihre beiden Kinder – an. Nach dem Aufenthalt in Hamburg, wo die Schau allein 44.000 Besucher anzog,

---

145 H. Leutemann 1887, S. 51f.
146 Ebd., S. 52f.
147 Angabe nach H. Thode-Arora 1989, S. 168.
148 H. Leutemann 1887, S. 52.

begleitete Jacobsen die Eskimos bis 1878 auch auf ihren weiteren Stationen.[149] Leutemann, der die Gruppe wiederum noch in Hamburg besichtigte und in seinen Skizzen malerisch in Szene setzte, berichtet:[150]

> Sie führten "die ganze Ausrüstung zum Eskimoleben mit, Schlitten, Hunde zum Ziehen derselben, Geräthschaften, Waffen, Zeltmaterial, Jagdboot (Kajak) und Weiberbott (Umiak); außerdem eine Menge Kleidungsstücke und eine Sammlung von Modellen, wie sie die Eskimos zum Verkauf anfertigen."

Nachdem sich auch Albert Geoffroy-Saint Hilaire von der Qualität der Schau überzeugt hatte, engagierte er auch diese Gruppe für den Pariser Jardin d'Acclimatation. Dort erzielte die Schau im Oktober 1877 ebenfalls einen überwältigenden Publikumserfolg. Vor allem die Kunstfertigkeit des Eskimo Ukubak als Kajakfahrer machte Furore, führte er doch das Umschlagen des Bootes und das anschließende Wiederauftauchen nach einer vollen Drehung mehrfach vor. Dieser zweite Erfolg einer Hagenbeckschen Völkerschau in Paris brachte den endgültigen Durchbruch in Deutschland, denn erstmals willigte auch der Zoologische Garten von Berlin in die Übernahme ein. Die Eskimos reisten daraufhin von Paris aus direkt nach Berlin, wo sie unter großem Publikumsandrang auftraten. Bei dieser Gelegenheit hatte Carl Hagenbeck erstmals die Ehre, daß eine seiner Völkerschauen in seinem Beisein vom Kaiser besucht wurde, eine Begegnung, die er aber aus "Scheu" nur "in einiger Entfernung als stiller Beobachter" erlebte.[151] Der Kaiser Wilhelm I. "ergötzte sich an den kühnen Wassereskapaden Ukubaks". Nach Berlin traten die Eskimos auch in Dresden, Köln, Brüssel und Hannover auf, bevor sie über Hamburg in die Heimat zurückkehrten. Von nun an konnte Hagenbeck bei seinen Veranstaltungen auf die Mitarbeit vieler Zoos rechnen, die ihrerseits durch eine jeweils vertraglich gesicherte Beteiligung an den Einnahmen profitierten. Diese bewegte sich zwischen etwa 1/2 und 1/4 der erzielten Eintrittsgelder.[152] Die Zoologischen Gärten begannen sogar

---

149 C. Hagenbeck 1909, S. 85-89. Zu Jacobsen vgl. zusammenfassend H. Thode-Arora 1989, S. 49ff. Zur Anwerbung der Eskimos ebd. S. 68-72. Zum Verlauf der Schau siehe auch N. Rothfels 1994, S. 164ff. und 213-219.

150 H. Leutemann 1887, S. 53.

151 C. Hagenbeck 1909, S. 89 und S. 414.

152 Diese Werte gibt B. Staehelin 1993, S. 41f. an. Sie werden durch andere Quellen bestätigt. Eine Rekonstruktion der genauen Kalkulation der Völkerschauen und der Ausgaben von Hagenbeck ist aufgrund der erhaltenen Quellen nur sehr begrenzt

damit, bei Geländeerweiterungen besondere Areale zur Vorführung von Völkerschauen vorzusehen.

Ermutigt durch die positive Aufnahme der ersten Schauen, fuhr Jacobsen 1878 im Auftrag Hagenbecks in sein Heimatland und stellte dort eine zweite Lappländer-Schau mit neun Mitgliedern, darunter zwei Frauen, und einem Dolmetscher zusammen. Sie reiste anschließend gemeinsam mit 40 Rentieren unter dem Management von Jacobsen und später von Adolph Schoepf durch Deutschland, nach Paris, Lille und Brüssel.[153]

Die Schauen wurden also immer unfangreicher, wovon sich die Veranstalter eine noch größere Publikumsattraktivität versprachen. Als besonders attraktiv beurteilte Leutemann, der Hagenbeck nach wie vor beriet, aber die möglichst gemischte Zusammensetzung der Teilnehmer. Vor allem sollten Frauen verstärkt dabeisein,[154] wie das bei den Lappländern der Fall gewesen war. Diese vervollständigten nicht nur das Bild vom täglichen Leben der Naturvölker – ein Argument, auf das sich Leutemann bezog –, sondern besaßen auch eine erotische Ausstrahlung, die nur zum Erfolg beitragen konnte.[155] Unter den Nubiern hatte sich aber bisher nur eine einzige weibliche Teilnehmerin befunden. Bernhard Kohn bezweifelte auch, daß die ägyptische Regierung die Mitnahme von Frauen erlauben werde, eine Einschätzung, die sich insgesamt als richtig erwies. Auch die erste 1878 von Menges organisierte Nubier-Schau, insgesamt die dritte von Hagenbeck finanzierte, umfaßte zwar 17 Personen, jedoch war nur eine Frau dabei. Es kamen darüber hinaus weniger Nubier mit nach Europa als ursprünglich vorgesehen, denn von den zunächst 30 Reisewilligen gab fast die Hälfte diesen Plan wieder auf, möglicherweise bereits angeworbene Frauen.[156] Begleitet wurde die Gruppe von einem Tierbestand von vier Afrikanischen Elefanten, drei Dromeda-

---

möglich, da sich die Angaben in den Tierbüchern meistens auf Mischkalkulationen mit anderen Unternehmungen wie gleichzeitig durchgeführte Tiertransporte beziehen.

153 H. Leutemann 1887, S. 59f.; Tierbuch, Hagenbeck-Archiv; H. Thode-Arora 1989, S. 168. Zu ihren Auftritten im Zoo von Hannover NHZ 23.9.1878 und weitere Berichte an den folgenden Tagen.

154 Vgl. die entsprechende Schilderung bei H. Leutemann 1887, S. 55.

155 N. Rothfels 1994, S. 151ff, 238ff.

156 Vgl. den Brief Hagenbecks an Rice vom 27.5.1878, Hagenbeck-Archiv. Sonstige Angaben nach H. Leutemann 1887, S. 87f. und Tierbuch, Hagenbeck-Archiv; NHZ 3.9.1878 und folgende.

ren und zwei Eseln, von denen aber mehrere im Laufe der Schau verkauft wurden. Hagenbeck finanzierte und veranstaltete dieses Unternehmen wiederum gemeinsam mit Charles Rice. Die Leitung vor Ort übernahm Robert Daggesell, der mit der Gruppe ab Juni 1878 zunächst in der Rotunde in Wien und in Pest auftrat, dann Adolph Schoepf, unter dem die Nubier von Juni bis September in Lübeck, Hannover, Dresden und in den Zoos von Düsseldorf, Leipzig, Breslau, Frankfurt und Berlin gastierten. Anschließend ging es nach London, wo Menges das Management übernahm. Wahrscheinlich begleitete dieser die Nubier auch zurück nach Afrika, denn eine weitere von ihm gemanagte Gruppe, insgesamt die vierte, kam schon im folgenden Frühjahr 1879 über Suez und Triest, wo sie Adolph Schoepf abholte, nach Hamburg in die Handelsmenagerie. Kohn hatte wiederum 14 männliche Nubier angeworben, diesmal aus anderen Stämmen.[157] Wieder fehlten also weibliche Mitglieder, eine Tatsache, die das Vorzeigen der "Sitten und Gebräuche", wie es Leutemann als wesentliches Element einer Völkerschau vor Augen hatte, sehr einschränkte. Dafür waren unter den Nubiern mehrere Handwerker, die ihre Künste vor dem Publikum ausübten. Zu den bereits im Vorjahr mitgeführten Tieren kamen diesmal noch sechs Dromedare, zwei Sangarinder, zwei Zebus, zwei Kaffernbüffel und ein weißer Esel. Nach Vorführungen bei Hagenbeck in Hamburg reisten die Nubier unter dem Management von Rice nach Dresden, Düsseldorf, Breslau, Straßburg, Basel und Berlin.[158] Dort wurde die Veranstaltung wieder durch hohen Besuch aus dem Kaiserhaus geehrt: Kronprinz Friedrich kam mit seiner Familie, darunter der spätere Kaiser Wilhelm II., und ließ sich vom Mediziner Rudolf Virchow das Gesehene erläutern.[159] Anläßlich dieser vierten Nubierschau wurde Carl Hagenbeck für seine Unterstützung anthropologischer Untersuchungen zum Mitglied der Berliner Gesellschaft für Anthropologie, Ethnologie und Urgeschichte ernannt.

Eine von der Firma Reiche durch ihren Afrikareisenden Karl Lohse organisierte Nubierschau mit elf Mitgliedern und einem kleinen Tierbestand machte der Unternehmung allerdings in einigen Städten Konkur-

---

157 Verhandlungen der Berliner Gesellschaft für Anthropologie 1879, S. 388-397.
158 Die Auftrittsorte nach Angaben im Tierbuch, Hagenbeck-Archiv und nach B. Staehelin 1993, S. 156. In manchen Berichten ist auch von 15 Teilnehmern die Rede. Bei der überzähligen Person handelte es sich um den mitreisenden Dolmetscher.
159 J.C.G. Röhl: Wilhelm II: die Jugend des Kaisers 1859-1888, München 1993, S. 307.

renz.[160] Und während ihres Aufenthalt in Berlin kam es darüber hinaus zum erstenmal zu einem überregional bekannt gewordenen Streit zwischen Völkerschau-Beteiligten und Veranstalter. Jacobsen gibt in seinen Jahrzehnte nach dem Zwischenfall niedergeschriebenen Erinnerungen an, die Nubier hätten sich geweigert, die Stadt zu verlassen, da sie sich nicht von ihren Berliner Freundinnen trennen wollten.[161] Die Auseinandersetzung wurde auch handgreiflich geführt, so daß der Zoodirektor Bodinus Polizeikräfte einschreiten lassen mußte. Diese Darstellung ist durchaus glaubwürdig, denn auch Carl Hagenbeck und andere Beteiligte sprechen im Zusammenhang mit bestimmten Völkerschauen von der erotischen Wirkung verschiedener Mitglieder beiderlei Geschlechts auf Teile des Publikums.[162] Hagenbeck berichtet beispielsweise im Zusammenhang mit der ersten Nubierschau:

"Ein junger, riesenhafter Hamraner Jäger, der trotz seines 'zarten' Alters von neunzehn Jahren über sechs Fuß maß, richtete wahre Verheerungen in den Herzen europäischer Damen an..."

In Zeitungen des Jahres 1881 wurde aber eine andere Version des Geschehens in Berlin veröffentlicht, der sich nach dem Polizeieinsatz nicht stillschweigend regeln ließ.[163] Danach forderten die Afrikaner zusätzlich zu ihrer Entlohnung die Auszahlung von durch die Besucher reichlich gespendeten Trinkgeldern und Einnahmen aus Verkäufen von Handwerksarbeiten und Fotos. Es handelte sich dabei um eine erhebliche Summe von über 1.500 Mark. Nach einer Anweisung Hagenbecks seien diese Gelder aber beim Konsulat hinterlegt gewesen, um sie erst bei Abreise der Schau aus Europa auszuzahlen. Mit dieser Regelung seien die Nubier nicht einverstanden gewesen. Diese Darstellung belegt das Ausmaß der bereits während dieser Schau erzielten Nebeneinnahmen und Trinkgelder, das allerdings von den Einnahmen späterer Schauen noch weit übertroffen werden sollte. Welche der beiden Versionen auch rich-

---

160 Sie war u.a. in Hannover zu sehen: NHZ 28.8.1879 und folgende.
161 Zitat bei H. Thode-Arora 1989, S. 117f.
162 C. Hagenbeck 1909, S. 84; siehe auch H. Thode-Arora 1989, S. 116ff., die sich zusätzlich auf Erinnerungen Jacobsens und eine Äußerung Menges bezieht, sowie W. Haberland: "Diese Bella-Coola sind falsch". Neun Bella Coola im Deutschen Reich 1885/86, Archiv für Völkerkunde 42, 1988, S. 3-67, hier S. 46ff., der über die Bella-Coola berichtet, und N. Rothfels 1994, S. 237-246.
163 NHZ 16.10.1879.

tig sein mag, beide sind durchaus glaubwürdig. Der Zwischenfall dürfte jedenfalls wesentlich zu der dann in den folgenden Jahren aus mehreren Quellen erkennbaren sehr distanzierten Haltung von Angehörigen der Firma Hagenbeck zu afrikanischen Völkern beigetragen haben.

Der erneut beteiligte Rice hatte im Oktober 1879 wieder Auftritte der Gruppe in London geplant. Nach dem Berliner Zwischenfall holte Hagenbeck die Schau jedoch zunächst nach Hamburg zurück, wo sie einen Teil des Spätherbstes verbrachte. Nachdem Charles Rice im November verstorben war, überließ dessen Witwe, Carl Hagenbecks Schwester, diesem die alleinige Durchführung der weiteren Tournee gegen eine Beteiligung am Reingewinn von 10%. Aus dem entsprechenden Vertrag geht auch hervor, daß jedem Nubier bis September 1880 monatlich 40 Mark und die anschließende Rückbeförderung in die Heimat zustanden. Verpflegung und Logis übernahm die Firma Hagenbeck, wie bei allen derartigen Veranstaltungen. Die Schau trat nochmals in Berlin und dann in den Sommermonaten 1880 unter der Leitung von Adolph Schoepf in Düsseldorf, Köln, Brüssel, Dresden und Breslau auf, bevor sie unter zwei italienischen Impresarios Salvo und Sutero weiter nach St. Petersburg zog und am Ende des Jahres 1880 vertragsgemäß in die Heimat zurückkehrte.[164] Hagenbeck erreichte also immer mehr Städte und dadurch einen immer größeren Markt. Allerdings fällt auf, daß er mit seinen Tourneen einige Länder nicht bereiste, da er dort keine Auftrittsmöglichkeiten erhielt, sei es wegen des mangelnden Publikumsinteresses oder wegen fehlender persönlicher Verbindungen. Zu den nicht von ihm berücksichtigten Gebieten gehörten Italien und die übrigen Mittelmeerländer, die Niederlande sowie Skandinavien.

Seinen vier erfolgreichen Nubierschauen ließ er keine weitere mehr folgen. Ob seine Entscheidung schon auf die zunehmend schwierige politische Situation im Sudan zurückzuführen war, wo sich 1880 ein Krieg zwischen den Truppen des Mahdi und jenen Ägyptens und Englands anbahnte, oder darauf, daß "Deutschland ... mit Nubiergruppen überschwemmt" wurde,[165] läßt sich nicht mit Sicherheit sagen. Zwar befand sich Bernhard Kohn noch einige Jahre insgesamt wenig behelligt von den

---

164 Vertrag zwischen Hagenbeck und Witwe Ch. Rice 25.1.1880, Hagenbeck-Archiv; H. Thode-Arora 1989, S. 168f. Nach B. Staehelin 1993, S. 51 wurde das Angebot für Basel vom dortigen Zoo abgelehnt.
165 H. Leutemann 1887, S. 68.

politischen Ereignissen in Cassala, wo er dann Ende 1883 ermordet wurde. Dort hatte es bis dahin nur "Krawalle" gegeben, von denen sich aber europäische Händler nicht sehr betroffen fühlten, da es "die unruhigen Stämme nur auf Araber und Militärs abgesehen" hätten.[166] Jedoch war Josef Menges inzwischen im Auftrag Hagenbecks in Somaliland auf Tierfang, er stand also für die Organisation einer Völkerschau aus Nubien nicht mehr zur Verfügung.

Die Entwicklung in Nubien traf das Unternehmen Hagenbeck nur partiell, denn es hatte inzwischen mit der Organisation von malerischen Schauen aus anderen Teilen der Erde begonnen. Bereits im Sommer 1878 hatte Carl Hagenbeck vierzehn "Hindus" nach Deutschland kommen lassen.[167] Tatsächlich handelte es sich bei den acht Männern und sechs Frauen um Inder, die in London als Hauspersonal beschäftigt worden waren und wahrscheinlich von Rice angeworben waren. Sie traten mit Wilhelm Hagenbeck als Impresario auf, der auch die mitgeführten sechs Asiatischen Arbeitselefanten dressiert hatte. Mit diesen Tieren konnten die "Hindus" aber nicht umgehen. Und das sie begleitende ethnologische Material war, anders als das im Sudan zusammengestellte, nicht authentisch, sondern bei verschiedenen Gelegenheiten zusammengekauft. Die Inder "gingen noch Alle europäisch gekleidet", bevor am Neuen Pferdemarkt unter der Anleitung einer Inderin eine Schneiderwerkstatt eingerichtet und dort die notwendigen Kostüme angefertigt worden waren. Die Schau ist 1878 in den Zoos von Hamburg, Hannover und Dresden nachzuweisen,[168] soll aber insgesamt kein finanzieller Erfolg gewesen sein. Leutemann spricht sogar von einem Defizit von 36.000 Mark.[169] Das soll an der schnell vom Publikum negativ vermerkten mangelnden Authentizität gelegen haben, mit der Hagenbeck in seinen vorherigen Völkerschauen von anderen derartigen Veranstaltungen abgehoben und geworben hatte. Zumindest in Hannover wurde allerdings

---

166 Vgl. den Brief von Emil Wurz aus Cassala vom 23.1.1884, Hagenbeck-Archiv, in dem dieser um eine Anstellung als Reisender für Hagenbeck bittet. Kohn litt danach seit dem Herbst 1883 unter einer fiebrigen Erkrankung, blieb aber in Cassala, um noch ausstehende Gelder einzutreiben und sein Hab und Gut nicht zu verlieren.
167 H. Leutemann 1887, S. 55; NHZ 11.7.1878.
168 H. Leutemann 1887, S. 55f.; H. Thode-Arora 1989, S. 168; L. Dittrich, A. Rieke-Müller: Ein Garten für Menschen und Tiere. 125 Jahre Zoo Hannover, Hannover 1990, S. 45ff. sowie NHZ 11.7.1878 und ff.; N. Rothfels 1994, S. 142f.
169 Zitat sowie Summe nach H. Leutemann 1887, S. 55.

"eine wahre Völkerwanderung" zur letzten Vorstellung der "mit orienta-
lischer Pracht" ausgestatteten Hinduschau vermerkt, von 15.000 verkauften Eintrittskarten allein an diesem Tag ist die Rede.[170] Es habe sich
"eine colossale Volksversammlung" zur Betrachtung der "braunen und
gelben" Bewohner des "schönen Landes, wo die Lotusblüte 'sich ängstigt
vor der Sonnen Pracht'" aufgemacht. Man spürt in dem betreffenden
Zeitungsartikel förmlich die Faszination des Berichterstatters, der dem
exotischen Schauspiel erlegen war, ungeachtet der mangelnden Authentizität. Aber vermutlich war inzwischen die wahre Geschichte der Beteiligten ans Licht gekommen, und weitere Auftrittsmöglichkeiten ließen
auf sich warten.

Anthropologische Spezialitäten

Durch dieses insgesamt recht negative Ergebnis beeindruckt, versuchte
Hagenbeck in den folgenden Jahren, seine Reputation mit der Organisation von Völkerschauen vornehmlich unter physisch-anthropologischem
Aspekt zu festigen, während der ethnologische Aspekt in den Hintergrund rückte. Dabei setzte er vor allem auf die Reputation des Vorsitzenden der Berliner Gesellschaft für Anthropologie, Rudolf Virchow.
Dieser war nicht nur ein bekannter und einflußreicher Wissenschaftler,
sondern auch Reichstagsabgeordneter und Popularisator von naturwissenschaftlichen Themen.[171] Er gehörte auch zu den öffentlichkeitswirk-
samen Unterstützern der Hagenbeckschen Völkerschauen. Seinem Interesse für die vergleichende Untersuchung von Angehörigen möglichst
unterschiedlicher Völker aus allen Teilen der Welt versuchte Hagenbeck
nachzukommen. Die Patagonierschau 1879, die Labradoreskimos von
1880/81, die Feuerländerschau 1881/82 und die Australier von 1882
wurden aber aus verschiedenen Gründen zum Desaster, das Carl Hagenbeck auch menschlich tief berührte. Drei Patagonier, ein Mann, eine Frau
und ihr zwölfjähriger Sohn, die von Kapitän Schweers mitgebracht worden waren, blieben nur von Mai bis August 1879 in Europa.[172] Zunächst

---

170 NHZ 16.7. und 22.7.1878.
171 Zur Person Virchows M. Vasold: Rudolf Virchow. Der große Arzt und Poltiker,
    Stuttgart 1988.
172 H. Leutemann 1887, S. 60; C. Hagenbeck 1909, S. 102-104.

in Hamburg an die neue Umgebung gewöhnt, reisten sie dann mit dem bewährten Adrian Jacobsen nach Dresden, Breslau, Berlin, Magdeburg, Hannover, Frankfurt, Düsseldorf und Brüssel. Aber schon nach wenigen Wochen überkam die Patagonier Heimweh, und sie wünschten nach Südamerika zurückzukehren.[173] Der Tierhändler reagierte sofort, zumal die kleine Schau kein großer finanzieller Erfolg gewesen sein dürfte, wenn auch das Interesse von Wissenschaftlern lebhaft war. Danach warb Jacobsen im Auftrag Hagenbecks Labradoreskimos an, die im Dezember 1880 in Hamburg eintrafen und von Adolph Schoepf betreut wurden. Alle acht Eskimos, darunter ein Kleinkind, erlagen nach kurzer Zeit während ihrer Stationen in Dresden und Frankfurt einer Pockeninfektion, der sie wegen fehlender Impfungen schutzlos ausgeliefert waren.[174]

Obgleich Hagenbeck nach diesen beiden Fehlschlägen zunächst keine weiteren Völkerschauen veranstalten wollte, nahm er doch die nächste sich ihm bietende Gelegenheit wahr. Zehn wiederum von Kapitän Schweers nach Hamburg gebrachte Feuerländer traten ab März 1881 als Hagenbecksche Völkerschau auf.[175] Da er wieder nach einem Mitfinanzier suchte, beteiligte sich sein Schwager Johann Umlauff mit einem Drittel an dieser Unternehmung. Damit begann eine enge Zusammenarbeit mit der Firma seines Schwagers und mit dessen Söhnen, die fortan die Ausstattung der Völkerschauen mit ethnologischen Sammlungen übernahm und später auch Kulissen für die Schauen malte.[176] Er profitierte seinerseits durch die Übernahme eines Teils der Ethnographica nach Abschluß der Schauen. Die Feuerländer traten zunächst unter großem Besucherandrang in Paris im Jardin d'Acclimatation, dann in Zürich, Berlin, Leipzig, Stuttgart, Nürnberg und München auf. Auch diese Gruppe erlitt verschiedene Krankheiten, von Masern über Schwindsucht bis

---

173 Vgl. die Darstellung bei H. Thode-Arora 1989, S. 101.

174 H. Leutemann 1887, S. 61; H. Thode-Arora 1989, S. 35f. und dies. 1996, S. 119.

175 Zu dieser Schau H. Leutemann 1887, S. 62; C. Hagenbeck 1909, S. 102-105; H. Thode-Arora 1989, S. 35; N. Rothfels 1994, S. 205-215; B. Hey: Vom "dunklen Kontinent" zur "anschmiegsamen Exotin", Österr. Zeitschrift für Geschichtswissenschaften 8, 1997, S. 186-211, S. 194ff. Die des öfteren dokumentierte elfte Person dürfte wiederum ein Dolmetscher gewesen sein.

176 Zur Entwicklung der Firma vgl. die nicht veröffentlichten Erinnerungen des Sohnes Johannes, Hagenbeck-Archiv, sowie H. Thode-Arora: Die Familie Umlauff und ihre Firmen, Ethnographica-Händler in Hamburg, Mitt. aus dem Museum für Völkerkunde Hamburg N.F. 22, 1992, S. 143-158.

zu Lungenentzündung, an denen schließlich sechs Mitglieder starben. Nur ein Mann, eine Frau und zwei Kinder kehrten in die Heimat zurück. Die Feuerländer hatten in Paris und auf ihren weiteren Stationen wieder vor allem durch die sich dem Auge bietende "Fülle von Natürlichkeit" Aufsehen erregt.[177] Hier schienen Angehörige eines Volkes zu sehen zu sein, das den Menschen "in den ersten Anfängen seines Seins als Mensch" zeigte. Andererseits machten sie auf Leutemann doch nicht den Eindruck, "so verkommene Erscheinungen" zu sein, "wie man dieß über die Eingebornen des Feuerlandes zu lesen gewohnt war." Die an den Feuerländern zu entdeckende "volle Ursprünglichkeit" zeigte sich zunächst einmal darin, daß sie "mit ihren Fellmänteln, der alleinigen Bekleidung, nicht vorzeigungsfähig waren" und mit Badehosen bekleidet werden mußten. In diesem Fall wurde die "Natürlichkeit" der Mitglieder einer Völkerschau also nicht vorgetäuscht, sondern im Gegenteil überdeckt. Sie waren auch die erste von Hagenbeck organisierte Gruppe, die zunächst ohne Tiere, dann mit hinzugekauften Pferden auftrat. Erst im Laufe der Reise wurden sie um zwei Seehunde und einen Seelöwen ergänzt, beides Tierarten, die weder Haustiere der Feuerländer waren noch überhaupt aus ihrem Heimatgebiet kamen. Dennoch entwickelte sie sich nicht nur zu einem großen Publikumserfolg, sondern erlangte auch eine starke publizistische und wissenschaftliche Rezeption.[178] Während sich Gelehrte wie Virchow einer Wertung enthielten, erschienen in der Presse gerade im Zusammenhang mit dieser Schau Artikel, die an rassistischer Deutlichkeit nichts zu wünschen übrig ließen und sich noch im oben zitierten Kommentar Leutemanns von 1887 spiegeln. Die "Natürlichkeit" der Feuerländer wurde von ihnen nicht positiv vermerkt, sondern als "widerlich" und "abstoßend" interpretiert. Die gleichen Reaktionen riefen 1882-1884 zwei oder drei "Australier" hervor, die Hagenbeck vom Impresario Cunningham übernahm und nur kurzfristig und ohne finanziellen Erfolg als seine Schau auftreten ließ.[179] Hagenbecks Bemühungen,

---

177 H. Leutemann 1887, S. 62. Dort auch die folgenden Zitate.

178 Berichte erschienen in zahlreichen regionalen und überregionalen Zeitungen und Zeitschriften wie der Gartenlaube 81, 1882, S. 732-735, Buch für Alle 18, 1882, S. 268 und S. 271. Vgl. auch die Verhandlungen der Berliner Gesellschaft für Anthropologie 13, 1881, S. 375-394. Eine wertende Zusammenstellung bringt N. Rothfels 1994, S. 210ff.

179 H. Leutemann 1887, S. 68; NHZ 22.8.1882 und folgende; B. Staehelin 1993, S. 102f., 118-121, 156. Die Australier reisten danach wieder als Veranstaltung Cun-

vor allem Schauen aus Mitgliedern anthropologisch interessanter Völker zusammenzustellen, stand auch hinter dem Plan, durch Josef Menges und seinen Halbbruder John auf Ceylon Angehörige der Wedda oder indische Andamanesen anwerben zu lassen.[180] Er mußte aufgegeben werden, da der landesunkundige John keinen Zugang zu diesen fand.[181] Ebenfalls nicht realisiert wurde auch der zweimalige Versuch, Angehörige der Kwakiutl-Indianer aus dem Nordwesten Kanadas für eine Völkerschau nach Europa zu holen.[182] Das erste Vorhaben von 1882 stoppte Carl Hagenbeck unter dem deprimierenden Eindruck der Todesfälle unter den Eskimos selbst. Er schrieb an den beauftragten Jacobsen:

"Ich habe Ihnen heute nun Leider eine schlechte Nachricht zu geben die alle meine Pläne Betreffs dieser kaum angefangenen neuen Speculations mit einem Schlag vernichtet und mir allen Muth genommen mich ferner mit Menschen Ausstellungen zu befassen."

Der zweite Versuch von 1884/85 scheiterte daran, daß es sowohl Jacobsen als auch dessen jüngerem Bruder Filip nicht gelang, Reisewillige zu finden.

Die "Natürlichkeit" eines Volkes konnte also positiv oder negativ bewertet werden: Wurde sie als ästhetisch und somit positiv empfunden, hatte man den "edlen Wilden" vor sich. Andere Gruppen boten dagegen "Primitivität" und wurden negativ interpretiert. Nur die positiv besetzte Natürlichkeit war also schauattraktiv – das war die Schlußfolgerung, die man aus den bisherigen Völkerschauen ziehen konnte und nach der sich Hagenbeck in den folgenden Jahren richtete. Erst mit der Kalmücken-schau 1883/84 und mit der ersten Singhalesen- bzw. Ceylonschau 1883/84 richtete Hagenbeck wieder insgesamt positiv eingeschätzte und finanziell erfolgreiche Völkerschauen ein.[183]

---

ninghams weiter.

180 Virchow hatte 1881 eine Publikation über die Wedda veröffentlicht, von denen man in Europa bisher nur Fotos gesehen hatte: N. Rothfels 1994, S. 222.

181 H. Thode-Arora 1989, S. 115.

182 Das folgende nach H. Thode-Arora 1989, S. 35, dort auch das Zitat, S. 61f., 72ff. und dies. 1996, S. 115 sowie nach W. Haberland 1988, S. 6ff., der eine genaue Schilderung der Ereignisse gibt, soweit dies aufgrund der erreichbaren Quellen möglich ist.

183 Auch die Berliner Gesellschaft für Anthropologie hatte mehrere Jahre lang keine Berichte über Völkerschauen abgedruckt. Die von H. Thode-Arora 1989, S. 169

Die Kalmücken wurden im Auftrag Hagenbecks von Hermann Behncke und Eduard Gehring angeworben, die sich im Zusammenhang mit Tieraufkäufen in Rußland aufhielten.[184] Durch diese Tätigkeit waren sie auch in Kontakt mit den Kalmücken aus dem Gebiet um Sareptskaschan im Regierungsbezirk Zarizin gekommen. Sie konnten eine Gruppe von 22 Personen zusammenstellen, darunter mehrere Frauen und acht Kinder. Dazu kamen der Kalmückenfürst, der aber nur einen Teil der Tournee mitmachte, und zwei Priester. Außerdem gehörten 17 Kamele, 17 Pferde und acht Fettschwanzschafe zur Schau. Als die Kalmücken nach zunächst Dresden kamen, wo Leutemann sie besichtigte, bemerkte dieser vor allem ihre "Echtheit, Neuheit und Eigenartigkeit" sowie die "Befangenheit, mit der sie theilweise noch auftraten".[185] Endlich war wieder eine malerische Schau fremdartiger Menschen präsentiert, die eine positive Wirkung auf das Publikumsinteresse haben würde. Tatsächlich wurde in Zeitungsberichten vor allem das "buntbewegte Lager", das die Kalmücken bei jeder ihrer Stationen aufschlugen, und die darin gebotenen "Bilder aus der Heimath" hervorgehoben.[186] Einige Mitglieder der Gruppe traten in direkten Kontakt mit dem Publikum, wenn sie das von ihnen zubereitete gegorene Milchgetränk über die Umzäunung hinweg anboten. Die Kalmückenschau läßt sich im Sommer 1883 und im folgenden Jahr in Dresden, Berlin, Frankfurt, Paris, Straßburg, Posen, Leipzig, Hannover, Zürich und Basel nachweisen. Wahrscheinlich wurde sie mit wechselnden Teilnehmern veranstaltet, denn zumindest ein Teil der ursprünglichen Mitglieder kehrte schon im Juli 1883 in die Heimat zurück.[187]

---

aufgeführten Ceylonesen von 1882 sowie die Araukaner 1883 sind nicht als Völkerschauen C. Hagenbecks nachweisbar.

184 Das folgende nach H. Leutemann 1887, S. 66f.; C. Hagenbeck 1909, S. 94f.; Gartenlaube 1883, S. 95-97 und 1884, S. 644f.; HK 1.7.1884; HT 14.6.1884 und folgende; L. Dittrich, A. Rieke-Müller 1990, S. 45f.

185 H. Leutemann 1887, S. 66.

186 HT 22.6., 25.6., 28.6.1884.

187 Vgl. das Dankesschreiben des Kalmückenfürsten, Hagenbeck-Archiv.

Zur selben Zeit veranstaltete Carl Hagenbeck eine weitere Völkerschau, die sowohl von ihrer regionalen Herkunft als auch von ihrem Schaueffekt einen starken Kontrast zu den Kalmücken bildete. Nachdem er mit Josef Menges einen erfahrenen Organisator seines Tierhandels nach Ceylon gesandt hatte, konnte er mit dessen Hilfe und unter Vermittlung des dortigen Konsuls Freudenberg auch die erste Ceylon-Völkerschau zusammenstellen lassen.[188] Sein Mitarbeiter Castens holte im Januar 1883 in Colombo 21 Singhalesen gemeinsam mit 21 Arbeitselefanten ab, acht Zebus und sechs zweirädrigen Karren, vor die man die Rinder spannen konnte. Unter den männlichen Mitgliedern waren nicht nur mehrere, die mit den Arbeitselefanten umgehen konnten, sondern auch Artisten, die mit ihren Vorführungen den Reiz des Exotischen zu steigern versprachen. Außerdem bestand diese Gruppe aus mehreren Frauen und Kindern, die das bunte Bild der "Sitten und Gebräuche" abrundeten. Nach bewährter Weise war auch eine große ethnographische Sammlung zu sehen. Die Schau wurde nach ihrer Ankunft in Marseille zunächst im Juni und Juli 1883 in Paris gezeigt, bevor sie nach Deutschland reiste und dort in erweiterter Form auch 1884 zu sehen war. Allein in Berlin kamen annähernd 100.000 Besucher in die erste Singhalesen- oder Ceylonschau Hagenbecks. Die zweite und dritte Schau aus diesem Teil der Welt von 1885/86 und 1887/88 waren noch umfangreicher.[189] Sie umfaßten 67 bis 70 bzw. 50 bis 52 Personen – die Angaben schwanken –, darunter noch mehr Gaukler, Magier und "Teufelstänzer", Akrobaten, Musiker und Handwerker als in der ersten. Ihr Impresario John Hagenbeck griff teils auf ihm schon bekannte Mitglieder der früheren Schauen zurück. Wieder konnten diese Gruppen in zahlreichen Zoos in Deutschland und in Österreich-Ungarn auftreten und auf eine nicht geringer werdende publizistische Aufmerksamkeit rechnen. Während ihres Gastspiels in Wien ließ es sich auch der österreichische Kaiser Franz Josef nicht nehmen, sich die Vorführungen von Carl Hagenbeck erläutern und vom Tierhandel berich-

---

188 H. Leutemann 1887, S. 65f.; C. Hagenbeck 1909, S. 93ff.; H. Thode-Arora 1989, S. 169f.; B. Staehelin 1993, S. 62f.; N. Rothfels 1994, S. 228ff.

189 Vgl. auch die Rezeption in Leipziger Illustrierte 83, 1884, S. 34ff. und 85, 1885, S. 337ff.; Gartenlaube 1884, S. 564-566 und 1886, S. 100; Buch für Alle 21, 1886, S. 61f.; HT 14.5.1887 und 22.5.1887.

ten zu lassen.[190] Wie bei solchen Gelegenheiten üblich, wurde jedem Ceylonesen im Auftrag des Kaisers am folgenden Tag ein Golddukat überreicht.

Tatsächlich boten die Ceylonschauen mit ihren "exotisch" gekleideten Mitgliedern ein besonders prächtiges Bild. In nachgebauten "indischen Dörfchen"[191], an denen die Besucher vorbeischlendern konnten, führten sie ihre Künste vor. Bei diesen sorgfältig und aufwendig inszenierten Völkerschauen wurde also immerhin die ursprünglich strenge räumliche Abgrenzung gegenüber dem Publikum schon von der Inszenierung her zumindest teilweise aufgelöst. Die "Einzäunung" der Völkerschauteilnehmer in vom Publikum abgegrenzten Arealen wie "Tiere", die in heutigen Interpretationen der damaligen Schauen häufig scharf kritisiert wird, war zunächst vor allem eine organisatorische Maßnahme.[192] Wenn sich Tausende von Besuchern vor dem relativ kleinen Völkerschaugelände drängten und nur durch den Einsatz von Ordnungskräften davon abgehalten werden konnten, das Areal zu stürmen, waren solche Zäune ohne Frage notwendig. Sie sicherten den Völkerschaumitgliedern auch einen gewissen begrenzten Schutz ihrer persönlichen Sphäre, konnte doch das Publikum nur dann "hautnah" in Kontakt mit den "Ausgestellten" kommen, wenn diese es wollten. Allerdings ließen sich solche Maßnahmen auch ganz anders interpretieren, nämlich als Gleichsetzung von ausgestelltem Wildtier und ausgestelltem Menschen, eine Interpretation, die vor allem durch den Schauplatz Zoo naheliegen mochte (vgl. unten). Zumindest die Mitglieder der Ceylon-Schauen waren aber show-erprobte Profis und konnten mit der Reaktion der Menschenmassen umgehen.[193] Viele von ihnen traten auch von April bis Oktober 1888 als "C. Hagenbecks Circus- und Singhalesen-Karawane" in Carl Hagenbecks Zirkus auf, die erheblich zu dessen Erfolg beigetragen haben dürfte. Der Schritt zur circensischen Darbietung war mit dieser Schau endgültig getan.

Wie sehr sich die Vorliebe des Publikums inzwischen in dieser Richtung entwickelt hatte, zeigte sich an einer weiteren, ebenfalls 1885/86 gezeigten Völkerschau Hagenbecks, den Bella-Coola-Indianern aus dem

---

190 C. Hagenbeck 1909, S. 99 und S. 415.
191 H. Leutemann 1887, S. 66.
192 So jetzt auch die Interpretation von B. Staehelin 1993, S. 58 und von W. Haberland 1988.
193 B. Staehelin 1993, S. 62 spricht von "aktiven Darstellern bei Schauspielen".

Nordwesten Kanadas.[194] Mit der Anwerbung von neun Mitgliedern dieses Stammes durch Adrian Jacobsen kamen nämlich Indianer nach Europa, die vom Publikum als "unindianisch" angesehen wurden, während die Resonanz in der Wissenschaft wieder groß war. Die Authentizität einer Schau wurde von Besuchern also nicht etwa allein dann anerkannt, wenn sie von Wissenschaftlern bestätigt war, sondern wenn sie dem eigenen Bild von einer bestimmten Ethnie entsprach.[195] Die Stereotypie dieser Bilder war schon bei den Ceylon-Schauen deutlich geworden, die vom orientalischen Gepränge ihrer festgelegten Vorführungen lebten. Der Mythos des "Indianers", wie er in Europa gesehen wurde, bezog sich auf den Prärieindianer, und diese Vorstellung wurde von den Bella-Coola sowohl in ihrem Äußeren als auch in ihren "Sitten und Gebräuchen" nicht erfüllt: Sie sahen eher aus wie "Japaner", trugen keine Federn, führten keine Reitkunststücke vor und trugen stattdessen bei manchen ihrer Vorführungen ungewöhnliche Masken. Das Auseinanderklaffen von Mythos und Realität bekam der Impresario der Schau schon auf den ersten Stationen zu spüren: Adrian Jacobsen vermerkte in seinen Jahrzehnte später aufgeschriebenen Lebenserinnerungen, die Reaktionen der Besucher seien insgesamt "kühl" gewesen.[196] Dagegen hätten Gelehrte die Schau als "das großartigste .... was auf diesem Gebiet jemals gezeigt worden" sei, bezeichnet. Beide Seiten nahmen aber nicht zur Kenntnis, daß die Bella-Coola ihre "authentischen" Rollen nur spielten, denn normalerweise kleideten sie sich in ihrer Heimat europäisch. Jacobsen hatte vielmehr zahlreiche "authentische" Kleidungsstücke, die sie nun trugen, in ihrem Herkunftsgebiet und von verschiedenen Stämmen gesammelt. Auch viele Gegenstände aus der ethnographischen Sammlung gehörten nicht zum Umfeld der Bella-Coola. Das im Vergleich zu anderen Schauen insgesamt mangelhafte Besucherinteresse führte dazu, daß die Völkerschau nach längeren Engagements in den Zoos von Leipzig und Dresden nur kurzfristige Engagements erhielt und auch in kleineren Orten auftreten mußte.[197] Aber immerhin waren auch dort an manchen Tagen die Besucher nach Hunderten oder sogar Tausenden zu zählen. Und ge-

---

194 Die ausführlichste und differenzierteste Darstellung bietet W. Haberland 1988. Vgl. auch N. Rothfels 1994, S. 227ff.

195 Allgemein dazu N. Rothfels 1994, S. 236ff., auf die Bella-Coola bezogen W. Haberland 1988, S. 4f. und 45ff.

196 Zit. nach W. Haberland 1988, S. 36.

197 Vgl. die Aufstellung bei W. Haberland 1988, S. 15.

rade von dieser Schau mitgeführte ethnographische Gegenstände konnte Carl Hagenbeck an das Berliner Völkerkundemuseum und an das in Leipzig verkaufen. Darunter waren auch Schnitzereien, die die Bella-Coola während ihrer Reise angefertigt hatten.[198]

War bei den bisherigen Völkerschauen Hagenbecks keine Verbindung zu kolonialen Bestrebungen in Deutschland zu erkennen, so änderte sich das 1886 mit seiner Kamerunschau. Der in der englischen Besitzung Goldküste tätige Kaufmann Fritz Angerer, den Hagenbeck 1885 anläßlich der Singhalesenschau kennengelernt hatte, stellte für ihn um die Jahreswende 1885/86 eine Gruppe von acht Duala zusammen.[199] Es handelte sich dabei um den Bruder des regierenden Königs, Samson Dido, zwei von dessen Frauen, einen Sohn, den Haushofmeister und zwei weitere Diener, also um für eine Völkerschau ungewöhnlich hochrangige Teilnehmer. Sie unterschied sich dadurch fundamental von sehr zweifelhaften "Kamerunschauen", die schon 1885 durch Deutschland gereist waren.[200] Die Mitglieder verpflichteten sich vertraglich, "den Leuten ihre Sitten und Gebräuche von Kamerun zu zeigen", und erhielten dafür eine Summe von zusammen 400 Mark monatlich, während Hagenbeck wie üblich die Kosten der Reisen und die Verpflegung zu tragen hatte.[201] Die Gruppe sollte von Hamburg aus nach Berlin, Leipzig und nach Dresden reisen. Da Kamerun inzwischen zur deutschen Kolonie erklärt worden war, kam der Schau auch eine besondere öffentliche Aufmerksamkeit zu. Die prekäre Situation, die durch die Diskrepanz zwischen der herausgehobenen sozialen Stellung des Prinzen in seinem Heimatland und seinen Verpflichtungen in Europa entstand, hatten sich die Veranstalter wohl nicht klargemacht. Samson Dido forderte verständlicherweise eine andere Behandlung als sie den übrigen Mitgliedern zuteil wurde und ließ sich nur zu sehr dezenten Vorführungen herbei. Er beeindruckte das Publikum aber vor allem durch seine Persönlichkeit und bewahrte die Schau dadurch wohl vor einem moralischen und möglicherweise auch politi-

---

198 W. Haberland 1988, S. 48f.
199 H. Leutemann 1887, S. 67f.; N. Bunz: Deutsch-Afrika. Carl Hagenbecks Kamerun-Expedition, München 1886; F. von Schirp: Das Leben in West-Afrika, Kamerun. Carl Hagenbecks West-Afrikanische Kamerun-Expedition, Berlin 1886; H. Thode-Arora 1989, S. 170; dies. 1996, S. 113ff.
200 HT 8.7.1885 und folgende; H. Thode-Arora 1989, S. 176.
201 H. Thode-Arora 1989, S. 119.

schen Desaster. Seine Stellung wurde auch durch einen Empfang bei Kronprinz Wilhelm betont.

Die "Kamerunschau" war für viele Jahre die letzte der auch in der Öffentlichkeit von Carl Hagenbeck getragenen Völkerschauen. Er zog sich 1887 für mehrere Jahre als Veranstalter von Völkerschauen in Deutschland und 1888 in Europa insgesamt zurück. An einer "Hottentottenschau" 1887/88 mit 14 Hottentotten aus der Gegend um Kimberley beteiligte er sich nur finanziell. Sie kam zunächst nach Deutschland und trat anschließend in London und im Pariser Jardin d'Acclimatation auf.[202] Während ehemals für Carl Hagenbeck tätige Impresarios wie Joseph Menges, John und Gustav Hagenbeck und andere in europäischen Metropolen weiterhin als Organisatoren entsprechender Unternehmungen auftraten, ließ Carl Hagenbeck selbst nur noch vereinzelt Völkerschauen unter seinem Namen durchführen. 1896 waren zwei Eskimos in seinem Eismeer-panorama in Berlin tätig, 1898 wurde ebenfalls in Berlin und anschließend in London eine sehr aufwendig gestaltete "Indienschau" veranstaltet, 1904 stellte Hagenbeck Südsee-Insulaner auf der Weltausstellung in St. Louis aus.[203] Aus den Quellen läßt sich nicht eindeutig auf den Grund seiner Entscheidung schließen. Vielleicht zog er sich wegen der zunehmend kritischen Rezeption zurück, die ihn persönlich in seiner Auffassung von Moral und Ernsthaftigkeit getroffen haben dürfte (vgl. unten). Zu denken ist aber auch an eine innerfamiliäre Regelung, wonach Carl mit dem Tod des Vaters 1887 diesen Zweig der Firma an die inzwischen im erwerbsfähigen Alter befindlichen und in der Führung von Völkerschauen erfahrenen John (geb. 1866) und Gustav (geb. 1869) abtrat. Ähnliches läßt sich für die Organisation des "Circus Hagenbeck" vermu-

---

202 Tierbuch, Hagenbeck-Archiv. Der Organisator und Veranstalter Frank Fillis war ein südafrikanischer Zirkus- und Theaterbesitzer, der mehrfach afrikanische Völkerschauen zusammenstellte: B. Sheperd: Showbiz Imperialism. The Case of Peter Lobengule, in: J.M. MacKenzie (Hg.): Imperialism and Popular Culture, Manchester 1986, S. 94-112.

203 Vertrag mit der Kurfürstendamm Ges., Hagenbeck-Archiv; H. Thode-Arora 1989, S. 172. Die Durchführung der Indienschau von 1898 lag in den Händen von John und Gustav Hagenbeck. Carl trat auch bei der sehr erfolgreichen Somalischau von Josef Menges in London 1895 nur als Mitfinanzier auf. Er lieferte auch die Tiere für diese Schau, blieb aber sonst offenbar im Hintergrund: Tierbuch, Hagenbeck-Archiv. Daher sollte man trotz der manchmal aufgrund der Quellenlage auftretenden methodischen Schwierigkeiten die Unternehmungen Carl Hagenbecks von denen seiner Verwandten trennen.

ten, der ebenfalls in diesen Jahren gegründet wurde und wohl seinen Bruder Wilhelm versorgen sollte. Hagenbecks Rückzug aus dem Völkerschau-Geschäft wurde von Wissenschaftlern bedauert. Dies geht aus einer Bemerkung in den Verhandlungen der Berliner Gesellschaft für Anthropologie, Ethnologie und Urgeschichte von 1891 hervor, wonach "der wahre Glaube an die Zuverlässigkeit der Angaben über Stammeszugehörigkeit ... sehr erschüttert worden" sei, nachdem "so sichere Unternehmer, wie Hr Carl Hagenbeck ihre Thätigkeit eingeschränkt haben."[204] Seine Halbbrüder veranstalteten ihre Veranstaltungen aber unter der werbeträchtigen Bezeichnung "Gebrüder Hagenbeck", wodurch zumindest für die Öffentlichkeit eine Beteiligung Carls und somit eine Kontinuität bestand. Er war wohl auch an einzelnen dieser Unternehmungen finanziell beteiligt, lieferte mehrfach den notwendigen Tierbestand und ließ die Gruppen auch zeitweise auf seinem Gelände am Neuen Pferdemarkt unterbringen. Nun trat aber auch die Firma seines inzwischen verstorbenen Schwagers Umlauff in das Geschäft mit Völkerschauen ein, indem die Schwester Carl Hagenbecks und später ihre Söhne solche Schauen in "Umlauffs Weltmuseum" am Spielbudenplatz in St. Pauli veranstalteten.

Zeitgenössische kritische Berichte oder Stellungnahmen zur Zurschaustellung außereuropäischer Völker als solcher finden sich, darin ist sich die aktuelle Forschung einig, nicht häufig. Dennoch verfehlten sie ihre Wirkung nicht. Zwar gab es schon früh belustigte bis erboste Zeitungsartikel über offensichtlich unter Vorspiegelung falscher Tatsachen auftretende Gruppen, wie man sie in den 1870er und 1880er Jahren zunehmend in Schaubuden und Vergnügungslokalen antraf.[205] An den ernsthafteren Unternehmungen wie jenen Hagenbecks entzündete sich eine Kritik, wenn sie überhaupt gedruckt zu finden ist, aber zunächst an Krankheiten oder Tod von Völkerschau-Mitgliedern und vor allem an der unglücklichen Feuerländer-Schau von 1881. Ein Kommentar in der Magdeburger Zeitung bezweifelte 1880 außerdem den wissenschaftlichen und belehrenden Charakter von Schauen, durch die Angehörige eines an ein zivilisiertes Leben nicht gewöhnten Naturvolkes in eine frem-

---

204 Verwaltungsbericht, S. 585-593, hier S. 589.
205 Vgl. z.B. NHZ 25.10.1879 und 23.12.1879.

de Umgebung verbracht würden.[206] Diese Stellungnahme gehört zu den wenigen, die Kritik auch an den anthropometrischen Untersuchungen öffentlich ansprachen, die nicht nur in Berlin, sondern auch an anderen Orten und mehrfach vorgenommen wurden. Dabei hatten diese Maßnahmen oft genug zu vehementen abwehrenden Reaktionen der Betroffenen geführt, die sich in ihrer Ehre und persönlichen Integrität verletzt fühlten oder gar nicht wußten, was mit ihnen geschehen sollte.[207] Solche Vorkommnisse wurden nur ausnahmsweise öffentlich. Virchow ließ als Autor auf den kritischen Bericht aus Magdeburg in den "Verhandlungen der Berliner Gesellschaft für Anthropologie, Ethnologie und Urgeschichte" eine positive Einschätzung dieses Nutzens drucken, in der er ausdrücklich die entsprechenden Bemühungen Hagenbecks betonte und lobte.[208] Die Berliner Kreuzzeitung bemerkte im folgenden Jahr in zwei Artikeln über die Feuerländer, angesichts der Folgen dieser Veranstaltung für ihre Mitglieder stelle sich insgesamt die Frage nach der Humanität.[209] Entsprechende Berichte waren in dieser Zeit offenbar auch in anderen Zeitungen zu finden, was Carl Hagenbeck vorübergehend erwägen ließ, keine Völkerschauen mehr zu organisieren. In den folgenden Jahrzehnten verzichtete er auf die Hinzuziehung von Feuerländern und bis 1896 auf die Zurschaustellung von Eskimos in einer eigenen Völkerschau. Nach den bisher von der Forschung ausgewerteten Quellen stammen aber die weitestgehenden negativen Kommentare aus dem Umkreis evangelisch-pietistischer Missionsgesellschaften. Die 6. kontinentale Missionskonferenz in Bremen befaßte sich 1884 mit "Menschenausstellungen in Thiergärten". Sie kam zu dem Ergebnis, daß diese abzulehnen seien, da ihre Mitglieder oft bereits missionierte Christen seien. Diese würden zu heidnischen Handlungen aufgefordert, wenn sie ihre alten Bräuche vorführten.[210] Für Basel, Sitz der international agierenden Basler Mission

---

206 Vgl. die Verhandlungen der Berliner Gesellschaft für Anthropologie 12, 1880, S. 270f. mit der Stellungnahme Virchows.

207 N. Rothfels 1994, S. 177 geht auf einige Beispiele ein. Vgl. auch B. Staehelin 1993, S. 111f. und B. Hey 1997, S. 194.

208 12, 1880, S. 270-271, zit. auch bei H. Thode-Arora 1989, S. 135f. und bei N. Rothfels 1994, S. 172f.

209 Kreuzzeitung 21.11.1881, zit. bei N. Rothfels 1994, S. 171f. Zur weiteren Kritik an der Zurschaustellung von Inuit zu Beginn des 20. Jahrhunderts vgl. ders. S. 253f.

210 Nach B. Staehelin 1993, S. 122ff. und U. van der Heyen: Südafrikanische "Berliner". Die Kolonial- und die Transvaal-Ausstellung in Berlin und die Haltung der

mit zahlreichen Zweigvereinen in Deutschland, lassen sich solche Reaktionen im Zusammenhang mit Hagenbeckschen Völkerschauen erstmals im Christlichen Volksboten 1884 und 1885 nachweisen. Die dort abgedruckten Leserzuschriften standen in direktem argumentativem Bezug zu der Bremer Konferenz, stießen sich aber auch daran,[211]

> "wie entwürdigend es sei Menschen in einem Thiergarten zur Schau auszustellen. Europa brüstet sich gern mit seiner Culturaufgabe der übrigen Welt gegenüber. Wir fragen, was wohl so ein Singhalese, der ein Bischen nachdenkt, von uns weissen Culturmenschen halten mag, wenn er uns in hellen Haufen herzuströmen sieht, allein um ihn hinter seiner Verzäunung zu begaffen und weiter nichts?!"

Hier zeigte sich eine grundsätzliche, auf moralisch-theologischer Basis argumentierende Kritik an Völkerschauen, der auch mit organisatorischen Verbesserungen oder der vorsichtigen Auswahl der nach Europa gebrachten Gruppen nicht zu begegnen war. Carl Hagenbeck zog die Konsequenz aus dieser ihn auch persönlich angreifenden Zuschrift, keine seine Schauen mehr in Basel auftreten zu lassen.[212] Entging er damit der direkten Kritik in einer einzelnen Stadt, so folgten doch auch an anderen Orten zunehmend negative Stellungnahmen. Sie argumentierten immer wieder mit den verunglückten Schauen der vergangenen Jahre, auch wenn sie im Zusammenhang mit Berichten über andere Veranstaltungen erschienen. Beispielsweise vermerkte der junge Berliner Ethnologe Franz Boas 1886 anläßlich der Bella-Coola-Schau im Berliner Tageblatt, dem "Menschenfreunde (möge) ein Bedenken an der Zulässigkeit solcher Schaustellungen aufsteigen" und bezog sich dabei auf die Eskimos von 1878 sowie auf die Australierschau eines anderen Veranstalters.[213] Die Schaustellung der einen gesunden Eindruck machenden Indianer dagegen empfand er als unproblematisch. Aber auch in den Berichten der Gesellschaft für Anthropologie, Ethnologie und Urgeschichte, besonders

---

deutschen Missionsgesellschaften zur Präsentation fremder Menschen und Kulturen, in: G. Höpp (Hg.) 1996, S. 135-156. Dort auch weitere Ausführungen zu diesem Aspekt.

211 Zitate bei B. Staehelin 1993, S. 128f.

212 Andere Unternehmer veranstalteten dagegen nach wie vor Völkerschauen im Basler Zoo oder in anderen Etablissements: vgl. z.B. die Aufstellung bei B. Staehelin 1993, S. 157f. Die von ihm S. 51 aufgeführten Singhalesen von 1888 dürften eine Schau von John sein.

213 Berliner Tageblatt 25.1.1886, zit. bei W. Haberland 1988, S. 3.

unter den Ethnologen, läßt sich eine insgesamt zunehmend reservierte Haltung Völkerschauen gegenüber erkennen, auch wenn nach wie vor ihre grundsätzliche Bedeutung für die ethnologische und anthropologische Erkenntnis betont wurde.[214] Unter den Zooleitungen machte sich offenbar ebenfalls zunehmend die Ansicht breit, daß Völkerschauen insgesamt ein Fremdkörper in den auf Artenvielfalt und Systematik im Tierreich orientierten Zoologischen Gärten geblieben waren. Hatten die Zoodirektoren sie von Anfang an als Zusatzgeschäft und nicht etwa als organische Ergänzung der Schaustellung von Tieren verstanden, so verschlossen sich manche Zoos nun den Völkerschauen im allgemeinen oder ließen diese nur ausnahmsweise zu, darunter Berlin.[215] Damit konnten Völkerschauen auf einige der wichtigsten Auftrittorte nicht mehr zählen, eine Entwicklung, die wiederum für ihr Image schlecht war. Heinrich Leutemann ging in seiner "Lebensbeschreibung des Thierhändlers Carl Hagenbeck" von 1887 ausdrücklich auf die Problematik ein. Er hatte die Völkerschauen immer als Bestandteile von "Naturbildern" verstanden und sie in seinen Illustrationen auch so inszeniert.[216] Nun schrieb er:[217]

"Es haben sich, da man ja, wenn man will, an Allem mäkeln kann, Stimmen gefunden, welche dieses 'Schaustellen von Menschen' als etwas Entwürdigendes hinstellen wollen. Nun, dann muß man auch das ganze Schauspielwesen und alles öffentliche Sichsehenlassen damit zugleich verdammen, denn der Unterschied, daß bei jenen Völker-Schaustellungen die Menschen sich natürlich benehmen, während die Schauspieler u.s.w. die angelernte Kunst zeigt, könnte doch eher nur für Erstere sprechen...".

Die Menschen seien freiwillig nach Europa gekommen, gutwillig und höchstens "durch den Europäischen Einfluß verdorben", ihre Betrachtung und Untersuchung zudem von wissenschaftlicher, populärer und künstlerischer Bedeutung. Dennoch empfand er schließlich angesichts der zahlreichen unseriösen Unternehmungen selbst zunehmend Widerwillen gegen Völkerschauen. Auch die Entwicklung hin zu immer mehr publi-

---

214 Dies geht aus zahlreichen Berichten über Völkerschauen in den Verhandlungen hervor, beispielsweise 1884, S. 407-418; 1885, S. 488; 1886, S. 221-239 und S. 712; 1888, S. 545. Vgl. auch das Ende entsprechender Untersuchungen in Basel um 1885: B. Staehelin 1993, S. 110f., 122.

215 Entsprechendes gilt beispielsweise für Hannover: L. Dittrich, A. Rieke-Müller 1990, S. 45ff.

216 Vgl. dazu auch N. Rothfels 1994, S. 217ff.

217 H. Leutemann 1887, S. 56f.

kumswirksamen, circensisch ausgestatteten Großschauen war seine Sache nicht, blieben für ihn doch gerade die "vollständigen Naturvölker" die "anziehendsten und belehrenden Gruppen".[218] Insofern war die zusammenfassende Schilderung der Hagenbeckschen Völkerschauen in seiner Schrift von 1887 auch für ihn nicht nur ein Resümee, sondern ein Abschluß.

Nicht nur die veröffentlichte Rezeption begann zwiespältig zu werden. Auch juristische Regelungen machten zumindest einen Teil der in Frage kommenden Völker für Schauen unzugänglich. Schon 1877 hatte Jacobsen die Eskimoschau nur mit der unter Schwierigkeiten zu erlangenden Genehmigung des zuständigen Innenministers in Kopenhagen – denn die Eskimos waren dänische Untertanen – in Grönland anwerben können. 1880 erhielt er dann bei einem erneuten Versuch von der dänischen Regierung keine Erlaubnis mehr.[219] In den deutschen Kolonien reagierte die Gesetzgebung ab 1891 zunächst mit dem Untersagen der "Anwerbung von Arbeitern.... zum Zwecke der Ausfuhr", dann 1901 mit dem Verbot der Anwerbung zu "Schaustellungszwecken".[220]

Solche Verbote berührten die Völkerschauen von Hagenbeck theoretisch allerdings kaum, da er sie auch schon zuvor nur in wenigen Fällen in den deutschen Kolonialgebieten rekrutieren ließ. Aus den englischen Kolonien sind keine entsprechenden Regelungen bekannt, so daß die besonders attraktiven Schauen von Teilnehmern aus Ceylon und Indien weiterhin veranstaltet werden konnten. Auch Somalier, Äthiopier, "Beduinen" aus Ägypten und Indianer aus den USA durften nach wie vor ohne staatliche Restriktionen angeworben werden. Es handelte sich dabei gerade auch um solche Gruppen, die sich in den vergangenen Jahren als besonders publikumswirksam erwiesen hatten. Mit diesen Völkern veranstaltete Carl Hagenbeck dann auch die aufwendig wie nie zuvor ausgestatteten Schauen in seinem 1907 eröffneten Tierpark in Stellingen.

Denn nach einer mehrjährigen Pause ließ Carl Hagenbeck ab 1907 erneut unter eigener Regie jedes Jahr umfangreiche Völkerschauen zusammenstellen. Die Inszenierung übernahm sein Neffe Heinrich Um-

---

218 Ebd. 1887, S. 70.
219 H. Thode-Arora 1989, S. 68f. und 87.
220 Das folgende nach H. Sippel: Rassismus, Protektionismus oder Humanität? Die gesetzlichen Verbote der Anwerbung von "Eingeborenen" zu Schaustellungszwecken in den deutschen Kolonien, in: R. Debusmann, J. Riesz (Hg.): Kolonialausstellungen – Begegnungen mit Afrika? Frankfurt/M. 1995, S. 43-64.

lauff, der ganze Kulissenlandschaften aufbaute. Im Sommer des Eröffnungsjahres seines Tierparks bei Hamburg traten dort Somalis unter der Leitung von Herzi Egeh Gorseh auf, der bereits elf Jahre zuvor an der Somalierschau von Menges in London teilgenommen hatte. Sie waren zuvor in Mailand zu sehen gewesen.[221] Im folgenden Jahr kamen etwa 70 Singhalesen mit einer opulenten Ausstattung, die anschließend nach London und Rotterdam gingen.[222] Beides waren Schauen, bei deren Ausrichtung sich Hagenbeck auf seine positiven Erfahrungen hinsichtlich ihrer exotistischen Wirkung auf das Publikum verlassen konnte. 1909 war eine "Völkerschau Äthiopien" von etwa 100 Angehörigen des christlichen Galla-Stammes, von Massai, Wahiti, Oromo, Suaheli und Somalis in Stellingen zu sehen, die bereits seit dem Beginn des Jahres 1908 durch Deutschland gereist war. Unter ihnen befand sich auch wieder Herzi Egeh Gorseh. Sie zeigten "bewegte und farbenreiche Bilder aus dem Wüsten- und Karawanenleben".[223] 1910 traten Lappländer, Inder sowie Cowboys und Oglala-Sioux-Indianer auf, die Adrian Jacobsen in der Pine-Ridge-Reservation angeworben hatte und die zumindest teilweise bereits über entsprechende Show-Erfahrungen verfügten.[224] Gemeinsam mit einer weiteren Somalierschau unter der bewährten Führung von Herzi Egeh Gorseh posierten die Teilnehmer dieser drei Völkerschauen aus unterschiedlichen Teilen der Erde auf den Felsen des Tierparks für ein eindrucksvolles Foto, das man als Summe und Höhepunkt der Leistungen der Firma Carl Hagenbeck als Veranstalter von Völkerschauen betrachten darf.

1911 zeigte der Tierpark Eskimos, Kalmücken, Inder und Kikuyu bzw. Massai. 1912 war das Hauptthema "Am Nil. Bunte Bilder aus Egypten dem Wunderland der Pyramiden" mit etwa 90 Teilnehmern, die von Eduard Gehring in Ägypten angeworben worden waren.[225] Die "Beduinen" wurden zwar kriegerisch angekündigt als "tapfere Wüstensöhne, von der Außenwelt abgeschnitten und nur auf sich und die Hülfsmittel des Landes angewiesen, (die) seit einem halben Jahre erfolg-

---

221 H. Thode-Arora 1989, S. 172.

222 J. Flemming: Völkerkundliche Ausstellung Ceylon, Hamburg 1908.

223 J. Flemming: Völkerschau Äthiopien, Hamburg 1908/09, S. 3; H. Thode-Arora 1989, S. 172f.; N. Rothfels 1994, S. 231.

224 J. Flemming: Völkerschau Oglala-Sioux-Indianer, Hamburg 1910; H. Thode-Arora 1989, S. 76ff.

225 J. Flemming, Hamburg 1912.

reich den Kampf gegen einen übermächtigen Gegner führen, dem alle Hülfsmittel der modernen Kriegstechnik zu Gebote stehen."[226] Die Schau mit 59 Männern, 13 Frauen und 18 Kindern zeigte aber die schon bei anderer Gelegenheit ähnlich vorgeführte Mischung aus "Alltagsleben", Basar, Handwerk, Akrobaten und Zauberern. Alles spielte sich vor einer imposanten Kulissen-Szenerie ab, die den Felsentempel von Abu Simbel, die Pyramiden von Gizeh sowie eine "Stadtansicht" mit Moschee, mit Palmen und ein "Fellachendorf" in einem reduzierten Größenmaßstab umfaßte. In der "arabischen Stadt", in deren Häusern auch originale, in Ägypten erworbene Details eingebaut waren, konnten die Besucher umherschlendern, fotografieren, Handwerkern zuschauen und von diesen angefertigte Gegenstände erwerben. 1913 schließlich wurde "Birma" gezeigt, diesmal organisiert von Adrian Jacobsen.[227] Am Fuße einer Pagode, die nach Beendigung der Schau im Tierpark verblieb, führten die 50 Teilnehmer der Schau ihre Musik, Tanz- und Theaterkunst vor. Dagegen wurde diesmal "von größeren Aufzügen und Vorführungen in der Arena" abgesehen, "da das Naturell der Leute sie für größere Aufzüge und Massenvorstellungen nicht geeignet erscheinen läßt," wie es im Begleitheft hieß.[228] 1914 schließlich, als letzte Völkerschau vor dem Weltkrieg und schon nach dem Tod Carl Hagenbecks, konnte man im Tierpark endlich nach vielen Jahren wieder "Nubier" sehen, diesmal etwa 60 Angehörige verschiedener Stämme. Sie wurden als "Naturkinder" angekündigt, "die noch nicht von der Kultur beleckt sind".[229] Ihre Vorführungen, die einen Überfall auf das Dorf eines anderen Stammes zum Zwecke der Gewinnung von Sklaven nachstellten, enthielten zahlreiche aus den frühen Nubierschauen schon bekannte Elemente. Der Kreis der Völkerschauen Carl Hagenbecks hatte sich geschlossen.

Hagenbeck und Zirkus

Für die Dressur von Tieren und ihre Darbietung liegt Carl Hagenbecks historische Leistung nicht in der Erfindung neuartiger Dressurbewegun-

---

226 Ebd. S. 5.
227 J. Flemming: Birma, Hamburg 1913.
228 Ebd. S. 3.
229 J. Flemming: Völkerschau Nubien, Hamburg 1914, S. 6.

gen oder Tricks, die Tiere zeigten, eher schon in der Zusammengewöhnung von Tieren, vor allem von Raubtieren verschiedener Arten, mehr aber noch in der Propagierung der Dressurmethode, die die von ihm engagierten oder ihm verpflichteten Tierlehrer angewandt hatten, insbesondere aber darin, daß wieder die Dressurleistungen der Tiere und nicht mehr der Mut und die Unerschrockenheit der Tierlehrer in den Vordergrund der Vorführungen rückten.

Man muß davon ausgehen, daß Carl Hagenbeck wußte, wie die Tierlehrer, die fünf Jahrzehnte zuvor Wildtiere gezähmt hatten, darunter auch Raubtiere wie Löwen, Tiger, Hyänen und Bären, ferner Elefanten u.a. Großtiere, nämlich durch Förderung bestimmter, artspezifischer Verhaltensweisen mittels Belohnungen, sei es Fütterung oder Sozialkontakt, und allmählicher Optimierung der Leistung bis zum erwünschten Trick. Wirkungsvolle Bestrafung der Tiere war unumgänglich, wenn es galt, die Alphaposition des Tierlehrers aufrecht zu erhalten. Das Ziel der damaligen Tierlehrer war, den Zuschauern handzahme Tiere zu zeigen, die sich scheinbar freiwillig ihnen unterordneten oder aber als "glückliche Familie" friedlich miteinander umgingen. Die spektakulären Dressurleistungen des Franzosen Henri Martin (1793-1882), den Carl Hagenbeck als Direktor des Zoos von Rotterdam noch persönlich kennengelernt hatte, oder des Amerikaners Isaac van Amburg(h) (1811-1846) müssen ihm bekannt gewesen sein. Diese Phase der Tierdressur, die neben der Darbietung bestimmter Tricks vor allem zum Ziel hatte, nachzuweisen, daß angeblich durch Erziehung die wilden Bestien zu friedfertigen Geschöpfen gewandelt und zum vertrauten Umgang mit ihnen bekannten Menschen gebracht werden können, war abgelöst worden durch die sogenannte "Gewaltdressur", vielleicht auch auf Druck der Erwartungshaltung der Zuschauer, die in den Menagerien und Zirkussen die gefährliche Bestie Tier sehen wollten. Hinter den Kulissen wurden zwar weiterhin ebenfalls auf sanfte Weise Raubtiere verschiedener Arten aneinander gewöhnt und Einzeltiere zu vertrautem Umgang mit dem "Tierbändiger" gebracht, aber im Schaukäfig wurde ihre aggressive Wildheit vorgeführt. Der Tierbändiger trat mit Peitsche und Dressurstab unter seine Tiere, hetzte sie im Käfig umher, löste bei ihnen schauattraktives aggressives Abwehrverhalten aus, entwand ihnen einen Futterfleischbrocken u.a.m. Mut, Scharfblick, Reaktionsschnelle und Einfühlungsvermögen in die artspezifischen wie individuellen Eigenschaften seiner Tiere, sensibles Erfassen ihrer Tagesform und möglicher aktueller situationsbedingter

Gefährdungspotentiale zeichnen jeden Tierlehrer aus, der direkten Umgang mit Großtieren, insbesondere mit Raubtieren pflegt. Deutlich wurden diese Fähigkeiten und Eigenschaften der Dompteure für die Zuschauer bei solchen Vorführungen der sogenannten Gewaltdressur. Robert Daggesell (1835-1897), dessen Wandermenagerie Carl Hagenbeck 1877 aufkaufte und der anschließend für ein paar Jahre als Manager von Völkerschaustellungen für ihn tätig war, ist einer der letzten berühmten Bändiger dieser Art gewesen. Trotz des Nervenkitzels, den solche Tierhetzen im Käfig für die Zuschauer bedeuteten, allmählich verloren sie durch das im Grunde genommen stets ähnliche Verhalten der Tiere ihren Reiz.

Carl Hagenbeck hat bekannt,[230] daß ihn vor allem sein Mitgefühl mit den Tieren diese Gewaltvorführungen ablehnen ließ, aber auch, "daß man nur den hundertsten Teil dessen erreichen kann, was sich mit Güte erzielen läßt", und "daß es einen Weg zur Psyche des Tieres geben muß". Das heißt nichts anderes, als daß es ihm darauf ankam, nicht Abwehr- und Ausweichverhalten der vorgeführten Tiere zu zeigen, sondern sie möglichst viele Leistungen und Tricks lernen zu lassen. Und dieses ist natürlich nur mit subtilen Methoden und großer Geduld zu erreichen. Er knüpfte mit dieser Auffassung wieder an die einstigen Methoden der Tierdressur an. Weil sich zufolge der individuellen Eigenschaften nicht jedes Tier für eine Dressur eignet, mußte eine gewisse Anzahl von Tieren vorhanden sein, aus der die zur Dressur geeigneten ausgewählt werden konnten. Das Volumen seiner Tierhandlung bot dafür die besten Voraussetzungen in Deutschland und ab den 1880er Jahren auch in ganz Europa.

Die spektakulären Tricks, die Tiere der Hagenbeckgruppen beherrschten und sie weithin berühmt machten, waren weniger seine Erfindungen, als die der bei ihm engagierten Tierlehrer und vor allem die seines Bruders Wilhelm, der sich ab den 1880er Jahren als selbständiger Unternehmer ausschließlich mit der Dressur von Tieren beschäftigte. Da viele der dressierten Einzeltiere und vor allem die großen "gemischten Raubtiergruppen" aber unter Carl Hagenbecks Namen in das Engagement von Zirkussen gingen, auf Sonderausstellungen oder in Zoologischen Gärten gezeigt wurden, vorgeführt von den Dresseuren der Tiere, die bei ihm angestellt waren oder unter Vertrag standen, war er nicht nur der große

---

230 C. Hagenbeck 1908, S. 337

Propagandist der Methoden und Leistungen der zahmen Dressur in seiner Zeit, sondern wurde von vielen und von der Presse auch als ihr Urheber angesehen, in Europa sowohl wie in Amerika. Unbestreitbar aber bleibt sein Verdienst, dieser Art Tierdressur wieder zum Durchbruch verholfen zu haben.

Viele der aus seinem Hause kommenden Dressurleistungen von Raub- und Huftieren waren neuartig oder so vorher noch nicht zu sehen gewesen, seien es Freiheitsdressuren von Zebra- oder Elefantengruppen, zusammengewöhnte Raubtiere mehrerer Arten, die Bewegungsdressuren zeigten, sich zum Aufbau von "Pyramiden" oder anderen Figuren führen ließen oder die bestimmte Tricks beherrschten. Man sah einen Löwen in einem von zwei Tigern gezogenen Wagen, der außerdem von einer oder zwei Doggen geschoben wurde, Löwen, Tiger, sogar einen Elefanten auf einem "Fahrrad", gleichfalls von Doggen geschoben, Großkatzen oder Bären balancierend oder eine Wippe bedienend, Großkatzen, die durch einen Reifen oder über andere Tiere hinwegsprangen, Löwen oder Tiger, die auf einem Panneau-Sattel sitzend auf einem Elefanten oder Pferd ritten usw. Nicht wenige der bei ihm angestellten oder unter Vertrag stehenden Dompteure wurden in Deutschland, in Europa und z.T. darüber hinaus berühmte Persönlichkeiten. Daß unter ihnen vor allem Dresseure von Raubtieren, Großkatzen und Bären verschiedener Arten waren, liegt daran, daß im Hause Hagenbeck, entsprechend dem Handelsvolumen der Firma, vor allem solche Tiergruppen zusammengestellt werden konnten. Um einige Raubtierdompteure zu nennen, die Carl Hagenbecks Namen in alle Welt trugen: Eduard Deyerling, Heinrich Mehrmann, Julius Seeth, Richard List, Johann Dudak, Richard Sawade, Fritz Schilling und Willy Peters. Der Engländer Charlie Judge war viele Jahre sein Dompteur von Seelöwen, Seehunden und auch zweier Walrosse. Unter den Elefantendompteuren seien Wilhelm Philadelphia jr. und Julius Wagner genannt.

Einen eigenen Zirkus unterhielt Carl Hagenbeck nur zeitweilig. In diesem traten neben den eigenen Dressurgruppen mit ihrem Dompteur auch zeitweilig engagierte Tierlehrer mit ihren Tieren auf. Seinen ersten Zirkus, einen Zeltzirkus nach dem Muster von Barnum & Bailey, "Carl Hagenbecks internationaler Circus und Menagerie", besaß Carl Hagenbeck in den Jahren 1887 bis 1889. Er lief unter der Direktion seines Schwagers Heinrich Mehrmann und reiste in Deutschland. Nach dem Verkauf einiger Tiere, vor allem der Elefanten, erwarb 1889 der Geschäftsführer Drexler den Restzirkus und reiste mit ihm weiter. "Carl Hagenbecks Zoological Circus", wiederum unter der Direktion seines Schwagers Mehrmann, war ein Teil seiner Darbietungen zur Weltausstellung in Chicago 1893. Seinen Tiernummern war dort ein großer Erfolg beschieden. Hier stand Carl Hagenbeck auch das einzige Mal in seinem Leben selbst in der Raubtiermanege, unvorhergesehenermaßen und weil es keine andere Möglichkeit gab, seinen erkrankten Schwager zu ersetzen. Nach der Weltausstellung reiste der Zirkus noch bis 1895 in den USA, bis er nach finanziellen Problemen, die von seinen amerikanischen Geschäftspartnern verursacht worden waren, aufgelöst wurde. Die meisten Tiere konnten nach Deutschland zurückgebracht werden. Auf der Weltausstellung in St. Louis 1904 war er mit "Carl Hagenbeck's Trained Animal Show" vertreten, mit amerikanischen Compagnons und seinem Sohn Lorenz als Direktor. Nach dem Ende der Weltausstellung zog der Zirkus zunächst mit Lorenz Hagenbeck unter dem Namen "Carl Hagenbeck's Greater Shows, Triple Circus, East India Expositions" durch US-amerikanische Städte. Danach sollte der Zirkus verkauft werden, doch reisten die amerikanischen Partner ohne die Zustimmung Carl Hagenbecks zur Verwendung seines Namen weiter. Jahrelange juristische Vorbereitung und schließlich der Ausbruch des ersten Weltkriegs verhinderten eine Regelung im Sinne Hagenbecks.

Im Jahre 1910 war Carl Hagenbeck auf der Landwirtschafts-Ausstellung in Buenos Aires mit der "Exposicion Carlos Hagenbeck" vertreten. Für die Zirkusdarbietungen war ein riesiges Hallenzelt mit einer Prunkfassade und einer großen Bühne errichtet worden, auf der die circensischen Darbietungen stattfanden. Die Direktion lag wiederum in den Händen seines Sohnes Lorenz. Im Winter 1913/14 wurde auf dem Londoner Olympiagelände "Carl Hagenbeck's Wonder Zoo and Big Circus" veranstaltet, erneut unter Lorenz' Stabführung. Carl Hagenbeck hat diese große Schau, deren Erfolg nach Aussagen von Zeitzeugen überwältigend gewesen sein muß, schon nicht mehr erlebt. Auch in der Zeit nach Carl Hagenbeck gab es noch weitere zunächst von Lorenz Hagenbeck geleitete Zirkusunternehmungen unter dem Namen Carl Hagenbecks, die vor allem außerhalb Deutschlands, so z.B. während des ersten Weltkrieges im neutralen Ausland und ab den 1920er Jahren auch in Übersee, so z.B. in Ostasien und in Südamerika gastierten. Nach dem zweiten Weltkrieg, ab 1949, gab es einen weiteren von Carl Hagenbecks Enkeln Fritz Wegner (1895-1958) und Erich Hagenbeck (geb. 1912) bis 1953 geführten unter dem Namen von Carl Hagenbeck. Danach betrieben die Nachfahren Carl Hagenbecks keinen Reisezirkus mehr.[231]

Bei der Darbietung dressierter Raubtiere kam es nach dem ersten Weltkrieg erneut zu einer Veränderung. Offensichtlich befriedigte viele Zuschauer das friedliche Bild in der Raubtierarena nicht. Sie wollten "gefährliche Situationen" sehen. Die Dompteure lösten wieder Drohverhalten von Großkatzen oder Bären aus, indem sie sich selbst oder den Dressurstab in die, wie wir heute sagen, "kritische Distanz" zu einem Tier brachten, in der das Drohverhalten, Fauchen, Abwehrschläge, Gebißpräsentieren ausgelöst wird, das Raubtiere vor dem Angriff in artspezifischer Weise zeigen. Natürlich wußten sie darum, wie ein Angriff vermieden werden konnte. Carl Hagenbeck hat diese Reminiszenz an die Tage der wilden Dressur noch stirnrunzelnd zur Kenntnis genommen, aber als offenbar unverzichtbaren Schaueffekt für die Zuschauer akzeptiert.

Vom Panorama zum Tiergarten in Stellingen

Das Eismeer-Panorama

Mit seinem "Eismeer"-Panorama unternahm Hagenbeck einen ersten Schritt zur schaustellerischen Gestaltung von Anlagen mit Tieren und Landschaftsszenerien als Kulissen, wie sie dann 1907 den Tierpark Stellingen in wichtigen Teilen prägen sollten.

Die "Reise mit den Augen"[232], ein in der ersten Hälfte des 19. Jahrhunderts sehr populäres und kommerziell erfolgreiches Ausstellungs-

---

231 Die Welt des Zirkus kennt noch weitere Zirkusse, die den Namen Hagenbeck trugen. Diese gehen zurück auf Wilhelm, den Bruder Carls, der 1908 einen eigenen Zirkus gründete. Seine Söhne, zunächst Gustav (1881-1927) und Carl (1888-1945), schließlich Willy (1884-1965) leiteten den Zirkus in den 1920er und 1930er Jahren. Die Witwe Carls, Friederike (1886-1962), führte nach dem zweiten Weltkrieg diesen Zirkus weiter, Willy Hagenbeck gründete einen eigenen unter seinem Namen. Nachdem er kurz vor seinem Tode Eugenie Klant aus einer niederländischen Zirkusdynastie geheiratet und ihren Sohn Erie adoptiert hatte, reiste auch dieser zeitweilig unter dem Namen Hagenbeck.

232 St. Oettermann: Die Reise mit den Augen – "Oramas" in Deutschland, in: M.-L. von Plessen (Hg.): Sehsucht. Das Panorama als Massenunterhaltung des 19. Jahrhun-

medium, verlor zwar um die Jahrhundertmitte an Hochschätzung durch das Bildungsbürgertum. Die Panoramabegeisterung wurde aber in Deutschland wie in anderen Ländern Europas um 1880 erneut belebt. Diese Welle erreichte nach Frankfurt auch die Reichshauptstadt Berlin. Dort wurde durch eine private Gesellschaft 1880 ein erstes Panoramagebäude errichtet, in dem die großen Rundgemälde ausgestellt werden konnten. Bis 1914 entstanden weitere fünf Gebäude, in denen insgesamt 24 Panoramen unterschiedlicher Sujets gezeigt wurden.[233] In Hamburg wurde ebenfalls 1880 eine Rotunde auf dem Gelände des Zoologischen Gartens errichtet, deren Pachteinnahmen dem Zoo zugute kamen (s.u.). Handelte es sich bei den vorzugsweise dargestellten Themen um "patriotische" Szenerien wie wichtige Schlachten aus der jüngeren deutschen Geschichte, so gab es seit Dezember 1885 bis Ende 1887 in Berlin mit "Deutsche Kolonien in Afrika" auch ein Rundgemälde mit einem kolonialen Thema.[234] Dargestellt waren Kampfszenen zwischen deutschen Schutztruppenteilen und Eingeborenen, ethnografische Einzelheiten und Landschaftsszenerien. Es befand sich in der Rotunde von Carl Planer an der Friedrichstraße, Ecke Wilhelmstraße, also in einer sehr exponierten Lage der Hauptstadt. Der kommerzielle Erfolg ergab sich nicht zuletzt aus der seit 1884 herrschenden Kolonialbegeisterung in Deutschland.[235] Nachdem das Kolonialpanorama abgebaut worden war, präsentierte Planer dort im Sommer 1888 erstmals das Panorama "Nordland", das Ausschnitte aus den Landschaften der Lofoten und nordische Gebirgsszenerien darstellte. Seine Maler waren Josef Krieger, der schon bei anderen Panoramen für Louis Braun mitgearbeitet hatte, und Adalbert Heine. Es wurde bis 1891 ausgestellt, anschließend wurde das Gebäude abgeris-

---

derts, Katalog Ausstellungshalle der Bundesrep. Deutschland, Basel, Frankfurt/M. 1993, S. 42-51.

233 M.-L. von Plessen 1993, S. 17.

234 St. Oettermann 1993, S. 49f. und S. 168. Mit Bezug auf Oettermann: N. Rothfels 1994, S. 264-266.

235 Sein Schöpfer war der Münchner Panoramamaler Louis Braun, der 1880 auch das erste Sedanpanorama gemalt hatte. Einer der beteiligten Maler war der Marinemaler Hans Petersen, der zu den vom Kronprinzen bevorzugten Malern gehörte. Das Panorama wurde wahrscheinlich von mehreren anonymen Geldgebern finanziert: M.-L. von Plessen 1993, S. 13. Hans Petersen ließ sich 1890 in Hamburg die Errichtung eines Panoramagebäudes am Heiliggeistfeld genehmigen, das dann von einer Panoramagesellschaft betrieben wurde und das "Hochsee-Panorama" zeigte: StA Hamburg 111-1 Cl VII Lit Fl No 12 Vol 4.

sen.[236] Schon wenige Wochen nach seiner Thronbesteigung besuchte Wilhelm II. am 13. Juli 1888 die Ausstellung.[237] Er kommentierte sie mit den Worten, Panoramen hätten "einen erzieherischen Wert für das weniger gebildete Publikum, namentlich für die Jugend". Jede größere Stadt müsse ein Panoramagebäude besitzen. Nicht zuletzt die bisher von den Panoramabetreibern bevorzugten nationalen Themen dürften zu dieser Wertung durch den insgesamt künstlerisch wenig interessierten jungen Kaiser beigetragen haben. Dieser schrieb später in seinen Erinnerungen, daß er durch das Berliner "Nordland"-Panorama zu seinen jährlichen Nordlandfahrten angeregt worden sei, deren erste im Juli 1889 nach den Lofoten stattfand.[238] Diese Fahrten und ihre zugleich männerbündischen und national-romantischen, die nordische Natur und ihre Menschen feiernden Aspekte wurden in den 1890er Jahren zu einem zentralen Motiv des kaiserlichen Lebens und seiner Politik.[239] Der Kreis von Teilnehmern an den Fahrten setzte sich aus dem engsten Kreis seiner Vertrauten, einigen Marinemalern, die die Reisen zu dokumentieren hatten, und weiteren, von Fall zu Fall Hinzugezogenen zusammen.[240] Die publizistische Wirkung der kaiserlichen Fahrten war enorm. Es wurde nicht nur in Zeitungen und Zeitschriften darüber berichtet. In verschiedenen Städten

---

236 C. Planer: Beschreibung vom Nordland-Panorama in der Friedrichstraße, Berlin, Berlin 1890. Vgl. dazu St. Oettermann: Das Panorama. Die Geschichte eines Massenmediums, Frankfurt/Main 1980, S. 212. Planer war der Sohn eines aus Dresden stammenden Lithographen und Kupferstechers, der Schüler des Tiermalers Kretzschmar gewesen war.

237 E. Schröder (Hg.): 20 Jahre Regierungszeit. Ein Tagebuch Kaiser Wilhelms II., 3 Teile, Berlin 1909, hier Teil 1, S. 8. Dort auch das folgende Zitat. Eine etwas mißverständliche Darstellung dieses Ereignisses bei B. Marschall: Reisen und Regieren. Die Nordlandfahrten Kaiser Wilhelms II (= Schriften des Dt. Schiffahrtsmuseums 27), Bremerhaven, Hamburg 1991, S. 28.

238 Kaiser Wilhelm II.: Aus meinem Leben 1859-1888, 7. Aufl., Berlin, Leipzig 1927, S. 238f. Vgl. B. Marschall 1991, S. 28 und E. Schröder (Hg.) 1909, S. 27f..

239 Dazu B. Marschall 1991, S. 80ff. und S. 181ff.

240 Eine wichtige Position nahm der preußische Diplomat Philipp Graf zu Eulenburg ein, der ab 1890 regelmäßig eingeladen wurde. Eulenburg, der mit erfolgreichen und auch gesellschaftlich anerkannten Malern wie Anton von Werner, Adolf Menzel, Franz von Lenbach und dem Tiermaler Paul Meyerheim verkehrte, publizierte selbst 1892 Nordland-Balladen, in denen er die germanische Wurzel der skandinavische Kultur feierte. Er trug wesentlich zur Nordland-Romantik Wilhelms II. bei: B. Marschall 1991, S. 75 und S. 29ff., 67ff.

Deutschlands entstanden auch Nordland-Vereine, die u.a. Reisen ihrer Mitglieder nach Skandinavien organisierten.[241]

Carl Hagenbeck blieb der erneute Aufschwung der Panoramen sicher nicht verborgen. Er dürfte solche Ausstellungen in Hamburg, bei seinen Besuchen in Berlin oder in anderen Städten aus eigener Anschauung gekannt haben. Spätestens 1893 wurde er während seines Besuchs der Weltausstellung in Chicago mit dem Erfolg eines Panoramas bekannt. Dort war das topographische Panorama der Berner Alpen von 1891 ausgestellt, das über 2.000 qm Fläche umfaßte.[242] Handelte es sich bei diesen Rundgemälden um auf die Fläche projizierte Darstellungen, war doch schon in den 1880er Jahren der Schritt zur Einbeziehung des Raumes getan. Im seit 1881 auf dem Gelände des Hamburger Zoologischen Gartens stehenden Panorama setzten sich gemalte Bäume, Felspartien und Mauerreste "in plastischer Ausführung auf dem Vordergrund fort".[243] 1889 wurde die plastisch-panoramische Darstellung der "Sintflut" im Berliner Passagepanoptikum ausgestellt, die von den Marinemalern Carl Saltzmann und Max Koch sowie vom Tiermaler Richard Friese gestaltet worden war.[244] Saltzmann gehörte zu den Teilnehmern der Kaiserlichen Nordlandfahrten, Friese begleitete Wilhelm II. des öfteren auf Jagden und hatte die Jagdbeute bildnerisch ins richtige Licht zu rükken.[245] Diese im Passage-Panoptikum gewählte, eher als "Diorama" zu bezeichnende räumliche Darstellungsform war seit dem Nordkap-Pano-

---

241 E. Schröder (Hg.) 1909, S. 39. Vom Kaiser mit der Organisation der ersten Reise und auch der späteren Fahrten beauftragt war der Mathematiker, Alpinist und Forschungsreisende Richard Paul Wilhelm Güßfeld (1840-1920).

242 B. Weber: La nature à coup d'oeil. Wie der panoramische Blick antizipiert worden ist, in: M.-L. von Plessen (Hg.) 1993, S. 20-27, hier S. 24 und S. 27. Es war unter der Mitarbeit von Albert Heim (1849-1937) entstanden, der seit 1873 eine Professur für Geologie in Zürich innehatte und besonders durch seine Alpenvermessungen und deren Panoramadarstellung hervorgetreten war.

243 Antrag des Verwaltungsrates der Zoologischen Gesellschaft zur Genehmigung eines Panoramagebäudes durch den Senat, 6.12.1880: StA Hamburg 111-1 Cl VII Lit Fl No 12 Vol 3. Im selben Jahr wurde auch in London ein Panorama mit entsprechender Ausstattung ausgestellt: R. Altick: The Shows of London, Cambridge/Mass., London 1978, S. 506.

244 St. Oettermann 1980, S. 74f.

245 K. Artinger: Von der Tierbude zum Turm der blauen Pferde: die künstlerische Wahrnehmung der wilden Tiere im Zeitalter der Zoologischen Gärten, Berlin 1995, S. 170ff.

rama im London Museum von William Bullock in London (1822) bekannt.[246] Sie konzentrierte den Blick des Besuchers auf den dreidimensional geformten Vordergrund, während die die Installation nach hinten abschließende Panoramamalerei zur Hintergrundstaffage wurde. Nicht nur von Kolonialausstellungen, sondern auch in Ausstellungen mit naturhistorischer Thematik waren solche Dioramen schon üblich, so in der Verkaufshandlung für Naturalien, Ethnografica und Kuriositäten von Hagenbecks Schwager Johann F.G. Umlauff sen., die er ab 1885 am Spielbudenplatz in Hamburg-St. Pauli betrieb. Im 1889, kurz vor seinem Tod, eröffneten "Weltmuseum" präsentierten sich dem neugierigen Besucher von Naturalien und Kuriositäten aus aller Welt überladene Regale. An anderen Stellen ergänzten sich Naturalien, ausgestopfte und in verschiedenen Szenerien montierte Tiere sowie Ethnographica zu Schaugruppen.[247] Das Museum war unentgeltlich zu besichtigen. Hagenbeck selbst stattete 1893 eine "Nordische Ausstellung" in Chicago mit ausgestopften Vögeln aus.[248]

Auch im wissenschaftlich-musealen Bereich fanden Bemühungen um die Ausstellung von "Lebensgemeinschaften" erste Realisierungen. So forderte der vier Jahre zuvor berufene Direktor des städtischen Museums für Natur-, Völker- und Handelskunde in Bremen, Dr. Hugo Schauinsland, in einer Denkschrift zur Errichtung des Museums von 1891, Tiere sollten in möglichst "lebenswahrer" Aufstellung gezeigt werden.[249] Diese Forderung setzte er bis 1895 zumindest für die einheimische Tierwelt bereits um.

War der Schritt zur räumlichen Darstellung in musealen Ausstellungen also schon vor Jahrzehnten getan, so wurden auch bei Völkerschauen der Familie Hagenbeck spätestens seit 1895 auch gemalte Kulissen verwendet.[250] In dieser Zeit dürfte auch die hintere Wand des Raubtierhau-

---

246 St. Oettermann 1980, S. 75.
247 Masch.schr. Erinnerungen des Sohnes Johann Umlauff und Tierbuch, Hagenbeck-Archiv. Vgl. auch H. Thode-Arora 1992.
248 Tierbuch, Hagenbeck-Archiv.
249 Zit. nach H. Abel: Vom Raritätenkabinett zum Bremer Überseemuseum, Bremen 1970, S. 71. Schauinsland (1857-1937) wurde 1905 als Nachfolger von Möbius an das Berliner Naturhistorische Museum berufen, lehnte diesen Ruf aber ab.
250 Die Verwendung von Kulissen, gemalt von Moritz Lehmann, ist nach erhaltenen Abbildungen spätestens für die Somali-Schau in Sydenham, London 1895, nachzuweisen.

ses im Tierpark am Neuen Pferdemarkt mit Landschaftsdarstellungen versehen worden sein.[251] 1896 konzentrierte sich Carl Hagenbeck in seinem "Eismeer"-Panorama auf die Belebung eines Panoramas durch Tiere.[252] Ob er diese Fortentwicklung der Panoramaidee und ihr Thema selbst entwickelte oder auf Anregung bzw. in Zusammenarbeit mit anderen, läßt sich nicht mehr klären. Es trafen wohl verschiedene Anregungen zusammen. Bei der Wahl des Themas könnte sich Hagenbeck einmal am Erfolg des "Nordland"-Panoramas in Berlin wenige Jahre zuvor orientiert haben. Wahrscheinlicher ist auch ein Einfluß der Nordlandfahrten des Kaisers oder der auch publizistisch Aufsehen erregenden Nordpol-Expedition des Norwegers Fridjof Nansen auf dem Schiff Fram (1893-96), von dem man Anfang 1896 seit über zwei Jahren nichts mehr gehört hatte.[253] Erst im Sommer 1896, also während der Hagenbeckschen Panoramenschau, kam die Nachricht aus Sibirien, daß das Schiff gesichtet worden sei.[254] Mit dem populären, politisch aktuellen Thema konnte Hagenbeck mit entsprechender Aufmerksamkeit und mit kommerziellem Erfolg rechnen.

Das von ihm anläßlich der Gewerbe- und Industrieausstellung in Berlin-Treptow in Auftrag gegebene "Eismeer"-Panorama wurde durch eine Tierarena für Tierdressuren (1.540 Sitzplätze) und ein "Affenparadies" – ein großer, 20 m langgestreckter, 4 m hoher Gemeinschaftskäfig – ergänzt. Er war mit allerlei Spielelementen ausgestattet, die den Spieltrieb der Tiere anregen und für einen lebendigen Eindruck sorgen sollten. Der Gestalter des Panoramas war wahrscheinlich der Berliner Theaterkulissenmaler Moritz Lehmann, der auch schon die Kulissen für Völkerschauen gemalt hatte.[255] Wegen der Entfernung zwischen Publikum und Hintergrundmalerei – das Panorama war 60 m lang und 25 m breit – und wegen der Konzentration des Blicks auf den belebten Vordergrund kam

---

251 Siehe entspr. undatierte Fotos, Hagenbeck-Archiv.

252 Nur kurz zum Eismeer-Panorama St. Oettermann 1980, S. 76, N. Rothfels 1994, S. 262-266.

253 Berichte z.B. in Über Land und Meer 77, 1897, S. 47, Gartenlaube 1896, S. 215-218, 652-656. Den Bezug auf die Fram sieht auch N. Rothfels S. 262, wohl nach G.H.W. Niemeyer: Hagenbeck. Geschichte und Geschichten, Hamburg 1972, S. 64-66.

254 Gartenlaube 1896, S. 215-218.

255 L. Heck 1938, S. 251 bezeichnet ihn als "seit Jahren in Kairo eingelebten Wiener Theatermaler".

es bei den Kulissen nicht auf Detailgenauigkeit an. Sie sollten das Panorama nur nach hinten abschließen und dabei einen möglichst stimmungsvollen Eindruck abgeben. An die detailgenaue Wiedergabe eines konkreten Landschaftsausschnitts war nicht gedacht. Das notwendige Holzgerüst für den rückwärtigen Teil der Anlage wurde vom Berliner Zimmermeister E. Zschunke für 10.000 Mark gebaut. Die darüber gezogene Leinwand war 800 qm groß, ihre Bemalung kostete 7.000 Mark.[256] Vor der Kulisse wurden, zum vorderen Teil der Anlage durch einen tiefen, für den Zuschauer nicht einsehbaren Graben abgeschlossen, Eisbären gehalten. Die der Gletscherszenerie vorgelagerte Wasserfläche für Seehunde war 60 cm tief und 270 qm groß, der Wassergraben zu den Zuschauern hin 17 Meter lang und zwei Meter tief.

Nicht nur der Bau, sondern auch der Tierbestand bedeuteten eine erhebliche Investition.[257] Seinem Biographen Wilhelm Fischer, der im selben Jahr 1896 die offenbar als Werbeschrift gedachte Publikation "Aus dem Leben und Wirken eines interessanten Mannes" veröffentlichte, berichtete Hagenbeck über die notwendigen Vorbereitungen, bis die vorgesehenen Tiere in Hamburg beisammen waren.[258] Hatte er sich bei der Ausgestaltung phantasievoll an seiner Vorstellung von einer subpolaren Landschaft orientiert, besetzte er diese nun mit Tierarten, die nur ihrem Typus nach in etwa den tatsächlichen Bewohnern dieses Raumes entsprachen. Die die nördlichen Meere bzw. an deren Küsten oder den Treibeisrand bewohnenden Tierarten wurden damals noch nicht gefangen.

Der Tierbesatz des Panoramas zu Beginn der Berliner Schau umfaßte 25 Seehunde, elf Eisbären, 27 Möven nicht zu bestimmender Arten, aber zweifellos keine aus dem Subpolargebiet, fünf Kormorane, drei Lummen nicht genannter Arten und zwei Baßtölpel. Von den Reptilienausstellungen, den Raubtierdressuren und den Elefantengruppen abgesehen, hatte Hagenbeck noch niemals zuvor so große Mengen von Tieren auf eigene Rechnung und für längere Zeit ausgestellt. Die Tierverluste waren aber –

---

256 Tierbuch, Hagenbeck-Archiv.
257 Die folgenden Angaben nach Kostenanschlag Zschunke 16.1.1896 und nach Tierbuch, Hagenbeck-Archiv.
258 W. Fischer: Aus dem Leben und Wirken eines interessanten Mannes, Hamburg 1896, S. 53ff. Die Erlaubnis für die Tierschaustellung wurde im August 1895 beantragt und erlangt: Hagenbeck-Archiv. Die folgenden Angaben zu Tierankäufen für das Panorama nach Tierbücher, Hagenbeck-Archiv.

für ihn sicher unerwartet – hoch, so daß er den Bestand nach und nach durch andere Tiere derselben Art ersetzen mußte. Hagenbeck verlor alle 25 Seehunde der Eröffnung, einen Eisbären von elf. Zusätzlich eingeführte, weniger empfindliche Californische Seelöwen waren aber wesentlich teurer. Im "Affenparadies" lebten mehr als hundert Rhesusaffen, auch hier starb ein erheblicher Teil des Bestandes.[259]

Der finanzielle Erfolg dieser Tierschauen läßt sich nur schwer abschätzen. Die Verrechnung umfaßte alle Schaustellungen Hagenbecks auf der Gewerbeausstellung gemeinsam. Deren Gewinn betrug 40.000 Mark, bei einem Eintrittspreis von 45 Pf. und einem Umsatz von etwa 190.000 Mark. Sie dürften also insgesamt etwa 400.000 Besucher gehabt haben, ein in jedem Fall zumindest als Publikumserfolg einzustufendes Resultat.

Nach der Schaustellung in Berlin wurde das "Eismeer"-Panorama von Oktober bis Dezember 1896 in Hamburg auf dem Heiliggeistfeld aufgebaut. Dort wirkte bei der Vorbereitung wahrscheinlich ein Neffe Hagenbecks, Heinrich Umlauff, mit. Nach einer zeitgenössischen Darstellung wurde bei diesem Panorama die schon durch die lebenden Tiere vorhandene Dynamik der Szenerie durch ein von Eis eingeschlossenes Schiff im Hintergrund verstärkt. Sollte es auf die um 1895 umlaufenden Gerüchte über das angebliche Stranden der Fram Nansens im Eismeer verweisen? Diese Interpretation legt eine anläßlich der Leipziger Ausstellung veröffentlichte Rezension nahe (s.u.). Möglicherweise hatte Heinrich Umlauff den schaustellerischen Effekt verstärken wollen. Denn auch im Umlauffschen "Welt-Museum" war etwa zur selben Zeit bzw. nach der Panorama-Ausstellung eine Szenerie nachgebildet, die das im Eis blockierte Schiff Nansens, der Rest der Mannschaft gegen Eisbären kämpfend, zeigte.[260] Mit der Ausstellung in Hamburg erlitt Hagenbeck einen Verlust von 10.000 Mark, der vor allem auf die enorm hohen Ausgaben für Wasser und Strom zurückzuführen war, die die Einnahmen aus den Eintrittsgeldern von etwa 79.000 Mark wieder auffraßen. Nach der Schaustellung in Hamburg wurde Hagenbecks Panorama von April bis Oktober 1897 anläßlich der Sächsisch-Thüringischen Industrie- und Gewerbeausstellung in Leipzig und anschließend von Oktober bis Dezember in München ausgestellt. Beide Stationen gemeinsam erbrachten einen Ge-

---

259 Tierbuch, Hagenbeck-Archiv.
260 Masch.schr. Erinnerungen J. Umlauff, Hagenbeck-Archiv.

winn von etwa 25.000 Mark.[261] Zeitlich parallel dazu zeigte Hagenbeck ein weiteres in der Rotunde im Prater in Wien, nahe dem Vivarium, wo er auch eine Reptilienschau veranstaltete.[262] Hier konnte als besondere Attraktion ein kurz zuvor aus Franz-Josephs-Land importiertes, 1,5 Meter langes Walroß in das Panorama integriert werden, das Hagenbeck für 2.000 Mark kurz zuvor angekauft hatte.[263] Es wurde in eine vom Dompteur William Judge vorgeführte gemischte Dressurgruppe gemeinsam mit drei Seelöwen und zwei Hunden gezeigt.[264] Das Bemalen der Leinwand übernahm nun mit Urs Eggenschwyler (1849-1923) ein erfahrener Bildhauer. Er wurde hinzugezogen, da Lehmann Völkerschauen in London inszenierte.[265]

Der Schweizer Künstler hatte sich auf Einladung Hagenbecks im Juli 1896 das "Eismeer"-Panorama in Berlin angesehen.[266] Die Verbindung zwischen ihnen war durch den Berliner Maler Wilhelm Kuhnert, der sich in diesen Monaten in der Schweiz aufhielt, oder durch den St. Gallener Arzt Albert Girtanner hergestellt worden, der sich einen Namen als Naturschützer gemacht hatte und Hagenbeck des öfteren mit Tieren aus dem Alpenraum belieferte.[267] Beides wurde um 1900 nicht als Widerspruch empfunden. Eggenschwyler war nicht nur als Tierbildhauer, sondern auch als großer Tierliebhaber bekannt. Er hatte 1870/71 an der Künstlerakademie in München (Prof. M. Widnmann) studiert und anschließend zunächst für König Ludwig II. von Bayern an der skulptura-

---

261 Berechnungen nach Angaben Tierbuch, Hagenbeck-Archiv. Dabei wurden die Tiere jeweils mit ihrem Buchwert als Handelsware eingesetzt, bei Berücksichtigung der tatsächlichen Kosten für den Tiererwerb dürfte der Gewinn etwas höher gewesen sein. Auf der anderen Seite sind nicht alle entstandenen Unkosten wie Reisekosten etc. direkt den einzelnen Schauen zuzuordnen.

262 Angaben nach Tierbücher, Hagenbeck-Archiv.

263 Ill. Ztg. 1897, S. 583, mit Foto S. 582. Ein zweites Walroß war kurz nach dem Ankauf in Hamburg gestorben.

264 Vgl. Foto, Hagenbeck-Archiv.

265 Zu Eggenschwyler vgl. R.G. Schönauer: Urs Eggenschwyler (1849-1923), in: Urs Eggenschwyler, Bildhauer, Maler, Zeichner, Menageriebesitzer, Tierfreund, Ausstellungskatalog Museum der Stadt Solothurn, Solothurn 1978 und H. Bächler: Urs Eggenschwyler und seine Kunstfelsen, in: Wildpark Peter und Paul, St. Gallen 1991, S. 16-19.

266 Zahlungen an Eggenschwyler laut Tierbuch, Hagenbeck-Archiv.

267 Eggenschwyler war sowohl mit Kuhnert als auch mit Friese bekannt: Postkarten, Hagenbeck-Archiv.

len Ausstattung von Schloß Linderhof mitgewirkt. In den folgenden Jahren wurden ihm in der Schweiz verschiedene große plastische Löwendarstellungen, u.a. am Parlamentsgebäude in Bern, übertragen.[268] Der naturkundliche Autodidakt mag in seiner Heimat mit den Lehren des St. Gallener Verfechters einer "Tierpsychologie", Scheitlin, bekannt geworden sein. Eggenschwyler vertrat jedenfalls ähnlich wie dieser die Auffassung, daß Tiere intelligent seien und noch weitgehend unerforschte, dem Menschen ähnliche "Geistesgaben" hätten.[269] Diese Überzeugung basierte auf seinen Tierbeobachtungen, die er anläßlich von Studien für seine Skulpturen anstellte. Dafür hielt er selbst Tiere, auch exotische, und besuchte u.a. die Dressurvorführungen des in Hagenbecks Diensten stehenden Löwendompteurs Julius Seeth.[270] In diesem Zusammenhang befaßte er sich auch mit Überlegungen zur Gestaltung von Tiergehegen in tiergerechter Weise, wie er sie verstand. So skizzierte er 1888 einen romantisch-naturhaften Felsen für einen von ihm ersehnten Zürcher Zoo, der aber nicht zur Gründung kam. 1902 wie danach noch mehrfach gestaltete Eggenschwyler Felsen und Schluchten aus Beton für Gemsen und Steinböcke im St. Gallener Wildpark St. Peter und Paul. Diese Erfahrungen flossen später in seine Arbeiten im Stellinger Tierpark ein.

In Wien mußte Hagenbeck wie in Hamburg einen Verlust von etwa 10.000 Mark hinnehmen. Die Tierverluste, die auch schon die Berliner Schau beeinträchtigt hatten, setzten sich in diesen Ausstellungen fort. Hagenbeck war offenbar bereit, dies für die Realisierung seiner Erfindung in Kauf zu nehmen. 1899 stellte Hagenbeck "La Vie au Pole Nord" in Paris aus, 1904 auf der Weltausstellung in St. Louis.

Rezeption des Eismeer-Panoramas

Während Carl Hagenbeck selbst seine Überlegungen als wichtige Neuerung verstand, war die öffentliche Resonanz darauf – gemessen an der

---

268 1879 konnte der Geologe A. Heim seinen Vetter, den St. Gallener Kaufmann Paul Kirchhofer-Gruber, für Eggenschwyler begeistern. Dieser erhielt den Auftrag, ein Werk nach seiner freien Wahl zu fertigen. 1883 wurde das Gipsmodell – ein Löwe – auf der Schweizer Landesausstellung vorgestellt: H. Langenbachs Nachruf für Eggenschwyler, Hagenbeck-Archiv.
269 Vgl. Bildpostkarte im Hagenbeck-Archiv.
270 Vgl. auch C. Hagenbeck 1909, S. 214.

Berichterstattung über Tierimporte und Völkerschauen – eher spärlich. Das "Affenparadies" fand in der zeitgenössischen überregionalen Presse keine Erwähnung. Über das Berliner Panorama druckte von den überregionalen Familienzeitschriften nur die in Stuttgart erscheinende Zeitschrift "Über Land und Meer" eine über zwei Seiten reichende Abbildung nach einer zeichnerischen Vorlage des Berliner Tiermalers Wilhelm Kuhnert.[271] Sie zeigt eine vielgestaltige, von Menschen und Tieren belebte Landschaftsszenerie. Die Zeichnung Kuhnerts dürfte nicht gleich zu Beginn der Ausstellung entstanden sein, da in seiner Darstellung von dem Tierbestand zur Zeit der Eröffnung bereits ein Eisbär fehlt.

Im Januar 1897 erschien außerdem eine ebenfalls zwei Seiten große Illustration zur Hamburger Ausstellung mit anonymem Text in der "Illustrierten Zeitung". Die Abbildung erreicht nicht die künstlerische Qualität Kuhnerts und scheint etwas schematisch nach einer Fotovorlage gefertigt zu sein. Der Text formuliert, es sei "denn wol das erste mal in der Art, von frei und ungehindert sich bewegenden Thieren belebt worden... Die Kunst des Malers hat sich mit der plastischen Darstellung verbündet, ganz im Freien eine polare Landschaft von eigenartigem Reiz zu schaffen....Keine hemmende Schranke scheint die grimmigen Bestien von dem Beschauer zu trennen, kein Gitter scheidet sie von uns, so daß wir glauben möchten, sie könnten uns ungehindert einen unerwünschten Besuch abstatten."[272] Der Besucher komme in eine "Eisgrotte" und sehe vor sich, etwas versenkt, "freies Wasser", links und rechts Eisschollen, im Hintergrund Eisbären.

Die Gartenlaube, eine der auflagenstärksten Zeitschriften, nahm erst anläßlich der Schaustellung in Leipzig 1897 in einem kleinen Bericht Kenntnis vom "Eismeer"-Panorama. Sie schrieb: "Ein anderes Panorama führt uns in die Welt Nansens hinein. Wir sehen das zu einem Eisgebirge erstarrte Meer vor uns, auf dessen Bergen sich wirkliche Eisbären in Freiheit tummeln. Ein tiefer Graben zwischen Schaubühne und Publicum schützt letztere vor jeder Gefahr. Wärter, die wie die Eskimos in Felle

---

271 Zu Kuhnert siehe A. Grettmann-Werner: Wilhelm Kuhnert (1865-1926). Tierdarstellung zwischen Wissenschaft und Kunst (Hamb. Forschungen zur Kunstgesch.1), Hamburg 1981, S. 25. Im Werkverzeichnis ist die Panorama-Darstellung Kuhnerts nicht erwähnt.

272 Ill. Ztg. 108, Nr. 2793, 9.1.1897.

gehüllt sind, bilden die Staffage des Bildes."[273] Man erkannte also durchaus das Neuartige, den ungewohnten Schaueffekt, der im Panorama erreicht wurde. Die Berichterstatter übernahmen auch Hagenbecks Auffassung von der "freien" Bewegung der Tiere. Aber die Familienzeitschriften, die traditionell seit den 1850er Jahren ein wichtiges Popularisierungsmedium für naturwissenschaftliche Berichte, für die Zoos und nicht zuletzt auch für Carl Hagenbecks Erfolge als Tierhändler und als Veranstalter von Völkerschauen gewesen waren, hielten sich insgesamt merklich zurück. Keiner der als Tierkenner und regelmäßige Zoobesucher bekannten Journalisten oder Tiermaler und kein Zoodirektor oder Zoologe äußerte sich dazu in Rezensionen.

Das Patent

Das Panorama wurde von Hagenbeck und von seinen Ratgebern als derart neuartiges, nicht nur die Schaustellung in einem Panorama, sondern darüber hinaus die Schaustellung von Tieren in Zoos revolutionierendes Prinzip angesehen, daß er schon vor der Berliner Ausstellung im Februar 1896 ein Patent für "Naturwissenschaftliche Panoramen" anmeldete.[274] Es sollte sich auf drei Ansprüche erstrecken, die die Vorstellungen Hagenbecks gut erkennen lassen und daher hier ausführlicher dargestellt werden:

1. Auf die Erstellung eines Naturwissenschaftlichen Panorama einer "beliebigen Gegend der Erde, mit den dazugehörigen, sich frei bewegenden Geschöpfen – Menschen und Fauna – belebt."

2. Auf die Ausführung, "bei welcher Gitter, Zäune oder sonstige, eine freie Bewegung der Tiere oder der Aussicht des Beschauers behindernde Mittel fortfallen".

3. Auf die dafür geeignete Terrainanordnung, "um ein Zusammenkommen sich feindlich gegenüberstehender Tiere zu vermeiden und einen Schutz für die Menschen zu schaffen, ohne das Gesamtbild zu stören".

---

273 M. Hartung: Die Sächsisch-Thüringische Industrie- und Gewerbe-Ausstellung in Leipzig, Gartenlaube 1897, S. 312-318, hier S. 318.
274 Hagenbeck-Archiv. Die Patent-Kosten beliefen sich auf 14.000 Mark.

In seiner Begründung stellte Hagenbeck in Aussicht, es werde ein "höchst amüsantes und äußerst lehrreiches Schaubild dargeboten, da man von Gegenden, die Viele in ihrem Leben nicht zu sehen bekommen, ein naturgetreues Bild erhält". Er ging auch explizit auf die Schaustellungsprinzipien der zeitgenössischen Zoologischen Gärten ein, in denen sich "ein primitiver Gesamteindruck" biete, da man "wohl die Tiere in ihrer Gestalt und Form kennen lernt, keineswegs aber von ihrer Lebensweise und ihrer Bewegung im Heimatlande ein klares Bild erhält". Im Naturwissenschaftlichen Panorama werde hingegen "durch künstlerische Malerei und Plastick" ein "möglichst vollkommener Eindruck" geboten. Dem Patentantrag, dem stattgegeben wurde, war ein Modell für ein Eismeer-Panorama hinzugefügt. Es orientierte sich an dem wenige Monate später in Berlin realisierten Beispiel. Inhaltlich bezog sich Hagenbeck aber auch auf ein "südliches" Panorama, in dem man die entsprechende Flora zur "Erhaltung des natürlichen Eindrucks" hinzufügen werde. 1896 trug sich Hagenbeck also schon mit Plänen, seine Panorama-Idee auf weitere geographische Gegenden zu übertragen.

Hagenbeck nahm mit diesem Patent für sich in Anspruch, erstmals drei Aspekte der Tierschaustellung realisieren zu können: die "Lebensweise" der Tiere annähernd wie in ihren Heimatländern gewährleisten zu können und die "freie Bewegung" der Tiere sowie die freie Sicht des Beschauers auf sie zu sichern. War die letzte Forderung tatsächlich erfüllt, traf dies für die ersten beiden nicht oder nur sehr eingeschränkt zu. Bei ihm konzentrierten sich die Bemühungen um tiergerechte Schaustellung auf eine sehr anthropozentrische Sicht, indem er die Anschauung von Naturnähe als Maßstab ansah. Hagenbeck interpretierte den Begriff der "Freiheit" unreflektiert als "äußere" Freiheit, die er durch ein Mehr an Bewegungsraum realisiert sah. Das Problem der "inneren" Freiheit sah er ebenso wenig wie das Problem des "biologischen Prinzips" durch eine artgerechte Gestaltung der Gehege. Er bezog sich auch nicht auf Überlegungen zu Instinkt und Gewohnheit, wie sie bereits um 1900 entwickelt, aber von der Wissenschaft zunächst nicht rezipiert worden waren. Die wissenschaftliche Begründung der Ethologie legte in Deutschland erst 1910 die Arbeit des Berliner Mediziners Oskar Heinroth zum Verhalten der Anatiden. Hagenbeck mußten auch Überlegungen zur "Umwelt" der Tiere unbekannt gewesen sein, wie sie J. von Uexküll erst 1909 am Beispiel niederer Tiere veröffentlichte.[275] Der Tierhändler war zwar aus eigener Erfahrung von der "Intelligenz" von Tieren überzeugt, interpretierte sie aber ebenso wie viele seiner Zeitgenossen und zahlreiche Darstellungen in populären Zeitschriften[276] anthropomorph, ganz im Sinne einer Tierpsychologie älterer Tradition. Zu dieser am menschlichen Verhalten orientierten Auffassung paßt die Tatsache, daß sich in seinem "Affenparadies" zwei mit Körnern gefüllte Kornmühlen, kleine Brunnen, Karussells mit Holzpferdchen, zwei Drehteller, zwei russische Schaukeln, drehbare Fässer und dergleichen befanden.[277] Diese konnten von den Affen in Bewegung gesetzt und benutzt werden. Damit verwendete Hagenbeck zwar schon lange so oder ähnlich aus dem Schaustellermilieu, zum Beispiel aus Affentheatern, bekannte Elemente. Er sorgte aber zugleich auch, aus seiner praktischen Erfahrung resultierend und ohne theoretische Grundlage, für eine vielgestaltige Käfigausstattung, die dem Aktivitätsbedürfnis der Affen entgegenkam.

Das Südland-Panorama

Die schon im Patent-Antrag erwähnte Idee eines südlichen Panoramas realisierte Hagenbeck erstmals im Sommer 1897 in Mailand, wo er ein "Paradis-Panorama" mit einer Hintergrundmalerei des bewährten Moritz Lehmann ausstellte.[278] Der dort zu verzeichnende finanzielle Verlust hielt ihn nicht davon ab, im April 1898 mit dem Berliner Zoo einen Vertrag über eine ähnliche Sonderschau abzuschließen.[279] Danach sollten dort "verschiedenste Tiere in landschaftlicher Umgebung scheinbar ganz

---

275 Zu Uexküll: C. Hünemörder: Jacob von Uexküll (1864-1944) und sein Hamburger Institut für Umweltforschung, in: Disciplinae novae, FS H. Schimank, Göttingen 1979, S. 105-125. Zur Geschichte der Ethologie W.H. Thorpe: The Origins and Rise of Ethology. The Science of the Natural Behaviour of Animals, London 1979; V. Schurig: Die Eingliederung des Begriffs 'Ethologie' in das System der Biowissenschaften im 19. Jahrhundert, Sudhoffs Archiv 68, 1984, S. 94-104; R.H. Wozniak (Hg.): The Roots of Behaviourism, 6 vol., 1993.

276 Vgl. die Serie "Thier-Charaktere" von H. und K. Müller in der Gartenlaube in den 1870er Jahren. Zum künstlerischen Anthropomorphismus versucht K. Artinger 1995, S. 35ff. einen Überblick zu geben.

277 W. Fischer 1896, S. 56.

278 Vertrag vom 5.4.1898; Tierbuch, Hagenbeck-Archiv,.

279 Hagenbeck-Archiv.

frei" gezeigt werden. Es wurden nicht nur Einzelheiten der "durchaus vornehmen und künstlerisch wirksamen" Gestaltung mit Wasserbecken, "imitierten" Felsblöcken und Baumstämmen festgelegt. Auch die Besetzung mit etwa 30 Raubtieren (genannt wurden Löwe, Tiger, Leopard, Puma, Kragen-, Lippen- und Eisbär, Hyäne, als Möglichkeit auch Braunbären, Hunde und Geparden) ließ Zoodirektor Ludwig Heck vertraglich festschreiben. Sie sollten möglichst ausgewachsen sein, "daß sie den Beschauern einigermaßen imponieren". Es handelte sich um die gemischte Raubtiergruppe aus Tieren verschiedener Arten, die seit dem Ende der 1880er Jahren von verschiedenen Dompteuren vorgeführt wurde. Dazu kamen meistens noch Ulmer Doggen. Die Vorführung solcher Dressurgruppen hatte allerdings die fast kontinuierliche Anwesenheit eines Dompteurs innerhalb des Panoramas zur Folge. Während die Raubtiere im hinteren Teil gezeigt werden sollten, wurden im davorgelegenen Areal Lamas, Alpakas, Yaks, Zebus, Schafe, Ziegen, Axis- und andere Hirsche, Antilopen, Zebras, Wildesel, Schweine, Känguruhs, Stachelschweine, Kraniche, Störche, Strauße, Enten, Möven sowie ein dressierter Elefant und Kamele gehalten. Diese Zusammenstellung läßt noch deutlicher als das "Eismeer"-Panorama erkennen, daß Hagenbeck ein ökologisches Denken im modernen Sinne oder auch nur die Darstellung des Ausschnittes einer natürlichen Lebensgemeinschaft noch fremd war. Der Tierbestand war aber ein Beleg seiner tierhändlerischen und tierhalterischen Möglichkeiten. Die Einnahmen der Schaustellung kamen ihm (80 bzw. 75%) und dem Berliner Zoo (20 bzw. 25 %) anteilig zugute. Auch bei der gestalterischen Realisierung dieses zweiten "Zoologischen Panorama" zog man den Berliner Theatermaler Moritz Lehmann hinzu.[280] Die Werbung für die zurückhaltend als "Thier-Panorama" angekündigte Schaustellung übernahm ausschließlich Hagenbeck.[281] In dieser Regelung äußert sich nicht nur die finanzielle Absicherung, sondern darüber hinaus auch eine gewisse reservierte Haltung des Zoos. Die Handhabung der Angelegenheit, wie sie sich aus den Akten ergibt, läßt sich wohl so interpretieren, daß der Vorstand bzw. die Direktion des Zoologischen Gartens sie mit "spitzen Fingern" anfaßten. Das "Thier-Panorama" brachte Hagenbeck einen Gewinn von etwa 40.000 Mark, der Zoo erhielt

---

280 Vgl. Schreiben im Hagenbeck-Archiv.
281 Z.B. Berliner Tageblatt seit 11. Mai. Danach Eintritt 50 bzw. 25 Pf., Kinder 1 1/2 Pf.

9.547 Mark.[282] Dieses Ergebnis beurteilte der Geschäftsbericht des Zoos mit Recht als "nicht erheblich", wodurch sich das Direktorium in seiner Zurückhaltung gegenüber entsprechenden Veranstaltungen offensichtlich bestätigt fühlte. Diese Haltung sollte sich auch zehn Jahre später bei der Diskussion um den Tierpark in Stellingen zeigen.

Vermutlich anläßlich dieser Panorama-Ausstellung in Berlin ließ Hagenbeck 1897 von Eggenschwyler in Wien ein Plakat entwerfen, das eine Landschaft mit verschiedenen Huftierarten darstellt, die im wesentlichen den im Vertrag mit dem Berliner Zoo genannten entsprechen. Sein Titel "Hagenbecks Thierparadies. Der Zoologische Garten der Zukunft" weist darauf hin, daß es Hagenbeck nicht nur auf zeitweise Ausstellungen ankam, sondern daß er sich in Richtung eines stationären, nach seinen Prinzipien gestalteten Zoos bewegte. Möglicherweise hingen solche Überlegungen mit Debatten im Amerikanischen Kongreß zusammen, wo seit 1891 die Einrichtung eines nationalen Zoos diskutiert wurde. Es waren Vorschläge gemacht worden, bei der Leitung "someone with the knowledge of animals like Buffalo Bill or P.T. Barnum" zu berücksichtigen.[283] Mit dieser Diskussion war Hagenbeck 1893 anläßlich seines Aufenthalts in den USA bekannt geworden. Außerdem hatte Hagenbeck 1896 schon in der von Wilhelm Fischer verfaßten Broschüre mitteilen lassen, daß er den Zoo in Kopenhagen "dergestalt (übernehme), daß er die Ausstellung der Schaustücke und die moderne Umgestaltung des Gartens auf 5 Jahre mitleitet."[284]

Solche Vorstellungen trugen auch sicher dazu bei, 1897 Land in Stellingen bei Hamburg zu kaufen, das genügend Raum für großflächige Gehege bot. Hagenbeck finanzierte den Kauf, der durch Vermittlung seines "alten Freundes" Wegner zustandekam, mit den Einnahmen aus den Panoramen.[285] Wegner war der Vater seiner Schwiegersöhne Wilhelm und Fritz. 1900 kündigte Hagenbeck schließlich in einem Interview mit einer englischen Zeitung an, er werde noch Ende des Jahres einen Zoologischen Garten fertigstellen, der "an open ground for all his animals" bie-

---

282 Tierbuch, Hagenbeck-Archiv; Geschäftsbericht über das Jahr 1898, Actien-Verein Zoologischer Garten zu Berlin.
283 J.R. Batts: P.T. Barnum and the popularization of natural history, Journal of the History of Ideas 20, 1959, S. 353-368, hier S. 368.
284 W. Fischer 1896, S. 63.
285 C. Hagenbeck 1909, S. 131.

ten werde.[286] "They can wander at will. He will build mountains for the deer, lakes and ponds for the waterfowl, and caves for the larger beasts to rest in." Die grundsätzlichen Gedanken für den Tierpark in Stellingen waren also bereits zu dieser Zeit erkennbar. Aber erst im Mai 1901 suchte Hagenbeck beim Polizeiamt um die Erlaubnis zum Halten von Tieren in Stellingen nach.[287]

Die Idee des "südlichen Panoramas" dürfte sich auf Schilderungen der afrikanischen Steppen und ihrer reichen Tierwelt durch mit Hagenbeck bekannte Reisende wie Josef Menges, Karl Georg Schillings, der die ersten Tierfotos aus Ostafrika mitgebracht hatte, und Wilhelm Kuhnert zurückgehen. Hagenbeck selbst kannte die Landschaften nicht aus eigener Anschauung. Vor allem der Einfluß des Berliner Tiermalers Kuhnert ist nicht zu unterschätzen. Dieser schrieb über seine erste, 1891 durchgeführte Mal- und Jagdreise nach Ostafrika: "... So hatte ich mir immer den zoologischen Garten der Natur vorgestellt: alle Tiere frei in ihrer natürlichen Umgebung. Hier ist das Ideal in Wirklichkeit erreicht", es biete sich ein "Naturtheater mit heiteren Melodien und furchtbarsten gewaltigsten Dramen".[288] Auch die Idee einer schneebedeckten Gebirgslandschaft als Hintergrund des Panoramas könnte sich auf Kuhnerts Schilderungen beziehen, der den Kilimandscharo im Hintergrund des "endlosen, weiten Landes" erlebt hatte.[289]

Allerdings zeigt die vertraglich mit dem Berliner Zoo abgestimmte Besetzung des südlichen Panoramas mit Tierarten noch deutlicher als beim Eismeer-Panorama, daß es Hagenbeckes nicht in erster Linie auf die Schaustellung der Tierwelt einer konkreten Landschaft ging. Die Richtung seiner Gedanken wird durch den Titel des Plakats deutlich: "Zoologisches Paradies".[290] Wieder ging es ihm sicher um eine Form der Schaustellung, die sich an seinen ganz pragmatisch gewonnenen ethologischen Kenntnissen orientieren sollte, mit mehr Bewegungsfreiheit. Darin stützte er sich, wie sein Biograph Wilhelm Fischer 1896 formulier-

---

286 Tit-Bits (London) 8.6.1900, Hagenbeck-Archiv.

287 Schreiben vom 19.5.1901, Hagenbeck-Archiv.

288 W. Kuhnert: Im Lande meiner Modelle, Leipzig 1918, S. 34 und S. 37. Vgl. allg. sowie zum Stellenwert und zur Bedeutung der Landschaft im Tierbild um 1900 K. Artinger 1995, S. 209ff.

289 W. Kuhnert 1918, S. 45.

290 Vgl. auch N. Rothfels S. 257-261. Er bemerkt richtig die Bedeutung dieses Panoramas für den Entwurf für Stellingen.

te, auf seine "reichen Erfahrungen ... auf dem Gebiete des Characterstudiums der Raubthiere", die ihn berechtigten, "bisher allgemein gültige, aber desto falschere Anschauungen über die Tierpsyche auf Grund reicher, sorgfältiger Beobachtungen zu widerlegen".[291] Außerdem übertrug Hagenbeck die aus der Dressur bekannten gemischten Gruppen verschiedener Raubtierarten ohne weiteres auf eine naturnah, mit "Landschaft" als Kulisse konzipierte Schaustellung, die weder dem Prinzip der Lebensgemeinschaft noch strengeren tiergeographischen Gesichtspunkten verpflichtet war oder gar konkrete Landschaften "nachbilden" wollte. Vielmehr war das "paradiesische" Miteinander entscheidend, das aus dem scheinbaren Zusammenleben von verschiedenen Tierarten lebte, darunter allgemein bekannte Freßfeinde der Antilope wie beispielsweise Löwen.

Ähnliche Vorstellungen, allerdings wohl nur mit Naturalien realisiert, wollte Carl Hagenbeck auch in seinem "Mexiko-Panorama" umsetzen, mit dessen Entwurf er 1901 wiederum Moritz Lehmann beauftragte.[292] Es war für eine Ausstellung in Mailand geplant. Ob diese stattgefunden hat, läßt sich nicht mehr klären.

Mußte Hagenbecks Argumentation gegen die Zoos in seinem Patentantrag von 1896 schon die Zoodirektoren verschnupfen, so ist von ihnen doch keine öffentliche Stellungnahme erkennbar. Diese erfolgte erst zwei Jahre nach der Eröffnung des Stellinger Tierparks. Sollte Hagenbeck damit gerechnet haben, daß auch der Berliner Zoo und möglicherweise weitere Zoos danach nach seinen neuartigen schaustellerischen Prinzipien umgestaltet würden – wobei er aufgrund seines Patents hätte beteiligt werden müssen –, hatte er sich getäuscht. Zwar wurde 1899 im Berliner Zoo der Bergtierfelsen von Theatermaler Lehmann realisiert,[293] aber Ludwig Heck widersetzte sich grundsätzlich erfolgreich der Verwendung von Freisichtanlagen nach dem Patent Hagenbecks. Lehmann entwarf für Berlin 1903 auch die Anlagen für Wassernagetiere, die erste kleine Freisichtanlage im Berliner Zoo,[294] 1906 das Landnagetierhaus, 1909 das Greifvogelhaus mit Volieren aus Elbsandstein.[295]

291 W. Fischer 1896, S. 64.
292 Tierbuch, Hagenbeck-Archiv.
293 H.-G. Klös u.a.: Die Arche Noah an der Spree, Berlin 1994, S. 440.
294 H. Strehlow: Stall, Palast oder Heim. Architektur im Zoologischen Garten Berlin, MuseumsJournal 1994, S. 26-30, hier S. 29.
295 H.-G. Klös u.a. 1994, S. 440f.

Aber von größeren Maßnahmen zur Umgestaltung konnte, wie in anderen Zoos, keine Rede sein. Dennoch konnten sich die deutschen Zoos den populären Auswirkungen der Hagenbeckschen Panoramen nicht entziehen. Wurde die Idee der Freisichtanlagen nicht übernommen, so bemühte man sich doch in einzelnen Fällen um größere Gehege. So sind im Zusammenhang mit dem hannoverschen Zoo gegen Ende des Jahrhunderts des öfteren Bemerkungen über neue, "relativ viel Bewegung gestattende" Käfige dokumentiert.[296]

Versuche der naturnäheren Gestaltung von Gehegen waren in deutschen Zoos dagegen schon in den Jahren zuvor gemacht worden. Wunderlich gestaltete 1886/88 in Frankfurt/Main eine Präriehunde-Anlage, das erste "biologische Haltungssystem" im damaligen Zoo.[297] Ernst Schäff baute in Hannover 1895 ein Terrarium für europäische Kriechtiere und Lurche als "ein Stück Naturleben", das "seinen Bewohnern freie Bewegung" gestatte und "sie in ihrer natürlichen Umgebung", zeige.[298] Bezeichnend ist, daß solche Bemühungen an Gehegen für heimische Tierarten ansetzten, für die dem Gestalter die entsprechenden Modell-Landschaften genau bekannt waren und deren naturgetreue Nachbildung unter den mitteleuropäischen Klimaverhältnissen möglich war. Fremdländische, vor allem tropische Floren versuchte man dagegen nicht nachzuahmen, wäre das doch letztlich auf "Kulissen" hinausgelaufen.

Die Gründung des Tierparks in Stellingen 1901-1907

Mit der sich ab 1901 vollziehenden Übersiedlung der Tierhandlung auf preußisches Gebiet, nach Stellingen im Norden der Hansestadt Hamburg, und mit der Anlage des Tierparks begann auch ein neuer Abschnitt in der persönlichen Biographie Carl Hagenbecks. Das Gelände lag einige Kilometer weit entfernt von der Großstadt Hamburg und vom Hafen, eine

---

296 HT 11.11.99, 18.6.99, 9.12.99.

297 Chr. Scherpner: Von Bürgern für Bürger. 125 Jahre Zoologischer Garten Frankfurt am Main, Frankfurt/Main 1983, S. 65.

298 HT 30.5.1895, 28.7.1895, Zitat dort. Die Erkenntnis, daß Zoos keine Natur nachahmten, war schon Jahrzehnte alt: Der Ornithologe Bernard Altum formulierte z.B bezüglich der Tiergeographie 1868: "Die freie Natur ist kein botanischer oder zoologischer Garten, kein Areal, worin die Thiere als Fremdlinge hineingesetzt sind" (nach E. Stresemann: Die Entwicklung der Ornithologie, Aachen 1951, S. 369).

Entfernung, die für den interkontinentalen Tierhandel zwar nicht erheblich, aber ohne Erschließung durch Straßen und öffentliche Verkehrsmittel von Besuchern doch nur schwierig zu überwinden war. Jedoch trugen sich bereits seit den 1890er Jahren einige Hamburger Investoren mit dem Gedanken, dort einen neuen Villen-Vorort zu errichten. Diese Siedlung mußte dann auch für den Verkehr vor allem in Richtung Hamburg erschlossen werden. Der Landkreis Pinneberg, zu dem Stellingen gehörte, projektierte daher im Sommer 1898 eine Straße bis zur Hamburger Stadtgrenze, wodurch der Anschluß an den Stadtverkehr in absehbarer Zeit geschaffen sein würde. Auch der Bau einer Straßenbahnlinie wurde schon in den ersten Jahren des neuen Jahrhunderts erörtert und dann bald nach der Eröffnung des Tierparks fertiggestellt. Hagenbeck verfügte sicher über entsprechende Informationen, die ihm 1897 die Entscheidung zum Kauf der Grundstücke erleichtert haben dürften. Es blieb ihm auch so gut wie keine andere Wahl, da sich kein genügend großes Gelände in Stadtnähe gefunden hatte. Andererseits kam ihm die schnell in Gang gekommene Baugrund-Spekulation beim Versuch in die Quere, ein großflächiges Gelände zu erwerben. Nur durch massive Grundstückkäufe in kurzer Zeit, finanziert durch Hypotheken und durch Beteiligung von Familienmitgliedern und Privatleuten, konnte er sich die notwendige Fläche von etwa 14 Hektar sichern, zu denen in der Zeit der Umgestaltung zum Tierpark weitere acht und dann nochmals etwa zehn Hektar kamen.[299] Der Umzug des Handelsunternehmens vom Neuen Pferdemarkt nach Stellingen erfolgte schrittweise, entsprechend dem Fortgang der Bauarbeiten dort. Seit 1901 unterhielt Carl Hagenbeck in Stellingen schon Gatter für Hirsche und seit 1902 auch Vogelvolieren.[300] Im Oktober 1902 begannen erste Erdarbeiten für den Tierpark.[301] Zu dieser Zeit wohnte Carl Hagenbeck auch bereits in der mit dem Gelände erworbenen Villa, zumindest offiziell. Auch der langjährige Tierarzt H.J.C. Köllisch, der zuvor ebenfalls im Haus am Neuen Pferdemarkt eine Wohnung gehabt hatte, war schon dorthin umgezogen. Das Areal wurde jedoch erst ab 1905 umfassend neugestaltet, als man die großen Panoramaanlagen

---

299 Vgl. auch die Darstellung von C. Hagenbeck 1909, S. 130ff.
300 Die folgenden Angaben, wenn nicht anders erwähnt, nach Tierbücher, Hagenbeck-Archiv, zusammengestellt. Zu den Vogelvolieren gehörte auch eine große runde Voliere, in der Flamingos gehalten wurden, siehe entspr. Fotos, Hagenbeck-Archiv.
301 C. Hagenbeck 1909, S. 135.

und Freisichtgehege vollendete.[302] Das alte Grundstück in Hamburg wurde spätestens 1906 verkauft, als alle früher dort befindlichen Tiere in die bereits fertiggestellten Gehege im Tierpark umgesetzt worden waren. Seit Ende des Jahres 1901 hatten Besucher Zutritt und konnten sich ein Bild vom Fortschreiten der Bauarbeiten machen.

Bei der Anlage des Tierparks griff Carl Hagenbeck auf Elemente der Tierschaustellung und auf Erfahrungen zurück, wie er sie bereits bei den Panoramen gewonnen hatte. Sie wurden nun zusammengeführt und auf einer großen Fläche stationär realisiert. Die entscheidende neue Entwicklung war, daß die Panoramen nun nicht mehr durch Kulissen, sondern durch aufwendig nachgebaute Felslandschaften abgeschlossen werden sollten. Eine der wesentlichen Grundlagen, auf denen der Tierpark beruhte, war die Akklimatisierungsidee Hagenbecks, die sich auf die Gewöhnung an das Klima konzentrierte. In seinen Erinnerungen schrieb er dazu, seine entsprechenden Erkenntnisse beruhten auf den bereits von den zeitgenössischen Zoologischen Gärten gesammelten Erfahrungen und solchen von privaten Tierhaltern wie Falz-Fein in Rußland, dem Herzog von Bedford und Walter von Rothschild in England.[303] Er habe sich "von dem Grundsatz leiten lassen, daß vor allem das Tier in den Vordergrund treten müsse, während den zur Beherbergung und zum Schutze nötigen Aufenthaltsräumen und Gehegen nur eine Nebenrolle zuzufallen brauche. Der Hauptnachdruck wurde auf die Herstellung solcher Parkanlagen gelegt, die den Tieren die Ausübung ihrer Lebensgewohnheiten, soweit sie nur zu erreichen sind," ermöglichte.[304] Ein wesentliches Merkmal waren "große geräumige Gehege und Zwinger", in denen sich die Tiere "Bewegung verschaffen können", um die Kälte besser abzuwehren. Auch die Haltung in Gehegen gemeinsam mit anderen Tieren ihrer Art oder anderer Arten war dafür wichtig: "Tiere, welche mit ihresgleichen zusammen oder mit anders gearteten Geschöpfen in großen Gehegen gehalten werden, bleiben munter und gewöhnen sich an unser Klima weit schneller und besser, als wenn man sie in Einzelhaft hält. Die Langeweile ist auch bei gefangenen Tieren der schlimmste Feind der Gesundheit." Denn nach Hagenbecks langjährigen Beobachtungen neu bei ihm eingetroffener Tiere litten diese unter der "ungeheuren Umwälzung,... die mit

---

302 Vgl. dazu die Darstellung Hagenbecks in ebd., S. 383ff.
303 Ebd., S. 339f.
304 Ebd., S. 343, die folgenden Zitate S. 348.

der Gefangensetzung und Verpflanzung wilder Tiere aus Urwald und Steppe einhergeht." Ihre "Willensfreiheit wird gehemmt", wie er in seiner Autobiographie schrieb. Der "Wechsel von natürlichen Verhältnissen in künstliche" mußte daher seiner Auffassung nach "energielähmend wirken" und zu Krankheiten führen.[305] Er wollte den Tieren im Tierpark "den Verlust ihrer Freiheit so wenig als möglich fühlbar" machen.[306] Dieses Bemühen umfaßte die Gewöhnung des Tieres an das Klima und die Schaffung von "Aufenthaltsplätzen", "die den Lebensgewohnheiten und der Herkunft der Tiere entsprechen und ihnen die Freiheit vortäuschen".[307]

Die Umsetzung dieser Ideen übernahm das bewährte Team von Spezialisten, die bereits bei den Panoramen mitgearbeitet hatten. Moritz Lehmann erstellte Zeichnungen für den imposanten Haupteingang und für das Restaurant, Urs Eggenschwyler übernahm die Gestaltung der Felsenanlagen. Die gärtnerische Gestaltung wurde zunächst Josef Nauen, Düsseldorf, übertragen und schließlich vom Hamburger Landschaftsgärtner J. Hinsch durchgeführt. Beim jungen Kölner Bildhauer Josef Pallenberg (1882-1946), der wenige Jahre zuvor die Düsseldorfer Kunstakademie absolviert hatte, wurden die großen Tierbronzen für den Haupteingang und weitere Figuren, die die Hauptwege des Parks säumten, in Auftrag gegeben. Der Berliner Bildhauer Rudolf Franke modellierte die Skulpturen eines Indianers und eines Nubiers für das Hauptportal.

Für den tiergärtnerischen Teil griff Hagenbeck erstmals auf die Unterstützung eines Wissenschaftlers und Tiergärtners zurück. Seit Anfang des Jahres 1906 beschäftigte er den Hamburger Zoologen Alexander Sokolowsky als wissenschaftlichen Angestellten, den er schon seit spätestens 1902 kannte.[308] Dieser schrieb 1928 über die Zeit vor der Eröffnung des Tierparks:

---

305 Zitate nach C. Hagenbeck 1909, S. 341 und 342.
306 Ebd. S. 343.
307 Ebd. S. 348.
308 Tierbuch 1906. Vgl. auch Briefe und Postkarten Sokolowskys an seinen Lehrer Haeckel, Hagenbeck-Archiv; nach einer Eintragung im Tierbuch unterstützte dieser ihn bei der Übersiedlung von Berlin nach Hamburg. Das folgende Zitat nach A. Sokolowsky: Carl Hagenbeck und sein Werk, Leipzig 1928, S. 20.

"Mit großer Freude folgte ich seinem Anerbieten und pilgerte die ersten beiden Jahre bei Wind und Wetter von der 'Hohen Luft' aus nach Stellingen durch Lockstedt über die Felder zweimal täglich hin und zurück. Das in Aussicht genommene Gebiet war bis dato ein ebenes Kartoffelfeld. Nur die kleine Villa, das spätere Wohnhaus der Familie Hagenbeck, und wenige Bäume brachten Abwechslung in die Eintönigkeit der Stellinger Flur."

Die Realisierung der für den Besucher sichtbarsten und imposantesten Elemente des Parks lag in den Händen Eggenschwylers. Er erhielt für seine Arbeiten an den Kunstfelsen 20 Mark am Tag, eine ungewöhnlich hohe Summe. Der Kern dieser Felsen bestand aus einem Gerippe aus einer Holz- bzw. teilweise einer Eisenkonstruktion, die mit Maschendraht überzogen wurde. Die Silhouette der Felsen entstand durch einen Putzbewurf. Diese um 1900 durchaus übliche und bei Ausstellungen des öfteren verwendete Technik ermöglichte jede gewünschte Detailgestaltung der Oberfläche, hatte aber eine nur begrenzte Nutzungsdauer. Eggenschwyler verbaute außerdem bis zu 30 Zentner schwere Granitfindlinge und -blöcke, die teils vom Abbruch alter Hafenmauern im Hamburger Hafen stammten.[309] Ihren Transport zum endgültigen Platz und das Aufschichten besorgte einer von Hagenbecks Arbeitselefanten, der von einem singhalesischen Mahout dirigiert wurde. Der Könnerschaft des sensiblen Bildhauer ist die Naturnähe und im einzelnen durchaus unterschiedliche Beschaffenheit der Oberfläche der Kunstfelsen im Tierpark in Stellingen zu verdanken. Die Zusammenarbeit mit dem fast tauben, eigenwilligen Künstler war nicht einfach. So schrieb Carl Hagenbeck ihm einmal: "Sie sind ein großer Künstler, aber auch ein großes Kind."[310]

Auch im Winter 1906/07 wurde weitergearbeitet, denn die Zeit drängte: Man wollte noch im Frühjahr eröffnen. Nun entstand als letzte der Panorama-Anlagen das "Eismeer"-Panorama oder, wie es nun genannt wurde, das "Nordland"-Panorama. Es konnte kurzfristig mit Tieren besetzt werden. Im April wurden die Wege befestigt, und in den ersten Maitagen war der Tierpark in so weiten Teilen vollendet, daß man die offizielle Eröffnung feiern konnte. Bis zum Jahresende 1907 waren etwa 40.000 Kubikmeter Erde bewegt und 1,2 Mill. Mk verbaut worden.[311]

---

309 Angaben nach U. Eggenschwyler: Haben Tiere Verstand?, Hagenbeck-Archiv. Eggenschwyler gestaltete auch 1920-22 Felsenanlagen für Murmeltiere und für Seelöwen für den Zoo Basel.
310 Undatierter Brief, Hagenbeck-Archiv.
311 Tierbuch, Hagenbeck-Archiv.

Carl Hagenbeck konnte nun auf einen Tierpark blicken, in dem erstmals seine Vorstellungen umgesetzt worden waren. Dazu schrieb er in seinen Erinnerungen:[312]

"Der weite Park gleicht einer wohlbevölkerten Stadt, deren Bewohner der Besucher wohl sieht, ohne an ihrem intimen Leben teilzunehmen. Er schaut gleichsam im Vorübergehen durch die Fenster der Gebäude, um einen Blick in das Familienleben der Bewohner des Tierparadieses zu erhaschen."

Die Eröffnung von Hagenbecks Tierpark in Stellingen konnte am 7. Mai gefeiert werden. Der im Frühjahr 1908 vermutlich von Alexander Sokolowsky als "Rundgang durch Carl Hagenbecks Tierpark in Stellingen" konzipierte Tierpark-Führer läßt das Bild erkennen, das sich der Besucher von diesem machen sollte.[313] Er vermittelt in seiner handschriftlichen Fassung anschaulich die wichtigsten Leitideen, die dem Tierpark in Stellingen zugrunde lagen. Einführend geht er ausführlich auf die Geschichte der Tierhandlung und auf die Vorstellungen Hagenbecks von tiergerechter Haltung ein. Anschließend läßt der Schreiber den Besucher zum Konzertplatz vor dem Restaurant gehen. Von dort aus bietet sich der beste Blick auf das "Tierparadies, die Hauptsehenswürdigkeit". Diese Anlage sei eine "felsenartige Landschaft, in welcher zahlreiche verschiedenartige wilde Tiere, die sich sonst im Leben ausschließen, scheinbar im friedlichsten Beieinander durcheinanderlaufen." Die schon aus dem Südpanorama bekannte Tierzusammenstellung ist hier mit Veränderungen wiederaufgenommen. Das "Paradies" besteht 1907 bzw. 1908 aus vier verschiedenen, durch für den Betrachter zunächst unsichtbare Barrieren getrennten "Abteilungen": der Teichanlage mit Schwimm-, Wat- und Stelzvögeln, dem "sogen. Mittelgehege", in dem zahlreiche Huftiere gehalten werden, dem "Raubtierpanorama" und dem "Hochgebirge". Zur Raubtieranlage heißt es im "Rundgang":
"Gewaltige Felswände umschließen einen ... sich nach der vorderen Seite sich frei öffnenden Raum, in welchem sich eine größere Anzahl Löwen umhertummeln." Vom Betrachter, der sich auf dem Weg zwischen "Mittelgebirge" und Raubtieranlage befindet, wurden die Tiere durch einen acht Meter breiten und fünf Meter tiefen Graben getrennt. So

---

312 C. Hagenbeck 1909, S. 385.
313 Das folgende nach der ersten handschriftlichen Version, Hagenbeck-Archiv. Wahrscheinlich war A. Sokolowsky zumindest an der Formulierung stark beteiligt.

werde die "Illusion geweckt,... als könnten die Löwen ihren Aufenthalts-
ort verlassen und dem Publikum einen Besuch abstatten." Das Sprung-
vermögen dieser Tierart erreichte diese Distanz aber nach den langjährigen Erfahrungen Hagenbecks und vieler Dompteure nicht. Mit diesem
Wissen könne sich der Betrachter "dem Genuß des herrlichen Bildes, die
geschmeidigen Raubtiere in solcher Bewegungsfreiheit zu beobachten",
ohne störende Gitter hingeben. Auf den Felskuppen seitlich dieses Geheges wurden Geier an langen Ketten gehalten, "so daß es den Anschein
hat, als ob sich dieselben vor kurzem auf dem Felsen niedergelassen"
hätten. Die Unterkünfte für die Tiere waren unter den Felsen verborgen
oder in schlichtem rustikalen Stil gehalten und so gegenüber den optisch
dominierenden Kunstfelsen unauffällig.

Auf dem "Hochgebirge", das in seinem "allgemeinen Character mit
den Dolomiten Ähnlichkeit zeigt", lebten in getrennten Gehegen mehrere
Bergtierarten verschiedener Kontinente. "Der Betrachter hat hier die vor-
zügliche Gelegenheit, die unvergleichlichen Kletterkunststücke des Ge-
birgewildes in der Höhe zu bewundern." Felsvorsprünge boten ihm
Schutz gegen die Unbilden der Witterung. Da diese Anlage auf festgelegten Wegen abseits der Gehege auch von Besuchern bestiegen werden
durfte, konnte man von der kleinen Sennhütte auf dem Plateau aus den
besten Überblick über das Tierparkgelände gewinnen. Von hier aus fiel
der Blick des Besuchers auch auf einen künstlichen Weiher, in dessen
Mitte eine kleine Insel angelegt war. Diese war zu einem "japanischen
Ziergarten" mit Blumen und Bonsaibäumen sowie mit einer bronzenen
Buddhastatue gestaltet worden und über Brücken im "japanischen Styl"
zu erreichen. Wanderte man von der Sennhütte, entlang einem ebenfalls
künstlich angelegten Bachlauf, dessen Ufer mit Alpenpflanzen bepflanzt
war, hinab zu diesem Weiher, kam man gewissermaßen "von der rauhen
Sennerei des Gebirges in die Zauberwelt Ostasiens."

Der vorgesehene Rundgang führte von der japanischen Insel weiter zu
einem großen Affenkäfig und zum "Centralgebäude", in dem die Verwaltung der Firma, die Futterküche sowie das Raubtierhaus mit Außenkäfi-
gen untergebracht waren. Er erreichte nun einen Bereich des Tierparks,
der sich anders als die Panoramen den Erfordernissen des Handelsunternehmens unterordnete und in dem auch Tiere lebten, die man in Freisichtanlagen nicht halten konnte. Hier waren multifunktionale Haltungssysteme notwendig, teils kleinräumige, vergitterte Käfige für Raubtiere,
Affen, Vögel usw., teils schlichte, durch Maschendraht begrenzte Gehe-

ge für Huftiere, Straußen-, Kranich- und andere Großvögel. Hier gab es auch Tierhäuser wie in den traditionellen Zoos, die aber keine exotistischen Stilelemente besaßen. Im Raubtierhaus hebt der "Rundgang" unter den zahlreich vorhandenen Jungtieren vor allem drei Löwen-Tiger-Bastarde, geboren 1901 und 1902, hervor. "Damit die jungen Löwen und andere junge Raubtiere sich tüchtig austummeln und dadurch gut entwickeln können", werden sie zeitweise in "Raubtierkinderstuben" zusammengefaßt. Das Hauptgebäude umfaßte auch die Dressurhalle sowie das Elefantenhaus und das Huftierhaus, in dem auch Kasuare, Flußpferde und afrikanische Spitzmaul-Nashörner zu sehen waren. In einem abgesonderten, mit Glasfenstern versehenen Anbau wurden "besonders seltene Affenarten" wie Klammeraffen und Gibbons gehalten. Der Weg führte weiter zu den schmucklosen Gehegen für neu angekommene Tiere, für Kasuare, Antilopen, Hirsche, Wildschafe. "Einen besonderen Reiz bietet aber die Besichtigung des Reptilienhauses" mit Kaimanen, Echsen, Krokodilen, Schildkröten und Schlangen. Hier konnte man aber auch Mandrills und Drills besichtigen. In einer großen Voliere am Reptilienhaus waren verschiedene Stelzvogelarten wie Kraniche, Reiher und Störche, Pfauen und Enten sowie Hühnervögel untergebracht. Flamingos und Störche lebten in Gehegen mit kleinen Wasserstellen.

"Doch wir verlassen nun diesen Teil des Tierparks", heißt es im "Rundgang", "und treten wieder in die eigentlichen Parkanlagen hinein." Vorbei an der nur auf besonderen Wunsch zu besichtigenden Fasanerie gelangte man zu den Hirsch- und Büffelgehegen. Hier waren auch Zebras und Wildpferde zu finden, auf der anderen Seite des Weges wurden Aras und Kakadus gehalten, die nicht im nahegelegenen Vogelhaus untergebracht waren. Mit dem "Nordland"-Panorama erreichte der Besucher nun wieder eine der Schauanlagen, die "von einer sehr verschiedenartigen Tiergesellschaft bevölkert" waren: Eisbären, Rentiere, Seelöwen, Seehunde, Walrosse, Pinguine, Möven und Lummen "in scheinbar friedlichem Beisammensein". Wie schon bei den anderen Panoramen trennten aber auch hier tiefe Gräben die einzelnen Abteilungen voneinander und von den Besuchern. Der Eindruck einer "fjordartigen Landschaft", in der sich die Tiere "in voller Freiheit umhertummeln", entstehe vor allem deswegen, weil sich die Tiere "ihrer Natur entsprechend nach Herzenslust bewegen", kommentiert der Verfasser des "Rundgangs" die dort zu beobachtende Szenerie. Tiere in Bewegung – dieser Eindruck sollte, wie beim "Hochgebirge", so auch hier entscheidend sein. Eine seitlich angebrachte Rutschbahn, auf der Besucher "in die Tiefe" rutschen konnten und die "von Jung und Alt, namentlich des Sonntags, intensiv benutzt" werde, mußte wenige Monate nach der Eröffnung des Parks aus Sicherheitsgründen wieder abgebaut werden. Entlang dem Känguruhgehege und den Antilopen gelangte man vom "Nordland"-Panorama zum Giraffenhaus, in dem auch Menschenaffen beobachtet werden konnten. Der "Rundgang" durch das ursprüngliche Areal des Tierparks endete am 1908 fertiggestellten Restaurant, wo die Firma Umlauff eine "Hörner- und Geweih-Trophäen-Sammlung" ausstellte. Der Teich vor dem Restaurantgebäude wurde erst nach der Eröffnung gefüllt.

Das inzwischen, ein Jahr nach der Eröffnung, ebenfalls teils der Öffentlichkeit zugängliche Erweiterungsgelände war über eine Brücke erreichbar. Hier fanden seit 1908 die Völkerschauen statt, als erste eine Somali-Ausstellung. In von Heinrich Umlauff auszurichtenden "ethnographisch-anthropologischen Ausstellungen" sollten ergänzend fortan mit jährlich wechselnden Themen "die zahlreichen Besucher ... ihre völkerkundlichen Kenntnisse erweitern." Die Dressurhalle auf dem Erweiterungsareal bot Gelegenheit, Dompteuren bei ihrer Arbeit zuzusehen.

1909 entstand auf diesem Teil des Geländes auch die "Urweltlandschaft", zwischen deren künstlichen Felsen große Saurierfiguren verschiedener Arten aus Beton imposant aufragten. Die Saurier waren von Josef Pallenberg modelliert worden. Mit der Einrichtung dieser Phantasie-"Urwelt" kam Carl Hagenbeck dem zeitgenössischen Interesse für die Evolution und für die Tierwelt der Vorzeit nach.[314] 1910 kamen noch ein kleines Vogelhaus und ein Süßwasseraquarium-Haus mit Vivarium hinzu, 1911 ein Insektenhaus, eine "Biberkolonie" und zusätzliche Hirschgehege sowie 1912 eine große Raubvogelvoliere.

Wenn zur Eröffnung des Stellinger Tierparks auch viele Tierformen fehlten, die man in den größeren zeitgenössischen Zoos anzutreffen gewohnt war, konnte sich der Tierbestand doch sehen lassen. Die Großkatzen waren mit fünf Paar adulten und 35 jungen Löwen, mit sieben Königstigern, vier Löwen-Tiger-Bastarden, vier Schneeleoparden und zwei Leoparden vertreten. Dazu wurden vier Luchse gezeigt, von den Bären waren freilich nur vier Eisbären im Nordland-Panorama zu sehen, wo auch drei Seelöwen lebten. Erst im Oktober 1907 gelangten Walrosse für

---

314 Die Idee als solche war nicht neu: Schon in den 1840er Jahren zeigte die Egyptian Hall in London Sauriermodelle, R. Altick 1978, S. 289.

diese Anlage in den Tierpark. Von dem imposanten Bestand von vier Panzernashörnern wurden zwei noch während des Frühsommers verkauft. Dafür konnten die Besucher ein Spitzmaulnashorn besichtigen, ferner zwei Flußpferde, einen Flachlandtapir, drei Afrikanische und drei Asiatische Elefanten. Außer mehreren Haustiereinhufern gab es zehn Grantzebras, drei Zebroide und drei Przewalskipferde, Zeburinder verschiedener Schläge, zehn frisch importierte Gayale und 13 Bisons. Die Antilopen waren mit 13 Arten vertreten, darunter nicht weniger als 34 Hirschziegenantilopen. Hirsche gab es in 14 Arten, darunter zehn Rentiere im "Nordland"-Panorama und mehrere Sibirische Rehe. Unter den Gebirgstieren am Hochgebirge konnten die Besucher acht Nubische Steinböcke, acht Argalis, fünf Blauschafe, einen Thar und acht Mähnenschafe beobachten. Es gab Lamas und Guanakos, Trampeltiere und Dromedare, Berg-, Graue und Rote Riesenkänguruhs, Stachelschweine und acht Ursons (Baumstachler), Maras und Nutrias. Giraffen fehlten zur Eröffnung noch, sie kamen erst im Spätsommer mit einem Transport in Stellingen an. Die Affen waren in vergleichsweise geringer Zahl vorhanden: Grüne Meerkatzen, Husarenaffen, Mangaben, Rhesusaffen, Wanderus, Mandrills, aber zeitweise immerhin zehn junge Schimpansen und ein Orang-Utan. Unter den Vögeln wurden vor allem Strauße aus Nubien, Nandus, Kasuare, 25 Brillenpinguine im "Nordland"-Panorama, mehrere Kranicharten, zahlreiche Jungfernkraniche, Enten und Gänsevögel, Fasane, Perlhühner und Frankoline sowie Papageien gehalten. 32 Alligatoren und acht Pythonschlangen aus Borneo stellten den Reptilienbestand dar.

Der Verfasser des "Rundgangs" kommt resümierend zum Schluß, daß der Tierpark "reichhaltigen Stoff für Unterhaltung und Belehrung" biete, zugleich auch einen "wissenschaftlichen Character" besitze. "Die eigenartige Schaustellung der Tiere ihren natürlichen Anlagen entsprechend geben dem wissenschaftlichen Studium den reichsten Stoff", ebenso wie die Versuche in der Akklimatisierung und Bastardierung, "in der Tierpflege und Tierzucht".

Nach seiner Eröffnung am 7. Mai 1907 war der Tierpark sofort ein großer Publikumserfolg. Noch im Eröffnungsjahr kamen über 800.000 Besucher, im folgenden Jahr 956.000, 1909 über eine Million und 1910 in den ersten zehn Monaten 1,06 Mill. Besucher.[315] Hagenbeck bot ihnen

---

315 StA Hamburg Cl IV Lit B No 4 Vol 2a Fasc 2 Inv 16 i Conv 1 fol. 80 und Tierbuch, Hagenbeck-Archiv.

nicht nur die Parkanlage mit ihrem inzwischen imposanten Tierbestand, sondern jährlich neue bauliche Attraktionen und vor allem die grandios ausgestatteten Völkerschauen. Nachdem das Erweiterungsgelände genügend Platz bot, konnten sich nun das inszenatorische Können und die organisatorischen Leistungen der Firmen Hagenbeck und Umlauff voll entfalten. Die Wirkung der Schauen in Verbindung mit der exotischen Szenerie des Tierparks als solchem dürfte ein wesentlicher Garant des Publikumserfolges gewesen sein.

Das "biologische Prinzip" in der Haltung exotischer Wildtiere

Für den Zoologen Alexander Sokolowsky (1866 Hamburg – 1949 Genua) war in Hagenbecks Tierpark das "biologische Prinzip" in der Tiergärtnerei realisiert, ein Anliegen, dem er schon jahrelange Überlegungen gewidmet hatte. Im Bemühen, eine "naturgemäße Behandlung der Tiere" zu gewährleisten, die er in den zeitgenössischen Zoos nicht verwirklicht fand, traf er sich mit Carl Hagenbeck. Auch wenn aus der Zeit der Konzeption des Tierparks bis zu seiner Eröffnung keine Unterlagen über Planungsgespräche erhalten sind, darf man doch annehmen, daß die Feinplanungen in engem Kontakt zwischen Carl Hagenbeck und seinen Söhnen sowie Sokolowsky entstanden. Dieser hatte in Jena bei Ernst Haeckel und bei Karl Möbius in Berlin studiert.[316] Ernst Haeckel, Schüler von Rudolf Virchow, war einer der frühesten und einflußreichsten Verfechter der Ideen Darwins.[317] Berühmt und umstritten wurde er aber vor allem mit seiner Auffassung von der Notwendigkeit einer philosophisch durchdrungenen holistischen Naturwissenschaft – dem Monismus –, mit dem von ihm postulierten "biogenetischen Gesetz" sowie mit seinen Arbeiten zur Ästhetik in der Tierwelt.[318] Möbius, Mitbegründer des Zoos in Ham-

---

316 Die folgenden Angaben nach A. Sokolowsky 1928, S. 17ff. und nach Angaben in den Tierbüchern, Hagenbeck-Archiv.

317 Zu Haeckel vgl. zusammenfassend D. von Engelhardt: Polemik und Kontroversen um Haeckel, Medizinhistorisches Journal 15, 1980, S. 284-304, zur Popularisierung seiner Gedanken siehe die Literatur bei A. Daum 1996. Zum ökologischen Gedanken seit dem 18. Jahrhundert: D. Worster: Nature's Economy: The Roots of Ecology, Cambridge 1985.

318 Chr. Kockerbeck: Die Schönheit des Lebendigen. Ästhetische Naturwahrnehmung im 19. Jahrhundert, Wien 1997.

burg, Meeresbiologe und Direktor des Naturhistorischen Museums, veröffentlichte ebenfalls Arbeiten zur ästhetischen Betrachtung in der Zoologie.

Im Berliner Naturhistorischen Museum widmete sich Sokolowsky unter dem Einfluß Möbius' zunächst Fragen der Säugetiersystematik, bevor er schließlich etwa 2 1/2 Jahre lang als unbezahlter Volontärassistent des Zoodirektors Dr. Ludwig Heck im Berliner Zoo arbeiten konnte. Er vertrat dort den als unbezahlter Assistent tätigen Mediziner Dr. Oskar Heinroth, der im August 1900 auf eine Südseereise ging und anschließend seine Sammlungen wissenschaftlich bearbeitete.[319] Im Berliner Zoo dürften Sokolowsky die Vorteile, aber auch die Grenzen eines traditionellen Zoos bekannt geworden sein, Erfahrungen, die seine späteren Auffassungen sicher mit prägten. Bei der Einrichtung der ersten bezahlten Assistentenstelle im Berliner Zoo 1904 zog Heck ihm den Vogelspezialisten Heinroth vor. Danach trat Sokolowsky durch Bücher zur "Menschenkunde", in denen er auch Fotos der Hagenbeckschen Völkerschauen und ethnologisches Material der Firma Umlauff verwendete, sowie durch tierpsychologische und biologie-pädagogisch orientierte Aufsätze hervor.[320] In einem Artikel von 1905 lobte er das "Eismeer"-Panorama Hagenbecks, da es "Zonen-Bilder" erlaube.[321] Seine Überlegungen zur Darstellung von Zoologie bewegten sich also in einem ethologischen und tiergeographisch-ökologischen Rahmen, weniger in einem morphologisch-systematischen. Er ging nun auch verstärkt auf die Auffassungen seiner beiden Lehrer Haeckel und Möbius von der Ästhetik in der Natur ein. Das Angebot Carl Hagenbecks, bei der Verwirklichung der Tierparkidee in seiner Heimatstadt Hamburg mitzuwirken, kam dem stellungslosen Wissenschaftler daher in mehrfacher Hinsicht sehr gelegen.

Hagenbeck gewann in ihm nicht nur einen tiergärtnerisch gebildeten und ihm wohlgesonnenen Mitarbeiter, sondern auch einen außerhalb der üblichen musealen Orientierung denkenden Zoologen. Er überließ ihm

---

319   Zu Heinroth vgl. G. Mauersberger: Der große Naturforscher Oskar Heinroth und das Berliner Zoologische Museum, Bongo 24, 1994, S. 139-160, hier S. 140-144 und 156; H. Frädrich, H. Strehlow: Der Zoo und die Wissenschaft, Bongo 24, 1994, S. 161-180, hier S. 169.

320   Menschenkunde, eine Naturgeschichte sämtlicher Völkerrassen der Erde. Ein Handbuch für jedermann, Stuttgart 1901;

321   Die zoologischen Gärten als Bildungsanstalten, Natur und Schule 1905, S. 555-562.

auch die wissenschaftliche Argumentation und die populäre Darstellung der Idee in beider Sinn nach der Eröffnung des Tierparks. Dadurch sind wir auch über Sokolowskys Auffassungen informiert.[322] Seine Ausgangsüberlegungen formulierte er 1907 u.a. in einem Artikel in der Zeitschrift "Wild und Hund".[323] Danach ermöglichte erst die "biologische Richtung" in der Tiergärtnerei einen neuen Zugang zur Haltung von Wildtieren. Er lehnte die bisher üblichen "engen nebeneinander gereihten Käfige in systematischer Reihenfolge" ab. Die entscheidenden Elemente des biologischen Prinzips waren nach den Ausführungen in diesem Aufsatz die "möglichst ungehemmte Bewegung" des Tieres, die "Unterbringung einer größeren Anzahl Geschöpfe verschiedener Art in den gleichen Gehegen" und die Haltung im Freien, Haltungsprinzipien, die auch Carl Hagenbeck verfocht. Nach Sokolowsky würden die Tiere durch solche Haltungsumstände "zu Unterhaltung und zum Spiel angeregt." Dadurch seien sie gesünder und litten nicht wie "in Einzelhaft verdammte Geschöpfe... durch ihre Einsamkeit seelisch." Vor allem seine Interpretation des Stellinger Heufressergeheges zeigt seine romantische, an der äußerlichen Nachahmung orientierte Naturauffassung und eine anthropomorphe Tiersicht. Sie läßt aber auch die Unerfahrenheit damaliger Tiergärtner mit der Haltung von verschiedenen Tierarten in einem gemeinsamen Gehege erkennen. Nach Sokolowskys Ansicht bildete sich dort nämlich ein "paradiesischer Zustand von selbst" heraus, indem sich "die 'Männlein' mit den 'Weiblein' und 'Kindern' einer Art in Eintracht zu einander halten." Auch "interartliche Liebesverhältnisse" entstünden so, die "zu wissenschaftlich interessanten Bastarderscheinungen führen". Mit dieser anthropomorphen Interpretation der Natur, die zugleich die Sehnsüchte vieler Menschen um 1900 nach der reinen, sanften Natur widerspiegelt, stand er durchaus nicht allein: Damalige ethologische –

---

322 Werden ausländische Tiere akklimatisiert? Prometheus 1905; Wie Hagenbecks Tierpark erstellt wird, Die Umschau 52, 1906; Möglichkeiten einer Straußenfarm in unserem Klima, Dt. landwirtschaftliche Presse 26, 1906; Biologisches Prinzip bei der Schaustellung wilder Tiere, Natur und Haus 15, 1907, S. 150; Strauße und ihre Akklimatisation, Aus der Natur 3, 1907, S. 609-613; Akklimatisierungserfahrungen beim Hagenbeckschen Tierpark, Verh. d. Ges. dt. Naturforscher und Ärzte 1908, T. 2, S. 248; Neues Prinzip in der Tierschaustellung, Wochenschrift der Terrarien- und Aquarienkunde 40, 1908.

323 A. Sokolowsky: Ein neuer Tierpark nach biologischem Prinzip, Wild und Hund 13, 22, 1907.

"tierpsychologische" – Erkenntnisse bewegten sich häufig in am Menschen und an der zeitgenössischen menschlichen Gesellschaft orientierten Hoffnungen und Ängsten.[324] Ganz anthropomorph, doch zugleich auch praxisnah argumentierend, hielt er vor allem die "Kapriolen" eines "Störenfrieds" in der Tiergesellschaft, der "aller seiner Kraft und Energie halber gefürchtet wird", für besonders attraktionsfördernd, setze er doch die übrigen "Insassen" des Geheges in Bewegung. Denn das lebende und sein Leben durch Bewegung zur Schau stellende Tier war eine der größten Anziehungskräfte eines Zoos. Daher boten für ihn auch die Fütterungen die "interessantesten Szenen", "indem hierbei das Recht des Stärkeren über den Schwachen drastisch vor Augen tritt. Kurzum, die Tierhaltung in umfangreichen Gehegen bietet der Beobachtung das breiteste Feld und wirkt auf das Wohlbefinden der Tiere außerordentlich günstig ein.".

In den 1920er Jahren trat Sokolowsky mit der Mitteilung an die Öffentlichkeit, er habe bereits 1905 in Gesprächen mit Carl Hagenbeck seine Gedanken zu einem "Tierzonen-Garten" ausgeführt.[325] Seine damaligen Vorstellungen interpretierte er nun, unter dem Eindruck des 1928 eröffneten ersten Geo-Zoos in München, vorsichtig als seine ersten Ideen zu diesem neuen Ordnungsprinzip. Carl Hagenbeck habe aus Gründen der räumlichen Beschränkung in Stellingen und wegen der Kosten nicht darauf eingehen können. Sokolowskys weitere Ausführungen lassen aber erkennen, daß es sich beim "Geo-Zoo" und beim "Tierzonen-Garten" um zwei unterschiedliche Schaustellungsprinzipien handelt. Er strebte nämlich 1905 wie 1928 die Zusammenfassung von Tieren aus bestimmten Landschaften an. So hatte er Gehege für Tiere von "Wald und Sumpflandschaften, Gebirgs- und Steppenlandschaften, Wasserlandschaften" im Sinn, also eher einen "Öko-Zoo" als einen "Geo-Zoo".

Straußenfarm und Straußenzucht

Noch von einer weiteren Tierart, dem afrikanischen Strauß, versuchte Carl Hagenbeck, wie von Argali und Przewalskipferd, eine wirtschaftli-

---

324 Auf die naturwissenschaftliche Popularisierung bezogen: A. Daum 1996.
325 Der Zoologische Garten N.F. 1, 1929, S. 284-288 sowie A. Sokolowsky 1928, S. 88ff.

che Nutzung zu propagieren. Strauße waren seit seiner Verbindung mit Lorenzo Casanova stets in seinem Tierangebot gewesen. Auch auf dem Londoner Tiermarkt über Charles Rice, von den beiden Tierhändlern Baudin und Poisson in Bordeaux und auf den Tierverkäufen des Antwerpener Zoos hatte er sich für den Weiterverkauf einige Strauße beschafft. Größere Mengen von Straußen erhielt er 1878 von dem Agenten Abazopulo und vor allem ab 1879 von dem bei ihm fest angestellten Tiersammler und -fänger Josef Menges, der ihm 1879 z.B. 14 Exemplare, 1880 gar 31 aus Nubien mitbrachte. Ab 1882 lieferte Menges, ab 1885 auf eigene Rechnung, aus Somaliland Strauße, und Hagenbeck nahm ihm fast alljährlich größere Mengen ab, 1882 neunzehn, 1883 sogar 74 Exemplare. Danach ging der Handel mit dieser Vogelart bei Hagenbeck allerdings erheblich zurück. Käufer der Strauße waren bei ihm in erster Linie die deutschen und europäischen Zoos, Wandermenageristen und Zirkusse, die sie in der Tierschau zeigten. Eine größere Anzahl, die an den Umgang mit Menschen gewöhnt worden waren, wurden aber auch mit einigen Völkerschauen gezeigt, so 1882, 1885 und 1894/95 mit der Somali-Schau. 1885 ritten junge Somalier in Berlin auf Straußen.[326] 1882 hatten Strauße auf der Somalischau kleine Wagen gezogen. Einen solchen erwarb der Jardin d'Acclimatation von Paris samt Geschirr und Strauß von Hagenbeck für Fahrten mit Kindern im Zoogelände.

Durch seine umfangreichen Straußenangebote kam Carl Hagenbeck aber auch frühzeitig mit Unternehmen in Berührung, die Strauße gewerbsmäßig unter Farmbedingungen züchten wollten, in erster Linie zur Gewinnung der Flügel- und Schwanzfedern des erwachsenen Hahnes, die von der Modeindustrie hoch begehrt und tonnenweise verarbeitet wurden. In bescheidenem Umfang hatten sich in den Jahren 1857 bis 1860 in Südafrika Zuchtfarmen für Strauße gebildet. Großfarmen mit Tausenden von Vögeln entstanden von 1860 bis 1866.[327] Auch im botanischen Garten zu Hamm bei Algier gelang ab 1857 die Zucht von Straußen.[328] In Europa war es 1859 im Privattierpark des Fürsten Anatoli Nikolajewitsch Demidoff, San Donato bei Florenz, gelungen, Strauße zu züchten. Ha-

---

326 A. Lehmann 1955, S. 62.
327 D.J.V.Z. Smit: Ostrich Farming in the Little Karoo, Bull. 358, Depart. Agric. Techn. Serv., Pretoria 1963.
328 A. Hardy: Über die Fortpflanzung des afrikanischen Straußes in der Gefangenschaft. Zool. Garten, Frankf./Main 1, 1859, S. 85-89 und 98-102.

genbeck lieferte die Strauße an solche Züchter, z.B. 1877 an den Jardin d'Acclimatation in Paris zehn Exemplare, im Jahr darauf neun und 1883 nochmals acht Strauße, die letzteren aus Somaliland stammend, die ersten beiden Male nubische Strauße. Auch der Société pour l'Elevage de l'Autruche en Algérie lieferte er aus einem Transport von Menges 1881 direkt von Suez aus neun erwachsene Strauße aus Nubien. Im Jahre 1895 bekam ein englischer Züchter von ihm 13 Strauße und eine Brutmaschine zur künstlichen Brut von Straußeneiern. Sie waren zuvor auf der großen Somalischau im Crystal Palace von London zu sehen gewesen. In einem "Letter to the Editor" des "Standard", London, vom 30.9.1885, beurteilt der Briefschreiber Lane die Aussicht, in England Strauße unter Farmbedingungen mit wirtschaftlichem Gewinn züchten zu können, als positiv.[329] Die Nachfrage nach Straußenfedern seitens der Modeindustrie überstieg damals noch immer das Angebot aus den Straußenfarmen.[330] Im Jahr 1897 erhielt der Bey von Tunis von Hagenbeck 13 Strauße. Von allen Versuchen, in Europa oder Nordafrika eine wirtschaftlich erfolgreiche Straußenzucht zu etablieren, war später allerdings wenig zu hören. Carl Hagenbeck dürfte als Lieferant mit der Problematik der Straußenzucht im Mittelmeerraum und in Frankreich wahrscheinlich gut vertraut gewesen sein. In den USA hingegen unterhielt z.B. die Florida Ostrich Farm Incorp. – Ostrich Breeders and Manufactors of all Kinds of Ostrich Goods – in diesem Bundesstaat und in Arizona Farmen mit etwa 600 Straußen. Das geht aus einem Schreiben der amerikanischen Gesellschaft an Carl Hagenbeck vom 14. Dez. 1899 hervor, den dieser Josef Menges zur Kenntnis gab. Die Amerikaner interessierten sich für Importmöglichkeiten von weiteren Straußen. Aus den Unterlagen von Hagenbeck ist nicht zu ersehen, ob er oder Menges direkt Strauße dorthin geliefert haben. In Europa hat es ein vergleichbar großes Unternehmen jedenfalls nicht gegeben und damit auch keine ernsthafte Konkurrenz für die Straußenfarmer in Südafrika. Zuchterfolge beim Strauß blieben hier eher Einzelerscheinungen.

Dennoch sah sich Carl Hagenbeck veranlaßt, 1909 auf dem Erweiterungsgelände seines Tierparks in Stellingen eine Straußen-Musterfarm einzurichten. Nach eigenem Bekunden wurde er dazu ermuntert, als

---

329 G.H. Lane: Ostrich farming in England, Hagenbeck-Archiv.
330 Schenkling-Prérot: Strauße, Straußenzucht, Straußenfedern. Zool. Garten, Frankf./ Main 36, 1895, S. 193-203, Hagenbeck-Archiv.

zwölf 1905 aus Ostafrika importierte Strauße in Stellingen in ungeheizten Ställen den sehr kalten Winter 1905/06 gut überstanden hatten und auch weitere sechs 1906 importierte Jungstrauße quasi unter Farmbedingungen in Stellingen gut gediehen. Vielleicht war auch an eine Zusammenarbeit mit der Kilimandjaro-Straußenzuchtgemeinschaft im damaligen Deutsch-Ostafrika gedacht, die Fritz Bronsart von Schellendorf in der Kolonie Deutsch-Ostafrika gegründet hatte. Dieser propagierte ebenfalls in jener Zeit die gewerbliche Zucht und Nutzung von Straußen.

Zur Einrichtung seiner Farm in Stellingen hatte sich Carl Hagenbeck der Mitwirkung eines Fachmannes versichert. Er betraute den US-Amerikaner John T. Millen (1884-1956) mit dem Farmbetrieb. Millen hatte einige Jahre Erfahrungen in einer amerikanischen Straußenfarm sammeln können, war dann für acht Jahre in eine solche nach Nizza gegangen. Dort lernte ihn Carl Hagenbeck kennen, und er konnte ihn ab 1908 in seine Dienste nehmen. Die Stellinger Straußenfarm wurde am 21. Juni 1909 im Beisein der Kaiserin eröffnet, mit Straußen aus Somaliland, Britisch- und Deutsch-Ostafrika, aus dem Kapland, aus Deutsch-Südwestafrika und zwei Hähnen vom Blauen Nil, also aus Äthiopien. Darunter waren auch Strauße, die bereits in Stellingen aus Eiern erbrütet und dann aufgezogen worden waren. Die Straußenfarm bestand aus einer im Fachwerkstil erbauten, 42 x 8 m großen Unterkunft zur Haltung von bis zu 120 Straußen für die Federgewinnung. Als Auslauf schloß sich eine große Wiese mit einem Badebecken an. Ferner gab es zehn kleine Gehege für die Zuchtpaare mit einer einfachen Unterkunft, ein Kükenhaus mit Brutmaschinen, einen Raum für die frisch geschlüpften Küken mit heizbarer Bodenplatte, einen Krankenstall sowie einen Verkaufsraum, in dem Modelle von verarbeitetem Federschmuck, Pleureusen, Colliers, Boas, Gestecke, Fächer, ausgeblasene Straußeneier u.a.m. ausgestellt und auch käuflich zu erwerben waren. Zum Preise von 10 Pfg. wurde ein Führer durch die Straußenfarm verkauft. Für an der Haltung und Zucht von Straußen Interessierte gab es den Katalog: Carl Hagenbeck's Straußenfarm in Stellingen, Bez. Hamburg.

Nach dem Tode von Carl Hagenbeck wurde die Straußenfarm in den neuen Zooteil verlegt, um Platz für den Vergnügungspark von Hugo Haase zu schaffen, der unmittelbar gegenüber dem Haupteingang des Tierparks entstand. Die Söhne Carl Hagenbecks brauchten die Pachteinnahmen von Haase, um dem Stellinger Tierpark aus seiner finanziellen Bedrängnis zu helfen, denn nur wenige Jahre nach seiner Eröffnung konnte der Tierpark nicht so große Einnahmen erzielen, um seine Unkosten zu decken sowie die Verzinsung der aufgenommenen Kredite bzw. deren Rückzahlung zu ermöglichen.

Die Farm wurde bis 1922 weitergeführt. Es läßt sich schwer abschätzen, ob sie, als Sondereinrichtung innerhalb des Tierparks geführt, kostendeckend arbeitete. Carl Hagenbeck importierte auch in den Jahren nach Gründung der Farm Strauße im gewohnten Umfang, z.B. 1910 durch seinen Mitarbeiter Christoph Schulz 32 Exemplare aus Tanganyika. Die Aufzucht von Straußenküken ab dem Schlupf hat sich in späteren Jahrzehnten in den Zoologischen Gärten als durchaus problematisch erwiesen, vor allem in kalten und feuchten Witterungsperioden. Daß eine europäische Straußenfarm bei freier Konkurrenz gegenüber den südafrikanischen auch nur einigermaßen wirtschaftlich bestehen konnte, erscheint aus heutiger Sicht sehr zweifelhaft. Der Ausbruch des ersten Weltkrieges mit seinen wirtschaftlichen Folgen erschwert die Bewertung der Chancen der Stellinger Farm. Da Straußenfedern außerdem nach dem Weltkrieg ihre Bedeutung als Accessoire einbüßten, erschien auch eine Straußenfarm unter dem Gesichtspunkt der wirtschaftlichen Autarkie in Europa als nicht mehr notwendig.

Millen blieb aber für die Firma Hagenbeck ein wichtiger Mann. Er wurde 1927 der Direktor des ab 1928 ausgebauten Zoos von Detroit und sorgte dafür, daß die wichtigen neuen Zooanlagen unter der Aufsicht des ältesten Sohnes von Carl Hagenbeck, Heinrich, nach dem Stellinger Modell gebaut wurden.

Handel mit landwirtschaftlichen Nutztieren

Im Jahre 1908 gab Carl Hagenbeck in einer Auflage von 2.000 Exemplaren einen Katalog heraus, in dem er größtenteils mitteleuropäische Rassen von Hauspferden, -rindern, -schweinen, -schafen, -ziegen, ferner indische Zebus sowie Nutzgeflügel anbot. Der Katalog war in deutscher, englischer, französischer und spanischer Sprache abgefaßt und als Werbeschrift für den Verkauf der angepriesenen Tiere in Übersee bestimmt. Im Vorwort weist Carl Hagenbeck darauf hin, daß er "außer seinem Handel mit wilden Tieren auch den Haustierhandel als besonderen Geschäftszweig aufgenommen" habe. Für die wissenschaftliche Beratung bei der Abfassung des Textes und der Auswahl der angebotenen Haustierrassen bedankt er sich bei dem Domänenrat Menzel vom Institut für Haustierzucht der Universität Halle. Zu diesem Insitut hatte er jahrzehntelange Beziehungen. Wiederholt lieferte er ausländische Rinder, z.B. 1897 zwei Bantengkühe, oder Schafe, aber auch gelegentlich Wildtiere für Kreuzungsversuche, wie Argalis und Przewalskipferde.

In einer Angebotsliste für Haustiere aus dem Jahre 1906 weist er auf die Erfahrungen mit der Durchführung von Tiertransporten hin. "Die vielen hundert Rinder und sonstigen Haustiere, welche in den letzten Jahren von mir geliefert oder durch mich expediert wurden, kamen alle lebend in guter Verfassung an ihrem Bestimmungsort an". In einem Brief an den Hamburger Senator Dr. Diestel vom 28. November 1910, in dem es vor allem um die weitere Entwicklung seines Tierparks in Stellingen geht, beschreibt er seine eigene Zielsetzung auf dem Gebiet der landwirtschaftlichen Tierzucht. "Bereits vor 25 Jahren schickte ich in mehreren Transporten etwa 100 Nellorezebus nach Brasilien für Einkreuzungen in das dortige Weidevieh". Dort ging es darum, widerstandsfähige Rinder gegen das Texasfieber zu züchten. "Auf dem Stellinger Gelände sollen Gutscheratzebus mit einheimischem Milchvieh gekreuzt werden, auch sollen römische Steppenrinder hinzukommen". Ziel sei es, "im Inland Rinder zu züchten, die Sommer und Winter auf der Weide sein können, um eine Ansteckung mit Tuberkulose zu verhindern".

Vermutlich gibt es mehrere Gründe dafür, daß sich Carl Hagenbeck nach mehr als dreißigjähriger Tätigkeit auf dem Gebiet des Wildtierhandels auch dem Geschäft mit Haustieren zuwandte. Die Konkurrenzsituation im Wildtierhandel hatte sich im letzten Jahrzehnt des alten Jahrhunderts erheblich verschärft. Sowohl in Deutschland wie in den anderen europäischen Ländern und in Übersee, einschließlich den USA, hatten sich kleinere Tierhändler und -handlungen etabliert. Aus dem Ausland gab es nunmehr direkte Angebote dort heimischer Tiere an den Interessenten in Europa. Hagenbecks Absicht, für eine Einkreuzung in heimische Wildbestände in größerem Umfang aus Rußland importierte Marale, Gelbsteißhirsche und Sibirische Rehe absetzen zu können, hatte sich, von ganz wenigen Ausnahmen abgesehen, nicht realisieren lassen. Die Aufnahmefähigkeit der deutschen und europäischen Zoos für neue Wildtiere war gering und wurde durch immer bessere Haltungserfolge, vor allem aber durch Zuchterfolge bei einer ganzen Reihe von Tierarten, immer geringer. Die Zoos tauschten ihre Nachzuchttiere untereinander aus. Schließlich ging die Zeit der Wandermenagerien mit dem Anbruch des neuen Jahrhunderts rapide zu Ende. Es gab unter den Menageristen nur noch wenige potente Kunden. Die ungünstige wirtschaftliche Situation für den Großhandel mit Wildtieren – sie belebte sich erst wieder nach dem ersten Weltkieg und der anschließenden wirtschaftlichen Depression in Europa – verlangte nach der Erschließung einer neuen Einkommensquelle.

Carl Hagenbeck hatte mit dem Handel bestimmter ausländischer Nutztiere bereits ausreichend Erfahrung sammeln können, wenngleich sich die in dem zitierten Schreiben an Dr. Diestel genannten Transporte von etwa 100 Nellorezebus in den 1880er Jahren in den im Hagenbeck-Archiv erhaltenen Unterlagen nicht nachweisen lassen. Immerhin ist es möglich, daß in den 1890er Jahren, abgewickelt von seinem Halbbruder John in Colombo, aber durch ihn selbst vermittelt, direkt von Indien aus Nellorezebus nach Brasilien verschifft worden waren. Wahrscheinlich hat aber Carl Hagenbeck erst in den Jahren nach 1900 Zebus in größerem Umfang nach Südamerika versandt. So steht in H. Werner 1912: Praktisches Handbuch der Rinderzucht, Berlin, S. 26: "In neuerer Zeit sind Zebus durch Carl Hagenbeck auch nach Südamerika und zwar hauptsächlich nach Brasilien eingeführt worden". Ziel der Züchter war dann, mit bereits gehaltenen Rinderschlägen und den eingekreuzten Zebus ein besser wüchsiges, robustes Fleischrind zu züchten, geeignet für extensive Weidehaltung. Für die heutige Rinderzucht in Brasilien, etwa im Pantanal, haben die importierten Zebus jedenfalls eine große Bedeutung gehabt. Er selbst hatte ab 1883 häufig Zeburinder nach Europa, vor allem für die Singhalesenschauen, aber auch zebublütige Hausrinder aus Nubien, sogenannte Sangarinder, und nubische Pferde, wiederum vor allem für die Völkerschauen, in diesem Fall für Somalischauen, dazu Hausschafe und -ziegen mitbringen lassen und diese Tiere nach dem Ende oder schon während der Gastspiele in verschiedenen Orten verkauft, an Zoos, an Menagerien, aber auch an private Interessenten.

Mit der Problematik der landwirtschaftlichen Tierhaltung in den deutschen Kolonien war er durch seine Kontakte mit der 1899 in Berlin gegründeten Kilimandjaro-Handels- und Landwirtschaftsgesellschaft in Berührung gekommen, für die er ab 1902 vor allem von dieser aus Deutsch-Ostafrika exportierte Grantzebras nebst einigen Antilopen in Kommission genommen und verkauft hatte. In ihrem Jahresbericht von 1903 erwähnt die Gesellschaft, daß auch mit dem Handel von Haustieren für die Farmer in den Kolonien, insbesondere mit Rindvieh und Schafen, bedeutende Verdienste zu erzielen seien. Carl Hagenbeck war am 17. Dezember 1903 in den Aufsichtsrat dieser Gesellschaft gewählt worden. Die grandiose Massenlieferung von mehr als 2.000 Dromedaren aus Somaliland an die deutsche Militärverwaltung in Deutsch-Südwestafrika, die 1905/06 seiner Firma gelang, mag von der Leistungsfähigkeit seines Unternehmens auch für die Abwicklung von großen Transporten von Haustieren überzeugt haben.

Schließlich bleibt auch zu berücksichtigen, daß er sich schon bald nach der Aufnahme seiner Tätigkeit als Tierhändler für die Voraussetzungen, die eine Haltung gesunder Tiere in Menschenhand hatte, interessierte. Er sah die wichtigste in einer weitgehenden Gewöhnung fremdländischer Wildtiere an unser heimisches Klima, für Haustiere in einer Einkreuzung der gegenüber Krankheiten und Klimaeinflüssen angeblich robusteren wilden Stammform. Hybriden jeglicher Art hatten stets sein besonderes Interesse gefunden, seien es nun Mischlinge zwischen Löwen und Tigern oder Zebra-Pferde- bzw. -Eselbastarde, mögliche Hybriden zwischen Argalis und Hausschafen, Haus- und Przewalskipferden, Markhoren und Hausziegen u.a.m. Sein Interesse galt dabei nicht so sehr den mit Bastardierungen verbundenen biologisch-theoretischen oder genetischen Problemen, als vielmehr der Nutzanwendung der Hybriden, und soweit es sich um Schautiere wie die Großkatzenmischlinge handelte, natürlich um die Sensation. Vom Nutzen von Hybriden für die Landwirtschaft unter besonderen Bedingungen, z.B. in tropischen und subtropischen Ländern überzeugt, war es ein kleiner Schritt, den Wildtierhandel um das Geschäft mit landwirtschaftlichen Nutztieren zu erweitern. Über bestimmte Diskussionen in Kreisen der Tierzüchter in Deutschland war er offensichtlich informiert. So schreibt Ernst Bödeker,[331] daß Carl Hagenbeck seinen ersten Import von Maultieren aus den USA im Oktober 1906 "aus Anlaß der Erörterung über die Verwendbarkeit" (von Maultieren in bestimmten Wirtschaftsbetrieben) "in Deutschland herüberholte". Er hatte neun Zweiergespanne eingeführt, von denen acht zum Verkauf angeboten wurden. Sein amerikanischer Generalagent S. Stephan hatte die Tiere beschafft. Lorenz Hagenbeck[332] will allerdings die ersten Maultiere für seinen Vater in der Nähe von St. Louis gekauft haben. Da er sich nur bis 1905 in den USA aufhielt, müßten sie noch in diesem Jahr

---

331 Maultierzucht und Maultierhaltung, Hannover 1908, S. 40.
332 1955, S. 46.

in Hamburg eingetroffen sein. Ein solcher Import läßt sich freilich heute nicht mehr nachweisen. Im Dezember 1907 importierte er nochmals zwanzig Maultiere. Es stellte sich aber heraus, daß der Verkauf trotz Propagierung der Wirtschaftlichkeit dieser Tiere in Deutschland schwierig war und der 1907 importierten nur sehr zögerlich vonstatten ging. Abnehmer waren nicht wie erwartet in erster Linie landwirtschaftliche bzw. Gartenbaubetriebe, sondern Brauereien in Hamburg und Altona, Einzelpersönlichkeiten und auch Liebhabertierhalter, wie Alexander von Oldenburg in St. Petersburg. Es zeigte sich, wie schon der erste große Importeur, der Deutsch-Amerikaner Vollmer, der 1905 dreißig Maultiere aus den USA nach Deutschland gebracht hatte, resigniert feststellen mußte, "daß die Maultiere hier schlecht unterzubringen seien, die Leute hätten kein Vertrauen" (in die Tiere), "während man doch in Amerika die Maultiere höher als Pferde halte".[333] Nach Informationen, die Lorenz Hagenbeck erhielt,[334] soll es damals in den USA ca. 3,4 Millionen Maultiere gegeben haben. Carl Hagenbeck hatte sich auf die Ansichten von Liebhabern verlassen und nicht, wie wir heute sagen würden, eine Marktanalyse über den möglichen Absatz der Tiere in Deutschland angestellt. Hinzu kam, daß in den letzten Jahren vor dem 1. Weltkrieg Motorfahrzeuge, auch Lastwagen, Zugtiere mehr und mehr überflüssig machten.

Einer ähnlichen Fehlbeurteilung der Marktchancen unterlag er auch für die Verwendbarkeit gezähmter Steppenzebras bzw. von -zebrahybriden als Liebhaber-Reit- und -Zugtiere. Er wußte von dem Großagrarier Friedrich von Falz-Fein,[335] der auf seinem Riesengut Askania Nova in der südrussischen Steppe nicht nur Zebras, sondern auch Zebra-Hybriden gezüchtet und auf ihre Brauchbarkeit als Nutztiere getestet hatte, "daß die Zebroide unter dem Sattel, im leichten Fuhrwerk und im Lastwagen eingesetzt werden können und stärker sind, als Pferde des gleichen Gewichtes" (also Kleinpferde) und "daß Mischlinge zwischen Zebrastute und Pferdehengst leichter lenkbar sind als Mischlinge zwischen Pferdestute und Zebrahengst". Als er im Dezember 1903 in den Aufsichtsrat der schon durch Mißwirtschaft und Querelen mit dem Geschäftsführer in

---

333 E. Bödeker 1908, S. 48.

334 Ebd., S. 46.

335 z.B. Brief Falz-Feins an die Kilimandjaro-Handels- und Landwirtschaftsgesellschaft, Berlin, vom 19. Mai 1904, der sich in seinem Besitz befand, Hagenbeck-Archiv Hamburg.

Deutsch-Ostafrika, Fritz Bronsart von Schellendorf, in wirtschaftliche Schwierigkeiten geratenen Klimandjaro-Gesellschaft berufen wurde, regte er einen weiteren Fang und Export von Grantzebras an. Fritz Bronsart hatte mit Hilfe vieler einheimischer Hilfskräfte in der Masaisteppe in Kralanlagen ganze Zebraherden einfangen können. Ab 1902 gab es Transporte von Grantzebras zu Hagenbeck, in diesem Jahr von 7,4, im nächsten von 29 und 1904 von 17 Tieren. Zu Verkäufen an Züchter in Deutschland, die an einer Reinzucht oder an der Zucht von Hybriden mit Pferden interessiert gewesen wären, ist es nicht gekommen. Vor allem Wandermenageristen und Zirkusse nahmen die Zebras ab.[336] Hagenbeck meinte nun, wenn man nur die rechte Propaganda betreibe, ließe sich auf der Weltausstellung 1904 in St. Louis ein großer Absatzmarkt für Zebras im Hinblick auf die Zucht von Hybriden in den USA erschließen. Tatsächlich zeigte er auf der Weltausstellung in seinem Zirkus eine Freiheitsdressur von Burchellzebras, die man, laut Presseberichten, bis dahin angeblich für nicht dauerhaft zähmbar gehalten hatte. Dies war natürlich eine für die Presse gewählte Formulierung, denn bereits bei Barnum & Bailey hatte es um 1890 sechs gezähmte Zebras, die im Sechserzug einen Wagen zogen, gegeben,[337] und außer Friedrich von Falz-Fein hatte in Europa auch Baron Walther von Rothschildt, der sein Kunde war, Mitte der 1890er Jahre Burchellzebras zum Gespannfahren abrichten lassen und verfügte über zwei Vierergespanne von jeweils drei Zebras und einem Zugpferd, eines mit dem er in London umherfuhr, eines auf seiner Besitzung in Tring.[338] Auch in Südafrika und Südwestafrika hatte es von Farmern bzw. vom Militär erfolgreiche Versuche gegeben, Zebras unter dem Sattel und an der Deichsel gehen zu lassen. Allen diesen Versuchen war aber letztlich wegen der im Vergleich zu großen Pferderassen und Dromedar geringeren Körperkraft der Steppenzebras kein dauerhafter Erfolg beschieden. Carl Hagenbeck besaß selbst etwa zur selben Zeit ein Zweiergespann von Grantzebras in Stellingen, die vor der Kutsche gingen.

Auf der Weltausstellung zeigte er aber nicht nur die gezähmten Zebras, sondern auch acht Zebroide, sechs Hybriden zwischen Zebrastute und Pferdehengst und zwei zwischen Zebrastute und Eselhengst. In der

---

336 Brehms Tierleben, Bd. 12 = Säugetiere Bd. 3, 1922, S. 651-652.
337 A. Lehmann 1955, S. 221.
338 Über Land und Meer, Jg. 1897, Bd. 77 Nr. 10.

Werbung für seine Schau wurden diese Tiere deutlich herausgestellt als "Curious Hybreds – Half Zebra – Half Horse". Jedoch, wie der Vorstand der Kilimandjaro-Gesellschaft in einem Brief vom 3. März 1905 an Josef Deeg, den damaligen Leiter der Fang- und Eingewöhnungsstation von Zebras in Mbuguni, Deutsch-Ostafrika, resigniert feststellte: "Die Hoffnung die Herr Hagenbeck in Bezug auf die Zebraabgabe auf der Weltausstellung in St Louis gesetzt, hat sich leider nicht erfüllt. Soviel uns bekannt, ist nicht ein einziges Zebra dort verkauft worden", und auch kein einziger der Hybriden. In den USA gab es keine praktische Verwendung für sie, und so exzentrische Persönlichkeiten, die ihr Geltungsbedürfnis durch Kutschfahrten mit Zebras zum Ausdruck brachten, fehlten offenbar unter den Liebhabern exotischer Tiere ebenfalls. Die Kilimandjaro-Handels- und Landwirtschaftsgesellschaft ging im August 1905 in Konkurs.

Kann man die Mißerfolge bei den Versuchen, Maultiere in Deutschland und Zebrahybriden auf den nordamerikanischen Markt zu bringen, als eine Folge mangelnder Marktinformation ansehen, lassen Hagenbecks Äußerungen über den Nutzen der von ihm propagierten Hybriden zwischen europäischen Milchrindern und Zebus ein bedenkliches Defizit an wissenschaftlichem und praktisch-züchterischem Wissen erkennen. Die Auffassung, durch Kreuzung des Zebus mit heimischem Milchvieh Hybriden mit höherer Milchleistung und zugleich ein Rind zu züchten, das bei uns den Sommer wie den Winter über auf der Weide gehalten werden kann, ist durch keinerlei theoretische Erkenntnisse oder betriebswirtschaftliche Überlegungen zu begründen. Zebus haben eine sehr viel geringere Milchleistung als unsere Milchviehrassen. Jedem praktisch tätigen Landwirt mußte außerdem klar sein, daß die schweren Hybridrinder die Grasnarbe der Weiden im Winter zerstören und daß weder die Versorgung noch das Melken der Rinder während der Frostperiode dort möglich ist. Hagenbeck sah in den Zebuhybriden außerdem ein Rind, das sowohl in der Fleischproduktion wie als Zugtier besondere Leistungen erbrächte, und dies auch in den Kolonien. Es ist erstaunlich, vielleicht aber auch bezeichnend, daß Carl Hagenbeck Kaiser Wilhelm II. von seinen Vorstellungen überzeugen und dafür gewinnen konnte, solche Züchtungsversuche auf seinem eigenen Gut in Cadinen am Frischen Haff zu unternehmen. Er hatte dem Kaiser 1910 Zebus zu diesem Zweck verkauft. Das Eintreten des Monarchen für die Ideen Hagenbecks auf der Vollversammlung des Deutschen Landwirtschaftsrates am 17. Februar

1911 in Berlin[339] mußte auch diesen in einen Gegenatz zu den Vertretern der Landwirtschaftswissenschaft und Züchtungskunde bringen und konnte für Hagenbeck nicht ohne Folgen bleiben. Die Reaktion der Wissenschaft ließ auch nicht auf sich warten. Professor S. von Nathusius, Direktor des Landwirtschaftlichen Instituts der Universität Halle und einer der führenden Vertreter der Landwirtschaftswissenschaft, wies die Auffassung Hagenbecks und des Kaisers, freilich ohne Namen zu nennen, in einem Artikel der Landwirtschaftlichen Umschau zurück,[340] desgleichen sein Mitarbeiter K. Menzel in einem weiteren Beitrag derselben Zeitschrift.[341] Die Vossische Zeitung war etwas weniger vorsichtig. In einem anonymen Beitrag, der wohl aus der Umgebung von Ludwig Heck, wenn nicht aus dessen eigener Feder stammen dürfte, unter der süffisanten Überschrift "Der Zebubulle",[342] wird nicht nur Hagenbecks Auffassung über den Nutzen von Zebuhybriden lächerlich gemacht, als wissenschaftlich unbegründet und als Produkt der Phantasie klassifiziert, es wird auch der Kaiser in diesem Zusammenhang namentlich genannt, und seine zustimmenden Äußerungen auf der Plenarsitzung des Deutschen Landwirtschaftsrates werden, offenbar nach dem Protokoll der Sitzung, wörtlich zitiert. Der Artikel weist ferner darauf hin, daß auch Hagenbecks Idee einer Zucht von Straußen in Deutschland – es sei daran erinnert, daß die Kaiserin der Eröffnung der Straußenfarm in Stellingen beiwohnte – wirtschaftlich ein Mißerfolg sei und die von ihm propagierte Empfehlung, Straußenzucht quasi als landwirtschaftlichen Nebenbetrieb zu betreiben, unsinnig. Der Artikel fordert zur "Abwehr" der Vorstellungen Hagenbecks auf und vergißt nicht zu erwähnen, worauf später näher eingegangen wird, daß sich Carl Hagenbeck bemühe, "in Berlin eine Filiale seiner Stellinger Tierschau" zu errichten, ein Projekt, das bestimmte Kreise, insbesondere die Direktion des Berliner Zoos, nach Möglichkeit noch zu verhindern suchten, vom Kaiser bis dahin, wie noch dargelegt wird, aber gefördert wurde.

---

339 Vossische Zeitung Berlin, Nachruf auf Carl Hagenbeck vom 15.4.1913.
340 Die Zebukreuzungen in ihrer wissenschaftlichen und wirtschaftlichen Bedeutung, 3. Jg. Nr. 10, vom 10. März 1911, S. 225-229.
341 Zebus und ihre Kreuzungsprodukte als Zugtiere für unsere Kolonien, ebd., S. 229-230.
342 Nr. 170 vom 8. April 1911.

Schließlich endete auch der Export von heimischen Haustierschlägen nach Übersee, vornehmlich nach Südamerika, für Hagenbeck in einem finanziellen Debakel. Im September 1907 hatte Carl Hagenbeck in zwei Transporten einen Oldenburger Hengst, zwei Holsteiner Hengste, 2,1 Allgäuer und ebensoviele Holsteiner Rinder, 1,1 Rotbuntes Vieh, einen Shorthornbullen, den er sich vom Magerviehhof in Friedrichsfelde beschafft hatte, 1,2 Essex- und 1,2 Berkshireschweine, bezogen von seinem Londoner Geschäftspartner Castang, ferner 1,2 Holsteinische Schweine, 2,4 Saanenziegen, 1,4 Toggenburger Ziegen, aus seinen eigenen Handelstieren 5,5 Maskenschweine, 2,4 Sattelziegen, 2,6 Schwarzkopfschafe, 1,1 Kirkisische Fettsteißschafe, sechs Nellore- und 28 weitere Zebus sowie zahlreiche Rassehühner, -gänse, -enten sowie -hunde, eine Sendung im Werte von 82 000 Mk, nach Rio de Janeiro an einen Kommissionshändler geschickt, der für ihn die Tiere in Brasilien verkaufen sollte. Kleinere Sendungen von europäischen Hausrindern bzw. Zebus gingen an einen solchen nach Valparaiso und nach Para. Holsteiner Schweine wurden nach Sao Pedro Apostelo geliefert. Anscheinend wurden alle Tiere in Südamerika verkauft. Vergleicht man Hagenbecks Einkaufs- und die Verkaufspreise für die Tiere, war die Verdienstspanne, gemessen an der beim Verkauf von Wildtieren, relativ gering, und nur ein Verkauf der landwirtschaftlichen Nutztiere in größerem Umfang hätte für ihn wirtschaftlich interessant werden können.

Zur großen Landwirtschafts-Ausstellung 1910 in Buenos Aires, auf der die Firma Hagenbeck nicht nur mit einem Zirkus, sondern auch mit zwei großen Panoramen vertreten war, fuhr Carl Hagenbeck selbst hin.[343] Zu der Ausstellung hatte er 45 europäische Hausrinder nebst anderen Haustieren zwar im Auftrage der Deutschen Landwirtschaftsgesellschaft, aber auf eigene Rechnung und eigenes Risiko geschickt. Die argentinische Veterinärbehörde verweigerte vierzig Rindern wegen des Verdachtes einer Infektion mit dem Tuberkulose-Erreger die Einfuhr. Sie mußten nach Hamburg zurückgesandt werden und wurden dort notgeschlachtet. Den finanziellen Verlust hatte Carl Hagenbeck allein zu tragen, und er hat ihn schwer getroffen. Er kam mehrfach klagend darauf

---

343 Brief an den Ober-Hof- und Hausmarschall Fürst zu Eulenburg vom 15. Jan. 1910: "um persönlich die Interessen der deutschen Vieh- und Pferdezuchtverbände zu wahren", Archiv Hagenbeck.

zurück.[344] Die Unterstellung, die von ihm gelieferten Rinder seien mit dem Tuberkelbakterium infiziert gewesen, bestärkte ihn in seiner Auffassung, man müsse auch die Milchrinder extensiv und möglichst ganzjährig im Freien halten, um die Infektionsgefahr, die im geschlossenen Luftraum eines Stalles größer ist als auf der Weide, zu verringern.

Die Erweiterung seines Betriebes auf den Handel mit landwirtschaftlichen Nutztieren hatte also nicht den erwarteten wirtschaftlichen Erfolg gebracht. Das dürfte der Grund gewesen sein, daß dieser nach seinem Tode von seinem Sohn Heinrich, der die Leitung des Tierhandels übernahm, nicht mehr fortgesetzt wurde. In den Kreisen der wissenschaftlich geschulten Tierzüchter dürften seine programmatischen Äußerungen seinem Ansehen als Fachmann für die Haltung von Tieren geschadet haben. Lediglich die Zucht von Shetlandponies, betrieben auf dem Stellinger Gelände, wurde weiterbetrieben, und der Handel mit diesen Kleinpferden in Mitteleuropa gewann nach dem Tode Carl Hagenbecks für seine Nachfolger noch eine gewisse wirtschaftliche Bedeutung.

Jagd nach seltenen Tieren

In die letzte Periode von Carl Hagenbecks Tätigkeit als Tierhändler fallen Unternehmungen, durch Fangreisen, von Hamburg bzw. von Stellingen aus geplant und durchgeführt, zu Tieren seltener, bisher kaum oder noch gar nicht lebend nach Europa gebrachter Arten zu kommen. Zwar hatte es schon zuvor einige wenige solcher Tierfangunternehmen gegeben. Aber die meisten waren nicht erfolgreich gewesen. Erinnert sei an den ersten Versuch Dietrich Hagenbecks, 1872/73 in der Sansibar gegenüberliegenden Küstenregion Ostafrikas Flußpferde zu fangen. In den Jahren Jahren 1879/81 hatten Carl Hagenbeck und das Brüderpaar Jacobsen erfolglos versucht, mit einem eigenen Schiff Eisbären, Walrosse und andere in polaren Gewässern lebende Robben zu fangen. Sein Mitarbeiter Joseph Menges reiste 1879 mit Netzen und Harpunen ausgerüstet in den nördlichen Sudan und organisierte zunächst hier und später vor allem in Somaliland den Fang von Straußen, Pavianen, Nashörnern und

---

344 So erwähnt er ihn z.B. in seiner Stellungnahme "Ist der Zoologische Garten Hamburg ohne größere Staatszuschüsse lebensfähig oder nicht?" (Maschinenschriftliches Manuskript, Archiv Hagenbeck, S. 8, 1911).

Elefanten, Wildeseln und mehreren Antilopenarten, die bisher kaum nach Europa gekommen waren. Er war der erste der festangestellten Mitarbeiter, der selbst Tierfang in großem Stil betrieb, allerdings ab 1885 auf eigene Rechnung und als Lieferpartner Carl Hagenbecks. Auch sein Mitarbeiter Fritz Schipfmann fing in den Jahren 1905 bis 1907 Steppenmufflons und vor allem Argalischafe, hatte aber Schwierigkeiten bei der Eingewöhnung der begehrten Argalis. Nunmehr kamen einige andere Tierarten ins Blickfeld, die erst jüngst bekannt geworden und hoch begehrt waren.

Im Jahre 1882 hatte der äthiopische Kaiser Johannes IV. dem französischen Staatspräsidenten ein einheimisches Zebra geschenkt, das man in Paris als neue, noch niemals zuvor gesehene Species erkannte. Es handelte sich um ein pferdegroßes, eng und elegant schwarz gestreiftes Tier mit großen Ohren, das der Zoologe Oustalet 1882 zu Ehren des französischen Staatspräsidenten Grevyzebra nannte. Im Jahre 1895 kam als erneutes Geschenk, diesmal des Negus Menelik II. an den Staatspräsidenten Frankreichs Felix Faure, wiederum ein Grevyzebra nach Paris. Auch Großbritannien bemühte sich nun um die schöne und seltene Zebraart, und im Jahre 1899 kam ein Pärchen, aus Äthiopien abgeholt von A. Thomson, in den Zoo der Zoological Society of London im Regentspark.[345]

Nunmehr war es offenbar möglich geworden, mit Einverständnis des äthiopischen Kaisers einige der schönen Zebras auszuführen. Carl Hagenbeck gelang es, sie in die Hand zu bekommen. Er kaufte dem Tierhändler Rambaud in Marseille, der 1902 in den Besitz einer Stute gekommen war, diese für rund 5.000 Mk ab und veräußerte sie sofort an den 11. Herzog von Bedford für rund 10.000 Mk. Im Jahre 1902 knüpfte vermutlich auf seinen Rat hin Josef Menges Kontakte zum äthiopischen Kaiser und erhielt aus dessen Löwenzucht ein Männchen, das an den Zoo Berlin ging. Er brachte auch eine weitere Grevyzebrastute mit, die er Hagenbeck für 5.300 Mk überließ, und auch diese verkaufte dieser unmittelbar an den Herzog von Bedford, wiederum für rund 10.000 Mk.

Die Verbindung zu Kaiser Menelik durch Josef Menges ausnutzend, der ab 1907 nicht mehr auf Tierfang- und -sammelreisen ging, reiste im Dezember 1907 sein Mitarbeiter Ernst Wache mit 50 Pferdehalftern nach Äthiopien und erlebte den Großfang und die Eingewöhnung zahlreicher

---

345 Brief von A. Thomson an Josef Menges vom 15. August 1899, das Eintreffen in London meldend, Archiv Hagenbeck.

Grevyzebras im Auftrage des äthiopischen Herrschers, den Carl Hagenbeck in seiner Autobiographie[346] beschreibt. Im Juni 1908 kehrte Wache mit zwölf jungen zahmen Grevyzebras nach Deutschland zurück. Er hatte außerdem noch zwei Afrikanische Elefanten in diesem Transport. Die Zebras wurden zunächst auf einer Somalier-Schau gezeigt, z.B. vom 26.6. bis 13.7. in Frankfurt, ehe sie verkauft wurden, nunmehr für etwa 4.000 Mk pro Exemplar, z.B. an den Zoo von Berlin 1908 eine Stute, an den Zoo Frankfurt 1909 ein Paar. Aber auch sein nimmermüder Konkurrent Carl Reiche aus Alfeld konnte sich von dem Massenfang, den der Negus veranlaßt hatte, einige Grevyzebras sichern und noch im gleichen Jahr zu der von Hagenbeck stammenden Stute dem Berliner Zoo für 4.400 Mk einen Hengst dazu verkaufen. Von da ab gehörten die Grevyzebras zu den kostbarsten und schönsten Zebras, die man in den europäische Zoos sehen konnte.

Vermutlich schon ab 1876, als in London einige Monate lang ein Walroß zu sehen war, dürfte sich Carl Hagenbeck für diese imposante Robbe aus dem hohen Norden interessiert haben. Es war bereits das zweite Tier dieser Art, das im 19. Jh. in London ausgestellt worden war. Das erste wurde dort 1835 gezeigt. Alfred Brehm berichtet[347] über dieses Walroß, wenn leider auch das Datum durch Verdrucken der letzten beiden Zahlen mit 1853 angegeben ist. Man konnte es damals neun Wochen am Leben halten. Zuvor waren, um alle Walrosse, die im 19. Jh. ausgestellt wurden, zu nennen, im Winter 1829 ein etwa 3/4 Jahr altes Walroß in St. Petersburg zu sehen gewesen[348] und 1828 ein junges Weibchen in einer Hütte des Praters in Wien.[349]

Spätestens als der Schausteller Farini mit seinem schließlich ausgewachsenen, ganz zahmen Walroß, das er 1883 in London erwerben konnte, einige Jahre lang durch England und Mitteleuropa reiste und es in Zoologischen Gärten, Aquarien oder anderswo öffentlich zur Schau stellte, war es Carl Hagenbeck klar, daß man diese Robbenart halten konnte. 1886 beschaffte ihm der Kapitän Juell, von dem er viele seiner Eisbären

---

346 C. Hagenbeck 1908, S. 207 und 208.

347 2. Band seines "Illustrirten Thierlebens" von 1865, S. 812.

348 K.E. von Baer: Über das Walroß, St. Petersburg 1836/37.

349 L. Fitzinger beschreibt in der "Wiener Zeitschrift für Kunst, Literatur, Theater und Mode" 86, 1829, S. 709-720 in seinem Artikel "Über das Walroß", wo und unter welch dramatischen Umständen die Besatzung eines dänischen Schiffes beim Landgang das Tier am Ufer einfangen konnte.

bezogen hatte, das erste Walroß für 1.500 Mk. Er verkaufte es an das Aquarium in Berlin-Unter den Linden, doch es lebte dort nicht lange. Im Jahre 1897 konnte Hagenbeck 1,0 Walroß von dem Tierhändler William Cross in Liverpool erwerben. Er schickte es sofort als typischen Vertreter der Tierwelt des nördlichen Eismeeres in das damals gerade in Wien gezeigte Eismeerpanorama und vertraute es dem in der Pflege von Seehunden und Seelöwen erfahrenen Tierlehrer William Judge an. Es starb am 12. Februar 1901 und wurde bis dahin außer in den Eismeerpanoramen als Sonderschaustellungsobjekt in verschiedenen deutschen Zoos gezeigt. 1898 erhielt er, vermutlich aus derselben Quelle, ein halbjähriges weibliches Walroß, das ihm freilich bald nach der Übernahme starb. Hagenbeck hatte in seiner Offerte von 1898 das Männchen von 1897 und dieses Weibchen zusammen für 28.000 Mk angeboten. Dann kamen norwegische Wal- und Robbenfänger in den Besitz lebender Walrosse. 1906 lieferten sie zwei im Zoo von Kopenhagen ab. Im Jahre 1907 gelang es schließlich Carl Hagenbeck, kurz nach der Eröffnung des Stellinger Tierparks, für sein Nordlandpanorama gleich eine ganze Gruppe der imposanten Tiere zu erwerben. Zunächst brachte ihm Fritz Schipfmann zwei Walrosse aus Rußland mit, die ihm durch Vermittlung des Leiters einer wissenschaftlichen Expedition zur Erforschung der Küste in der Umgebung von Murmansk, in deren Hände die Tiere gelangt waren, überlassen wurden. Es waren zunächst drei Walrosse gewesen. Ein ca. 1 1/2jähriger Jungbulle und ein halbjähriges weibliches Tier trafen schließlich am 19. Oktober 1907 in Stellingen ein. Am 30. Oktober 1907 brachte ihm der Kapitän Aagaard aus Tromsö, der ihm 20 Jahre zuvor und dann 1902 wieder Eisbären geliefert hatte, ein weiteres junges Weibchen, für das er 1.500 Mk zahlen mußte und weitere 390 Mk, wenn das Tier drei Monate später noch am Leben war oder in der Zwischenzeit verkauft wurde. Am 9. September 1908 konnte Hagenbeck von dem Kapitän Ole Hansen aus Hammerfest fünf weitere Walrosse kaufen, darunter den berühmten Jungbullen "Pallas", der zu seinem Maskottchen werden sollte, der ihn um vier Jahre überlebte und bei seinem Tod 1917 den bis dahin erzielten Haltungsrekord für diese Robbenart aufstellte. Carl Hagenbeck hatte also vor der Eröffnung seines Nordlandpanoramas in Stellingen alle ihm bekannten Polarmeerfahrer gebeten, ihm für diese Anlage die wirklich tiergeographisch dazu passende Robbenart zu beschaffen. Mit "Pallas" ließ sich Carl Hagenbeck 1911 im Nordlandpanorama seines Tierparks von Lovis Corinth porträtieren. Der Walroßbulle war bereits drei oder vier

Jahre alt, als er in Hagenbecks Hände kam. Auch er war jung eingefangen worden und bis dahin von einer Samojedenfamilie auf Nowaja Semlja gehalten und mit Seehundspeck ernährt worden.[350] Mit der Ernährung durch die Samojedenfamilie ist eines der Hauptprobleme bei der damaligen Haltung junger Walrosse angesprochen. Walroßwelpen saugen etwa ein Jahr. Die Muttermilch ist ungeheuer reich an Fetten und damit an Energie. Die Milch von Haussäugetieren ist für Robben, die den Milchzucker solcher Milch nicht verdauen können, unverträglich. Daher ernährte man schon die gefangenen Säuglinge mit Fischen oder Fischbrei und damit mit einer viel zu wenig Nährstoffe und Energie enthaltenden Ersatznahrung. Die jungen Walrosse sahen daher auf Abbildungen stets halbverhungert aus. Erst im Alter von etwa einem Jahr kann man sie ausreichend mit Fischen ernähren, aber da diese gegenüber der natürlichen Nahrung, die zum überwiegenden Teil aus wirbellosen Tieren, vor allem Muscheln und Weichtieren besteht, energieärmer ist, muß man soviel Fische in sie stopfen, wie sie eben aufzunehmen gewillt sind, um ihren Nahrungsbedarf zu decken. Das sind in der Regel etwa 40 kg Fisch täglich. Dazu sind mehrere Fütterungen pro Tag nötig, was viel Zeit und Geduld erfordert. Und selbstverständlich ist die Fütterung eines Walrosses oder gar von acht Walrossen, wie 1908 in Stellingen, eine sehr teure Angelegenheit. Dennoch dürfte die Schaustellung von derart vielen dieser imposanten Tiere für viele Tierliebhaber und -kenner eine der besonderen Attraktionen in dem neuen Tierpark Carl Hagenbecks gewesen sein. Leider gelang es damals nicht, die Walrosse längere Zeit am Leben zu erhalten. Ihr genaues Sterbedatum ist nicht überliefert. Nur Pallas hat mit einer Haltungsdauer vom 10. Sept. 1908 bis zum 27. Nov. 1915[351] eine längere Lebensspanne gehabt.

Auch Tierarten aus den subpolaren Gewässern der Südhalbkugel waren damals in den Zoologischen Gärten noch nicht zu sehen. Von den Pinguinen waren vorwiegend nur Magellan-, Brillen-, Humboldt- und Eselspinguine in wenigen Exemplaren vor allem auf den Londoner Tiermarkt gebracht worden, aber auch in die Hände des Alfelder Tierhändlers Carl Reiche und über diesen in einige deutsche Zoos gekommen.

---

350 A. Jacobsen: Jagd- und Fangreisen im nördlichen Eismeer, Teil I., S. 5-9 in Carl Hagenbeck's Tier- und Menschenwelt, 3. Jg. 1929/30, Heft 1.

351 F. W. (= Fritz Wegner): Hagenbecks Walroß Pallas †, Zool. Beobachter, 57, 1916, S. 29-30.

Das Problem war, die Vögel während der langen Reise mit frischen Seefischen zu ernähren, oder aber, wenn sie diese hungernd überstanden hatten, wozu sie ohne Schwierigkeiten in der Lage sind, danach zur Aufnahme toter Seefische als Futter zu bewegen. Süßwasserfische können sie, der harten Knochen und Gräten wegen, nur schlecht vertragen. Zur Eröffnung seines Tierparks hatte sich Carl Hagenbeck für das Nordlandpanorama achtzehn Pinguine von dem Londoner Tierhändler Hamlyn und seinem ebenfalls dort ansässigen Kollegen A.S. Castang weitere sieben verschafft, alles vermutlich Brillenpinguine. So war es naheliegend, daß Carl Hagenbeck nach Möglichkeiten suchte, Pinguine in größerer Zahl importieren zu können, aber auch an andere Tiere des südlichen Meeres heranzukommen.

Die Gelegenheit bot sich anläßlich der Landwirtschafts- und Eisenbahnausstellung von 1910 in Buenos Aires, die anläßlich der Hundertjahrfeier der Republik, d.h. der Absetzung des spanischen Vizekönigs durch eine Junta, stattfand. Die Fa. Hagenbeck war mit dem von dem jüngsten Sohn Carl Hagenbecks, Lorenz, begleiteten Zirkus vertreten, der anschließend noch eine Südamerikatournee absolvierte. Außerdem zeigte Hagenbeck, der selbst nach Buenos Aires gekommen war, in der "Exposición Carlos Hagenbeck" zwei Urwaldpanoramen mit Tierpräparaten aus der Werkstatt von Johann Umlauff. Eines stellte den indonesischen Urwald dar, mit Orang-Utan, Gibbons und anderen typischen Vertretern. Das andere Panorama zeigte den zentralafrikanischen Regenwald mit Gorillas, Schimpansen u.a.m. Johannes Pallenberg, ein Bruder des berühmten Tierbildhauers Josef Pallenberg, der die so imposanten Tierfiguren, die das Eingangstor des Stellinger Tierparks schmücken, und die Sauriernachbildungen im Park geschaffen hatte, kümmerte sich um die Panoramen. Auch der Bildhauer Josef Pallenberg war mit nach Buenos Aires gekommen, weil er in La Plata einen Auftrag in Aussicht hatte, einen Park mit Skulpturen von prähistorischen südamerikanischen Tieren zu schaffen. Zu dem Auftrag ist es aber aus Geldmangel nicht gekommen.

Auf der Ausstellung lernten Lorenz Hagenbeck und Johannes Pallenberg einen argentinischen Kapitän kennen, der eine Walfangstation auf der Insel Südgeorgien versorgte. Es ließ sich arrangieren, daß Pallenberg den Kapitän auf seiner nächsten Fahrt begleiten konnte, und diesem gelang es, von dort drei junge Elefantenrobben, sieben angebliche Humboldt-, vermutlich aber Magellanpinguine, sowie 30 adulte und sieben junge Königspinguine mitzubringen.[352] Zwei See-Elefanten konnte er bis nach Stellingen überführen, wo er am 29.12.1910 eintraf, ein junges Männchen, etwa 1,80 m lang, und ein Weibchen, etwa 1,90 m lang. Es waren die ersten Südlichen See-Elefanten, die es in einem Zoo zu sehen gab. Die beiden Tiere wuchsen heran und waren bei ihrem Tod 1916 etwa 2,50 m lang. Sie starben, als es kriegsbedingt in Hamburg nicht mehr genug frische Fische für sie gab, und damit aus demselben Grund, weswegen auch das Walroß "Pallas" sterben mußte.[353] Zuvor waren allerdings schon 1884 fünf Nördliche See-Elefanten (Mirounga anguistirostris) an der Küste Californiens für den Tierhändler Henry Reiche gefangen worden, die ersten Elefantenrobben in Menschenhand überhaupt.[354] Die Fa. Hagenbeck wurde nach dem ersten Weltkrieg zum Hauptimporteur für Südliche See-Elefanten. Bis zum zweiten Weltkrieg brachte sie etwa 24 Exemplare nach Deutschland.

Im Südgeorgientransport von 1912 war auch ein Seeleopard, vermutlich der einzige, der je lebend nach Deutschland gelangte und hier für eine allerdings nur kurze Zeit zu sehen war.[355] Der Seeleopard wurde von Hagenbeck nicht verkauft oder konnte wegen des Boykotts seiner Firma durch die deutschen Zoodirektoren nicht verkauft werden. Er war, nachdem er in Stellingen gezeigt worden war, in "Carl Hagenbeck's Wonder Zoo and Big Circus" in London im Winter 1913/14 auf dem Olympiagelände zu sehen.[356]

Im Jahre 1913 brachte Johannes Pallenberg erneut einen Transport aus Südgeorgien mit weiteren Königspinguinen und einem weiblichen, ca. eineinhalbjährigen See-Elefanten, der von der Fa. Hagenbeck 1914 für 10.000 Mk angeboten wurde. Dieser See-Elefant ist bisher in der Literatur über die Robbenart nicht erfaßt, auch nicht in den späteren Auflagen von Brehms Tierleben. Auch dieses Tier wurde von der Fa. Hagen-

---

352 Zool. Garten 51, 1910, S. 221.

353 L. Zukowsky: Kleine Hagenbeck-Erinnerungen. Zool. Garten NF, Leipzig, 21, (1/2), 9-24, 1954; sowie H. Steinmetz: Beiträge zur Geschichte unserer Kenntnisse vom See-Elefanten, ebd., S. 24-43.

354 R.C. Osburn: California elephant seals at the New York Aquarium. Bull. New York Zool. Soc. N° 45, 1911, S. 759-762 und Zool. Garten 25, 1884, S. 27.

355 L.S. Crandall: The Management of Wild Mammals in Captivity, Chicago, London 1964, S. 436.

356 Nach einem Prospekt im Hagenbeck-Archiv.

beck offenbar nicht verkauft. Von den 80 Königspinguinen traf nur ein einziger lebend in Hamburg ein.[357]

Im Jahre 1909 trat Christoph Schulz in die Dienste Carl Hagenbecks, der für die Importe aus der deutschen Kolonie in Ostafrika eine ebenso große Bedeutung gewinnen sollte wie einst Josef Menges mit seinen Lieferungen aus Nubien und Somalia. Christoph Schulz hatte den Beruf eines Bäckers gelernt und war hernach in den Dienst einer Hamburger Reederei getreten. Dort hatte er es bis zum Proviantmeister gebracht. Aus Westafrika hatte er von einer seiner Fahrten zwei Schimpansen mitgebracht und an Carl Hagenbeck verkauft. Der gewann ihn für seine Firma. Er reiste nun 1909 mit dem Wissen und der Erfahrung seiner Vorgänger nach Ostafrika, ausgerüstet mit Fangnetzen, und begann, nicht nur bereits in der Hand von Farmern befindliche Wildtiere einzusammeln, wie die ersten beiden Spitzmaulnashörner, die er noch 1909 nach Stellingen brachte, sondern in den kommenden Jahren bis zum Ausbruch des Weltkrieges 1910 bis 1913 ganze Herden von in Netzen gefangenen Antilopen, wie 21 Weißbartgnus, 20 Impalas, 14 Ellipsenwasserböcke u.a.m. und auch Antilopen, die bisher noch gar nicht, wie Kongonis, oder nur sehr selten, wie Thomsongazellen, nach Europa gebracht wurden, zu fangen. Er wurde auch nach dem ersten und sogar noch nach dem zweiten Weltkrieg zum wichtigsten Tierfänger in Ostafrika. Der Seniorautor dieser Publikation hat ihn in Südwestafrika selbst noch tätig erlebt und einige Tiere von ihm für seinen Zoo erstanden.

Kurz vor dem ersten Weltkrieg erregte der Tierpark in Stellingen noch durch einen bemerkenswerten Import weltweites Aufsehen. Der Forschungsreisende Hans Schomburgk brachte fünf Zwergflußpferde aus Liberia mit. Das Zwergflußpferd war zwar schon 1844 an Hand von Schädel- und Skelettmaterial aus Westafrika beschrieben worden, aber weiterhin war keine Kunde von dieser Tierart nach Europa gedrungen. Im Jahre 1873 hatten einheimische Jäger in Sierra Leone ein nur wenige Tage altes Jungtier aufgegriffen und dem Gouverneur P. Hennessy überbracht. Dieser hatte es mit nach London genommen und für den Zoo von Dublin bestimmt. Leider starb das interessante Tier, unmittelbar nachdem es dort eingetroffen war.[358] Trotz dieses Beweises seiner Existenz und der Beobachtungen, die der Schweizer Zoologe Johann Büttikofer in

---

357 Archiv Zool. Museum Berlin, S III, Hagenbeck, C.
358 J.M. Price: Zool. Garten, Frankf./M. 16, 1875, S. 152-153.

Liberia machen konnte, gab es in Europa immer noch Fachleute, die an eine zweite, sehr kleinwüchsige Flußpferdart in Afrika nicht glauben wollten und das bisher Bekanntgewordene für vom gewöhnlichen Flußpferd stammend hielten. Zu diesen Skeptikern gehörte offenbar auch Carl Hagenbeck. Hans Schomburgk, der auf seiner letzten Afrikareise untrügerische Hinweise über sein Vorkommen bekommen hatte, konnte diesen aber überreden, ihm eine Reise für den Fang von Zwergflußpferden in Liberia zu finanzieren. Schomburgk traf am 24. Dezember 1911 in Monrovia ein. Am 1. März 1912 hatte er das erste Zwergflußpferd in einer Grube gefangen, vier weitere Fänge glückten ihm noch. Am 15. Juni 1912 traf er mit den fünf Exemplaren, vier Männchen und einem Weibchen, in Stellingen ein.[359] Hagenbeck verkaufte sofort 2,1 an den Zoo von New York-Bronx. Die Angaben im offiziellen Zuchtbuch, das heute über Zwergflußpferde in Menschenhand geführt wird,[360] stimmen insofern nicht, als dort nur zwei Zwergflußpferde nach New York weitergereicht wurden und dadurch das Schicksal eines der nach Stellingen gebrachten Tiere im Ungewissen bleibt. Auch das 1913 nach London verkaufte Männchen soll erst 1925 dorthin gelangt sein. Der tatsächlich allein übriggebliebene Bulle wurde zunächst in Stellingen gehalten. In der Zeit der wirtschaftlichen Notlage der Firma Hagenbeck im Jahre 1920 stellte diese den Zwergflußpferdbullen im Zoo Berlin ein, und zwar am 9. Oktober 1920.

Der Import von Exemplaren einer zweiten Flußpferdart erregte großes Aufsehen. Es wurde auch sofort bekannt, wie und wo man diese Tiere fangen konnte. So waren schon 1913 die beiden Tierhändler Hermann Ruhe aus Alfeld und August Fockelmann aus Hamburg in der Lage, gemeinsam drei weitere Zwergflußpferde aus Liberia anbieten zu können, von denen der Zoo London ein Pärchen erwarb und der Zoo Berlin das dritte Tier, ein Weibchen. Dann beendete der Ausbruch des ersten Weltkrieges die Bemühungen, zu weiteren Zwergflußpferden zu kommen. Nach dem ersten Weltkrieg setzten dann solche Suchaktionen, zu bisher noch unbekannten Tierarten zu kommen wieder ein. Noch hatte niemand

---

359 H. Schomburgk: Hagenbecks Zwergflußpferd. Zool. Beobachter 53, 1912, S. 132-134, 208-210, 338-339. Ders.: On the trail of the pygmy hippo. Bull. New York Zool. Soc., 16 (52), 1912, S. 880-884. Ders.: Distribution and habits of the pygmy hippopotamus. 17th Ann. Rep. New York Zool. Soc., 1912, S. 113-120. New York 1913.

360 E.M. Lang: Das Zwergflußpferd. Wittenberg-Lutherstadt 1975, S. 40/41.

in Europa einen lebenden Bambusbären oder ein Okapi, einen Kongopfauen, Kaiserpinguin und manche andere Wildtierart gesehen. Aber diese Zeit war nicht mehr die Carl Hagenbecks.

Daß freilich noch manche interessante Tierart demnächst auch in den Zoologischen Gärten würde zu besichtigen sein, dessen war man sich sicher. Und Carl Hagenbeck trug dazu bei, sein Publikum darauf vorzubereiten. Im Jahre 1901 wurde in London mitgeteilt, daß das im Jahr zuvor von H. Johnston im Kongourwald entdeckte Tier, von ihm für einen Einhufer gehalten,[361] tatsächlich eine neue Tierart sei, allerdings aus der Verwandtschaft der Giraffe. Der Sekretär der Zoological Society of London, Philip Lutley Sclater führte das Tier als Okapi 1901 in die zoologische Wissenschaft ein. Die Nachricht von einer zweiten Giraffenart erregte in Europa großes Aufsehen, und im folgenden Jahrzehnt pirschten einige europäische Jäger nach dem legendären Tier. Einige Skelette und Felle von ihm kamen in Museen und zu Präparatoren, auch zu Johann Umlauff nach Hamburg. Von ihm erwarb die Fa. Hagenbeck 1913 ein Stopfpräparat, das auf der großen Londoner Show "Carl Hagenbeck's Wonder Zoo and Big Circus" gezeigt wurde. Damit wurde diese Großtierart, die bisher nur wenige Jäger im Urwald für einen kurzen Moment zu sehen das Glück hatten, einem großen Publikum vorgestellt, wenn auch nur als Präparat.

Hagenbeck und die Zoologie

Carl Hagenbeck hat sich Informationen über das Vorkommen und die Verbreitung von Tieren, für die er sich als Tierhändler interessierte, in Zoologischen Museen verschafft oder von Zoologen, wenn sich die Gelegenheit dazu ergab. So schreibt Ludwig Heck in seiner Autobiographie[362] über Carl Hagenbeck: "Sehr viele Tiere hat er uns zuerst lebend vor Auge gestellt, und man muß ihm das Ehrenzeugnis ausstellen, daß er dabei sehr oft das Verdienst neben oder gar über den Verdienst gestellt hat. Ich weiß genau, daß er manche Tierfangexpedition gemacht hat, die ihm mehr gekostet als eingebracht hat. In Mesopotamien, im Gebiet Lu-

---

361 H. Johnston: On a new horse, Proc. Zool. Soc., London, Jg. 1900, S. 774-775 und 950.
362 Berlin 1938, S. 243.

ristan der räuberischen Kurden, gibt es eine zweite Art des Damhirsches, die zwar keine so breite Endschaufel am Geweih bildet, wie der unsrige, dafür aber die ganze Geweihstange mehr oder weniger flach verbreitert. Nach diesem Juwel unter den ausländischen Hirschen, das bis heute noch niemand gesehen hat, hat der alte Hagenbeck zweimal mit großen Kosten gefahndet. Die einzige Ausbeute ist eine abgeworfene Geweihstange. Die haben wir beide, er und ich, mehr als einmal andächtig betrachtet und uns dabei verständnisvoll in die Augen geschaut". Die Passage ist etwas schriftstellerisch überhöht. Die beiden Expeditionen, die u.a. auch dem Mesopotamischen Damhirsch galten, waren die beiden von Schipfmann und Wache 1907 und 1908 in den transkaukasischen Raum und bis in den Pamir, die nur eine magere Ausbeute brachten. Und ganz so unbekannt, wie Heck das darstellt, war der Mesopotamische Damhirsch in Europa nicht. Der englische Vizekonsul in Persien, Robertson, hatte die Art 1875 für die Wissenschaft entdeckt und 1877 und 1878 einige Tiere aus Persien in den Zoo von London geschickt. Sie brachten dort bis 1887 sechs reinrassige Kälber und acht Hybriden mit dem europäischen Damhirsch.[363] Einige der Jungen gelangten in den Tierpark des 11. Herzogs von Bedford und haben dort noch bis Anfang des 20. Jahrhunderts gelebt.[364] Nach Deutschland kamen allerdings die ersten Mesopotamischen Damhirsche erst 1958 in den Privatzoo Georg von Opels in Kronberg/ Taunus, der ihren Fang und Export nach Deutschland finanziert hatte. Hecks Erinnerungen lassen aber erkennen, daß noch wenig bekannte Säugetiere Carl Hagenbeck beschäftigten. Ludwig Zukowsky schreibt,[365] daß er ihn im Zoologischen Museum von Berlin bei Paul Matschie antraf, der damals gewissermaßen als "Papst" der Säugetiersystematik galt.

Carl Hagenbeck und sein Sohn Heinrich nahmen am V. Internationalen Zoologenkongreß zu Berlin 1901 teil.[366] Auf dem Geographentag 1885 stellte Carl Hagenbeck u.a. von Menges mitgebrachte Felle der Somali-Giraffengazelle aus, die in Europa damals noch unbekannt war und erst 1899 von Oscar Neumann als neue Subspezies unter dem Namen

---

363 S. Zuckerman: The breeding seasons of mammals in captivity. Proc. Zool. Soc., London, 122, 1953, S. 827-950, hier S. 892/893.

364 Lutz Heck in Grzimeks Tierleben, 13. Band, Säugetiere 4, S. 182, 1968.

365 Kleine Hagenbeck-Erinnerungen, Zool. Garten NF 21, 9-24, S. 21.

366 Teilnehmerliste des V. Int. Zool. Congr. zu Berlin, 12.-16. Aug. 1901, herausgegeben von Paul Matschie. G. Fischer, Jena, 1901.

Litocranius walleri sclateri beschrieben wurde.[367] Er gab Kadaver oder Material als Legate, so z.B. an das Anatomische und das Zoologische Museum von Berlin, das Anatomische Museum der Universität Bonn, das Naturhistorische Museum in Braunschweig, das Naturhistorische Museum Hamburg, die Anatomische Anstalt in Königsberg, das Naturhistorische Museum Leipzig und das Zoologische Museum in Lübeck. Der Direktor des Naturhistorischen Museums in Braunschweig, Th. Noack, bedankt sich bei ihm einerseits[368] für bereitwilliges Entgegenkommen, zoologische Studien in seinem Tierpark am Neuen Pferdemarkt in Hamburg machen zu können, andererseits[369] für die Überlassung von Säugetierbälgen von aus dem Somaliland eingeführten Tieren.

Einige Zoologen ehrten Carl Hagenbeck für die Förderung der Zoologie und benannten neu für die Wissenschaft von ihnen beschriebene Tiere, meistens Unterarten, mit seinem Namen. Damals herrschte in der zoologischen Systematik die Tendenz, auch geringfügige morphologische und Zeichnungs- bzw. Färbungsunterschiede von Tieren gegenüber dem bisher vorliegenden Material der Art, insbesondere wenn die Tiere aus Gegenden stammten, aus denen bisher die Art noch nicht beschrieben worden war, zum Anlaß zu nehmen, eine neue Unterart der Spezies oder gar eine neue Art der Gattung zu kreieren. Später, als man mehr von der Variabilität der Art- und Unterartmerkmale wußte, bekam die gegenteilige Ansicht die Oberhand, und viele der einst postulierten Unterarten und Arten wurden wieder eingezogen. Dies betraf auch einige der nach Carl Hagenbeck benannten, so daß sie heute in der Zoologischen Systematik nicht mehr zu finden sind. Damals aber dürfte ihre Benennung dem Selbstwertgefühl Carl Hagenbecks geschmeichelt haben.

Walther Rothschildt, Tring/England, benannte 1901 nach von den Reisenden Grieger und Wache mitgebrachten Exemplaren den Ringfasan von Kobdo als Phasianus colchicus hagenbecki[370] und 1907 ein Känguruh seines Tierparks aus Nordaustralien, das er allerdings nicht von Hagenbeck bezogen hatte, als Macropus hagenbecki.[371] Das Känguruh wird

---

367 C.Th. Noack: 1885, S. 172.
368 ebd., S. 171.
369 Ein neuer Canide des Somalilandes, Canis Hagenbeckii, ebd. 27, 1886, S. 232.
370 Bull. Brit. Orn., Cl. 12, 20, 1901.
371 Novit. Zool., 14, 333, 1907.

heute[372] als ein Bergkänguruh (M. robustus) angesehen, wurde aber auch schon als Hybride klassifiziert.[373] Von dem Braunschweiger Zoologen Th. Noack wurde 1903 der Steinbock aus dem Altai und einiger anderer angrenzender Gebirgszüge als Altai-Steinbock, Capra ibex hagenbecki beschrieben, 1904 von dem Russen Shitkov der Rothirsch Turkestans als Cervus elephus hagenbecki, "weil Carl Hagenbeck bei dem Import von 1900 als erster erkannt hatte, daß es sich um eine bis dahin unbekannte Subspezies handelte".[374] Die Unterart ist heute unter dem Bucharahirsch Cervus elephus bactrianus Lydekker 1900 subsummiert. Sein eigener wissenschaftlicher Assistent, Th. Knottnerus-Meyer, beschrieb die Giraffe aus dem Gallaland 1910 als Giraffe camelopardalis hagenbecki, heute zu G. c. reticulata gestellt. Paul Matschie und Ludwig Zukowsky benannten einen aus Lagos stammenden Mandrill als neue Art der Gattung, als Mandrillus hagenbecki.[375] Sie ist heute eingezogen. Im Jahre 1928 benannte Ludwig Zukowsky eine aus Bengalen stammende Hirschziegenantilope als Antilope cervicapra hagenbecki. Sie wird heute zu A. c. rupicapra gestellt. Diese Benennung sollte aber nicht Carl, sondern seinen Sohn Heinrich ehren.

Die Rezeption des Tierparks in der Öffentlichkeit

Die große und überwiegend positive Resonanz in Zeitungen und Zeitschriften konzentrierte sich auf die von Sokolowsky ausgeführten Eigenarten der Stellinger Tierhaltung. Man war sich einig, daß in Stellingen etwas Neues geschaffen worden war, das sich wesentlich von den älteren Zoos unterschied. Dabei standen weniger zoologische oder allgemeinwissenschaftliche Argumente im Mittelpunkt. Vielmehr war der Gesamteindruck, den die Anlage hervorrief, entscheidend. Die Äußerungen ähneln denen über die Panoramen der 1890er Jahre. Die Gartenlaube druckte 1908 ein Foto ab und formulierte im Text, in diesem "lehrreichen und eigenartigen zoologischen Paradies" besäßen die Tiere "möglichst

---

372 T. Iredale & E.L.E.G. Troughton: Check-List of the Mammals Recorded from Australia, Sydney 1934.

373 E. Schwarz: Ein Känguruhbastard (Macropus hagenbecki (Rothschildt). Zool. Garten NF 14, 1931, S. 197-203.

374 Zool. Jb. Syst., 20, 1904, S. 103, fig. 4.

375 Sitz. Ber. Gesell. naturf. Freunde Berlin, Jg. 1917.

viel Bewegungsfreiheit".[376] Die Zeitschrift "Über Land und Meer" hob das Prinzip hervor, "den Tieren Wohnungsverhältnisse zu bieten, die den Charakter ihrer Heimat möglichst abgelauscht waren, ihnen größere Freiheit, zum mindesten aber eine ungehemmte Bewegungsmöglichkeit" zu gewähren.[377]

So sehr sich die Stellungnahmen ähneln, eines wird deutlich: In Stellingen fühlte man sich dem lebenden Tier in dem seiner Art gemäßen Naturausschnitt nahe, hier konnte man in einer Parklandschaft mit Tieren lustwandeln und allerlei Attraktionen erleben. Diese Sichtweise wird in den in den folgenden Jahren aufflammenden Diskussionen um den Tierpark auch immer wieder deutlich. Eine in ihrer Qualität und Ausführlichkeit herausragende Stellungnahme in diesem Sinne ist jene von Alfred Freiherr von Berger, ehemals Intendant des Wiener Burgtheaters und des Hamburger Thaliatheaters und Professor für Ästhetik an der Universität Wien. Er setzte sich 1913 mit den Schaustellungsprinzipien des Tierparks auseinander, die er aus seiner ästhetischen, auf den Natureindruck abhebenden Sicht interpretierte.[378] "Dieses 'Tierparadies' ist, wenn ein kühner Vergleich gestattet ist, Hagenbecks 'Faust', die im Alter eroberte und erlebte Verwirklichung eines Traumes, dessen Keime sich schon in früher Jugendzeit in sein Herz gesenkt... und der mit ihm reif und groß geworden ist." Von seinem eigenen Fach ausgehend, formuliert von Berger: "Es ist merkwürdig, wie das Zeitalter beherrschende Ideen auch auf dem Arbeitsfeld Hagenbecks in höchst eindringlicher Gestaltung zur Erscheinung kommen." Wie in der Literatur das "realistische Milieudrama" die "szenische Kunst" anregte, "die Lebensschauplätze der auf der Bühne vorgeführten Menschen mit malerischer Kraft naturwahr zu verkörpern", so habe Hagenbeck die Schaustellung von Tieren in "ähnlichem Sinne" reformiert: nicht mehr "losgelöst von ihrer natürlichen Umgebung, in Käfigen und nüchternen Gehegen, sondern ... mit einer ihrer Heimat ähnlichen Landschaft."

---

376 Gartenlaube 1908, S. 75.
377 C. Lind: Aus Hagenbecks Tierpark, Über Land und Meer 97, 1907, S. 580-581.
378 Der Artikel erschien posthum, kurz nach dem Tod von Bergers und am Todestag Hagenbecks in den Bremer Nachrichten vom 15.4.1913, Hagenbeck-Archiv. Vgl. auch die kurzen Ausführungen von K. Artinger: Von der Tierbude zum Turm der blauen Pferde: die künstlerische Wahrnehmung der wilden Tiere im Zeitalter der zoologischen Gärten, Berlin 1995, S. 208 zu Hagenbecks Panoramen und ihrer Interpretation als "sichtbarer Reflex" auf das Großstadtleben.

Mit der Eröffnung des Tierparks in Stellingen hatte der Name "Hagenbeck" endgültig ein Image erreicht, das ihn mit allen möglichen Formen von Exotismus geradezu gleichsetzte. Ein vom Hamburger Senat eingesetzter Ausschuß formulierte dazu im Jahre 1912, der Name habe eine "suggestive Wirkung..., für Heimische und Fremde, Inländer und Ausländer einen ganz eigenen Klang, eine Bedeutung, die von einer gewissen faszinierenden Wirkung ist... Und namentlich der deutsche Binnenländer sieht beim Namen Hagenbeck sofort große Gruppen von Eisbären, Tigern, Löwen, Elefanten und allerlei fremdfarbige Völkerschaften vor seinem geistigen Auge."[379] Eine lebhafte Auseinandersetzung um den Tierpark kam erst einige Jahre später auf, als sich der Widerstand vieler deutscher Zoodirektoren formierte.

Hagenbecks Tierpark und der Hamburger Zoo

Konkurrenten in Hamburg

War die Argumentation Hagenbecks und Sokolowskys, die Realisierung des "biologischen Prinzips" in Stellingen betreffend, zunächst von den deutschen Zoodirektoren öffentlich nicht zur Kenntnis genommen worden, änderte sich dies im Laufe des Jahres 1909 im Zusammenhang mit Überlegungen zur Zukunft des alten Hamburger Zoos. Dieser war 1863 als Initiative mehrerer wohlhabender und an der Vermittlung naturkundlichen Wissens interessierter Hamburger Bürger gegründet worden.[380] Träger der Institution war eine Zoologische Gesellschaft, zu der sich die Gründer und weitere Interessierte zusammenschlossen. Als Verein vom finanziellen Engagement der Mitglieder der Zoologischen Gesellschaft und von den Einnahmen aus Besucherentgelten abhängig, mußte sie wie viele andere deutsche Zoos dieser Jahre auch, seit 1908 auf Beihilfen des Hamburger Staates von 75.000 Mark zurückgreifen.[381] Denn die zuvor finanziell gesunde Institution hatte seit der Eröffnung Stellingens zwar immer noch etwa 1/2 Mill. Besucher im Jahr, aber doch einen Besucher-

---

379 StA Hamburg Cl IV Lit B No 4 Vol 2a Fasc 2 Inv 16i Conv II 190/-.
380 Vgl. weitere Ausführungen in A. Rieke-Müller, L. Dittrich: Der Löwe brüllt nebenan. Die Gründung Zoologischer Gärten in Deutschland 1833-1869, Köln 1998.
381 StA Hamburg 111-1 Cl IV Lit B No 4 Vol 2a Fasc 2 Inv 16 i Conv I.

rückgang von über 80.000 Personen und somit einen entsprechenden Einnahmerückgang zu verzeichnen. Zudem lief 1910 der auf 50 Jahre begrenzte Pachtvertrag für das nahe der Innenstadt gelegene Zoogelände aus. Einigte man sich in dieser prekären Situation nicht auf eine Verlängerung des Pachtverhältnisses, was ein weiteres finanzielles Engagement des Hamburger Staates voraussetzte, war die Existenz dieses Zoos bedroht. In der Hamburger Finanzdeputation war man sich einig, daß die Konkurrenz Hagenbecks zwar mit ausschlaggebend für diese negative Entwicklung gewesen sei, aber die Verwaltung des Hamburger Zoos habe auch nicht "den veränderten Verhältnissen in der richtigen Weise Rechnung" getragen.[382] Schon 1902 war der Hamburger Zoo massiver Kritik ausgesetzt gewesen, als der hannoversche Zoologe Theodor Knottnerus-Meyer im "Zoologischen Garten" von "Stillstand und Rückgang" schrieb, eine Kritik, auf die der damalige Direktor Dr. Heinrich Bolau sen. seinerzeit eine Replik in derselben Zeitschrift geschrieben hatte.[383] Knottnerus-Meyer, der durch seine Aufsätze die Aufmerksamkeit Hagenbecks erregt haben dürfte, befand sich inzwischen in dessen Diensten. Nach der Eröffnung des römischen Zoos war er dort bis 1915 Direktor. Da Hagenbeck auch bei der Planung oder Neugestaltung weiterer Zoos in Deutschland gefragt war, mußten die Zoodirektoren davon ausgehen, daß seine Ideen der Tierparkgestaltung und Tierhaltung an Einfluß gewinnen würden. Zudem erfuhr die Person Carl Hagenbecks in den Jahren nach der Eröffnung Stellingens durch die Veröffentlichung seiner Autobiographie im Jahre 1908 in der deutschen Öffentlichkeit enorme Aufmerksamkeit.

Carl Hagenbeck als Person in der Öffentlichkeit

Carl Hagenbecks Autobiographie erlebte schnell nacheinander mehrere Auflagen. 1909 erschien auch eine englische Ausgabe, 1910 eine italienische, 1911 eine dänische. In dem Buch schilderte dieser seinen beruflichen Werdegang sowie viele Ereignisse aus seinem Leben und ging auch auf seine Überlegungen zur Gestaltung von Tierparks ein. Außerdem

---

382 Ebd. 5/-, Sitzung der Finanzdep. 10.11.1908.
383 Zoologischer Garten, Frankf./M. 43, 1902, S. 273, 305, 337, 369; 44, 1903, S. 33-37.

legte er in der Schrift seine guten persönlichen Verbindungen zu verschiedenen gekrönten Häuptern Europas und zu weiteren Angehörigen wichtiger Adelshäuser dar. Unter diesen nahm die Person Kaiser Wilhelms II. einen besonderen Platz ein. Die Öffentlichkeit erlebte Hagenbeck nun nicht nur als aus vielen Zeitungsberichten bekannten Tierhändler, dessen weltumspannendes Unternehmen sogar Gegenstand von Karikaturen geworden war, sondern auch als gesellschaftlich anerkannte Persönlichkeit mit allerhöchsten Bekanntschaften.

Viel Raum widmete Carl Hagenbeck in seinen Erinnerungen vor allem dem Aufenthalt des deutschen Kaisers Wilhelm II. am 20. Juli 1908 im Tierpark in Stellingen und seiner begeisterten Reaktion auf das dort Gesehene.[384] Dieser Besuch war wohl durch die Vermittlung des preußischen Gesandten in Hamburg, Gustav Adolf Graf von Götzen (1866-1910), zustandegekommen, der als junger Mann Afrika bereist hatte und 1901-1906 Gouverneur von Deutsch-Ostafrika gewesen war.[385] Der Aufenthalt des Kaisers in Stellingen ist umso bemerkenswerter, als dieser dem Berliner Zoo recht distanziert gegenüberstand, also nicht als Zoofreund im allgemeinen gelten konnte. Er war dort zwar als Kind, gemeinsam mit seiner Mutter Victoria, des öfteren und durchaus gern gewesen.[386] Aber nach seiner Krönung (1888) hatte er ihm keinen einzigen Besuch mehr gewidmet. Carl Hagenbeck schildert in seiner Autobiographie, wie ihn bei der Nachricht des bevorstehenden Ereignisses "ein großes Glücksgefühl" ergriffen habe, denn "unter den Wünschen, die man in der Stille nährt, hegte ich als höchsten Lebenswunsch schon lange diesen: den Kaiser in meine Schöpfung einführen zu dürfen".[387] Wilhelm II. traf im Laufe des Tages aus Kiel von einer seiner Nordlandfahrten kommend, mit kleinem Gefolge ein und ließ sich von Hagenbeck und dessen beiden Söhnen durch den Tierpark führen. Er zeigte sich in aufgeräumter

---

384 C. Hagenbeck 1909, S. 447-451.

385 Nach C.G. Schillings: Hagenbeck als Erzieher, o.O. 1911, S. 10. Vgl. H. Günther: Geschichte der deutschen Kolonien, 3. Aufl., Paderborn etc. 1995, S. 156ff., 161; L.H. Gann, P. Duignon: The Rulers of German Africa 1884-1914, Stanford, Cal. 1977, S. 77f., 121 und 138. In seiner Gouverneurszeit fand in Ostafrika der Maji-Maji-Aufstand statt, der aber bei weitem nicht die Ausmaße des Krieges in Südwestafrika erreichte.

386 Kaiser Wilhelm II.: Aus meinem Leben 1859-1888, 7. Aufl., Berlin, Leipzig 1927, S. 37.

387 C. Hagenbeck 1909, S. 447. Das folgende S. 448-451.

Stimmung und zu Scherzen aufgelegt. Die "famosen" und "entzückenden" Anlagen erregten sein Wohlgefallen. Vor allem das Nordlandpanorama hatte es ihm angetan, dort verweilte er einige Zeit. Bei der Betrachtung der "japanischen Insel" fragte er einen seiner Begleiter, Graf Friedrich Eulenburg, ob jene auch "echt und natürlich" angelegt sei. Dieser bemerkte, die Insel wirke nicht nur "stilecht, sondern noch hübscher angelegt, als man es in Japan gewohnt sei." Eulenburg hatte Japan in den 1860er Jahren während einer diplomatischen und wissenschaftlichen Mission kennengelernt und galt dem Kaiser deshalb wohl als Experte. Besondere Aufmerksamkeit erregte Hagenbecks Ankündigung, schon bald eine Straußenfarm errichten zu wollen, wußte doch der Kaiser vom Großherzog von Oldenburg, daß dieser sich ebenfalls mit einem solchen Gedanken trug. Nach 2 1/2-stündiger Besichtigung lobte Wilhelm II. das Gesehene mit den Worten: "Die Anlage ist mit Fleiß und Kunstsinn hergestellt.... Ich werde meiner Familie, meinen Freunden und Bekannten empfehlen, dieses hochinteressante Institut zu besuchen." Er schätzte an Carl Hagenbeck, der nun durch den Umzug der Firma nach Stellingen vom Hamburger zum 'Preußen' geworden war, den Unternehmergeist des erfolgreichen Selfmademan, die Welterfahrenheit und Durchsetzungskraft, gepaart mit nationaler Gesinnung. Diese Eigenschaften hatte er aus der Sicht Wilhelms II. 1906 bei der Lieferung von Dromedaren für die deutschen Kolonialtruppen in Südwestafrika und schon seit Jahren durch seine Erfolge im Überseehandel bewiesen, einem Feld, auf dem der Kaiser den dominierenden Engländern allzu gern Konkurrenz zu machen wünschte.[388] Die Planungen für die Straußenfarm bestärkten den Kaiser in der Auffassung, einen nicht nur erfolgreichen und weitsichtigen Geschäftsmann, sondern auch einen praxisorientierten Förderer der Wissenschaft vor sich zu haben, eine Kombination, die ihm imponierte und im folgenden Jahr zu einem nochmaligen Besuch führte. So meinte er, an seine Begleitung gewandt: "Sehen Sie, meine Herren, einen solchen Mann wie Hagenbeck könnte ich ganz gut als Finanzminister gebrauchen, besser noch als meinen eigenen Privatschatzmeister." Der von seinem Besucher sichtlich beeindruckte und euphorische Gastgeber fühlte sich nach dieser Einschätzung "kühn genug, den Kaiser zu

---

388 Für Wilhelm II. bedeutete "Reichsgewalt" in erster Linie "Seegewalt": F. Herre: Kaiser Wilhelm II. Monarch zwischen den Zeiten, Köln 1993, S. 184f.

bitten, die Dedikation des Buches von mir anzunehmen,"[389] eine Bitte, die der Kaiser "in größter Güte" annahm.

Mochte der deutsche Kaiser Carl Hagenbeck als national gesinnten Deutschen betrachten, so war dieser doch ein eher unpolitischer Mensch, dem die Vorstellungswelt Wilhelms II., vor allem dessen scharfer anti-englischer Affekt, fremd gewesen sein dürfte. An weltweites Agieren gewöhnt und auch darauf angewiesen, ging er zwar indirekt auf die na-tionalistisch-chauvinistische Rhetorik des Kaisers ein, ohne diese jedoch auch inhaltlich nachzuvollziehen. Für ihn war die Lieferung der Drome-dare, deren Darstellung er sich in seiner Autobiographie ausführlich widmet, mehr ein Beweis der Leistungskraft seiner Firma als Ausdruck einer politischen Einstellung.[390] Die spannungsreiche und in einer brei-ten Öffentlichkeit auch so empfundene außenpolitische Situation wenige Jahre vor dem 1. Weltkrieg hat aber auch in den Lebenserinnerungen Carl Hagenbecks Spuren hinterlassen. Inwieweit sich die Auswahl und die Bewertung der Ereignisse sowie die Formulierungen auf den Einfluß des "ghost-writers" Philipp Berges, Feuilleton-Redakteur des Hamburger Fremdenblattes, zurückführen lassen oder auf Hagenbeck selbst, muß of-fen bleiben. Deutlich zu erkennen ist aber das Bemühen um die Darstel-lung der Firma als zwar weltweit agierendes, aber doch dezidiert deut-sches Unternehmen. So berichtet die Autobiographie zwar von Hagen-becks engen Bindungen an den englischen Tiermarkt, indem sie seine erste Reise nach London noch als 20jähriger und seine häufigen Aufent-halte dort besonders hervorhebt.[391] Zugleich betont er aber, daß "nach der Gründung des Deutschen Reiches und dem Aufschwung der deut-schen überseeischen Beziehungen" diese anfängliche Abhängigkeit ab-geschüttelt werden konnte. Dementsprechend wird die Rolle seines Schwagers Rice, der für ihn jahrelang eine so große Bedeutung gehabt hatte, auf die eines "Geschäftsfreundes" reduziert.[392] Politische Oppor-tunität, Selbstdarstellung und subjektives Empfinden führten auch dazu, daß er der Firma Jamrach, die nicht nur Konkurrent, sondern zeitweilig ebenfalls Partner war, nur wenige allgemeine Formulierungen widme-

---

389 C. Hagenbeck 1909, S. 450.
390 Das geht auch aus seiner Darstellung der Angelegenheit hervor: C. Hagenbeck 1909, S. 358-368.
391 Ebd. S. 52.
392 Ebd. S. 72.

te.[393] Die ausführlichen Darlegungen zu Hagenbecks Plänen zur Akklimatisierung von Jagdwild und Nutztieren in einheimischen Wäldern und in Übersee waren sicher nicht zuletzt auf den entsprechend interessierten Kaiser gemünzt, dessen spezielle Interessen er damit ansprach.

Die Anerkennung der Verdienste Hagenbecks äußerte sich nicht nur im Besuch des Kaisers bei seinem preußischen Untertan und in der Ernennung zum Mitglied in wissenschaftlichen Gesellschaften, sondern auch in vielfältigen, nicht nur nationalen Ehrungen. 1891 war Hagenbeck bereits auf Betreiben des Direktors des Jardin d'Acclimatation in Paris, Albert Geoffroy Saint-Hilaire, Mitglied der französischen Academie des Beaux Arts geworden,[394] seit 1899 konnte er sich mit dem Prädikat des Königlich preußischen Hoflieferanten schmücken. Er war Commerzienrat, 1901 erhielt er seinen ersten Orden: den preußischen kgl. Kronenorden 4. Klasse, gefolgt 1903 vom Verdienstkreuz d'Agricole und 1905 vom bulgarischen Verdienstorden. 1908 wurde ihm der preußische Rote Adlerorden 4. Ordnung und das sächsische Ritterkreuz 1. Klasse des Albrechtsordens mit Krone verliehen, 1912 schließlich noch das Ritterkreuz des Danebrogordens des dänischen Königs.

Als besondere Ehre konnte Hagenbeck im Sommer 1911 auch den Vorschlag des Direktors der Hamburger Kunsthalle, Alfred Lichtwark, annehmen, sich vom Impressionisten Lovis Corinth (1858-1925) malen zu lassen.[395] Allerdings nahm er dieses Vorhaben, den erhaltenen Quellen nach zu urteilen, wohl eher zurückhaltend bis skeptisch auf. Ihm lag es, bei allem Sinn für Werbung für die Firma und für sein berufliches Agieren, nicht, auch als Person im Mittelpunkt zu stehen.

Lichtwark hatte den Vorsitzenden der Berliner Sezession Corinth brieflich darum gebeten, ein Landschaftsmotiv und "ein Figurenbild" für das Hamburger Museum zu malen. Dieser antwortete im Juli 1911 aus seinem Urlaubsort in Tirol: "... Wie wäre die Schöpfung Hagenbecks?

---

393 Ebd. S. 46f., 50f., 56.
394 Zur Bedeutung Albert Geoffroy Saint-Hilaire's (Direktor bis 1895) und des Jardin d'Acclimatation für die Kolonialbewegung in Frankreich M. Osborne: Nature, the Exotic, and the Science of French Colonialism, Bloomington, Indianapolis 1994, bes. S. 113ff. Osborne bietet auch einen Überblick über die Akklimatisierungsbewegung in Frankreich.
395 Zum folgenden die Materialien bei Ch. Berend-Corinth: Die Gemälde von Lovis Corinth, München 1958, S. 195 und Kat. Nr. 450, sowie Th. Corinth: Lovis Corinth. Eine Dokumentation, Tübingen 1977, S. 147-151.

Mir natürlich ist es angenehm, wenn ich die Motive von Ihnen erhielte." Lichtwark war von Corinths Vorschlag offenbar angetan, denn der Maler verabredete sich mit ihm für den 29. August in der Kunsthalle, um von dort gemeinsam nach Stellingen zu fahren: "... Das denke ich mir nun geradezu großartig: den alten Hagenbeck mit zahmen Viechern und Neger oder sonstigen schwarzen Leuten. Herzlichen Gruß, Ihr Lovis Corinth." Der Maler wollte Carl Hagenbeck also offenbar nicht nur als Tierhändler, sondern auch als Veranstalter von Völkerschauen in einem vom künstlerischen Motiv her sicherlich attraktiven Kontrast zwischen weißem Europäer, schwarzem "Naturmenschen" und exotischen Tieren darstellen. Das Treffen mit Hagenbeck kam aber nicht zustande, da dieser inzwischen für längere Zeit erkrankt war. Lovis Corinth nahm aber die Gelegenheit wahr, um sich den Tierpark anzuschauen. Er kam dabei jedoch in einem Schreiben an Lichtwark zu dem Schluß, es könne "doch nichts einen richtigen Anspruch machen, für die Kunsthalle gemalt zu werden. Zudem wäre das geplante Motiv doch das beste, und der alte Herr Hagenbeck soll ja wie sein Sohn sagte auch darüber andere evtl. Gedanken angeben können... Vielleicht, wenn Sie, Herr Professor, den alten Herrn bearbeiten würden, könnte ich vielleicht im Spätherbst einige Male herüberkommen..." Erst im Oktober begann Corinth mit den Arbeiten am Porträt, das Carl Hagenbeck mit dem Walroß "Pallas" im "Nordland"-Panorama zeigen sollte. Dies war wahrscheinlich das Motiv, das der Maler bereits in seinem Brief angesprochen hatte. Er meldete dem Auftraggeber am 10. Oktober: "Aus dem Gröbsten bin ich schon heraus.... Herr Hagenbeck sitzt sehr gut und bewundert das schnelle Zustandekommen des Bildes. Alle möglichen Bequemlichkeiten läßt er mir angedeihen,..." Und am 11. schrieb er an seine Frau nach Berlin: ".... Nur morgen das Ganze noch ein paar Stunden übergehen. Es war sehr anstrengend;... Jetzt wo es zu Ende geht, stellen sich auch wieder Unzufriedenheiten ein: zu steif etc.... Das Viech (das Walroß, die Verff.) macht alle möglichen Stellungen viel complizierter, wie meine einfache auf dem Bilde. Na wollen sehen..." Das Gemälde wurde am 16. Oktober 1911 von Lichtwark in den Bestand der Kunsthalle übernommen und 1912 auf der Jahresausstellung der Berliner Sezession erstmals öffentlich ausgestellt.

Während sich Carl Hagenbeck also als öffentliche Person auf dem Höhepunkt seines Erfolges und seiner gesellschaftlichen Anerkennung befand, kam es zugleich zu einer folgenreichen wissenschaftlichen Diskussion um mehrere Aspekte seines beruflichen Wirkens.

Die wissenschaftliche Debatte um den Tierpark in Stellingen

Zu Anfang des Jahres 1909, zwei Jahre nach der Eröffnung des Tierparks in Stellingen, begann nun eine jahrelange, von beiden Seiten scharf geführte Debatte in deutschen Tageszeitungen über die Beurteilung des Stellinger Tierparks aus fachlicher Sicht. Den Reigen eröffnete der hannoversche Zoodirektor Dr. Ernst Schäff im Hamburger Correspondent vom 1. Januar 1909. Zunächst lobte er den Beschluß der Bürgerschaft, dem Hamburger Zoo eine finanzielle Unterstützung zu gewähren, "denn es wäre tatsächlich eine Versündigung an der Bewohnerschaft Hamburgs gewesen, hätte man jenen so wichtigen Faktor im Leben der Stadt einfach ausgeschaltet." Im folgenden sprach er sich zunächst gegen die Verlegung dieses Zoos an die Peripherie der Stadt aus, sei er dort doch nicht mehr "von allen Seiten bequem zugänglich". Dann ging Schäff auf die Art der Tierhaltung im Hamburger Zoo und in den Zoologischen Gärten im allgemeinen ein, ohne den Tierpark in Stellingen zu erwähnen. Er erklärte die Verwendung von "den naturgemäßen Verhältnissen im Freien entsprechenden Behältern" für "theoretisch unbedingt wünschenswert", aber "praktisch undurchführbar". Man müsse freilich die vorhandenen Käfige "dem Wesen der in ihnen unterzubringenden Tiere entsprechend charakteristisch einrichten und ausstatten." Es folgten Verbesserungsvorschläge aus ökonomischer Sicht wie die stärkere Berücksichtigung einheimischer Tiere, der Ausbau des Kinderspielplatzes und der Restaurationsräume, Tierkarawanen für Kinder, die abwechslungsreiche Gestaltung der Konzerte etc. Auch an den Tierhäusern sei manches zu verbessern, einiges neu zu bauen. Schließlich sei die "Reklame" für den Zoo zu verstärken, denn – und damit kam er auf Stellingen – der Erfolg Hagenbecks liege vor allem auch in seiner "Reklame im großen Stil" begründet. Schäffs Ausführungen zum Stellinger Tierpark lassen bereits die großen Linien der Argumentation erkennen, die Zoodirektoren in den folgenden Monaten in verschiedenen Stellungnahmen ausbreiten sollten. Hagenbecks Tierpark biete zwar "viel Großartiges und Interessantes" und sei sehr sehenswert. Aber seine Ideen beispielsweise zur Akklimatisierung seien weder neu noch die einzig richtigen. Nur könne er als Privatunternehmer risikobereiter agieren als der angestellte Direktor eines Zoos. Seine "Paradestücke", die Panoramen, wirkten nur in "großen Ausmessungen" und seien sehr kostspielig. Außerdem betrachtete Schäff die "Anhäufung von so vielen frei durcheinander laufenden Tieren" im Tierparadies nicht als vorbildlich, vom didaktischen Gesichtspunkt aus sogar für verfehlt. Man könne die Tiere nur schwer bestimmen, ein Argument, das für einen traditionellen Zoologen schwer wog. Schließlich argumentierte Schäff, Stellingen könne sowohl hinsichtlich der Reichhaltigkeit des Tierbestandes als auch des Artenreichtums nicht mit dem alten Hamburger Zoo mithalten. In diesen beiden Argumenten offenbarte sich ein bis ins Grundsätzliche gehender Streit über den Gegenstand von "Biologie" und ihrer Popularisierung an sich. Auf der einen Seite standen die Zoodirektoren der älteren Generation, die, vornehmlich an Morphologie und Artenkenntnis interessiert, Wert vor allem auf einen umfangreichen Tierbestand legten. Auf der anderen Seite waren junge Zoologen wie Sokolowsky und zahlreiche Laien, die die Artenvielfalt für weniger wichtig hielten. Ihnen kam es auf die Zurschaustellung von Tierfamilien und buntgemischten Tiergesellschaften in großen naturnahen Gehegen an.

In seinen weiteren Ausführungen konzentrierte sich Schäff aber vor allem auf spezifisch tiergärtnerische Aspekte. Da die Tiere in Stellingen in großen Gruppen gehalten würden, seien sie, so der Zoologe, auch durch die leichte Übertragbarkeit infektiöser Krankheitserreger bei sozialen Kontakten stärker gefährdet als kleine Tierbestände in einem Gehege oder einzeln gehaltene Exemplare. Diese neueste wissenschaftliche Erkenntis über den Übertragungsweg von Krankheiten durch Infektionen schien endlich die zuvor oft rätselhaften Todesfälle in den Zoos zu erklären. Sie hatte mit dazu beigetragen, daß man im letzten Jahrzehnt zunehmend Zuflucht in der isolierten Haltung einzelner Tiere gesucht hatte, um diese gesundheitlich zu schützen. Abschließend betonte Schäff, daß der Hamburger Zoo ein "wissenschaftliches und dem Allgemeinwohl dienendes Institut" sei, der Tierpark aber ein "Handels- und Schau-Unternehmen großen Stils".

Als nächster äußerte sich der Berliner Zoodirektor Dr. Ludwig Heck in einem Artikel im Berliner Tageblatt vom 28.1.1909. Darin konzentrierte er sich unter Hinweis auf die finanziellen Schwierigkeiten des Hamburger Zoos auf die grundsätzlichen Unterschiede zwischen den

Zoos als "Volksbildungsanstalt" mit "edleren und ernsteren Zielen" und dem Hagenbeckschen Tierpark als "Schaugeschäft".

"....Gönnen wir dem Tierpark die schaulustigen dem Reiz der Neuheit folgenden Massen. Damit erfüllt und erschöpft sich der Zweck des privaten Schaugeschäfts, das samt seiner Reklame im erlaubten Rahmen des Erwerbslebens vollkommen seine Daseinsberechtigung hat... Wem Zahlen etwas beweisen, dem sei noch gesagt, daß schon ein kleinerer Zoologischer Garten das Mehrfache, ein großer das Vielfache, das Fünf- bis Sechsfache an verschiedenen Tierarten, also an eigentlich zoologischem Inhalt bietet wie ein Tierpark. Von den wissenschaftlichen Gesichtspunkten, daß die verschiedenen Tiergruppen einigermaßen gleichmäßig vertreten sind, gar nicht zu reden! – Aber das 'biologische Prinzip' des Zusammenhaltens verschiedener Tiere und die 'Akklimatisation' in ungeheizten Räumen? Gemach! Auch hier wird 'nur mit Wasser gekocht', auch hier ist 'nicht alles Gold, was glänzt', und auch hier ist 'alles schon dagewesen'....."

Seine Stellungnahmen setzte Heck mit einem Leserbrief an das "Hamburger Fremdenblatt" fort, den dieses im Februar 1909 veröffentlichte.[396] Darin betonte er zunächst, er gönne Hagenbeck den Erfolg seiner "Sehenswürdigkeit", aber man solle mit der Wiedergabe der Argumente seines "Propagandisten" Sokolowsky vorsichtig sein. Dieser verwende die Begriffe "Akklimatisierung" und "biologisches Prinzip" im Zusammenhang mit dem Tierpark zu Unrecht. Man solle sich daher mit "lobenden Artikeln" zurückhalten, zumal sich der alte Hamburger Zoo in großen Schwierigkeiten befinde. Das Hamburger Fremdenblatt veröffentlichte nicht nur Hecks Brief, sondern gab auch Hagenbeck Gelegenheit zur Antwort. Dieser betonte die jetzt schon erkennbaren Erfolge in der Akklimatisierung. Außerdem verwies er darauf, daß er sich nie als "Originator" der Idee, nach der der Tierpark gestaltet sei, bezeichnet habe, sondern immer dargelegt habe, wie er seine Ausführung in Stellingen stufenweise entwickelt habe.[397]

Die Artikel von Schäff und Ludwig Heck waren nur zwei unter vielen Stellungnahmen, die sich in den folgenden Wochen in die Diskussion um den Hamburger Zoo und um Stellingen einschalteten, wenn auch besonders gewichtige. Das Meinungsbild in den Hamburger Zeitungen war gemischt, negative Einschätzungen wechselten mit positiven, ohne daß

---

396 Hamburger Fremdenblatt 14.2.1909.
397 Vgl. beispielsweise seine Ausführungen in C. Hagenbeck 1909, S. 339ff.

sich Unterschiede zwischen den verschiedenen Journalen erkennen ließen.[398]

Im April 1909 ließ der Direktor des Frankfurter Zoos Dr. Kurt Priemel seine differenzierte Stellungnahme in der Frankfurter Zeitung drucken.[399] Darin setzte er sich ebenfalls vornehmlich mit tiergärtnerischen Fragen auseinander. Er wandte sich vor allem gegen die Bezeichnung Stellingens als "siebentes Weltwunder", als "Zoologischer Garten der Zukunft", in dem alles "neu- und einzigartig" sei und "ungeahnte Perspektiven für die Tiergärtnerei" aufzeige:

> "Das große Publikum sieht nur das Augenfällige, es geht vorüber an der einzig dastehenden Kollektion Wallrosse; es achtet nicht der berühmten Geweih- und Gehörnsammlung Hagenbecks und anderer Sehenswürdigkeiten mehr, aber es steht begeistert vor dem sogenannten 'Heufressergehege' und ist entzückt über die 'Raubtierschlucht' in dessen Hintergrund: Auf weitem, durch die starke Tierbesetzung völlig abgegrastem Gelände sieht man hier eine verwirrende Fülle von Vertretern der Fauna fast aller Erdteile,....., ein Stück Tierparadies'. Der nicht kritisch veranlagte Beschauer ist in seiner Begeisterung weit davon entfernt, die Nachteile der Anlage zu bedenken, die dem Fachmann als der wohl am wenigsten glückliche Wurf des Schautierparks gilt".

Aus pädagogischen Gründen sei es verfehlt, sich geographisch und systematisch fernstehende Tierformen in einer Anlage zu vereinen. Wegen des daraus resultierenden "Durcheinanders" und wegen der großen Entfernung der Tiere vom Betrachter könne man sie nicht genau erkennen und die meisten Arten nicht voneinander unterscheiden. Vergeblich suche man nach erwachsenen männlichen Tieren, "die den Typus ihrer Art am besten kennzeichnen", denn "jeder Stier, jeder ausgewachsene geweihtragende Hirsch, würde den Paradiesfrieden sofort zerstören." Die Zoos dagegen wollten einen umfassenden Überblick über Arten und Varietäten geben. Sie hielten ihre Tiere daher paarweise oder einzeln, "aber meist in ausgesucht schönen charakteristischen Stücken". In einem anderen Artikel formulierte Priemel dazu deutlicher, daß er besonderen Wert auf "starke, erwachsene männliche Individuen" lege.[400] Während in den

---

398 Vgl. die Sammlung von Ausschnitten zur Information des Senats in StA Hamburg 111-1 Cl IV Lit B No 4 Vol 2a Fasc 2 Inv 16i Conv III.

399 Frankfurter Zeitung 24.4.1909. Siehe auch N. Rothfels 1994, S. 270-272. Weitere Stellungnahmen von Zoodirektoren folgten.

400 Die heutigen Aufgaben der Tiergärten. Eine Erwiderung, Zool. Garten, Frankf./ Main 50, 1909, S. 354-366., hier S. 363.

Zoos durch die "wissenschaftliche Anordnung" des Tierbestandes die Beobachtung der Aufzucht, des Heranwachsens oder der fortschreitenden Geweihbildung möglich sei, biete Stellingen ein "kaleidoskopisches Bild". Durch den dem Tierpark angeschlossenen Handel wechsle der Tierbestand, manchmal seien ganze Herden einer Art zu sehen, manchmal Arten jahrelang nicht vorhanden.

Die Beurteilung der übrigen großen Gehegekomplexe durch Priemel fiel unterschiedlich aus. Das "Nordland"-Panorama sei ein "wohlgelungener Teil" und "rückhaltlos anzuerkennen", da dort geographisch zusammengehörige Tiere ausgestellt seien. Die Anlagen für Klettertiere gewährleisteten die volle Entfaltung der "Kletter- und Sprungkraft" der dort gehaltenen Tiere. Aber auch hier sei eine Orientierung nach Arten schwierig. Die "Raubtierschlucht" biete dagegen eine "wirkungsvolle, wenn auch nicht naturwahre Umrahmung für die reizenden Spielbilder" der dort gehaltenen Jungtiere. Den gleichen Raum hätten sie aber auch in den Pavillonkäfigen der älteren Zoos. Wie dort, verbrächten die Raubtiere auch in Stellingen den größten Teil des Tages "geruhsam". Abends, wenn sie das größte "natürliche Bewegungsbedürfniß" hätten, müßten sie auch im Tierpark in kleine Käfige. Zudem würden in der Raubtierschlucht fast nur Jungtiere und erwachsene weibliche Löwen gehalten, während "Tiger in dieser Anlage nicht gut getan haben".[401] Das Huftierhaus biete ein "wenig erfreuliches Bild". Viele zoologische Kostbarkeiten, die für den Handel bestimmt seien, lebten dort in engen, dunklen Boxen. Allerdings konzedierte Priemel, daß die Zoos im Vergleich zum jetzigen Stand ihre Tiere "in anderer, mehr pädagogischer Weise zur Anschauung bringen" müßten, eine Forderung, die er als wohl schwierigste Aufgabe der Tiergärtnerei ansah.

Insgesamt kam der Frankfurter Zoodirektor zu dem Schluß, daß der Tierpark in Stellingen zwar positive tiergärtnerische Einzelheiten aufweise, diese seien aber nicht neu. Es gebe bereits in anderen Zoos künstliche Gebirge, Berlin habe eine große Flugvoliere, Halle Klettertiergehege. Auch die Seelöwenanlagen in Hamburg und in Köln seien "naturwahr", ebenso die "Tropenlandschaft" für Krokodile in Frankfurt. Neu

---

401 Dies ist, nur für Eingeweihte erkennbar, ein Hinweis auf den Angriff eines Tigers auf Carl Hagenbeck im Oktober oder November 1907, der daraufhin die Tigerhaltung in der Schlucht aufgab. Das Tigerpärchen wurde an den Zoo Frankfurt verkauft.

sei nur die Kombination "mehr oder minder naturgemäß ausgestatteter Gehege zu einem einheitlichen Panorama".

Den dauerhaften Erfolg der Akklimatisierung im Sinne der Haltung exotischer Tiere im Freien bezweifelte Priemel aber. Dafür kämen doch nur wenige Arten in Betracht. Auch die Zucht von Straußen zur Federgewinnung müsse erst ihre Rentabilität nachweisen. Die Kreuzung heimischer Nutztiere mit Wildarten werde von Privatleuten, von Zoos und in landwirtschaftlichen Instituten bereits seit Jahren durchgeführt. Stellingen dürfte wohl dauerhaften Erfolg haben, könne sich aber nicht mit einem Zoologischen Garten vergleichen und daher kein Vorbild für die Zoos sein. Während diese "wissenschaftlich-pädagogische Institute mit zusätzlichen Veranstaltungen als Beiwerk" seien, müsse man Hagenbecks Schöpfung als "Schau- und Handelsunternehmen mit wissenschaftlichem Wert in einzelnen Teilen" bezeichnen. Carl Hagenbeck habe seine Verdienste bei der Erschließung von Gebieten für den Tierhandel und bei der Veranstaltung von Völkerschauen. Es sei aber nicht nötig, ihn auch noch als "Erfinder neuer Wege in der Tierhaltung" zu bezeichnen. Auch im Fachorgan der Zoodirektoren, im "Zoologischen Garten", vertrat Priemel diese Auffassung. Dort ließ er eine Replik auf den Kustos am Naturhistorischen Museum Dresden, Leonhardt, drucken, der sich im Rahmen einer allgemeinen Kritik an der bisherigen Leistung der Zoos für Hagenbecks Ideen eingesetzt und weitere Vorschläge gemacht hatte.[402] Hagenbeck habe doch die "Bahnen gewiesen", indem der Stellinger Tierpark zumindest eine "Andeutung" einer "möglichsten Annäherung an die natürlichen Verhältnisse" biete. Priemel qualifizierte Leonhard daraufhin als "nahezu völlig Uneingeweihten" und Nichtwisser ab und wiederholte seine Einwände.[403]

Mit dem öffentlichen Einsatz der Zoodirektoren in verschiedenen Zeitungsartikeln war die Gefahr für den Hamburger Zoo nicht ausgestanden. Ein Jahr vor dem Ende der Pacht konnte die Zoologische Gesellschaft immer noch nicht davon ausgehen, daß sie auch weiterhin den Zoo betreiben konnte. Schon bei der Diskussion im Jahre 1908 war deutlich geworden, daß es dabei nicht nur um den wissenschaftlichen und pädagogischen Wert des Zoos im Vergleich zum Tierpark in Stellingen

---

402 E.F. Leonhardt: Die heutigen Aufgaben der Tiergärten, Zool. Garten, Frankf./Main 50, 1909, S. 321-328, hier S. 326f.

403 S. 354 und S. 358.

ging, daß vielmehr das Schicksal der Institution auch von stadtplanerischen Überlegungen beeinflußt werden würde.[404] Auf dem innenstadtnahen Zoogelände und in seiner Umgebung sollten wichtige Behördenbauten errichtet werden. Nun wurde auch der Zoo aktiv. Der neu berufene Direktor Dr. J. Vosseler veröffentlichte kurz nach seinem Amtsantritt 1909 eine Broschüre, in der er "Vorschläge zur Hebung des Zoologischen Gartens" ausbreitete. Sie waren aus Überlegungen einer von Vorstandsmitgliedern der Zoologischen Gesellschaft gebildeten Kommission entstanden und konzentrierten sich auf tierhalterische Verbesserungen, einige Neubauten und auf die stärkere Berücksichtigung von Tieren aus den deutschen Kolonien. Der letzte Punkt orientierte sich offensichtlich am Interesse des in Gründung befindlichen Deutschen Kolonialinstituts in Hamburg, das der Ausbildung von Kolonialbeamten dienen sollte. Im Fahrwasser dieser Institution wollte der Zoo offenbar seine Existenz sichern. In seinem "Schlußwort" betonte Vosseler, daß sich am "Wesen des Gartens vorerst wenig" ändern solle.[405] Die geplanten "Umwandlungen" würden aber "häufig mit Umwälzungen identisch sein schon allein durch die Hervorhebung des biologischen Prinzips der Art der Aufstellung und Haltung der Tiere". Die Notwendigkeit solcher Veränderungen sah Vosseler im Zeitgeist begründet:

"Die bisherigen Einrichtungen waren ein Produkt ihrer Zeit, zugeschnitten auf deren Zwecke und Ziele, Bedürfnisse und Geschmack. Diesen dienten sie, wie die Geschichte und Entwicklung des Gartens lehrt, in stets anerkannter, vorzüglicher, zum Teil in vorbildlicher Weise. Nun stellt der Fortschritt der Wissenschaft, der Erkenntnis, ja der ganzen Lebenshaltung neue Forderungen, die nicht nur die technischen und wissenschaftlichen Ziele von Einst verschieben, sondern auch selbst den Geschmack, fast möchte man sagen die Mode des Tages berücksichtigt wissen wollen."

Vosseler erwähnte Hagenbeck zwar nicht direkt, jedoch sind seine Ausführungen durchaus als vorsichtige Anerkennung und als inhaltliche Auseinandersetzung mit dessen Erfolg zu verstehen. So kam er zwar zum Schluß, daß "neue Richtungen und Strömungen" bei einem "kleinen Tierbestand von ganz spezifischer Zusammensetzung und beschränkter Auswahl" möglich seien, aus finanziellen und räumlichen Gründen nicht

---

404 Vgl. StA Hamburg 111-1- Cl IV Lit B No 4 Vol 2a Fasc 2 Inv 16i Conv I 6/-. Dort auch das Folgende.

405 J. Vosseler: Vorschläge zur Hebung des Zoologischen Gartens, Hamburg 1909, S. 22-25, dort auch die folgenden Zitate.

jedoch die "Übertragung eines solchen Versuchs auf eine Sammlung von etwa 1.000 heterogener Lebewesen". Immerhin wolle man aber "eine bessere Sonderung und Gruppierung" von Tieren verwandter Art realisieren und Abbildungen an "Sammelkäfigen" anbringen. Diese Idee übernahm er von Stellingen, wo Carl Hagenbeck inzwischen durch den Zoologen Prof. Dr. Oscar de Beaux erstmals in einem Zoo an einigen Gemeinschaftsgehegen farbig illustrierte Gehegebeschilderungen hatte anbringen lassen. Durch Vergleichen der Abbildungen auf diesen Schildern sollten die Besucher in die Lage versetzt werden, die im Gehege zu beobachtenden verschiedenen Tierarten zu identifizieren. Damit wollte Hagenbeck dem Vorwurf der ungenügenden zoologischen Information begegnen, den die Zoodirektoren erhoben hatten.

Ebenfalls 1909 erschien eine Broschüre des Hamburger Zoo-Architekten Martin Haller mit dem Titel "Betrachtungen über die Zukunft des Zoologischen Gartens, des Botanischen Gartens und der ehemaligen Begräbnisplätze vor dem Dammtor". Darin forderte er u.a. die Erweiterung des Zoogeländes auf das Friedhofsterrain, um dem Zoo Entwicklungsmöglichkeiten zu geben.

Vehemente Ablehnung in der Öffentlichkeit und erste vorsichtige Schritte zur Aufnahme einzelner Gedanken Hagenbecks seitens der deutschen Zoodirektoren standen sich also gegenüber. Der Leipziger Zoodirektor Johannes Gebbing faßte 20 Jahre später die Lehre zusammen, die die Zoos inzwischen aus Hagenbecks Ideen gezogen hatten:[406]

"Was Carl Hagenbeck tat, der den engen Gürtel der alten Gärten sprengte, weite Gehege und allerlei geoplastischen Szenenbau und landschaftliches Kulissenwerk schuf, wurde aufgegriffen, in der Wirkung von Überlegung und Erfahrung ständig verbessert und der Natur in wachsendem Grade angeglichen."

Man habe die Zoos "immer mehr von Zwang und Theatralik" befreit, man suche, "das 'retournous à la nature' in der Erscheinung der Zoologischen Gärten in wachsendem Grade zur Geltung zu bringen." Hagenbeck hatte "die öffentliche Meinung in Bewegung gebracht"[407] und dadurch die alten Zoos wohl oder übel in Zugzwang gebracht.

---

406 J. Gebbing: Vom Zoo. Kritik und Wirklichkeit, Leipzig 1936, S. 65f.
407 J. Gebbing: Ein Leben für die Tiere. Erinnerungen und Gedanken eines Tiergärtners und Afrikafahrers, Mannheim 1957, S. 39.

Mochten auch die Zoodirektoren zu Hagenbecks Schaustellungsprinzipien kritisch Stellung nehmen, fand dieser doch erneut öffentlich gezeigten Rückhalt bei der kaiserlichen Familie. Die Kaiserin kam zur Eröffnung der Straußenfarm am 21. Juni 1909 nach Stellingen, und am 16. Juli 1909 beehrte der Kaiser seinen Tierpark zum zweiten Mal mit einem vierstündigen Besuch. Tief beeindruckt von dem großen Lob, das ihm Wilhelm II. gewährte, konnte Hagenbeck zum Abschluß des Aufenthaltes die Worte des Kaisers entgegennehmen: "Sie haben hier ein bildendes, wissenschaftliches Institut geschaffen, wie keiner zuvor."[408] Diese Äußerung durfte er mit Recht nicht nur als Lob, sondern auch als indirekte Stellungnahme des Kaisers im Für und Wider des Streits um seine Tierschaustellung auffassen. Sie wurde auch dementsprechend interpretiert (vgl. unten). Hagenbeck hatte im Kaiser einen hohen Gönner gefunden.

Verhandlungen mit dem Hamburger Senat

In dieser Situation stellte die Zoologische Gesellschaft Hamburg im August 1910 den Antrag beim Senat, den Pachtvertrag um 30 Jahre zu verlängern. Die Finanzdeputation und der Senat befaßten sich im Herbst des Jahres mehrfach mit dem Thema, wobei die Auffassungen blieben und keine Entscheidung getroffen werden konnte. Dies führte schließlich zum Vorschlag eines Mitglieds der Finanzdeputation, sich mit Hagenbeck in Verbindung zu setzen, um auszuloten, wie sich dieser zu einer Zusammenarbeit mit der Stadt bzw. mit der Zoologischen Gesellschaft stellen würde.[409] Der Senat ging auf diesen Vorschlag ein. Die erste vertrauliche Besprechung des Bürgermeisters Dr. Predöhl mit Carl Hagenbeck am 21. Oktober 1910 ergab, daß sich Hagenbeck durchaus die Übernahme Stellingens durch den Stadtstaat oder durch die Zoologische Gesellschaft vorstellen könnte. Dafür machte er laut Bericht Predöhls zwei Angebote, die beide ohne den alten Zoo auskamen. Das erste Angebot lautete: Der Tierpark bleibt im Eigentum der Firma und erhält nur

---

408 C. Hagenbeck 1909, S. 459f. Den Dompteuren Richard Sawade, Willy Judge und Christian Schröder wurden vom Ober-Hofmarschallamt Manschettenknöpfe übersandt: Schreiben vom 17.7.1909, Hagenbeck-Archiv.
409 StA Hamburg 111-1 Cl IV Lit B No 4 Vol 2a Fasc 2 Inv 16i Conv I 69/-ff.

staatliche Subventionen, die den unentgeltlichen Besuch von Schülern gewährleisten. In diesem Fall könne er aber nicht gewährleisten, daß der Tierpark immer bestehen bleibe. Dazu könne er allenfalls sich selbst und seine ihn beerbenden Söhne verpflichten. Der zweite Vorschlag: Der Hamburger Staat kauft das Stellinger Tierparkgelände inklusive Straußenfarm und Tierzuchtanlagen sowie den aktuellen Tierbestand im Wert von 1/2 Mill. Mark. Hagenbeck, so resümierte Predöhl das Gespräch, habe mehrfach versichert, er fühle sich durchaus als Hamburger und werde einen Gesamtpreis verlangen, für den ein neuer Zoo nicht gebaut werden könne. Ein Gelände von 20 ha Größe solle im Eigentum Hagenbecks bleiben für den in eigener Regie weiter zu betreibenden Tierhandel. In die wissenschaftlichen Leiter der deutschen Zoos setze der Tierhändler allerdings kein Vertrauen. "Sie hätten seinem Unternehmen von Anbeginn als Widersacher entgegengestanden." Die Bauten in deutschen Zoos seien zu teuer und nicht zweckmäßig genug. "Die Zeit der Zoologischen Gärten sei überhaupt vorüber. Sie hielten sich nur noch durch ihre Konzerte und Ausstellungen aufrecht, während er die Erfahrung mache, daß die bei ihm veranstalteten Konzerte fast gar keine Anziehung hätten, während die Masse des Publikums sich vor den Tieren staue." Er könne überall auf der Welt Zoos nach seinem Muster schaffen wie gegenwärtig in Rom und werde dies auch "auf Wunsch des Kaisers" voraussichtlich in Berlin tun. Er bedinge sich daher aus, daß die Leitung des Tierparks in Hamburg bei ihm oder seinen Söhnen verbleibe, bis der Park fertig ausgebaut sei. Dies sei für das Jahr 1916 anvisiert.

In einen Tag später nachgereichten schriftlichen Erläuterungen Hagenbecks für Predöhl bekräftigte der Tierhändler nochmals, daß der Hamburger Zoo "keine Zierde für Hamburg" sei.[410] Er verwies wiederholt darauf, daß bei den Bauten in deutschen Zoos "der Hauptwert ... auf architektonische Äußerlichkeiten gelegt worden (sei), und das ist der Krebsschaden, an dem alle Zoologischen Gärten, die nach dem bisherigen System gebaut wurden, leiden." Auch die Neuplanungen für Hamburg hätten diesen Fehler und seien "einfach aus dem Fenster geworfenes Geld".

Die Finanzdeputation informierte den Senat schon am 24. Oktober 1910 über das Ergebnis der Unterredung. Daraufhin trat Senator Berenberg-Goßler, ein langjähriges Mitglied der Zoologischen Gesellschaft,

---

410 Ebd. Conv I 72/-.

wegen möglicher Interessenkollisionen aus deren Vorstand zurück. Nach der Rückkehr von einer Reise nach Rom lud Carl Hagenbeck Bürgermeister Predöhl zu einem Besuch in Stellingen ein. Aus diesem Anlaß fertigte Senator Dr. Diestel handschriftlich einen Vertragsentwurf an. Er sah den Kauf des Tierparks durch den Staat und die Verpachtung an Hagenbeck für 30 Jahre vor. Dieser sollte 120.000 Mark Pacht jährlich zahlen.[411] Ebenfalls am 6. November 1910 reichte Hagenbeck nach Rücksprache mit seinen Söhnen und seinen Prokuristen seine bisherige Kalkulation nach.[412] Bei einer Besucherzahl von 1 Mill. stünden Einnahmen von über 890.000 Mark Ausgaben inkl. Schuldendienst von 716.000 Mark gegenüber. Der verbleibende Überschuß von 175.000 Mark könne für Abschreibungen, Reparaturen und Neubauten verwendet werden. Nach Fertigstellung der Straßenbahnverbindung nach Stellingen rechne er sogar mit 1,5 Mill. Besucher. Er fordere für sich selbst als ehrenamtlicher Leiter nur 1 % vom Überschuß. In einem weiteren Schreiben vom 9. November bezifferte er den Wert des 17 ha großen Grundstücks in 25 Jahren, wenn alle Investitionen geleistet worden seien, auf etwa 4 Mill. Mark. Am 13.11. konkretisierte er seine finanziellen Forderungen mit dem Hinweis, daß er für 6 Mill. Mark zum Verkauf von 17 ha bereit sei, ohne die Straußenfarm. Davon würden 3 Mill. am 1.1.1911 fällig, je 1 Mill. 1912 und 1913. Die letzte Million benötige er für den weiteren Ausbau des Tierparks, Forderungen, mit denen er den Bogen überspannt haben dürfte. Die Zahlenspielereien Hagenbecks sind nur vor dem Hintergrund eines weiteren Projekts zu verstehen, das sich zu diesem Zeitpunkt nahe vor der Realisierung zu befinden schien. Die von Hagenbeck aufgezeigten Mittel hatte er ganz offensichtlich für den Bau des von ihm gegenüber Predöhl schon angekündigten Tierparks bei Berlin gedacht (vgl. unten). Hatten die Probleme um Beihilfen und um die Pachtverlängerung des Hamburger Zoos schon in den vergangenen Jahren in zahlreichen Zeitungsberichten und Leserzuschriften Staub aufgewirbelt, so wurde die Debatte in den folgenden Monaten zusätzlich durch den Meinungsstreit in Berlin um dieses Projekt beeinflußt.

In einer geheimen Unterredung des Senats am 14.11.1910 legte Diestel die Inhalte seiner Unterredung mit Hagenbeck dar und plädierte für die Gründung eines neuen Zoos durch die Zoologische Gesellschaft in

---

411 Ebd. Conv I 79/-.
412 Ebd. Conv I 80/-.

Stellingen mit finanzieller Unterstützung des Senats.[413] Die folgende kurze Diskussion zeigte nach wie vor unterschiedliche Auffassungen innerhalb des Senats, der sich am 18. nochmals mit dem Thema befaßte. Finanziellen und stadtplanerischen Erwägungen standen Zweifel am wissenschaftlichen Wert des Hagenbeckschen Tierparks gegenüber. Langsam bewegte sich die Meinungsbildung in Richtung einer vorläufigen Erhaltung des alten Zoos und gegen den Ankauf des Stellinger Tierparks durch den Hamburger Staat. Nachdem die Sitzung nicht zu einer einhelligen Meinung geführt hatte, bekräftigte Senator Heidmann in einer schriftlichen Stellungnahme an Predöhl seine Ablehnung der Kaufpläne. Darin erläuterte er die betriebswirtschaftlichen Berechnungen Hagenbecks mit dem Ergebnis, daß es sich "bei Hagenbeck... um Potemkin'sche Dörfer" handele. "Denn nur der Grund und Boden hat realen Wert, die ganzen Baulichkeiten aber repräsentieren nach 20 Jahren überhaupt keinen Wert."[414] Die Übernahme durch Hamburg sei insofern auch prekär, als sich Stellingen auf preußischem Gebiet befinde und die Genehmigung der preußischen Regierung für den Kauf notwendig sei. Dagegen würden sich vor allem die Gemeinden Stellingen und Altona wenden, die bereits informiert seien. Daher fordere er einerseits die Aufgabe des alten Zoos, andererseits solle sich Hagenbeck bei der Entwicklung und Verwaltung des Tierparks nach den Vorstellungen des wissenschaftlichen Leiters des Hamburger Zoos richten.

Diese sicher unpraktikable Lösung lehnte der Senat am 21.11.1910 ab. Zugleich erteilte er aber auch den anderen Überlegungen zum Kauf oder zur Übernahme durch den Staat eine Absage. Carl Hagenbeck fand die entsprechende Mitteilung vor, als er am 24.11. von einer Reise nach England zurückkehrte. In einem erneuten Schreiben an Senator Dr. Diestel vom 28. November ging er vor allem auf seine "Zucht-Anstalt für Haus- und Nutztiere" ein, sichtlich im Bemühen, die Kaufverhandlungen wieder in Gang zu bringen. Gegen eine Bereitstellung staatlicher Mittel "à fond perdu" in der Höhe von 1 Mill. Mark, die "im Laufe von 4 Jahren, also mit M 250.000 jedes Jahr zu fallen hätten", könne er freien Eintritt für Volksschüler und für Studenten des Kolonialinstituts zusichern. Ein Entwurf, in dem er nochmals seine Auffassung darlegte, war

---

413 Ebd. Conv I 86/-. Das Folgende unter 87/-ff.
414 Ebd. Conv I 88/-. Diese Auffassung bezog sich vermutlich auf die diffizile und anfällige Bauweise der großen Felsenanlagen.

offenbar als Argumentationshilfe für Predöhl gedacht.[415] Darin legte er nochmals die seiner Meinung nach entscheidenden Gründe für seine guten Haltungserfolge in Stellingen dar. Dort werde den Tieren im Vergleich zu seinem alten Tierpark am Neuen Pferdemarkt mehr "reine, frische Luft" geboten und darüber hinaus könnten sie zum größten Teil "Winter und Sommer nach Belieben im Freien sein."[416] Denn "durch die Einsperrung im Winter entwickeln sich die Krankheitskeime, größtenteils Tuberkulose, an welcher ja die Mehrzahl der Tiere zu Grunde geht."[417] Er selbst sei in seinem Rinderbestand erst im letzten Jahr von schweren Verlusten getroffen worden.[418] Viele Zoo-Tiere starben seiner Erfahrung nach aber auch an Darmentzündung, da ihre Lager kein warmes Liegen erlaubten. Größe, Ausrichtung nach Süden, Reinigungsbedingungen usw. waren für ihn mit entscheidend.

Hagenbeck warnte auch vor einer unsachgemäßen, unverständigen Nachahmung seiner Freisichtanlagen, wie er sie im neu angelegten Zoo in München feststellen mußte.[419] Er habe 1907 "dem Garten seine Dienste zur Erbauung angeboten, doch verhielt man sich meinem Angebot gegenüber ablehnend."[420] Damit wollte er dem Hamburger Senat bedeuten, daß man ohne seine geschäftliche Beteiligung keinen neuen Zoo nach Stellinger Muster werde realisieren können. Als Antwort auf die "starke Gegenströmung" der Zoodirektoren gegen seine Bestrebungen legte Hagenbeck Wert darauf, festzuhalten, daß er immer über 400 Arten gehalten hätte, inzwischen sogar nahezu 800.[421] Bei dieser Gelegenheit informierte er den Hamburger Senat auch über seine Planungen, den Tierpark bis 1916 von zur Zeit 15 ha auf 49 ha zu vergrößern. Der neue Teil nördlich des Lokstedter Weges solle durch einen Tunnel mit dem alten verbunden werden. Dort wollte er vor allem zahlreiche Rinderarten und andere Einhufer in großen Gehegen halten, u.a. zu Kreuzungszwecken zwischen aus- und inländischen Rindern. In den nächsten Jahren

---

415 C. Hagenbeck: Ist der Zoologische Garten in Hamburg ohne größere Staatszuschüsse lebensfähig oder nicht?, Entwurf, 1911, Hagenbeck-Archiv. Mit Verhandlung der Hamburger Bürgerschaft vom 13.12.1911 im Anhang.
416 Ebd., S. 1.
417 Ebd., S. 2.
418 Ebd., S. 8.
419 Ebd., S. 3ff.
420 Ebd., S. 6.
421 Ebd., S. 7.

sollten auch ein Affenhaus, eine Tigerschlucht, eine Bärenschlucht, Häuser für kleine Raubtiere, für "Zahnarme", also für Gürteltiere, Ameisenbären und Faultiere, außerdem für Beuteltiere und Dickhäuter errichtet werden, große Volieren für Vögel "nach den Arten in Gruppen". Er werde die Artenvielfalt noch erhöhen und es auf 1.500 bis 2.000 Arten bringen. Hagenbeck reagierte also auf den Vorwurf der nicht ausreichenden Artenvielfalt in seinem Tierbestand. Ihm schwebte nun ein Zoo vor, der sich von der ursprünglichen Park- und Paradiesvorstellung gelöst und in Vielseitigkeit und Umfang ohne Vorbild sein würde.

Carl Hagenbeck argumentierte gegenüber dem Hamburger Senat also zu Recht, sein Tierpark werde dann "nur als Rivalen den Berliner Tierpark haben, den ich demnächst auszubauen beginne."[422] Davon werde vor allem auch der transatlantische Fremdenverkehr profitieren, der sich bisher größtenteils auf England und Frankreich konzentriere. Schon jetzt werde der Stellinger Tierpark von "den ersten wissenschaftlichen Instituten des In- und Auslandes" als "das interessanteste und wissenschaftlichste Institut der Welt" bezeichnet.[423] Daher sei es zwecklos, wenn sich der Hamburger Staat beim alten Hamburger Zoo finanziell engagiere. Stattdessen strebte Hagenbeck eine Einigung an, die dem Senat ermöglichen würde, "meinen Garten als zu Hamburg gehörig" zu betrachten. Er werde dann Schülern freien Eintritt im Tierpark, zu Dressurvorstellungen, auf der Straußenfarm und im Insektenhaus gewähren. Er werde ein Künstleratelier bauen, in denen Künstlern einzelne Tiere vorgeführt werden könnten.

Die Hamburger Stadtregierung geriet aber zwischenzeitlich immer mehr unter öffentlichen Druck, da in den Hamburger Zeitungen die Stellungnahmen zugunsten der Erhaltung des Zoos zunahmen. Auch die wieder ansteigenden Besucherzahlen für den Zoo zeigten das Interesse vieler Hamburger für einen Zoologischen Garten älterer Art. Der Senat rückte immer mehr vom Kauf des Stellinger Tierparks, in welcher Form auch immer, ab. Er neigte nun mehr einer Übergangslösung zu, die die Erhaltung des alten Zoos einschloß, aber keine endgültige Sicherung der Institution versprach. Dazu hatte er inzwischen Verhandlungen mit der Zoologischen Gesellschaft wegen Verlängerung ihres Pachtvertrags auf-

---

422 Ebd., S. 8.
423 Ebd., S. 9.

genommen.[424] Diese zogen sich bis Ende des Jahres 1911 hin, da der Staat sich nicht lange binden wollte und eine Pachtdauer von nur acht Jahren anbot. Man wollte sich nicht auf eine längere Dauer festlegen, rechnete man doch mit der Erweiterung des Kolonialinstituts zur Universität. Es gab Pläne, diese auf dem Zoogelände zu bauen, ebenso wie andere Institutionen.[425] Man einigte sich schließlich im November 1911 auf die Fortführung des Vertrages um 20 Jahre, mit einem jährlichen Kündigungsrecht nach Ablauf der ersten acht Jahre, und auf eine regelmäßige Beihilfe von 75.000 Mark. Diese Lösung fand aber in der Bürgerschaft keine Mehrheit, wo wieder kontrovers diskutiert wurde. Die Meinungen gingen dabei quer durch die Parteien.

Hagenbeck erlitt nicht nur durch die Absage des Senats im Spätherbst 1911 einen Rückschlag. Zu diesem Zeitpunkt mußte er auch bereits auf die argumentative Hilfe von Alexander Sokolowsky verzichten, der spätestens seit September 1911 Direktorialassistent am Hamburger Zoo und Dozent für Zoologie am Kolonialinstitut war.[426] Mit diesem Personalcoup hatte die Zoologische Gesellschaft Hamburg dem Hagenbeckschen Unternehmen die einzige zoologisch ausgebildete Persönlichkeit entzogen, die ihm zu jener Zeit als eingearbeiteter Mitarbeiter für seine deutschen Projekte zur Verfügung stand.[427] Carl Hagenbeck machte aber einen erneuten Vorstoß. In einem Schreiben an Predöhl vom 27.11.1911 schlug er nun die Schließung seines alten und die Erstellung eines neuen Tierparks im Eppendorfer Moor für insgesamt 8 Mill. Mark vor. Im April 1912 bat er Predöhl erneut um ein Gespräch.[428] Außerdem kündigte er Ausführungen für die Hamburger Bürgerschaft an, deren zuständiger Ausschuß Stellingen im Mai 1912 besichtigte. Dabei gewannen die Mitglieder den "allerbesten Eindruck". Der Tierpark entspreche vor allem den Erwartungen breiter Schichten von Besuchern, die gern "gut ge-

---

424 StA Hamburg 111-1 Cl IV Lit B No 4 Vol 2a Fasc 2 Inv 16 i Conv I 90/-ff. Vgl. auch Conv. II.

425 J. Bolland: Die Gründung der 'Hamburgischen Universität`, in: Universität Hamburg 1919-1969, Hamburg 1969, S. 21-105.

426 Vgl. Sokolowskys Brief vom 9.9.1911 an Haeckel, Kopie in Hagenbeck-Archiv.

427 Nachfolger in der Firma Hagenbeck wurde Dr. Oscar de Beaux, der – möglicherweise für das Berliner Projekt vorgesehen – aber nur bis 1912 blieb und dann an das Naturhistorische Museum in Genua ging.

428 StA Hamburg 111-1 Cl IV Lit B No 4 Vol 2a Fasc 2 Inv 16 i Conv I 190/-.

stellte Bilder" sähen.[429] Das Treffen hatte allerdings wohl nicht das von Hagenbeck erwartete Ergebnis, der daraufhin schriftliche Ausführungen im Juni 1912 drucken und den Bürgerschafts-Mitgliedern zuleiten ließ.[430] Erstmals kritisierte Hagenbeck den Hamburger Zoo in einer nicht vertraulichen, öffentlichen Stellungnahme. Darin prophezeite er dem Hamburger Zoo eine wenig rosige Zukunft, werde dieser doch kaum über acht Jahre hinaus bestehen bleiben. Nicht absehbare Investitionen für baufällige Gebäude würden notwendig, und das bei einer Institution, die mit einer Flächenausdehnung von 10 ha keine Entwicklungsmöglichkeiten habe. Sein Tierpark dagegen sei "in der ganzen Welt als erstklassig angesehen". Er fordere nur eine "minimale Subvention" für den freien Eintritt von Schülern und Studenten. Die gegen sein Institut laut gewordenen Bedenken wie das einer zu geringen Artenzahl seien hinfällig bzw. würden nach dem weiteren Ausbau des Tierparks nicht mehr berechtigt sein. Auch die Beschilderung der Tiergehege in Stellingen sei vorbildlich. Aber dieser letzte Versuch Hagenbecks, die Verhandlungen erneut in Gang zu bringen, war nicht erfolgreich.[431] Dabei dürften nicht nur seine als zu hoch veranschlagten finanziellen Forderungen und die immer lauter werdende Unterstützung des Hamburger Zoos durch die Bevölkerung von Bedeutung gewesen sein. Auch die problematische Entwicklung seines Berliner Projekts war wohl nicht ohne Einfluß auf den Fortgang der Ereignisse. Andererseits blieb auch das Schicksal des Hamburger Zoos noch jahrelang in der Schwebe. Mit kurzfristigen Pachtverlängerungen rettete er sich über die nächsten Jahre, bis schließlich nach dem 1. Weltkrieg und mitten in der Wirtschaftskrise nach dem Bankenkrach 1929 der Beschluß gefaßt wurde, den Zoo auf einen Vogelpark zu reduzieren. Die ursprünglich erwogene Bebauung mit Verwaltungsgebäuden konnte aber verhindert werden.

---

429 Ebd. Conv III.
430 Ebd. Conv II 193/-.
431 Zu Verhandlungen in der gemischten Kommission vgl. StA Hamburg 111-1 Cl IV Lit B No 4 Vol 2a Fasc 2 Inv 16i Conv II.

Zoogehege-Gestaltungen in der Nachfolge der Stellinger Panorama-Anlagen

Seine Anziehungskraft, die der Stellinger Tierpark für Besucher auch weit über die Hamburger Region hinaus entwickelte, seine Resonanz, die er in der Presse fand und der wirtschaftliche Erfolg blieben nicht ohne Einfluß auf neue, noch im Stadium der Planung begriffene Zoologische Gärten und solche, die bauliche Veränderungen erfahren sollten.

Bereits während der Bauphase seines Tierparkes, nach eigenen Angaben etwa 1905/06,[432] also noch vor dem Bau der Panorama-Anlagen, hatte Carl Hagenbeck nach einer Besichtigung der für einen Zoo in München vorgeschlagenen Gelände dem Vorstand des am 25. Februar 1905 gegründeten "Verein(s) Zoologischer Garten München" seine Mitarbeit angeboten und zweifellos auch seine Überlegungen zur Parkgestaltung vorgetragen. Auch er hatte sich für das Areal beidseits des Auermühlbaches unterhalb eines Hanges, auf dem sich das Harlachinger Villenviertel befand, in der Isaraue ausgesprochen. Man kam aber auf sein Angebot nicht zurück. Da man sich in München, sehr zu Hagenbecks Ärger, für die Gestaltung einiger Freisichtanlagen und insbesondere für die Gestaltung der markantesten Tieranlage, des sogenannten "Prinzregent Luitpold-Geheges", benannt nach dem prominentesten Förderer des Zoos, um es vorsichtig auszudrücken, nur von seinen Ideen leiten ließ, könnte seine Beteiligung an finanziellen Forderungen gescheitert sein. Der Zoo in München-Hellabrunn sollte außerdem der erste werden, in dem losgelöst von einer naturimitierenden Gehegegestaltung das Prinzip der gitterlosen Freisichtanlage für eine ganz andere architektonische Lösung verwandt wurde.

Der erste Zoologische Garten, in dem Carl Hagenbeck nach der Realisierung in seinem eigenen Tierpark seine patentierten Panoramagehege verwirklichen konnte, war der Zoo in Elberfeld. Dieser Zoo war 1881 am Rand der Stadt in einem malerischen Tal mit erheblichen Steigungen entstanden und galt damals als einer der landschaftlich schönsten in Deutschland. Er hatte aber keine anderen großen Zoos vergleichbare Entwicklung genommen. Größte Baulichkeit des Elberfelder Zoos war ein imposantes Gesellschaftshaus mit Gaststätte. Bemerkenswerte Gebäude waren

---

432 "Ist der Zoologische Garten in Hamburg ohne größere Staatszuschüsse lebensfähig oder nicht", maschinenschriftliches Manuskript, undatiert. Hagenbecks Archiv, S. 6.

ein im exotistischen Stil gehaltenes Warmhaus für tropische Rinder, Antilopen, Dromedare, Känguruhs und Strauße, ein schlichtes, funktional gebautes Affenhaus mit galerieartig angelegten Käfigen, ein ebensolches Raubtierhaus, ein Bärenzwinger mit vergitterten Käfigen, eine Anzahl Gehege für Hirsche und andere Huftiere, Vogelvolieren und eine große Teichanlage. Der Zoo Elberfeld war ein Treffpunkt der bürgerlichen Gesellschaft der Stadt mit zahlreichen Vergnügungsveranstaltungen im Restaurant und im Park.[433]

Die Stadt Wuppertal entstand 1929 durch Zusammenschluß der Städte Elberfeld und Barmen unter Einschluß einer Anzahl kleinerer, angrenzender Gemeinden. Der heutige Wuppertaler ist der ehemalige Elberfelder Zoo. Seit 1903 konnte die Zoo-AG das Unternehmen nicht mehr ohne einen jährlichen städtischen Zuschuß führen. Sowohl im Vorstand der Zoo-AG wie in der Stadtverwaltung reifte daher der Plan, durch Ausbau des Zoos seine Attraktivität zu steigern, um nach Möglichkeit von den städtischen Zuschüssen loszukommen.[434] Sowohl der Oberbürgermeister der Stadt Elberfeld als auch sein Stellvertreter, zugleich Finanzdezernent, besuchten Hagenbecks Tierpark in Stellingen und waren sehr beeindruckt von dem Gesehenen, vermutlich wie zuvor auch Mitglieder des Aufsichtsrates und des Vorstandes der Zoo-AG. Man lud Carl Hagenbeck nach Elberfeld ein zu einer Besprechung über die Neugestaltung[435] und auch über eine Erweiterung des Tierbestandes.[436] Vorstand und Aufsichtsrat der Zoo-AG kamen überein, sowohl ein Nordlandpanorama wie das Gebirgspanorama mit anschließender Heufresserwiese sowie eine davon räumlich getrennte Löwenschlucht nach den Stellinger Modellen zu bauen. Die Stadt Elberfeld sicherte der Zoo-AG ein Sparkassendarlehen von 100.000 Mk zu. Weitere finanzielle Mittel brachte die Zoo-AG auf.

Mit der Realisierung der Bauvorhaben wurde der Elberfelder Bau-Unternehmer Bernhard Dahm beauftragt, dessen Vater August D. bei der Gründung der Zoo-AG zu einem der Vorstandsmitglieder berufen worden war und dessen Bruder Ernst D., der einen Gartenbaubetrieb führte,

---

433 U. Schürer & Gerd Schmerenbeck: 100 Jahre Zoo Wuppertal. Chronik, Wuppertal 1981.
434 Protokoll der 17. Sitzung der Stadtverordneten-Versammlung vom 2. Nov. 1909, Protokollbuch, S. 126, StA Wuppertal.
435 Zoologischer Garten AG, Protokollbuch 1905-1921, StA Wuppertal, G.VI., 451, Sitzung vom 7. Mai 1909, Seite 17.
436 Sitzung vom 20. Juli 1909, ebd., Seite 21.

als Stadtverordneter sich für die Gewährung des Sparkassendarlehens und für dessen finanzielle Absicherung durch die Stadt einsetzte. Es ließ sich leider nicht ermitteln, wie hoch sich das Honorar belief, das Carl Hagenbeck für die Überlassung der Baupläne für die künstlichen Felsenanlagen und die Elemente der Gehegegestaltung erhielt. Das Nordlandpanorama wurde im Jahre 1910 fertig. Es entsprach im wesentlichen dem in Stellingen, eine von aufeinander geschoben "Eisschollen" aus Beton geprägte Felsenschlucht mit kleinem, für die Besucher nicht einsehbarem Badebecken für die Bären sowie ein davor gelagertes, durch einen verdeckten Graben von der Bärenanlage getrenntes Gehege für Seelöwen mit großem Schwimmbecken im gleichen Stil. Die Stallungen waren in den künstlichen Felsen verborgen. Im Jahre 1910 wurde auch die Felsenanlage für bergbewohnende Huftiere mit anschließendem Rentiergehege vollendet. Die Holzkonstruktion trug den Betonüberzug, der die Felsformation bildete, bis 1935. Dann stürzte sie ein, nachdem die Tragkraft der Holzpfosten durch Fäulnis nicht mehr gewährleistet war,[437] wurde aber wieder aufgebaut. Im Jahre 1912 gingen Löwenschlucht und Heufresserwiese ihrer Vollendung entgegen. Auch die Ställe der Tiere, die auf der Heufresserwiese gehalten wurden, waren wie in Stellingen unter künstlichen Felsen verborgen. Das Gehege war mit Maschendrahtzaun begrenzt, also keine Freisichtanlage. Die Baukosten aller Objekte waren teils erheblich, bis zu 35 %, überschritten worden.[438] Nach Fertigstellung wurden bauliche Mängel festgestellt, was zu Auseinandersetzungen mit dem Bau-Unternehmer Dahm führte.[439]

Zoo Rom

Etwa um die gleiche Zeit, mit der ersten Fühlungnahme sogar noch etwas früher, wurde Carl Hagenbeck für den Bau des Zoos in Rom gewonnen. Im Rahmen der Bemühungen, die Hauptstadt des Königreiches Italien zu einer modernen Kapitale zu entwickeln, vergleichbar Paris oder Berlin, begannen im römischen Stadtrat im Dezember 1907 auch Diskussionen über die Schaffung eines Zoos in der Stadt. Das Auge fiel auf den Park

---

437 Schürer & Schmerenbeck 1981, S. 18.
438 Zoologischer Garten AG, Protokollbuch, wie oben, S. 22/23.
439 Ebd., S. 32a und S. 35.

Umberto I., ehemals die Villa Borghese, ausgedehnte Grünflächen, die die berühmte römische Adelsfamilie im Weichbild Roms besessen hatte. Kardinal Scipione Borghese (1576-1633) hatte hier Wildtiere, vor allem Hirsche, aber auch Löwen in einem Zwinger gehalten. Simon Felice Borghese besaß um 1670 hier ein großes Vogelhaus für Papageien und andere exotische Vogelarten. Es gab auch einen großen Vogelteich. Seit 1885 waren der Park und damit die noch bestehenden Tieranlagen für die Öffentlichkeit zugänglich, bei der Bevölkerung als Ausflugsziel sehr beliebt. Gegen Ende des Jahrhunderts war ein großer Teil des Parks in den Besitz der Stadt Rom übergegangen. Der Stadtrat beschloß etwa 11 ha davon für den Bau eines Zoos freizugeben.[440] Die Eröffnung von Hagenbecks Tierpark in Stellingen lag nur wenige Monate zurück. Die Kunde von seiner neuartigen Tierparkgestaltung war bis nach Rom gedrungen. Und da man hier einen Tierpark haben wollte, der nach den modernsten Gesichtspunkten der Zoogestaltung konzipiert war, fiel der Name Hagenbeck. Es läßt sich nicht mehr nachweisen, ob jemand von der römischen Verwaltung oder Gesellschaft den Stellinger Tierpark besucht und sich ein eigenes Bild von Hagenbecks Schöpfung gemacht hatte. Im Februar 1908 gründeten einige bekannte Persönlichkeiten der Stadt Rom eine Societa anonima, die den Zoo errichten sollte. Carl Hagenbeck wurde gebeten, nach Rom zu kommen und seine Prinzipien der Tierhaltung und der Park- und Gehegegestaltung zu erläutern. Er sprach am 12. November 1908 in dem berühmten Collegio Romano. Ein römischer Gelehrter, Prof. M. Cermenati, hielt das Co-Referat und führte aus, welche Bedeutung ein Zoo für die Volksbildung und für die Wissenschaft habe, vergleichbar einer modernen Arche Noah, verstanden allerdings nicht als Stätte der Erhaltung von Tierarten durch Zucht, in welchem Sinne heute diese Bezeichnung verwendet wird, sondern als Ort der Tiersammlung. Carl Hagenbeck, der seine große Heufresserwiese im Panorama auch als Paradies bezeichnete, führte diesen Namen auch in die Planung des römischen Zoos ein. Er betonte, daß sich in Rom wegen des im Vergleich zu Hamburg milderen Klimas fremdländische Tiere leichter eingewöhnen ließen und regte an, in dem nur schütter vor allem mit Steineichen be-

---

440 M. Catalano: Storia del Giardino Zoologico di Roma. In: Roma Capitale. La nostra Arca di Noe. Storia e Prospettive dello Zoo di Roma, ed. Marsilio, Roma 1984, S. 20-38. Wir verdanken die Erschließung der italienischen Texte Frau Dr. Gloria Svampa-Garibaldi, Zoologischer Garten Rom.

standenen Gelände in der Villa Borghese von vornherein fremdländische Bäume, wie Phönixpalmen, Ficusarten, Magnolien, Zedern, Platanen u.a.m. zu pflanzen, um dem Zoopark ein exotisches Flair zu verleihen. Man betonte auch, von vornherein ein großes Zoologisches Schaumuseum integrieren zu wollen, ausgestattet aus den Sammlungen der Universität von Rom.

Im März 1909 konstituierte sich die Societa und bot Carl Hagenbeck an, in das Gründungskomitee des Zoos einzutreten. Am 29. Juli erfolgte ein Vertragsabschluß mit ihm, nach dem der Zoo nach seinen Plänen und unter seiner Aufsicht gebaut werden sollte. Unmittelbar danach wurde mit den Bauarbeiten begonnen. Die Errichtung der künstlichen Felsen in den Anlagen der Großraubtiere, der Gebirgshuftiere sowie des Nordlandpanoramas wurde Urs Eggenschwyler übertragen. Dieser wählte, die speziellen Belastungen von Holzkonstruktionen in Italien bedenkend, für die Felsen eine andere tragende Struktur als in Stellingen oder in den anderen deutschen Zoos, in denen künstliche Felsen nach seinen Plänen gebaut wurden. Er ließ die Unterkonstruktion aus Ziegelmauerwerk aufführen, die dann von Maschendraht überspannt und aus dem die Oberflächenprofile modelliert wurden. Wie auch in Stellingen und an den anderen Orten wurde dann der Maschendraht mit Rabitzputz beworfen, dessen Oberfläche die Gesteinsformationen imitierend gestaltet wurde. Der massiven Unterkonstruktion ist es zu danken, daß die künstlichen Felsen bis auf den heutigen Tag erhalten geblieben und nur an wenigen Stellen oberflächlich beschädigt sind. In der intensivsten Bauphase, vom 26. Januar bis zum 1. März 1910 hielt sich Carl Hagenbeck selbst im Zoo auf.[441] Ende Oktober 1910 waren die Bauarbeiten größtenteils abgeschlossen. Etwa 1.477.000 Lira betrugen die Kosten. Am 2. November traf aus Stellingen ein Eisenbahnzug mit Tieren ein, darunter zwei Asiatische Elefanten, ein Afrikanischer Elefant, je ein Spitzmaulnashorn und Flußpferd, amerikanische Bisons, Zebras, Löwen, Tiger, Leoparden, Eisbären, Californische Seelöwen, mehrere Arten Affen, Laufvögel verschiedener Arten, zahlreiche andere Vogelarten und Reptilien. Nach einer Pressemeldung[442] soll der Transport ca. 2000 Tiere im Wert von etwa 200.000 Mk umfaßt haben. Mit den Tieren erschien der jüngst erst als

---

441 Brief an den Ober-Hof- und Hausmarschall des Kaisers Wilhelm II., Fürst zu Eulenburg vom 15. Jan. 1910, Archiv Hagenbeck.
442 Die Woche, Berlin, 1910, Nr. 47, S. 2016 und 2018.

Assistent im Stellinger Tierpark eingestellte Dr. Theodor Knottnerus-Meyer. Er war zum technischen Direktor des Zoos berufen worden. Sein Präsident wurde Prinz Francesco Chigi. Am 5. Januar 1911, einem verregneten Donnerstag, wurde der Zoo von Persönlichkeiten des öffentlichen Lebens in Rom eröffnet, darunter der Oberbürgermeister Nathan, der lebhaften Anteil am Baugeschehen genommen hatte und auch mit Carl Hagenbeck zusammengetroffen war. Nur etwa 9.000 Besucher kamen am Eröffnungstag in den Zoo.[443] Carl Hagenbeck war nicht zur Eröffnung des Zoos nach Rom gereist. Nach dem Ausbruch des ersten Weltkrieges mußte Knottnerus-Meyer 1915 seinen Posten räumen. Im Jahre 1917 wurde die Zoo-Gesellschaft in städtische Hände übergeführt. Zu Beginn der 1930er Jahre bis 1935 wurde der Zoo zum Teil umgebaut, vor allem aber um einen neuen Teil erweitert.

Geht man heute durch den Zoo von Rom, findet man in seinem Kern die Hagenbeck-Anlagen, soweit es sich um die mit künstlichen Felsen handelt, zwar noch weitgehend erhalten, seine landschaftliche Konzeption aber durch den starken Baumwuchs, der alle Sichtachsen völlig versperrt, nicht mehr erlebbar. Wie im Stellinger Tierpark erschloß sich einst das Gesamtpanorama von der Terrasse einer großen Gaststätte, die hier auf einem Hügel lag. Aus Gründen mangelnder Wirtschaftlichkeit hat sie dem von vornherein geplanten Zoologischen Museum weichen müssen. Unterhalb der Terrasse zog sich eine große Teichanlage hin, dahinter lagen die Felsenschluchten für Löwen, Tiger, Leoparden und Hyänen, die Nachtunterkünfte hinter den Felsen verborgen, aber anders als in Stellingen von rückwärts her für die Besucher einsehbar. Zwischen den Felsenanlagen lag die Paradies genannte Heufresserwiese. Sie hat einem neu gebauten Dickhäuterhaus, das die ursprüngliche Landschaftskonzeption erheblich stört, weichen müssen. An den Stirnseiten des Teiches befinden sich einerseits die Felsenanlagen für Berghuftiere und eine Straußenanlage, auf der anderen Seite das Nordlandpanorama für Eisbären und Californische Seelöwen sowie seitlich davon die Rentierwiese. Im Parkteil hinter den Felsenanlagen und auch einst nicht mehr mit dem "Panoramablick" zu erfassen, lagen Tiergebäude für Orang-Utans, für Affen, für Giraffen, dieses im maurischen Stil mit Kuppel, sowie Gehege für Hirsche, Bisons, Zebras und Antilopen, deren Gebäude wie in Stellingen Anklänge an einen alten Zoostil, den style rustique zeigen, d.h. mit

---

443 Il Giardino Zoologico di Roma nel XXV Anniversario 1910-1935, Roma 1935.

vegetabilen Strukturen, hier allerdings nicht aus natürlichem Material, sondern in Beton gegossen. Zwischen diesen Anlagen zog sich eine Viale dei Papagalli entlang, an der links und rechts auf Bügeln und angekettet sitzende Papageien ihren Platz fanden. Sie mündete vor zwei großen Vogelvolieren. Neben dem Haupteingang liegt bis auf den heutigen Tag das kleine, alte Elefantenhaus, das in seiner Architektur und in dem ägyptischen Dekor ebenfalls Anklänge an den Exotismus der Zoobauten des vergangenen Jahrhunderts erkennen läßt. Vogelvolieren, ein Reptilienhaus und andere Einrichtungen rundeten die Hagenbecksche Zoogestaltung ab, der in Rom wegen des etwas profilierten Geländes und deswegen, weil es nicht das zentrale "Gebirgsmassiv" gibt, um das man herumgehen kann und das von überall her als Kulisse ins Blickfeld kommt, im Vergleich zu Stellingen etwas der große Atem fehlt. Die langgestreckte Felsenpartie, in die die vier großen Raubtierschluchten eingebettet liegen, engt wie ein Riegel das Erlebnis eines weitläufigen Parks ein.

Ein wesentlicher Unterschied in der Gesamtkonzeption des römischen Zoos gegenüber seinem Vorbild in Stellingen wird schon an dem auch hier pompösen Eingangsportal deutlich. Auf den Portalpfeilern fehlen die exotischen Krieger, die in Bronze gegossen in Stellingen schon am Eingang darauf hinweisen, daß in diesem Schau-Unternehmen auch fremde Menschen zu sehen sind. Es gab von vornherein im römischen Zoo weder ein Areal noch ein Gebäude, in dem man Völkerschauen im Hagenbeckstil hätte veranstalten können. Solche Darbietungen scheinen überhaupt im modernen Italien nicht en vogue und ethnologische Ausstellungen nur im Rahmen von Museen zu sehen gewesen sein. Dafür aber verraten vier mythologische Figuren auf den Pfeilern der beiden dem Haupttor an die Seite gestellten Pavillons, die die Eintrittskassen aufgenommen haben, etwas vom Verhältnis der Menschen zur Natur noch am Ende des ersten Jahrzehntes unseres Jahrhunderts. In der Manier des Löwenbändigers Herkules bezwingen sie einen Adler, eine Schlange, einen Hirsch und eine große Echse: Der Mensch als Bezwinger der Tiere und Herrscher über sie. Zwei große Löwenfiguren schauen vielleicht wegen dieser Bekundung besonders aggressiv von den beiden Torpfeilern auf die Zoobesucher herab, und ein Schimpanse und ein Berberaffe blikken, an der Innenfront des Eingangsgebäudes sitzend, nachdenklich denen hinterher, die die Zoopforte durchschritten haben. Die Gestaltung des im Stil eines barocken Historismus errichteten Tores lag in den Händen der italienischen Architekten Barluzzi und Brasini.

Um die Zooidee und die Haltung von Wildtieren unter Zoobedingungen zu popularisieren, wurde im Auftrag der Zoogesellschaft unmittelbar nach der Eröffnung des Zoos zum Kaufpreis von nur 1 Lira eine umfangreiche Publikation aus der Feder von Paolo Picca herausgebracht,[444] die über die Geschichte der Wildtierhaltung, speziell in Italien und in der Stadt Rom, bis zu den Tagen von Carl Hagenbeck informiert.

München-Hellabrunn, Nürnberg

Am 1. August 1911 eröffnete der Münchener Zoo in Hellabrunn seine Pforten. Wie zwei anderen Zoogründungen zuvor in München war auch ihm nur eine kurze Dauer beschieden. Er bestand bis 1922 und wurde ein Opfer des Geldwertverfalls in den Jahren nach dem ersten Weltkrieg. Carl Hagenbeck besuchte ihn am 12. November 1911, und sein Urteil über ihn war vernichtend.[445] In dem weitläufigen, etwa 35 ha großen Auengelände mit Wiesen und einem Mischwaldbestand waren eine ganze Reihe maschendrahtumzäunter Gehege und Volieren entstanden. Ein größeres, funktionales, hallenartiges, heizbares Winterhaus für nichtwinterharte Tiere war noch im Bau. Neben dem Affenhaus, das ebenfalls keine Gnade in Hagenbecks Augen fand, waren es die Freisichtanlagen, die ohne seine Mitarbeit nach dem "Hagenbeck-Stil" gebaut, aber auf die Münchener topographischen Verhältnisse adaptiert und daher so verändert wurden, daß sie anders waren als Hagenbecks patentrechtlich geschützte Gehegetypen. Insbesondere der architektonische Eindruck war anders. Die am Harlachinger Hang anstehende Felsformation ist Nagelfluh, und entsprechend wurden die meisten Kunstfelsen hergestellt. Carl Hagenbeck kannte diese Formation offensichtlich nicht, denn er apostrophiert sie als "aus groben Schotter mit Zement vermischt", die "wahrlich kein schönes Bild" bietet. Das Hagenbecksche Nordlandpanorama war aufgelöst in zwei benachbarte Felsenanlagen mit Schwimmbecken für die Tiere beider Arten, die für den Besucher einzusehen waren. Die markanteste Anlage des Zoos war das sogenannte Prinzregent-Luitpold-Gehege, ein großer Kletterfelsen für Bergtiere mit optisch daran anschlie-

---

444 Guida Storica del Giardino Zoologica i Precusori di Carlos Hagenbeck.

445 "Ist der Zoologische Garten in Hamburg ohne größere Staatszuschüsse lebensfähig oder nicht", maschinenschriftliches Manuskript, Archiv Hagenbeck, S. 2 ff.

ßender Braunbärenschlucht und einer Heufresserwiese. Die Besucher wurden um diese Felsenanlage herumgeführt. Alle diese Freisichtanlagen befanden sich vor dem Harlachinger Hang, so daß ihnen schon aus diesem Grund eine weithin die Parklandschaft dominierende Rolle nicht zukommen konnte. Sie war vermutlich auch gar nicht angestrebt.

Für die "Löwenterrasse" hatte man das Hagenbecksche Prinzip der Freisichtanlage adaptiert und einer exotistischen Architektur zugeordnet. Die Gestaltung der Anlage mit der als Mauer aufgeführten Rückwand und mit Säulenstümpfen sollte an eine "versunkene Architektur" in Ägypten, an eine Tempelruine erinnern, eine Gehegearchitektur, die nicht nur von Carl Hagenbeck, sondern auch von anderen als unmotiviert empfunden wurde.[446] Die Stallungen der Löwen und anderer Großkatzen waren hinter der Rückwand der Freisichtanlage optisch verborgen. Zum Besucher zu war die Löwenanlage nicht durch einen verdeckten Trockengraben, wie beim Stellinger Modell, sondern durch einen wassergefüllten Graben begrenzt, eine gestalterische Lösung, die künftig beim Bau von Großkatzenanlagen in den Zoologischen Gärten unter Berücksichtigung der schon von Carl Hagenbeck angesprochenen Sicherheitsmängel während der Frostperiode[447] eine große Rolle spielen sollte. Die Verwendung von für die dahinter gehaltenen Tiere unüberwindlichen Gräben- und Beckenbrüstungen wurde auch bei ganz anderen als naturalistischen Gehegegestaltungen verwandt, so z.B. in der höchst artifiziellen, bühnenartig konstruierten, dem Bauhausstil verpflichteten Bären-"Burg", die 1929 im Leipziger Zoo entstand. Mit der Münchener Löwenterrasse wurde jedenfalls das "Hagenbeck'sche Prinzip der gitterlosen Freisichtgehege" zum festen, bis heute vielfach benutzten und verwandelten Modell der Gehegegestaltung in Zoologischen Gärten überall auf der Welt, aber eben losgelöst von Panorama-Anlagen.

Bereits im Jahre 1908 führten vor allem auf Betreiben des Rechtsrates Wilhelm Weigel, zweiter Mann im Stadtrat, Bestrebungen in Nürnberg, einen Zoo zu bauen, zu einer Vorplanung durch den Bauingenieur Georg Kuch, die Anfang 1909 vorlag. Darin war ein Nordlandpanorama nach Stellinger Art für Eisbären, Seehunde, Walrosse, Pinguine mit angeschlossenem Rentiergehege vorgesehen, ferner ein "Hochgebirge" für

---

446 Z.B. H. Lauer: Ein Besuch in Münchens Tierpark Hellabrunn, Zoologischer Beobachter 54, 1913, S. 70-79, 101-110 und 124-133, hier S. 127.
447 Oben zitiertes Manuskript, S. 5/6.

Felsentiere mit optisch vorgelagerter, gleichfalls durch Kunstfelsen begrenzter Löwenschlucht sowie als eigene Kreation ein sogenanntes Alpenpanorama für einheimische Tierarten. Durch ein katastrophales Hochwasser im Februar 1909 mit großen Aufgaben für die Kommune, die Folgen zu bewältigen, wurde die Zooplanung um ein Jahr verzögert. Im März 1910 erfolgte der Aufruf zur Gründung eines Zoos in Nürnberg und zur Zeichnung des Aktienkapitals. Als zoologischer Berater wurde der gerade im Juli 1910 vom Zoo Halle/Saale an den Zoo Dresden gewechselte Dr. Gustav Brandes (1862-1941) gewonnen, der vor allem in der Zeit nach dem ersten Weltkrieg einer der bedeutendsten jüngeren Zoodirektoren in Deutschland war. Inzwischen war es aber auch zu der in den Zeitungen ausgetragenen Diskussion über den Wert der Hagenbeckschen Tierhaltung gekommen. Vermutlich unter dem Einfluß von Brandes, der auf einer öffentlichen Versammlung der Aktionäre am 1. Dezember 1910 in Nürnberg einen Vortrag über das Tiergartenwesen und neue Entwicklungen darin gesprochen hatte,[448] kam es bei der endgültigen Planung zu einigen erheblichen Veränderungen gegenüber der Vorplanung. Brandes war der Auffassung, "daß der Zoologische Garten kein Museum lebender Tiere sein sollte". "Die systematische Richtung", d.h. das Sammeln von möglichst vielen, auch nahe miteinander verwandten Tierarten, um dem Zoobesucher einen größtmöglichen Überblick über die Vielfalt zumindest von Säugetieren und Vögel zu bieten, "müsse aus dem Zoo verbannt werden. Man müsse charakteristische Formen zeigen", "lebendige Eindrücke vermitteln", "die Tiere ihren Lebensgewohnheiten entsprechend einhegen".[449] Mit dieser Auffassung wandte sich Brandes gegen die von den großen, führenden deutschen Zoos vertretene Ansicht über die Aufgaben eines Zoos, wie sie vor allem vom Berliner Zoo praktiziert wurde. Seine Auffassung hatte Brandes bereits in den Jahren 1901 und 1902 zunächst als Vorstand des Vereins Tiergarten Halle, dann ab Ende 1901 als Direktor des Zoos, vor allem bei der Anlage einiger Bergtiergehege realisiert. Brandes hatte an dem steilen, nach Südwesten ausgerichteten, gegenüber dem Giebichenstein gelegenen Abhang des auf einer Bergkuppe

---

448 W. Weigel: Zur Geschichte des Nürnberger Tiergartens. 11. Mai 1912, Nürnberg 1912, S. 15.

449 M. Friedrich: Professor Dr. Gustav Brandes. Sein Leben und Werk. In: Paul Eipper: Gustav Brandes. Privatdruck, ohne Ort und Datum, (vermutlich Dresden 1937), S. 6-12.

gelegenen Zoos den Mutterboden abtragen lassen, so daß die darunter anstehende Felsformation zutage trat. Für die in der Felsregion von Gebirgen lebenden Huftiere waren so naturnahe Gehege entstanden, in die die Besucher von oben, von einem Höhenweg und von kleinen ausgebauten Bastionen hineinsehen konnten. Wenn dieses auch aus Sicherheitsgründen nur über einen Brüstungszaun möglich war, hatte Brandes hier bereits Freisichtanlagen geschaffen, wenn auch ohne einen "Hagenbeckgraben". Nirgendwo aber hatte Brandes im Halleschen Zoo ein Panorama nach dem Hagenbeckschen Muster angelegt. Die Zusammenschau von Tierarten, die tiergeographisch nicht zusammengehörten, wie Californische Seelöwen, Pinguine und Eisbären im Hagenbeckschen Nordlandpanorama, lehnte er ab.[450] Mit dieser Erfahrung der Tiergehege-Gestaltung in Halle trat er seine Beratertätigkeit in Nürnberg an. So wurde das Nordlandpanorama in der Nürnberger Vorplanung aufgelöst und gewissermaßen in sein Gegenteil verkehrt, damit aber dem biologischem Einwand Rechnung getragen. Walrosse waren übrigens zu dieser Zeit kaum zu beschaffen, in der Fütterung unglaublich teuer und wie die heimischen Seehunde noch nicht gut zu halten. Ihnen war meist nur eine kurze Lebensdauer beschieden, und in einer Seehundanlage mußte der Bestand ständig ergänzt werden.

Die optische oder aber tatsächliche Zusammenführung von Tieren ganz verschiedener Faunenbezirke wie auf der Heufresserwiese, das Zusammenwürfeln von Tieren im Zoo "wie Kraut und Rüben"[451] war einer der Kritikpunkte an der Hagenbeckschen Schaustellungsmethode. Im Nürnberger Zoo lagen nun Eisbären- und Robbenanlage, beide im typischen Hagenbeckstil gestaltet, gewissermaßen Rücken an Rücken. Der Besucher konnte, hinter der Rückwand der Eisbärenanlage entlanggeführt, in die Seelöwenanlage und die der Pinguine schauen. Auch im Nürnberger Tiergarten, wie der Stellinger Tierpark in einer ebenen Landschaft angelegt, dominierte ein mächtiges Kunstfelsmassiv die Parklandschaft, gebaut nach Stellinger Art mit Holzpfosten als tragende Konstruktion und einem naturalistisch gestalteten Betonüberzug, und war weithin sichtbar. Es wurde sogar zum Wahrzeichen des alten Nürnberger Zoos. Fünfzehn Jahre nach dem Bau stürzte der Felsen zusammen, nach-

---

450 M. Friedrich 1937, S. 10.
451 W. Seifers: Der "Zoologische Garten" in München, Zool. Garten, Frankf./Main, 53, 1912, S. 297-304, hier S. 300.

dem die tragende Holzkonstruktion verfault war, wurde aber wieder aufgebaut. Die Spitze des "Gebirges" ragte bis 35 m hoch. Besetzt waren die
am Bergmassiv liegenden Gehege mit Tieren der nördlichen Landschaften. Die sogenannten Heufressergehege, in denen z.b. auch afrikanische
Huftiere gehalten wurden, waren räumlich etwas von dem zentralen Mas-
siv und insbesondere durch die Baumgruppen soweit abgesetzt, daß man
sie getrennt davon erleben konnte. Die Stallungen der Tiere waren unter
Kunstfelsen verborgen, wie auf den Hagenbeck-Heufresserwiesen. Es
wurde auch an dieser Stelle augenfällig deutlich, daß man zwar der Hagenbeckschen Parkgestaltung verpflichtet blieb, aber keine Panorama-
wirkungen der Gehege erzielen wollte. Man muß die Nürnberger Tiergar-
tengestaltung in diesem Bereich als eine Fortentwicklung der Hagenbeckschen Ideen bezeichnen. Den Großkatzen, sowohl den Löwen wie
den Tigern, standen je eine eigene im Hagenbeckstil errichtete, benach-
bart gelegene Freisichtanlage zur Verfügung, beide mit für die Besucher
einsehbaren Schwimmbecken versehen. Der Wasserbereich war Teil eines der vier großen Teiche des alten Nürnberger Zoos. Die Abtrennung
lag unter der Brücke, auf der die Besucher zwischen Zooteich und Großkatzenanlagen an diesen vorbeigeführt wurden. Auch die Braunbären
hatten, anders als in München, eine isoliert gelegene Freisichtanlage im
Hagenbeckstil.

Der alte Nürnberger Tiergarten, am Dutzendteich gelegen, wurde am
11. Mai 1912 eröffnet und bestand bis zum Februar 1939. Dann wurde
der Tiergarten aus städtebaulichen Gründen zum Schmausenbuck an den
Rand der Stadt verlegt. Im neuen Nürnberger Zoo gibt es viele Freisichtanlagen, aber keine mit Kunstfelsen nach dem Hagenbeckprinzip mehr.
Als die Diskussion über eine evtl. Verlegung des Zoos begann und über
Vorzüge und Nachteile des alten gesprochen wurde, kam der Initiator des
Zoos, Wilhelm Weigel, auch auf Nachteile der Hagenbeckanlagen zu
sprechen.[452] Er wies auf die hohen Kosten der baulichen Unterhaltung
der Kunstfelsenanlagen hin, auf die Schwierigkeit, in den unter ihnen
verborgenen Ställen den Tieren ein optimales Stallklima zu schaffen, und
auf deren räumliche Beengtheit, die nur die Unterbringung eines zu begrenzten Tierbestandes für die großräumigen Gehege zulassen würde und
eine Zusammenstellung größerer Tiergesellschaften nicht erlaube. Wei-

---

452 W. Weigel: Bericht des Vorstandes der Tierpark Nürnberg AG, 1. November 1934,
S. 20.

gel würdigte aber ausdrücklich die Verwendung gitterloser Freisichtanlagen, die "bei fast allen Tieren möglich" seien. Finanzkräftigere Zoologische Gärten, denen eine teure Investition möglich war und für die hohe bauliche Unterhaltungskosten der Kunstfelsen aus einem tragenden Gerüst mit darüber gezogener Betonhaut zu hoch waren, errichteten die Begrenzungs-Gehegefelsen künftig aus Natursteinen.

Brioni

Carl Hagenbeck litt in den letzten Jahren zunehmend an den Folgen funktioneller Organstörungen. Sein Sohn Lorenz schreibt in seiner Autobiographie:[453] "Unsere Hausärzte" ... "mußten fast alle vier Wochen an Vater eine schmerzhafte Punktion durchführen, wobei ihm jedesmal mehrere Liter Wasser abgenommen wurden". "Bald fiel ihm das Gehen so schwer, daß ihn sein Diener nur noch im Rollstuhl durch den Tierpark fahren konnte". Dennoch betrieb er seine Geschäfte intensiv weiter, so den Bau eines Zoos mit Akklimatisationsstation auf der Adria-Insel Brioni. Carl Hagenbeck hatte sich zur gesundheitlichen Erholung ab Anfang 1911 wiederholt auf Brioni aufgehalten, begleitet von seiner Frau, einmal auch von seinem Sohn Heinrich und dessen Familie. Er beabsichtigte eine Eingewöhnungsstation für frischimportierte Tiere aus den Tropen[454] im milden Klima der Insel, verbunden mit einer Zuchtstation für Haustierhybriden, die als landwirtschaftliche Nutztiere in den deutschen Kolonien geeignet wären, eine Straußenfarm und einem öffentlich zugänglichen Tierpark, vielleicht als seinen Alterssitz und seine -aufgabe, einzurichten. Mit den Bauarbeiten wurde auch begonnen. Zunächst war ein kleiner Zoo mit Affenkäfigen und einem großen, vergitterten Käfig für Löwen sowie ein Teich für Wassergeflügel entstanden. Auf einem im Archiv Hagenbeck aufbewahrten Foto sieht man Carl Hagenbeck vor dem Löwenkäfig stehen. Die weitere Verschlechterung des Gesundheitszustands Carl Hagenbecks 1912/13, sein Tod und der erste Weltkrieg mit seinen politischen Folgen für die Balkanregion und die wirtschaftlichen in Deutschland verhinderten die weitere Verwirklichung dieser Pläne. Einige der bereits vorhandenen Anlagen für die Tiere blieben erhalten

---

453 1955, S. 89.
454 L. Hagenbeck 1955, S. 85.

und dienten noch dem ersten Präsidenten des nach dem II. Weltkrieg entstandenen Jugoslawien, Josip Broz/Tito, der auf der Insel seine Sommer-
residenz einrichtete, als Teil seines privaten Tierparks.

Das Projekt auf der Jungfernheide bei Berlin 1909-1913

Ludwig Heck war in der Auseinandersetzung um die Zukunft des Hamburger Zoos nicht nur durch seine Stellung als Direktor des Zoos der
deutschen Reichshauptstadt eine Person von Gewicht. Er hatte auch
selbst Grund genug, gegen die sich allmählich verbreitenden positiven
Rezensionen Stellingens vorzugehen. Seit 1909 plante Hagenbeck den
von ihm gegenüber dem Hamburger Senat erwähnten Tierpark nach
Stellinger Muster bei Berlin. Dort wurde seit einigen Jahren die Bildung
eines Zweckverbandes Groß-Berlin diskutiert, der sowohl das bisherige
Stadtgebiet als auch umliegende Dörfer und deren noch unbebaute Ge-
markungen umfasssen sollte.[455] Diese sollten zur Wohnbebauung und als
Naherholungsgebiet für die stark anwachsende Stadtbevölkerung genutzt
werden. Ein besonders geeignetes, in staatlichem Eigentum befindliches
Gebiet von über 200 ha Größe lag im Norden der Stadt um den Plötzen-
see herum. Die entsprechenden Bestrebungen Berlins waren bisher vom
Reichskriegsministerium verhindert worden, das dort Schießstände unterhielt und nicht darauf verzichten wollte. Gegen das Votum des
Kriegsministeriums konnte die Stadt nichts ausrichten. Zu Jahresbeginn
1909 trat sie aber erneut in Verhandlungen mit dem Landwirtschafts-
und Forstministerium, die den Ankauf eines Teils der Jungfernheide für
5,1 Mill. Mark durch die anliegenden Gemeinden zum Ziel hatten.[456]
Auch Carl Hagenbeck war im Laufe des Jahres auf diese Fläche aufmerksam geworden und bemühte sich nun, dort etwa 40 ha zu kaufen.
Eine entsprechende Anfrage beim Landwirtschaftsministerium, das ja
zur selben Zeit mit der Stadt Berlin verhandelte, blieb zunächst ohne
Antwort. Aber Hagenbeck konnte im Unterschied zu Berlin dank seiner
guten persönlichen Verbindungen zu Wilhelm II. einen ungewöhnlichen
Weg unter Umgehung des Ministeriums wählen. Er wandte sich am

---

455 Dazu, soweit sie Hagenbeck betreffen, vgl. Landesarchiv Berlin Rep 00-02/1 Nr.
2193. Vgl. auch ebd. Nr. 454.
456 Vgl. die entsprechenden Meldungen im Berliner Tageblatt 19.3., 20.3.1909.

15.1.1910 direkt an den Kaiser und bat um eine Audienz. In seinem Schreiben erinnerte er an den Besuch des Kaisers in Stellingen, der in ihm "die kühne Idee reifen" ließ, "auch ein ähnliches Institut aber von weit größerer und interessanterer Art und Weise auch in Berlin zu errichten."[457] In der Jungfernheide habe er das geeignete Gelände gefunden. Wohl zur Vereinbarung eines Termins für die Audienz teilte Hagenbeck dem Ober-Hof-Marschall des Kaisers Philipp Fürst zu Eulenburg und Hertefeld am selben Tag mit, daß er Ende des Monats für einige Tage in Rom und ab Ende April zur Landwirtschafts-Ausstellung in Buenos Aires sein werde.[458] Vermutlich kam es aber erst im Juli 1910 zu einer Unterredung in dieser Angelegenheit zwischen Hagenbeck und dem Kaiser, auf dem Landgut Wilhelms II. in Cadinen.

Hagenbecks kurze Mitteilung über das große Vorhaben bezog sich auf einen großzügig gestalteten, an geographischen Großräumen orientierten Tierpark, der noch stärker als Stellingen verschiedene "Naturbilder" darbieten sollte. Dafür benötigte Hagenbeck eine Fläche, die jene von Stellingen übertraf und die er mit der Jungfernheide gefunden zu haben glaubte. Bei einer Realisierung dieser Pläne hätte Berlin in der Tat über eine in der Welt ihresgleichen suchende Attraktion verfügt. Solche Argumente dürften die Haltung des Kaisers, der sehr an der Entwicklung einer repräsentativen Reichshauptstadt Berlin interessiert war, zu diesem Projekt mit beeinflußt haben. Dem alten Berliner Zoo allerdings wäre mit diesem neuen Tierpark ein gefährlicher Konkurrent erwachsen, wie dem Zoo in Hamburg. Schon zum zweiten Mal erwies sich Carl Hagenbeck als Geschäftsmann, der auf eine alteingesessene Institution wenig Rücksicht nahm. Der drohenden Gefahr mußte möglichst früh begegnet werden.

Carl Hagenbeck, der Berliner Zoo und Kaiser Wilhelm II.

Von den Überlegungen Hagenbecks, die die Interessen des Berliner Zoos berühren mußten, hatte Heck frühzeitig Kenntnis bekommen, wenn auch nicht in ihrer ganzen Tragweite. Mag er auch zum Zeitpunkt seines Artikels im Berliner Tageblatt vom Januar 1909 von möglichen Plänen Ha-

457 Hagenbeck-Archiv.
458 Schreiben vom 15.1.1910, Hagenbeck-Archiv.

genbecks nichts gewußt haben, so war er spätestens im Frühjahr 1910 darüber informiert. Dies wird aus einem Schreiben vom 18. April 1910 ersichtlich, das das Vorstandsmitglied der Berliner Zoo-AG, Friedrich von Hollmann, Admiral und Staatssekretär a.d., an den Chef des Geheimen Zivilkabinetts Rudolf von Valentini richtete.[459] Darin heißt es:

".... Der Professor Heck vom hiesigen Zoo giebt mir Kenntniß von einem Briefe aus Hamburg, der ihn auf eine Absicht des bekannten Tierhändlers Hagenbeck zur Errichtung eines Thiergartens nach Stellinger (Hamburg) Art in der Umgebung von Berlin vorbereitet.

Sollte ein solcher Plan wirklich zur Ausführung gelangen, müßte er für die weitere Entwicklung, ja vielleicht für das Fortbestehen des hiesigen Zoologischen Garten von tiefeinschneidender Bedeutung sein.

Da mir bekannt ist, wie Seine Majestät der Kaiser dem Wirken Hagenbecks in Bezug auf Thier-Schaustellungen lebhafte Anerkennung entgegenbringt, so halte ich es nicht für ausgeschlossen, daß von Hagenbecks Seite an den Allerhöchsten Herrn heranzutreten versucht werden wird behufs Unterstützung derartigen Unternehmens von Kaiserlicher Seite.

Falls ein darauf hindeutendes Gesuch in die Hände Eurer Exzellenz kommen sollte, würde ich Ihnen zu großem Dank verpflichtet sein, sofern Sie die Güte haben wollten, mich zu einer gelegentlichen mündlichen Äußerung bezüglich des Projektes aufzufordern. ..."

Die Einschaltung des Kabinettschefs läßt erkennen, daß der Vorstand des Zoos nicht über direkte Beziehungen zum Kaiser oder zu dessen vertrautem Kreis verfügte. Wilhelm II. mußte zwar bei allen finanziellen und baulichen Angelegenheiten, die den Status der AG berührten, seine Genehmigung geben. Er versagte diese auch normalerweise nicht. Aber er beschränkte sich dabei auf die verwaltungstechnische Handhabung, ohne eine persönliche Beziehung zum Zoo oder zu dessen Vorstand zu unterhalten.

Das nicht nur als lose, sondern sogar als gespannt zu bezeichnende Verhältnis rührte schon aus der Anfangszeit seiner Regierungszeit, vom Oktober des Jahres 1889, her, als es zu einer öffentlichen Kontroverse um die Tötung eines Elefanten kam. Der Elefant Rostom sollte, nachdem er zwei Tierpfleger getötet hatte und immer unberechenbarer wurde, erdrosselt werden.[460] Dagegen und vor allem gegen die beabsichtigte Tötungsmethode erhob der Berliner Tierschutzverein scharfen Protest in

---

459   GStA 2.2.1 I HA Rep 89 Nr. 31824 fol. 78f.
460   Das folgende nach GStA 2.2.1 I HA Rep 89 Nr. 31823 fol. 175-180.

Berliner Zeitungen. Von diesen Meldungen in der Tagespresse aufgeschreckt, wandten sich Kaiserinmutter Victoria und eine Schwester Wilhelms II. telegraphisch von ihrem Wohnsitz im Neuen Palais in Potsdam an den Kaiser mit der Forderung, diesem Plan Einhalt zu gebieten. Sie empörten sich nicht nur über das Vorgehen, sondern auch wegen des betroffenen Tieres. Denn bei dem Elefanten Rostom handelte es sich um eines von zwei Exemplaren, die Victorias Bruder, der damalige Prince of Wales und spätere englische König Edward VII., 1881 dem Berliner Zoo geschenkt hatte. Die Einmischung der Mutter traf den Kaiser an einer empfindlichen Stelle, war doch seine Beziehung zu ihr seit seiner Jugendzeit stark gestört.[461] Er reagierte umgehend und hochoffiziell. Zunächst ließ er dem Direktor des Zoos telegraphisch mitteilen, daß er wünsche, "von der Tödtung des großen Elephanten abzusehen", bis der Chef des Zivilkabinetts sich mit dem Direktorium in Verbindung gesetzt habe. Darüber hinaus informierte sein Flügeladjutant den Vorstand des Zoos. Das Mitglied des Verwaltungsrates Verleger Alexander Duncker übernahm die Stellungsnahme, nachdem man Ludwig Heck für einige Tage auf Reisen geschickt und so aus der Schußlinie genommen hatte. Auf jeden Fall war der erst ein Jahr im Amt befindliche Direktor des Berliner Zoos nach diesem Vorkommnis beim Kaiser nicht mehr gut angesehen.

Die Zurückhaltung des Kaisers dem Berliner Zoo gegenüber wird auch am Fortgang der Korrespondenz zwischen von Hollmann, der als ehemaliger Admiral noch am ehesten Zugang zum kaiserlichen Kreis erhalten konnte, und Valentini im Laufe des Jahres 1910 deutlich. Valentini war offenbar sowohl von Hollmann als auch dem Zoo gewogen und machte sich kundig. Seine Nachfragen hatten zum Ergebnis, daß ein entsprechendes Gesuch Hagenbecks im Zivilkabinett nicht eingetroffen sei, wohl aber beim Polizeipräsidium vorliege. Dies teilte Valentini von Hollmann am 21. April 1910 mit,[462] der sich umgehend bedankte, aber hinzufügte, daß Hagenbecks Plänen bei Verwendung ausschließlich privater Mittel nicht beizukommen sei. Allein bei Inanspruchnahme von öffentlichen Mitteln und bei der Platzfrage könne man wohl einhaken.[463] Diese beiden Punkte versuchte der Vorstand des Zoos in den folgenden

461 J.C.G. Röhl: Wilhelm II.: die Jugend des Kaisers 1859-1888, München 1993.
462 GStA 2.2.1 I HA Rep 89 Nr. 31824 fol. 32f.
463 Ebd. fol. 34f.

Monaten auszuspielen. Schon eine Woche nach dem Schreiben Valentinis erschien ein Artikel über den "Berliner Waldgürtel" im Berliner Tageblatt, der die Wichtigkeit der Jungfernheide für die Bevölkerung Berlins hervorhob und forderte, darauf zu achten, daß dieses Gelände nicht von "frevlerischer Hand berührt" werde.[464] Für informierte Leser dürfte der Zusammenhang mit dem Hagenbeck-Projekt klar gewesen sein. Hagenbeck war sich allerdings bis in den Herbst 1910 sicher, unter der schützenden Hand des Kaisers seine Planungen in Berlin durchsetzen zu können, wie aus seiner Äußerung gegenüber dem Hamburger Bürgermeister Predöhl vom Oktober 1910 hervorgeht (vgl. oben). Er konnte sich dabei nicht nur auf seine Audienz beim Kaiser während dessen Aufenthalt in Cadinen im Sommer des Jahres beziehen, sondern auch Grund zu der Annahme gehabt haben, daß der Berliner Zoodirektor Heck an Einfluß verloren hatte: Bereits zu diesem Zeitpunkt war Heck für ein Jahr in seinem Amt beurlaubt. Offiziell galt seine Freistellung von den beruflichen Aufgaben in der Leitung des Berliner Zoos der Abfassung eines Bandes der Neuausgabe von "Brehms Tierleben"[465], eine Begründung, die aber bei der zentralen Bedeutung des Direktors für den Betrieb des Gartens wenig stichhaltig scheint. Immerhin war er der einzige wissenschaftlich ausgebildete Tiergärtner im Berliner Zoo. Vielmehr ist zu vermuten, daß diese Entscheidung des Verwaltungsrates des Berliner Zoos zeitlich wohl nicht nur zufällig mit den Auseinandersetzungen um das Jungfernheide-Projekt zusammenfällt. Auch in Aktionärskreisen gab es Unruhe, die mit Differenzen über die zukünftige Zoopolitik zu tun hatten. So kam es 1911 zur Gründung einer "Notgemeinschaft der Aktionäre", die sich gegen die Neuregelung für den Eintritt von Aktionären in ein in Vorbereitung begriffenes Aquarium wandte. Von den Querelen um das Jungfernheide-Projekt unbeeinflußt, versagte der Kaiser dem Berliner Zoo im August 1910 eine Kapitalerhöhung zum Bau eines Aquariums als Ersatz für das in Konkurs gegangene Aquarium Unter den Linden nicht.[466] Während er die Verschönerung seiner Hauptstadt ohne Zuhilfenahme staatlicher Gelder bereitwillig unterstützte, war ein persönliches Engagement aber nicht zu erkennen. Auch das im März 1911 gnädig genehmigte Vorhaben des Zoo-Vorstands, dort die Bronzebüste des

---

464 Berliner Tageblatt 25.4.1910.
465 Vgl. H.-G. Klös u.a. 1994, S. 441.
466 GStA 2.2.1 I HA Rep 89 Nr. 31824 fol. 38-40.

Kaisers "in doppelter Lebensgröße" aufzustellen, konnte die Meinung Wilhelms II. über den Berliner Zoo nicht ändern.[467] Wenige Tage nach dem Eintreffen dieser Genehmigung, ein Jahr nach seiner ersten Anfrage bei Valentini, wandte sich von Hollmann erneut an den Kabinettschef "mit den Schmerzen des Zoologischen Gartens".[468] Man dürfe "nichts unversucht lassen, um auf die Gefährlichkeit dieser Unternehmung" (des Tierparks auf der Jungfernheide, die Verff.) hinzuweisen. Er füge "zu Ihrer gütigen Information" ein Schreiben des Vorstands sowie zwei Drucksachen bei "mit dem ganz ergebenen Anheimstellen darüber nach Gutdünken verfügen zu wollen."

Das beigefügte Schreiben des Verwaltungsdirektors Meißner war an von Hollmann gerichtet und befaßte sich mit den Gefahren des Hagenbeck-Projekts. Dies führe zu einer "Verflachung des Publikums" und werde nicht nur zur materiellen Konkurrenz für den Zoo, sondern bringe auch Finanzspekulationen um das zu bebauende Terrain mit sich.[469] Diese Argumentation bezog sich vor allem auf die Größe der von Hagenbeck in Anspruch genommenen Fläche, die jene des Berliner Zoos bei weitem übertraf und deren sinnvolle Integration in einen Tierpark man sich aus Sicht eines traditionellen Zoos nicht vorstellen konnte. Die ebenfalls mitgesandten Drucksachen – ein Zeitungsausschnitt aus der Vossischen Zeitung vom 8.4.1911 und ein Artikel aus der Landwirtschaftlichen Rundschau vom März 1911 – befaßten sich mit Äußerungen des Kaisers auf der Plenarversammlung des Deutschen Landwirtschaftsrates vom 17. Februar 1911 und mit der Stellungnahme des Professors für Landwirtschaft und Direktors der Abteilung Molkereiwesen und Tierzucht am Landwirtschaftlichen Institut der Universität Halle, Simon von Nathusius (1865-1913), vom März 1911 zu diesen Vorstellungen.[470] Darin setzte er sich kritisch mit den Zuchtversuchen Hagenbecks auseinander, deren Erfolg er stark bezweifelte.

Es ist davon auszugehen, daß der Vorstand des Zoos mit der Übergabe dieses Materials an den Kabinettschef versuchte, gegen die Person Carl Hagenbecks und dadurch gegen sein Berliner Projekt Stimmung zu machen. Der Zoo begab sich auf gefährliches Glatteis, mußte doch die

---

467 Ebd. fol. 44.
468 Ebd. fol. 46f.
469 Ebd. fol. 48-52 vom 10.4.1911.
470 Ebd. fol. 53-56.

weitere Verbreitung der Stellungnahme von Nathusius nicht nur Hagenbeck, sondern vor allem auch den Kaiser desavourieren. Dieser ließ sich aber, sollte ihm der Artikel zu diesem Zeitpunkt überhaupt zu Gesicht gebracht worden sein, von fachlichen Einwänden – wie bei anderer Gelegenheit auch – nicht beeindrucken. Seine hohe Meinung von Hagenbecks Leistungen und Plänen stand fest, und davon ließ er sich nicht abbringen. Im Gegenteil dürften ihn die Angriffe auf Hagenbeck an seine eigene Situation erinnert haben, fühlte er sich doch seit Jahren politisch isoliert und zunehmend auch von Freunden verlassen und mißverstanden.[471] Sprunghaft und, wie so oft, ungetrübt von jeder Fachkenntnis, glaubte er, höchstpersönlich eine wirtschaftlich erfolgversprechende Chance für den Ruhm Deutschlands in der Welt entdeckt zu haben und unterstützen zu müssen. Der Kaiser sah die Bedeutung Hagenbecks als Tierhändler, seine Akklimatisierungs-, Zucht- und Exportpläne sowie den Tierpark in Stellingen als ein großes Unternehmen, mit dem er wieder einmal dem Weltmachtanspruch Englands Paroli bieten konnte. Diese Überzeugung ließ ihn sogar die Interessen des Kriegsministeriums am Übungsgelände im nördlichen Teil der Jungfernheide hintansetzen.

So konnte Valentini dem Vorstandsmitglied am 30. April 1911 nur melden, daß "Sr. M. der K. u. K. der Stadt Berlin gegenüber bereits vor kurzer Zeit Allerhöchst ihr Einverständnis mit der Errichtung eines Hagenbeck'schen Tierparks im Norden Berlins auszusprechen geruht habe."[472] Er sei beauftragt, ihm mitzuteilen, daß der Kaiser sich vor allem davon habe leiten lassen, daß

"der großen Arbeiterbevölkerung im Norden Berlins eine derartige leicht zu errichtende Anlage geboten werde, in der ihr Interesse an der Natur gefördert und ein angenehmer Aufenthalt im Freien ermöglicht wird. Auch befürchtet SM keine wesentliche Schädigung des Zoologischen Gartens, dessen ausgezeichneter Leitung es sicher auch künftig gelingen werde, ihm seine bewährte Anziehungskraft voll zu erhalten."

Die vertraulich zu haltende Mitteilung dürfe von Hollmann nicht den anderen Vorstandsmitglieder zur Kenntnis bringen. Diese seien auf

---

471 Vgl. die Darstellung der Persönlichkeit des jungen Thronfolgers bei J.C.G. Röhl 1993 sowie G. Eley: Wilhelminismus, Nationalismus, Faschismus: Zur historischen Kontinuität in Deutschland (= Theorie und Geschichte der bürgerlichen Gesellschaft 3), Münster 1991, S. 58ff.; F. Herre: Kaiser Wilhelm II., Monarch zwischen den Zeiten, Köln 1993, S. 18ff.

472 GStA 2.2.1 I HA Rep 89 Nr. 31824 fol. 58f. vom 30.4.1911.

Wunsch des Kaisers "– jedenfalls zur Zeit – noch nicht" zu informieren.[473] Von Hollmann dankte dem Kabinettschef für seine Bemühungen mit der resignierenden Feststellung, nun könne man nur noch "'Gewehr bei Fuß' den Ausgang der Unterhandlungen zwischen dem Staat und der Stadt Berlin" ansehen.[474] Heck, der zu diesem Zeitpunkt noch beurlaubt war, hatte sich bisher zurückgehalten. Nun wollte er offenbar noch in letzter Minute eingreifen. Er ließ am 21. Mai 1911 bei Valentini, der auf seinem Schloß außerhalb Berlins weilte, anfragen, wann er dort vorsprechen dürfe. Zu einem Gespräch kam es aber nicht: Das Telegramm Hecks in der Handakte Valentinis trägt den handschriftlichen Vermerk vom 22.5.: "Prof. Heck ist nicht erschienen."[475] Dieser hatte inzwischen wohl erfahren, daß der Beschluß des Kaisers nicht mehr zu beeinflussen war: Am 24. Mai 1911 wurde der Landwirtschaftsminister vom Kaiser ermächtigt, ein Gelände der Oberförsterei Tegel "dem Tierhändler Karl Hagenbeck zur Gründung eines Tierparks im Norden Berlins zu veräußern."[476] Daraufhin stellte Hagenbeck den Architekten Johannes Baader ein, der die Entwurfsplanung für den Tierpark leiten sollte.[477] Der Berliner Zoo war vom Kaiser in seine Schranken gewiesen worden. Eine positive Folge hatte das Aufstellen der Kaiserbüste im Festsaal des Zoos immerhin: Dem Vorsitzenden des Vorstands, Alexander Lucas, und dem Architekten Georg Reimers wurden anläßlich der Einweihung des Restaurants am 16. Mai 1911 der Königliche Kronenorden III. Klasse verliehen.[478]

Das glücklich auf den Weg gebrachte Jungfernheide-Projekt Hagenbecks kam nun mit Vorlage vom 9. Juni 1911 vor das Berliner Stadtverordneten-Parlament, das über die Eingemeindung der Fläche, auf der auch der Tierpark liegen sollte, und über ein von Hagenbeck beantragtes "hypothekarisches Darlehn" von 1 Mill. Mark zu entscheiden hatte.[479]

---

473 Ebd. fol. 59f.
474 Ebd. fol. 59.
475 Ebd. fol. 61.
476 Ebd. fol. 66.
477 J. Baader: Oberdada, Lahn-Gießen 1977. Baader, ein Absolvent der TH Dresden, war seit 1905 in Berlin ansässig und befaßte sich dort vor allem mit dem Entwurf von Friedhofskunst. 1919 gehörte er zu den Mitbegründern des Dada-Clubs. Vgl. ders.: Das Oberdada, hsg. von K. Riha, Hofheim 1991.
478 GStA 2.2.1 I HA Rep 89 Nr. 31824 fol. 62ff.
479 Landesarchiv Berlin Rep 00-02/1 Nr. 2193.

Diese Summe benötigte der Tierhändler für den Bau, da seine Bemühungen um den Verkauf von Stellingen an den Hamburger Staat bisher erfolglos geblieben waren. Hagenbecks Vorhaben wurde also politisch mit den Eingemeindungsplänen des Zweckverbandes Groß-Berlin verbunden. Es ging dabei um eine Fläche von etwa 220 ha im Norden der Stadt, die für den Westhafen, den Tierpark sowie Park-, Garten- und Spielplatzanlagen (92 ha) und für Bauplätze (69 ha) genutzt werden sollten. Das Tierparkgelände, das etwa 50 ha einnehmen sollte, schloß dieses Areal nach Norden ab. Die Chancen für die Eingemeindung waren noch nie so günstig gewesen wie jetzt, nicht zuletzt dank des Drucks, der durch das Hagenbecksche Projekt auf den Staat ausgeübt worden war. Unter diesen Umständen ergriff das Stadtverordneten-Parlament die Gelegenheit und beschloß schon auf der nächsten Sitzung am 15. Juni 1911 den Kauf der Flächen. Nun konnte Hagenbeck dem Bildhauer Eggenschwyler melden, die Genehmigung für Berlin sei "auf Allerhöchste Ordre" eingetroffen."[480]

Aber mit der Gewährung eines Darlehns taten sich die Stadtverordneten schwerer als mit dem Beschluß über die Eingemeindungen. Das Thema war am 29.6.1911 nochmals Gegenstand der Debatte.[481] Carl Hagenbeck hatte zuvor jedem Stadtverordneten einen gedruckten Führer durch seinen Tierpark in Stellingen übergeben lassen. Die Versammlung faßte aber keinen Beschluß. Die Zurückweisung von Hagenbecks Akklimatisierungs- und Zuchtideen durch Fachleute wurde zwar nicht erwähnt, beeinflußte aber sicher ebenso wie die negativen Stellungnahmen der Zoodirektoren die Debatte.

Mit dem Hinauszögern einer Entscheidung in Berlin und mit mehreren Enttäuschungen dürften die gesundheitlichen Beschwerden zu tun haben, unter denen Hagenbeck seit dem Sommer 1911 zunehmend zu leiden hatte und die auch die Fertigstellung des Porträts durch Lovis Corinth verzögert hatten. Der offensichtliche Boykott des Tierhandels der Firma Hagenbeck durch verschiedene deutsche Zoos, der vermutlich mit seinen Planungen in Hamburg und Berlin zusammenhing, der Weggang Sokolowskys aus dem Unternehmen, die Probleme mit der Straußenfarm und das Stocken der Verhandlungen mit dem Hamburger Senat belasteten Carl Hagenbeck sichtlich. Außerdem scheint der römische Zoo nicht

---

480 Hagenbeck-Archiv.
481 Dazu Landesarchiv Berlin Rep 00-02/1 Nr. 2193.

jener Publikumserfolg gewesen zu sein, den sich Hagenbeck vorgestellt hatte.[482] Die vehemente Abwehr seiner Ideen zur Tierhaltung durch die deutschen Zoodirektoren empfand er als ungerechtfertigt. Zu einer Zeit, in der er in der Öffentlichkeit als erfolgreicher Geschäftsmann von gesellschaftlicher Anerkennung überhäuft wurde, fühlte er sich doch nicht in angemessener Weise gewürdigt. Im Dezember 1910 beschwerte er sich in einem Brief: ".... kein Mensch hat unter diesem Undank so zu leiden wie ich...".[483] Bereits seit 1902 klagte er über "nervöse Herzanfälle", die ihn veranlassen würden, "daß ich mich nach und nach aus dem Geschäft zurückziehe, um es mehr und mehr meinen Söhnen zu überlassen".[484] Nun wollte er dieses Vorhaben in die Realität umsetzen und seinen Söhnen mehr Verantwortung übertragen. Als geschäftliche Grundlage wandelte er sein Unternehmen 1911 in eine OHG um. Im selben Jahr formulierte er außerdem ein neues Testament. Dankbar nahm der gesundheitlich angeschlagene Hagenbeck Ende August das ostentative, durch den kaiserlichen Adjutanten von Bülow übersandte Geschenk des Kaisers – zwei Flaschen "Steinberger Kabinett" des Jahrgangs 1868 und die Überbringung von Genesungswünschen – entgegen.[485] Wiederholte Aufenthalte auf der Mittelmeerinsel Brioni wie im Oktober 1911 brachten kaum Linderung, wenn er sich auch in der dortigen internationalen und exklusiven Gästegesellschaft wohlfühlte und sofort wieder Pläne machte.

Auch der als Schriftsteller bekannt gewordene Beamte des Reichskolonialamts, Zoologe und Afrikareisende Carl Georg Schillings (1865-1921) bot dem Hamburger in diesem schwierigen Jahr 1911 Rückhalt. Schillings veröffentlichte im Herbst einen Aufsatz mit dem Titel "Hagenbeck als Erzieher" in den Süddeutschen Monatsheften, der anschließend noch gesondert gedruckt wurde und mit dem Hagenbeck wer-

---

482 Vgl. die Äußerung Paul Meyerheims im Berliner Tageblatt vom 7.4.1912, daß das Restaurant im römischen Zoo bereits wegen Besuchermangels geschlossen werden mußte.
483 Hagenbeck-Archiv.
484 Schreiben an Fr. Bronsart von Schellendorf 27.11.1902, Hagenbeck-Archiv.
485 Schreiben von Bülow an die Söhne Hagenbecks, 30.8.1911, Hagenbeck-Archiv. Vgl. auch Carl Hagenbecks Dankesschreiben an den Kaiser, 4.9.1911, Hagenbeck-Archiv.

ben konnte.[486] Darin plädierte er leidenschaftlich für den "schönen und großen Plan eines der bekanntesten heute lebenden Männer", der "geeignet erscheinen darf, den ja leider bei uns lange im Banne veralteter Anschauungen nicht hinreichend gepflegten vielmehr gefesselten und gelähmten Uridealismus: den Sinn für die Schönheit und Erhabenheit der Natur aufs neue zu entfachen." Das Jungfernheide-Projekt verspreche wie der Stellinger Tierpark, "in täglich wechselndem Reichtum die Tierwelt in großen, lebenden Bildern" zu zeigen. Schillings begründete seine vehemente Stellungnahme außerdem mit den Leistungen Hagenbecks für die Zoologie, habe er doch viele seltene, zum Teil vor dem Aussterben stehende Tierarten nach Europa importiert. Ein noch wichtigeres Argument war seiner Ansicht nach aber die Bedeutung Stellingens für die Förderung des weltweiten Naturschutzgedankens, und damit brachte der Schriftsteller einen ganz neuen Akzent in die Diskussion:

"Was ich nun bei Hagenbeck in Stellingen sah, war das Wollen, auch dem Fernsten und Gleichgültigsten in großen und eindrucksvollen Bildern einen Begriff zu geben, wie es im Plane der Natur liegt, daß aus dem Starren, Kalten, Leblosen das Bewegliche, das Lebende, das Organische emporwächst und sich entwickelt... Was dieser Mann uns in großen lebenden Bildern entrollt, es trägt die Signatur: 'Seht, wie herrlich ist die paradiesische Fauna unserer Erde! Schützet und erhaltet sie!...' Seit Jahren habe ich meine Gedanken mit Hagenbeck während mancher Stunde über diese Dinge ausgetauscht und er sagte mir: 'Sie haben Recht! Tun Sie was Sie können zum Schutze unserer Tierwelt, ich stehe mit meiner ganzen Erfahrung und mit meinem ganzen Wissen hinter Ihnen!'"

Schillings, der seit 1896 mehrfach in verschiedenen Teilen Afrikas gereist war und als erster Fotos dort freilebender Tiere mitgebracht hatte, wurde durch sein 1904 erschienenes Buch "Mit Blitzlicht und Büchse im Zauber des Elescho" mit 83 Fotos berühmt. Seine Erinnerungen an die Tierwelt Afrikas lebten beim Anblick der Panoramen in Stellingen auf, "wie reich, schön und herrlich alles Lebende da draußen in ferner Steppe und Urwald flutet und webt".[487] Sie gelte es zu bewahren auch gegen

---

486 Der Titel dürfte in Anlehnung an die vielgelesene Schrift von Julius Langbehn "Rembrandt als Erzieher", Leipzig 1890 und weitere Auflagen, gewählt worden sein, in der dieser seine Auffassung von einem "volkstümlichen" deutschen Geist, für "seelenvolle" Kunst und gegen den Materialismus der Zeit ausbreitete. Das Buch war 1909 in 49. Auflage erschienen. Siehe zur allgemeinen Problematik A. Daum 1996.
487 C.G. Schillings 1911, S. 5.

Maßnahmen der deutschen Kolonialverwaltung wie den 1910 begonnenen systematischen Abschuß von Wild in einem 50 km breiten Landstreifen in Deutsch-Ostafrika. Diese Radikallösung hatte Gouverneur von Rechenberg auf Betreiben der kolonialen Veterinärbehörde veranlaßt als Schutzmaßnahme gegen das Vordringen der Rinderpest aus Britisch-Ostafrika.[488] Durch den Abschuß, bei dem nach Informationen von Schillings' Gewährsleuten 600.000 Patronen verbraucht worden seien, sei ein Streifen Land "vollständig vom Wilde entblößt" worden, den er selbst noch wenige Jahre zuvor als "die herrlichsten (menschenleeren!) Jagdgründe der Erde" erlebt habe. Inzwischen stehe fest, daß Rinderpest nicht zu befürchten sei, woraufhin man die "Wildausrottung" eingestellt habe. Sichtlich unter dem Eindruck dieses "Kulturskandals" feierte Schillings Hagenbeck als "Erzieher", durch dessen Tierschaustellung die Menschheit aufgerüttelt werde. Bei dieser Interpretation der Gedanken des Tierhändlers bezog er sich nicht nur auf entsprechende Gespräche, die er mit ihm des öfteren geführt hatte, sondern wohl auch auf einige Abschnitte in dessen Autobiographie, in der die Einrichtung von "Reservaten" für von der Ausrottung bedrohte Tierarten vorgeschlagen worden war.[489] Carl Hagenbeck dachte dabei aber nicht an Wildschutzgebiete in den Heimatländern dieser Tiere, sondern an auch für Jagdzwecke geöffnete große Areale beispielsweise in Florida. Dort sollten, so seine Vorstellung, afrikanische Tierarten in einem ihrem Herkunftsgebiet entsprechenden Klima in großen Herden leben können. Schillings Interpretation entsprach aber den um 1900 sich ausbreitenden Gedanken zum Natur-

---

488 Die Rinderpest hatte seit etwa 1890 weite Teile Kenias ergriffen. Sie befiel zwar nur einige Wildtierarten, deren Bestände sich auch schnell wieder erholten, war aber vor allem für die aus Europa importierten Rinderarten eine Gefahr: J.M. MacKenzie: The Empire of Nature – Hunting, Conservation and British Imperialism, Manchester 1988, S. 157ff. MacKenzie gibt einen guten Überblick über das ambivalente Verhältnis von Kolonialbeamten und Großwildjägern zur afrikanischen Tierwelt in den englischen Kolonien um 1900 sowie über erste europäische nationale und internationale Bemühungen um Naturschutzregelungen in außereuropäischen Gebieten. Eine Analyse der Situation in deutschen Protektoraten bzw. Kolonien (vgl. die entsprechende Politik von Hermann von Wissmann in Deutsch Ostafrika seit 1891) und der Zusammenhang zwischen diesen und der Naturschutzbewegung in Deutschland für Afrika seit 1909 fehlt nach wie vor. Zum Aspekt des Tiermalers als Jäger allg. vgl. K. Artinger 1995, S. 190ff. Die von ihm verwendete Sekundärliteratur zum Naturschutz in Afrika ist allerdings teils sehr ungenau und tendenziös.
489 C. Hagenbeck 1909, S. 350ff.

schutz im allgemeinen, die zur Gründung der ersten Naturschutzparks in Deutschland führte.[490] Weiter führte der Schriftsteller aus, auch die Deutsche Kolonialgesellschaft habe sich für einen "erhöhten Naturschutz in den deutschen Kolonien" ausgesprochen. "Unsere Zeit steht im Zeichen sozialer Gedanken" und "sozial im höchsten Sinne" sei es,

"die Menge ethisch zurückzuführen in das Paradies, von dem ihre Kindheit träumte.... Der Kern des Lebens liegt in einem gesunden Verhältnis zur Natur und die Höhen des Lebens liegen mit Goethe in der Verehrung der Gottnatur."

Ziel der Erziehung der Menschen müsse ein "zeitgemäßer Naturschutz" sein, der "solche tiefbedauerlichen Ereignisse wie den obenerwähnten ostafrikanischen Wildmord unmöglich mache." Naturschutz sei aber nicht nur in Afrika, sondern auch in Europa, in deutschen Wäldern nötig. So müsse die Ausrottung des "allerletzten deutschen Wappentiers", des Adlers, durch tier- und naturunkundige Flintenträger gestoppt werden und die Beurteilung von Hirschen durch Jäger nur nach deren "Endenzahl" aufhören. Amerika und Großbritannien seien in ihren Bemühungen um Naturschutz schon viel weiter als Deutschland. Gegen die "rapide Vernichtung der Tierwelt im letzten Jahrhundert" sollten nach den Vorstellungen Schillings sowohl Hagenbecks "Volks-Tierpark" in Berlin als auch der alte Berliner Zoo und alle weiteren Zoologischen Gärten, wissenschaftlichen Institute und Personen ihren Beitrag leisten.

Auch Carl Hagenbeck blieb angesichts des Stockens seiner Pläne für Berlin nicht untätig. Zur Unterstützung seines großen Zieles veranstaltete er ab 22. September 1911 in einer 2.200 qm großen Halle und auf einem 2.800 qm großen Gelände am Kurfürstendamm 15 die Ausstellung "Nordland". Darin stellte er Naturalien und Ethnographica sowie gemischte Tier- und Völkerschauen aus, ohne direkte Konsequenzen für sein eigentliches Vorhaben. War in Hamburg eine vorläufige Entscheidung gegen den Ankauf Stellingens gefällt worden, so blieb die Gewährung eines Darlehns in Berlin noch immer in der Schwebe.

Zur Sitzung der Berliner Stadtverordneten im März 1912 legte Hagenbeck dann seine Planungen schriftlich vor.[491] Danach sollte als Trä-

---

490 M. Wettengel: Staat und Naturschutz 1906-1945: Zur Geschichte der staatlichen Stelle für Naturdenkmalpflege in Preußen und der Reichsstelle für Naturschutz, Histor. Zeitschrift 257, 1993, S. 355-399.
491 Vgl. auch den Bericht im Berliner Tageblatt vom 1.4.1912.

gerin des Tierparks auf der Jungfernheide eine GmbH eingerichtet werden, die mit einem geschätzten Kapitalaufwand von 8 Mill. Mark das Projekt zu realisieren hatte. Davon entfielen 2,7 Mill. Mark auf den Erwerb des Grundstücks für einen Vorzugspreis von 6 Mark/qm. Hagenbeck versicherte in der Vorlage, er werde "mäßige Eintrittspreise" erheben und dafür Sorge tragen, daß der Tierpark dem Erholungs- und Bildungsbedürfnis der Berliner Bevölkerung dienen werde. Am 28.3.1912 kam das Jungfernheide-Projekt auf die Tagesordnung der Stadtverordneten. Die Debatte wurde auf der Tribüne von den Direktoren des Berliner Zoos, Heck und Meißner, verfolgt.[492] Die SPD-Fraktion sprach sich gegen die Zahlung eines Darlehns aus, da man bei einem Tierpark nach Stellinger Muster den wissenschaftlichen Wert nicht sehen könnte. Hagenbeck habe es hauptsächlich der Gunst des Kaisers zu verdanken, daß sich die Stadt Berlin dafür so lebhaft interessiere. Demgegenüber befürwortete die Fraktion der Alten Linken das Projekt, an dem allerdings die Möglichkeit der Eingemeindung der Jungfernheide nach Berlin das wichtigste Moment sei. Würde das Terrain nicht vom Tierpark besetzt, werde es sofort Gegenstand von Terrainspekulationen. In Vertretung des erkrankten Oberbürgermeisters Martin Kirschner legte sein Stellvertreter, Bürgermeister Dr. Georg Reicke, die Gründe des Magistrats für die Befürwortung des Projekts dar. Schließlich setzte man einen 15köpfigen Ausschuß des Berliner Stadtverordneten-Parlaments ein, der das Für und Wider des Projekts erneut erörtern sollte. Die Arbeit dieses Ausschußes wurde von der öffentlichen Diskussion des Hagenbeck-Projekts in den Berliner Zeitungen begleitet. Das Berliner Tageblatt widmete dem Thema am 7. April eine ganze Seite, auf der Vertreter verschiedener Fachrichtungen zu Wort kamen und nochmals die Argumentationen ausbreiteten. Bürgermeister Reicke, als Vertreter der Stadtverwaltung Befürworter eines Darlehns, betonte die Existenzberechtigung beider Arten der Tierschaustellung, sowohl des alten Berliner Zoos als auch eines Tierparks nach Hagenbeckschem Muster.

"Beide Anlagen verhalten sich zu einander wie ein Buch zum Leben.... Der Zoologische Garten nun erscheint mir ein solches belehrendes Buch, ein glänzend ausgestattetes Bilderbuch, in dem Blatt für Blatt sehr viel Wissenswertes fein säuberlich aufgezeichnet ist, recht aus der Nähe betrachtet.... Der Stellinger Tierpark erscheint mir dagegen wie ein

---

492 Laut Berliner Tageblatt 29.3.1912.

Stück Leben. Die Vorführung der Tiere in einer Form, die bis zu einem erstaunlich hohen Grade den Anschein vollkommener Freiheit erweckt...."

Die Gestaltung Stellingens spreche "unmittelbar zu der Phantasie des Beschauers und gibt dem Leben der Tiere zweifellos wohl eine deutlichere Annäherung als jene andere Art, die hinter den Käfigen und Gittern das Wesen der einzeln freilich sehr gut zur Anschauung bringt." Die Förderungswürdigkeit des Jungfernheide-Projekts bejahte auch ein Zoologe, der Direktor des Zoologischen Instituts der Friedrich-Wilhelm-Universität, Prof. Dr. Franz Eilhard Schulze. Es werde dem "in seiner Art einzig dastehenden Zoologischen Garten" keinen Abbruch tun. Die "Anschauung und Beobachtung der verschiedensten Tiere in ihren möglichst natürlichen Lebensbedingungen" sei vor allem für Großstadtmenschen wichtig und "in ästhetischer wie moralischer Hinsicht bildend und veredelnd." Demgegenüber äußerte der Direktor des Kölner Zoos, Dr. L. Wunderlich, nochmals seine scharfe Ablehnung. Wie seine Amtskollegen legte er den Schwerpunkt auf die Zurschaustellung einer artenreichen Tiersammlung. In Stellingen werde eine "kleine Anzahl Tierarten" in "oft keineswegs der Wirklichkeit entsprechender Umgebung" gezeigt. Zur "unwissenschaftlichen Unterbringung" komme das Zusammenhalten nicht zusammen gehöriger Tierarten im Heufressergehege. "Alles ist der Aufmachung untergeordnet." Die zu erwartenden Einnahmeminderungen für den Berliner Zoo werde die Stadt Berlin moralisch nicht verantworten können. Skeptisch äußerte sich auch der Tiermaler Paul Meyerheim, Leiter der Tierklasse an der Berliner Akademie.[493] Meyerheim, der viele seiner Studien im Berliner Zoo gemacht hatte, bezweifelte den finanziellen Erfolg des weit von der Stadtmitte entfernten Tierparks auf der Jungfernheide. "Davon abgesehen aber gebührt Herrn Hagenbeck der größte Dank für seine Bereicherung der zoologischen Wissenschaft und Kenntnisse und für die vielen schönen Tiermodelle, die er uns Künstlern in seiner bewundernswerten langjährigen Tätigkeit vorgeführt hat,..." Demgegenüber sah der Direktor des Königstädtischen Gymnasiums Prof. Dr. A. Mittag wiederum eher den Aspekt der "Ergänzung" bei der Beurteilung der zwei Institutionen. Für das moderne "biozentrische Lehrverfahren", nach dem Schüler im naturwissenschaftlichen Unterricht zu "aufmerksamer Beobachtung und sinniger Betrachtung der weiten Gottes-

---

493 K. Artinger 1995, S. 49ff.

natur" angehalten werden sollten, sei ein Zoo allerdings nicht gut geeignet. Die Art der dort realisierten Tierhaltung vermittle kaum Lebensformen und Lebensweise, "kalt und frostig mutet ein solches Tierleben an, gemütvoll nahegebracht ist die Natur nicht..... Jedes Unternehmen ist freudig zu begrüßen, das imstande ist, mehr als bisher solche Beobachtungen zu ermöglichen." Dieser Ansicht widersprach der Dichter Richard Skowronnek, ein häufiger Besucher des Berliner Zoos. Dieser habe "seine erzieherische Aufgabe bisher recht gut erfüllt". Wozu solle man ihm Konkurrenz bereiten? Schließlich führte das Berliner Tageblatt die Äußerungen des Reisenden und Fotografen Carl Georg Schillings an. Zum Abschluß zog die Zeitung das Resümee, insgesamt sei das "hellste Lob des Berliner Zoos" erklungen. Man solle ihn nun "auch in Zukunft mit allen Kräften" erhalten und fördern.

Der Ausschuß trug seine insgesamt positive Stellungnahme auf einer Parlaments-Sitzung am 9. Mai 1912 vor. Dieser Haltung schloß sich die Versammlung noch am selben Tag an. Der Verwirklichung des Projekts auf der Jungfernheide stand nun formell nichts mehr im Wege.

Inzwischen waren auch Hagenbecks Vorvereitungen für den Tierpark abgeschlossen. Eine am 18. Mai 1912 vom beauftragten Berliner Architekten vollendete Planzeichnung hielt den Stand der Überlegungen vom 16. Februar fest. Sie sahen vor, den Tierbestand nach dem Herkunftskontinent fünf unterschiedlichen Teilen des Parks zuzuordnen. Im Mittelpunkt, zwischen dem europäischen und dem asiatischen Teil gelegen, sollte ein "Großes Gebirge" aufragen. Es war zugleich zur Haltung von Gebirgstieren aus beiden Kontinenten bestimmt. Ein großer Teich war für den Schnittpunkt der Areale für amerikanische, australische und europäische Tiere vorgesehen, gegenüber ein großes Sommerrestaurant. Den Affen war ein gesonderter Bereich zugewiesen, der eine "Affenschlucht", also ein Freisichtgehege, sowie ein großes Affenhaus umfassen sollte. Im Südwesten des Geländes war ein Parkteil für die Ausstellung von Urwelttier-Plastiken reserviert. Am Rand des Geländes sollten ein großer Kinderspielplatz, eine Arena für Dressurvorführungen, ein Freigelände und ein großes Gebäude für Völkerschaustellungen gebaut werden. Landwirtschaftliche Nutztiere waren in einem Muster-Bauernhof zusammengefaßt – eine für Zoologische Gärten der damaligen Zeit völlig neue Einrichtung. Wie in Stellingen war auch im Tierpark auf der Jungfernheide eine Straußenfarm vorgesehen.

Diese Planungen kamen jedoch nie zur Ausführung, Hagenbeck scheint sie sogar noch im selben Jahr aufgegeben zu haben. Jedenfalls beendete er am 30.9.1912 den Vertrag mit Johannes Baader.[494] Nach dessen Erinnerung waren für diesen Entschluß die "sich immer stärker hemmend geltendmachenden politischen Spannungen" ausschlaggebend. Tatsächlich ist zwar eine nach wie vor lebhafte Berichterstattung in überregionalen Zeitungen festzustellen,[495] der politische Druck war aber wohl eher indirekt, so daß der Unternehmer Hagenbeck zu starken Gegenwind spürte. Auch hier dürften sich die Berliner und die Hamburger Diskussionen überlagert und gegenseitig in ihrem Ergebnis für Hagenbecks Vorhaben negativ ausgewirkt haben, denn man war natürlich über den Stand der Beratungen in der jeweils anderen Stadt informiert.[496]

Der Berliner Zoo ging aus dem mit verdeckten Karten ausgefochtenen Konkurrenzkampf also zunächst siegreich hervor. Er hatte aber zugleich eine jahrelange Stagnation in der baulichen Entwicklung im Säugetierbereich zu verzeichnen. Auch unter den Aktionären schwelten anscheinend weiterhin Konflikte. So scheint es zu Jahresbeginn 1913 bei den Vorbereitungen für die Vorstandswahlen Probleme gegeben zu haben. Jedenfalls suchte Direktor Heck am 28.1.1913 bei Valentini um eine Audienz nach.[497] Einen Monat später bedankte er sich beim Kabinettschef für "den Hinweis", den dieser ihm "betreffend Ilberg" – Dr. Friedrich W.K. Ilberg (1858-1916), General-Arzt und Leibarzt des Kaisers – gegeben habe. Möglicherweise wurde versucht, im nach wie vor schwelenden Streit im Kreis der Aktionäre und im Verwaltungsrat mittels Usurpation von Vorstandssitzen die Zoopolitik neu zu orientieren. Die Beziehung zwischen Wilhelm II. und dem Vorstand des Berliner Zoos war nach diesen Geschehnissen noch gespannter als zuvor. Er besichtigte auch das im Sommer eröffnete Aquarium des Zoos nicht. Im Herbst 1913 versuchten Heck und der Verwaltungsdirektor Meißner die Lage zu entspannen, indem sie in der Veranda des Zoo-Restaurants Wandbrunnen anbringen ließen, die auf dem kaiserlichen Gut in Cadinen hergestellt worden waren – ausgerechnet auf jenem Gut, auf dem auch die erfolglosen Kreu-

---

494 J. Baader 1977.
495 Z.B. Kölnische Zeitung 2.4.1912, 28.5., 18.6.1912; Hamb. Corr. 11.5.1912 nach den Handakten in StA Hamburg Cl IV Lit B No 4 Vol 2a Fasc 2 Inv 16 i Conv II.
496 Vgl. die Zeitungsausschnitt-Sammlungen in den Handakten des Senats bzw. der Stadtverordneten.
497 GStA 2.2.1 I HA Rep 89 Nr. 31824 fol. 70-72.

zungsversuche zur Gewinnnung von Hochleistungsmilchvieh nach Hagenbecks Vorstellungen betrieben wurden.[498] Hatte die Zooverwaltung auf einen Besuch des Kaisers wenigstens aus diesem Anlaß gehofft, so sah sie ihre Erwartungen zunächst nicht erfüllt. Im November 1913 bat sie schließlich Valentini um die Vermittlung einer Besichtigung durch den Kaiser. Dem Kabinettschef gelang es tatsächlich, einen Besuch im Restaurant und im Aquarium für den 20. Dezember zu arrangieren. Daran durften nur teilnehmen: Geheimrat von Etzdorf, Architekt Lesser, Stadtbaudirektor von Ihne, von Dirksen, Kaufmann Dr. James Simon, Baudirektor Hinckelweg und Stadtbaurat L. Hoffmann – weder der wissenschaftliche Direktor noch der Verwaltungsdirektor des Zoos waren erwünscht.

Nach dem Abbruch der Planungen für das Jungfernheide-Projekt im Sommer 1912 und durch den Tod Hagenbecks im April 1913 blieb das weitere Schicksal des dafür in Aussicht genommenen Geländes, das sich inzwischen auf Stadtgebiet befand, in der Schwebe. Das lag nicht nur daran, daß die Söhne Heinrich und Lorenz damit befaßt waren, das Unternehmen in Hamburg zu konsolidieren. Denn nach wie vor gab es "Gegenwind" in Berlin. So schrieb Lorenz Hagenbeck zwei Monate nach dem Tod des Vaters an den Kustos des Naturhistorischen Museums Berlin, P. Matschie:[499]

"... Sie haben recht lieber Herr Professor, ich habe auch gehört, dass man mit allen möglichen und unglaublichen Mitteln gegen das Zustandekommen unseres Unternehmens arbeitet. Aber ich hoffe, dass wir doch Sieger bleiben werden, denn wir haben Gott sei Dank auch ein Teil der Zähigkeit, die unserem lieben Vater in solchen Sachen eigen war, geerbt. Wir werden uns nicht so leicht an die Wand drücken lassen."

Erst am 22. Juni 1916, also während des 1. Weltkrieges, befaßte sich die Stadtverordneten-Versammlung erneut mit der Jungfernheide.[500] Im Rahmen der Beschäftigung mit der Abänderung des "Bebauungsplanes für noch unbebaute Außenbezirke der Stadt" wurde die Forderung erhoben, auch die ursprünglich für Hagenbecks Tierpark vorgesehene Fläche zu kaufen, da "es doch unter den gegenwärtigen Verhältnissen" wichtiger sei, "dort Menschen anzusiedeln." Denn auf der Jungfernheide habe man

---

498 Zu dieser Angelegenheit ebd. fol. 73-76.
499 Brief vom 29.5.1913, Hagenbeck-Archiv.
500 Landesarchiv Berlin Rep 00-02/1 Nr. 2193.

noch preisgünstigen Boden zur Verfügung, und die Realisierung des Tierparks liege durch den Krieg und nach dem Tod Carl Hagenbecks "vollkommen im Nebel". Diese Situation änderte sich auch in den Jahren nach dem 1. Weltkrieg nicht. Erst um 1928 unternahmen die Söhne Carl Hagenbecks einen erneuten Vorstoß zur Anlage eines Tierparks auf der Jungfernheide, der aber schon im darauffolgenden Jahr durch die Weltwirtschaftskrise gestoppt wurde.

Die weitere Entwicklung

Die Kritik der deutschen Zoodirektoren an der Gestaltung der Panoramafelsen Carl Hagenbecks eröffnete eine Weiterentwicklung des Gehegedesigns in Richtung größerer Naturähnlichkeit der Felsenkonstruktionen bis hin zur Verwendung von Naturfelsbrocken zum Aufbau der aus funktionalen Gründen notwendigen hohen Begrenzungswände der Gehege. Einige Zoodirektoren hatten die künstlichen Felsformationen der Panorama-Anlagen als "Hagenbeckereien" bezeichnet, um ihre fantasievolle Gestaltung lächerlich zu machen. Auch die Söhne Carl Hagenbecks, Heinrich und Lorenz, müssen die Empfindung geteilt haben, daß die vor allem nach funktionalen und schauattraktiven Gesichtspunkten geformten Kunstfelsen, zumal wenn sie nicht von so hoher künstlerischer Qualität waren wie die von Eggenschwyler geschaffenen, eben doch eine Ähnlichkeit mit Theaterkulissen hatten. Dies mag zunächst ein Grund dafür gewesen sein, daß sie im ersten Weltkrieg nach Ablauf der Gültigkeit das Patentrecht für die Panoramagehege nicht erneuerten.[501] Ein anderer mögen die Kosten für die Patenterneuerung und ein weiterer die Erfahrung gewesen sein, daß beim Bau des Tierparks in München und des Tiergartens in Nürnberg statt Panorama-Anlagen naturnah gestaltete Einzelanlagen mit Felskulisse und dem typischen "Hagenbeck-Graben", der für die Besucher kaum sichtbar ist, für verschiedene Tierarten gebaut worden waren.

Kurz nach dem Tode Carl Hagenbecks, 1914, wurde in Stellingen die Freianlage für Mantelpaviane vollendet mit einem Kletterfelsen, der keine Fantasieschöpfung, sondern dessen Oberflächenstruktur nach im Verbreitungsgebiet der Paviane existierenden Felsen modelliert worden war,

---

501 L. Hagenbeck 1955, S. 91.

selbstverständlich ebenfalls aus Monierbeton konstruiert. Lorenz Hagenbeck hatte die Idee zu dieser Art der Gestaltung gehabt.[502] Er hatte sich 1905 zur Unterstützung von Josef Menges beim Erwerb und Transport der Dromedare nach Deutsch-Südwestafrika in Somaliland aufgehalten und Felsen gesehen, in denen sich Mantelpaviane vor allem während der Nacht aufhielten. Auch bei der Stellinger Mantelpavian-Anlage waren die Ställe für die Affen im Felsen verborgen. Die dem Felsen vorgelagerte Außenanlage war mit einer für die Affen unüberwindbaren Brüstungsmauer umgeben, über die hinweg die Zoobesucher einen freien Blick auf die Affen hatten. Dieser "Affenfelsen" wurde in einer nicht mehr zählbaren Anzahl und mit den verschiedensten Abwandlungen im Detail in Zoologischen Gärten überall in der Welt nachgebaut, manchmal freilich, wie bei dem 1934 im Zoo Leipzig errichteten, statt von einer Brüstungsmauer von einer Wasserfläche umgeben.[503] Besonders naturnah gelungen war die 1926 geschaffene Felsennachbildung aus Beton im Zoo von Chemnitz.[504] Der Chemnitzer Zoo bestand leider nur von 1926 bis 1930 und wurde, wie der erste Zoo von München-Hellabrunn, ein Opfer der finanziellen Probleme in den späten 1920er Jahren.

Am nächsten kam sozusagen dem traditionellen Prinzip der Hagenbeckschen Garten- und Gehegegestaltung mit einem zentral gelegenen Kunstfelsen in der Zeit nach dem ersten Weltkrieg der Düsseldorfer Zoo. Nach dem Abzug der im Zuge der Besetzung des Rheinlandes durch französische und belgische Truppen in seinem Gesellschaftshaus untergebrachten Soldaten begann 1924 unter dem Direktorat von Georg Aulmann ein bedeutender Um- und Ausbau des im Jahre 1876 eröffneten Zoos. Freilich wurden keine Panorama-Anlagen mehr errichtet. 1925 wurde eine große Anlage für Eisbären vollendet mit einem Schwimmbecken im Vordergrunde, einsehbar für die Besucher, und einer großen Landschaft aus Kunstfelsen im Hintergrund. Die andere Seite dieses Felsens bewohnten Berghuftiere, seitlich daran lehnte sich eine Rentieranlage an. Anfang der 1930er Jahre, nach dem Ausscheiden von Aulmann, kam noch eine "Afrikasteppe" hinzu, auf der Zebras, Watussirinder und

502 L. Hagenbeck 1955, S. 92.
503 K.M. Schneider: Vom Werden und Wandel des Leipziger Zoos in rund 70 Jahren, in: Vom Leipziger Zoo. Aus der Entwicklung einer Volksbildungsstätte, herausgegeben von K.M. Schneider, Leipzig 1953, S. 3-46, hier S. 22.
504 Abbildung in: 50 Jahre Leipziger Zoo, Leipzig 1928, S. 53.

Strauße gemeinsam gehalten wurden. Die Stallungen waren hinter Kunstfelsen verborgen.

Der Düsseldorfer Zoo wurde im November 1944 durch Fliegerbomben vollständig zerstört. Er blieb der einzige deutsche Zoo, der nach dem zweiten Weltkrieg nicht wieder aufgebaut wurde.

Heinrich Hagenbeck, der nach dem Tode des Vaters die Leitung des Stellinger Tierparkes übernommen hatte, wurde Anfang 1928 nach Detroit gerufen, um an der Ausarbeitung eines "masterplans" für die Weiterentwicklung des Zoos auf der Belle Island mitzuwirken. Zum neuen Direktor dieses Zoos war 1927 John T. Millen berufen worden, der ab 1909 bis zum ersten Weltkrieg der Leiter der Stellinger Straußenfarm gewesen war, bis er kriegsbedingt in seine amerikanische Heimat zurückkehren mußte. Millen kannte selbstverständlich auch die Hagenbecksöhne. Nach seiner Berufung zum Zoodirektor in Detroit stoppte er sofort den schon im Fortgang begriffenen Ausbau des Zoos nach traditionellem Muster, um den ersten vorwiegend nur aus Freisichtanlagen nach dem Modell von Stellingen gebauten amerikanischen Tierpark entstehen zu lassen.[505] Er kannte offenbar auch die gegen die Stellinger Panoramen vorgebrachte Kritik und die sich im Hause Hagenbeck daran anschließende Diskussion, denn er kam mit Heinrich Hagenbeck zum einen überein, eine geographische Ordnung des Tierbestandes, wie für das Projekt in der Jungfernheide von Berlin vorgesehen, vorzunehmen. Zum anderen sollten die Kunstfelsen natürlichen Vorbildern ähneln. In Zusammenarbeit mit dem Schweizer Bildhauer Hürlimann, den Heinrich Hagenbeck nach Detroit mitgebracht hatte, entstand 1928 ein plastisches Modell des geplanten Zoos in der Größe von 3 x 6 Meter. Panorama-Anlagen im Stile Carl Hagenbecks gab es nicht, wohl aber waren zahlreiche Tiergehege als Freisichtanlagen mit "Hagenbeckgraben" vorgesehen. Am 9. März 1928 wurde ein Kontrakt zwischen Zoo-Society und der Fa. Hagenbeck über den Bau der ersten Anlagen geschlossen, weitere Verträge folgten in den Jahren bis 1934. Allerdings waren nicht alle Tieranlagen als naturimitierende Freisichtanlagen mit verdeckten Ställen konzipiert. Für die Giraffen wurde, ähnlich wie im römischen Zoo, ein exotistisches Gebäude im "Ägyptischen Stil" gebaut. Auch ließ sich die geographische

---

505 Die Informationen zur Planung und zum Gehegebau im Zoo Detroit nach William A. Austin: The First Fifty Years, an informal history of the Detroit Zoological Park and the Detroit Zoological Society, Detroit 1974, S. 13 ff.

Ordnung des Tierbestandes nicht völlig durchhalten. Die Entwürfe der Felsen zeichnete Josef Pallenberg, ihre Gestaltung lag in den Händen von dessen Bruder Johann, der mit ihm bereits in Stellingen beim Bau der großen Saurierplastiken aus Beton zusammengearbeitet hatte. In die oberste Betonschicht der Felsen im Detroiter Zoo wurden Pigmente eingemischt, so daß die Felsen eine naturnahe Färbung erhielten. Aus dem sogenannten "gunite" wurden bis in die jüngste Zeit nicht mehr zählbare Felsanlagen in den amerikanischen Zoos gebaut, bis in allerjüngster Zeit Konstruktionen aus Kunstharzen die Felsgebilde aus Beton ersetzten.

Das Geozoo-Prinzip konnte sich bei der Gestaltung künftiger Tiergärten nicht durchsetzen. Funktionelle Notwendigkeiten, z.B. die Unterbringung zur gleichen zoosystematischen Kategorie gehörender, aber in verschiedenen Kontinenten lebender Tiere, die dieselben Haltungsfaktoren benötigten, z.B. heizbare Stallungen, die man am besten als Schaugebäude baute, haben lupenreine Lösungen der geographischen Ordnung des Tierbestandes aus ökonomischen Gründen verhindert. Als partielle Ordnung des Tierbestandes jedoch hat die Geozoo-Idee vielfach Nachahmer gefunden.

John T. Millen war nicht der erste Amerikaner, der Carl Hagenbecks Ideen der Gehegegestaltung in die USA gebracht hatte. Im Jahre 1905 war der damalige Superintendent des Zoos von Cincinnati, Sol Stephan, der Generalvertreter Carl Hagenbecks für seinen Tierhandel in Nordamerika geworden. Die Tiere, die Hagenbeck in den USA zum Verkauf anbot, wurden größtenteils zunächst im den Zoo von Cincinnati geschickt und von dort aus durch Vermittlung Sol Stephans weiterverkauft. Joseph (Joe) Stephan, der Sohn von Sol, hatte bereits als Student der Tiermedizin seinem Vater bei der Verwaltung des Zoos geholfen, sich aber auch ab 1900 Kenntnisse in der Betreuung von gehaltenen Wildtieren verschafft.[506] Ab 1900, während der amerikanische Reisezirkus von Carl Hagenbeck in einem in der Nähe von Cincinnati gelegenen Dorf im Winterquartier lag, hatte Sol bei der Tierbetreuung mitgeholfen und dabei Lorenz Hagenbeck kennengelernt. Er begleitete ihn 1905 nach Ende der auf die Weltausstellung in St. Louis folgenden Reisesaison des Zirkus in den USA nach Stellingen. Hier erlebte Joe Stephan die Bauphase

---

506 Für Informationen über Joe Stephan und den Bau von Freisichtanlagen im Hagenbeckstil im dortigen Zoo danken wir der Direktion des Zoos von Cincinnati, die uns im Sept. 1993 Material des Archives des Zoo Cincinnati zugänglich machte.

des Tierparkes und arbeitete sich später in das europäische Zoomanagement ein. Konstruktionsmethoden und Kostenkalkulationen der Panorama-Anlagen wurden ihm selbstverständlich bekannt. Im Jahre 1906 reiste er mit Lorenz Hagenbeck nach Ostafrika, um die Versendung der 2.000 Dromedare nach Südwest-Afrika mit zu organisieren. Vermutlich um 1910 in die USA zurückgekehrt, propagierte er dort bereits damals die Hagenbeckschen Panorama-Anlagen, jedoch war der Zoo Cincinnati zunächst finanziell nicht in der Lage, solche zu bauen. Erst ab 1933 wurden im Rahmen eines Arbeitsbeschaffungsprogrammes der öffentlichen Hand und mit privaten Spenden neue Anlagen in diesem Zoo geschaffen, nun freilich nicht mehr als Panoramagehege sondern als grabenbegrenzte Freisichtgehege mit Felsdekor. Die Felsen wurden wie im Zoo von Detroit von Josef Pallenberg entworfen und von Johann Pallenberg in Zusammenarbeit mit lokalen Bauunternehmern errichtet. Die Kunstfelsen waren Nachbildungen von natürlichen Felspartien am Kentuckyfluß, die Josef Pallenberg, Joe Stephan und andere Mitwirkende vor Ort studierten. Zunächst entstanden Anlagen für Großkatzen, 1934 eine große Anlage für afrikanische Huftiere, die "Afrikasteppe" (African Veldt).

Hatte die Propaganda Joe Stephans für Hagenbeck-Anlagen im Zoo von Cincinnati erst nach Jahrzehnten Erfolg, waren andere amerikanische Zoos viel früher in der Lage, solche zu bauen. Sowohl im Zoo von Denver (1918) als auch im Zoo von St. Louis (1919-1922) entstanden Freisichtanlagen für Bären mit den Hagenbeckgraben. Die Modellierung der Kunstfelsen orientierte sich an Felsklippen des Mississippi-Ufers. Auch beim Bau des zweiten Zoos von Chicago im Vorort Brookfield, der 1934 seine Pforten öffnete, wurde Heinrich Hagenbeck bereits ab 1922 als Consultant zugezogen,[507] ursprünglich für die Gesamtplanung der Gartengestaltung, später nur für die Gehegeanlagen mit Kunstfelsen. Und schließlich stand der Stellinger Pavianfelsen Modell für den großen Affenfelsen, der im Oktober 1933 im Zoo von Toledo/USA fertiggestellt wurde.

Wenn man zunächst vermuten würde, daß nach dem Bau der Panorama-Anlagen im Zoo von Elberfeld und der von Rom diese Art der Gehegegestaltung nicht mehr weiter verfolgt worden wäre und in der Folgezeit in deutschen wie in ausländischen Zoos nur noch Freisichtanlagen mit Hagenbeckgraben für einzelne Arten oder Gruppen von Tieren ge-

---

507 Tagebuchaufzeichnungen Heinrich Hagenbecks, Archiv Hagenbeck.

baut worden wären, wie in London z.B. 1913 mit den Mappin Terraces für Großkatzen – mithin die Panoramakonzeption Hagenbecks überholt gewesen wäre, sieht man sich getäuscht. Die Panorama-Idee hatte weiterhin Bestand. So wurde der im Anschluß an die internationale Kolonialausstellung von 1931 in Paris entstandene dritte Zoo der französischen Hauptstadt, der Jardin Zoologique du Bois de Vincennes, der 1934 fertiggestellt war, wieder gänzlich nach dem traditionellen Stellinger Modell und mit fantasievollen Kunstfelsen unter Beratung durch Heinrich Hagenbeck gebaut. Riesige Kunstfelsen bilden den Hintergrund einiger Anlagen, die panoramaartig hintereinander gelagert sind. Großräumige, für Besucher zugängliche Stallgebäude fanden innerhalb der Felsen Platz. Trocken- und Wassergräben, diese zur Haltung von Vögeln genutzt, begrenzen die Gehege. Das zentrale Felsmassiv für Gebirgshuftiere ragt 72 Meter empor. Manche Partien der Felsen sind berankt, andere sind bewachsen.

Und noch in den 1960er Jahren wurden im Zoo von Milwaukee/USA einige Panorama-Anlagen mit einer Huftieranlage im Vordergrund und dem Gehege für eine faunistisch dazugehörige Großkatzenart dahinter liegend angelegt. Carl Hagenbecks Idee einer Panorama-Anlage als schauattraktive Gehegegestaltung in Zoologischen Gärten hat also viele Jahrzehnte lang ihre Faszination für Zooarchitekten und -besucher behalten und wird sie vermutlich auch in der Zukunft noch haben.

Ausblick

Nach dem Tode des Vaters eröffnete sich den Söhnen die schwierige wirtschaftliche Situation, in der sich die Firma befand. Lorenz Hagenbeck hielt den Rat des Anwaltes der Firma fest:[508] "Dieses schwere Erbe könnt und dürft ihr nicht antreten. Er meinte es gut mit uns, denn er hatte Einblick in Vaters Landerwerbungen, Bankverpflichtungen und die außerordentlich hohen Kredite, die er für die Erbauung des Stellinger Tierparks in Anspruch genommen hatte". Glücklicherweise hielten sich Heinrich und Lorenz Hagenbeck nicht an den wohlmeinenden Rat des Anwaltes. Und obwohl sich schon bald nach dem Tode Carl Hagenbecks die politischen und dann die wirtschaftlichen Verhältnisse in Deutsch-

---

508 L. Hagenbeck 1955, S. 93.

land derart verschlechterten, in einem Maße, wie das Carl Hagenbeck niemals erlebt hat, fanden sie die Kraft und die Wege, die Firma und vor allem den Tierpark, der mehr und mehr zu ihrem Herzstück wurde, zu erhalten. Unter der Führung der Nachkommen des Brüderpaares, von zwei bzw. drei weiteren Generationen Familienmitgliedern, überstand der Tierpark all die dramatischen Ereignisse, die das 20. Jahrhundert für alle bereit hielt und die, die diesen Berufszweig in spezieller Weise trafen: Das Ende des Tierhandels in den 1970er Jahren, einerseits bewirkt durch den Zusammenbruch fast aller Faunensysteme, durch die Unterschutzstellung der meisten für einen Zoo interessanten Wildtierarten, andererseits dadurch, daß die Zoos durch die Zuchterfolge bei so vielen Tierarten ihre Nachzuchttiere ohne die Vermittlung eines Tierhändlers in Anspruch zu nehmen untereinander austauschen. Nicht nur Völkerschauen gehören längst der Geschichte an, auch Zirkusunternehmen im Hagenbeckschen Sinne mit dem Schwerpunkt Tierdressuren gibt es nicht mehr. Tiere, vor allem exotische Wildtiere, sind längst zu einem derartigen Kostenfaktor geworden, daß sie nur noch eine Randerscheinung im modernen Zirkus sind. Tierschutzbestimmungen schränken die Haltung von Wildtieren unter Zirkusbedingungen beträchtlich ein bzw. verlangen Vorkehrungen, die die meisten Zirkusse nicht gewährleisten oder bezahlen können. Konsequenterweise gaben die Nachfahren Lorenz Hagenbecks den Zirkus auf.

Carl Hagenbecks Tierpark aber erwies sich nicht nur als überlebensfähig. Er durchlief im Inneren all die Wandlungen wie die anderen Zoos auch. Er leistet seinen Beitrag auf pädagogischem Gebiet, nimmt an der Erhaltungszucht bedrohter Tierarten teil, fördert durch Austausch von Erfahrungen die Optimierung von Haltungssytemen gehaltener Wildtiere und blieb, was er war: für nicht mehr zählbare Menschen des Großraumes Hamburg und Touristen ein Ort der Begegnung mit dem Tier, oft genug der erste und auch der einzige. Und auch neunzig Jahre nachdem Carl Hagenbecks Vorstellungen von einem Tierpark Gestalt angenommen haben, sind seine Anlagen im großen und ganzen gesehen für die Tiere ein akzeptierter Zoolebensraum und für die Besucher ein Ambiente, das sie auch mit dem Herzen Zugang zur Welt der Tiere finden läßt. Die Hamburger Verwaltung hat erkannt, daß Carl Hagenbeck mit seiner Schöpfung von 1907 ein Werk hinterlassen hat, das den Rang eines Kulturgutes gewonnen hat. Die zuständige Hamburger Behörde stellte Carl Hagenbecks Tierpark im März 1997 unter Denkmalschutz.

Quellen

Stadtarchiv Alfeld

- Konv. Fa. Ruhe

Landesarchiv Berlin

- Rep 00-02/1 Nr. 2193, Nr. 454

Geheimes Staatsarchiv Preußischer Kulturbesitz Berlin (GStA)

- 2.2.1 I HA Rep 89 Nr. 31823, 31824

Naturkunde-Museum Berlin, Schriftgutsammlung

- S III, Hagenbeck, C.

Zoologischer Garten Berlin

- Tierbücher

Zoologischer Garten Dresden

- Jahres- und Geschäftsbücher

Hagenbeck-Archiv, Carl Hagenbecks Tierpark, Hamburg-Stellingen

- Tierbücher
- Korrespondenz
- Tier-Angebotslisten
- Plakate, Fotos, Broschüren, Prospekte
- Tierpark-Führer
- Völkerschau-Führer
- Johann Umlauff: Erinnerungen, masch.schr.
- o.V.: Rundgang durch den Tierpark, 1908
- C. Hagenbeck: Ist der Zoologische Garten in Hamburg ohne größere Staatszuschüsse lebensfähig oder nicht? (Entwurf, 1911)
- Jahresberichte Kilimandjaro-Handels- und Landwirtschafts-Gesell-schaft zu Berlin 1903-1905

Staatsarchiv Hamburg (StA Hamburg)

- 111-1 Cl IV Lit B No 4 Vol 2a Fasc 2 Inv 16i Conv I-III
- 111-1 Cl VII Lit Fl No 12 Vol. 3
- 411-2 II B 164
- 411-2 II E 1797
- 411-2 M 3560

Zoologischer Garten Halle

- Jahres- und Geschäftsberichte

Zoologischer Garten Köln

- Tierbücher

Zoologischer Garten Nürnberg

- Jahres- und Geschäftsberichte

Tiergarten Schönbrunn, Wien

– Tierbücher

Stadtarchiv Wuppertal

– Protokollbuch 1905-1921
– Zoologischer Garten AG G VI, 451

Gedruckte Quellen und Sekundärliteratur, Auswahl

Abel, H.: Vom Raritätenkabinett zum Bremer Überseemuseum , Bremen 1970.
Adressbücher der Freien und Hansestadt Hamburg.
Angerer, F.: Carl Hagenbecks Kamerunexpedition, Hamburg 1886.
Altick, R.: The Shows of London, Cambridge/Mass., London 1978.
Artinger, K.: Von der Tierbude zum Turm der blauen Pferde: die künstlerische Wahrnehmung der wilden Tiere im Zeitalter der zoologischen Gärten, Berlin 1995.
Baader, J.: Oberdada, Lahn-Gießen 1977.
ders.: Das Oberdada, hg. von K. Riha, Hofheim 1991.
Bächler, H.: Urs Eggenschwyler und seine Kunstfelsen, in: Wildpark Peter und Paul, St. Gallen 1991, S. 16-19.
Batts, J.R.: P.T. Barnum and the popularization of natural history, Journal of the History of Ideas 20, 1959, S. 353-368.
Berend-Corinth, Ch.: Die Gemälde von Lovis Corinth, München 1958.
Berliner Tageblatt
Bitterli, U.: Die "Wilden" und die "Zivilisierten". Grundzüge einer Geistes- und Kulturgeschichte der europäisch-überseeischen Begegnung, München 1976.
Bolau, H.: Stillstand und Rückgang?, Zool. Garten 44, 1903, S. 33-37.
Bolland, J.: Die Gründung der "Hamburgischen Universität", in: Universität Hamburg 1919-1969, Hamburg 1969, S. 21-105.
Brehm, A.: Illustrirtes Tierleben, hg. von O. zur Strassen, 4. Aufl., Berlin 1918-1922.

vom Bruch. R., F.W. Graf, G. Hübinger (Hg.): Kultur und Kulturwissen-
schaften um 1900. Krise der Moderne und Glaube an die Wissenschaft, Stuttgart 1989.

Das Buch für Alle

Bunz, N.: Deutsch-Afrika. Carl Hagenbecks Kamerun-Expedition, München 1886.

Corinth, Th.: Lovis Corinth. Eine Dokumentation, Tübingen 1977.

Daheim, Stuttgart

Daum, A.: Das versöhnende Element in der neuen Weltanschauung. Ent-
wicklungsoptimismus, Naturästhetik und Harmoniedenken im popu-
lärwissenschaftlichen Diskurs der Naturkunde um 1900, in: V. Dreh-
sen, W. Sparn (Hg.): Vom Weltbildwandel zur Weltanschauungsana-
lyse. Krisenwahrnehmung und Krisenbewältigung um 1900, Berlin
1996, S. 203-215.

ders.: Wissenschaftspopularisierung im 19. Jahrhundert. Bürgerliche
Kultur, naturwissenschaftliche Bildung und die deutsche Öffentlichkeit 1848-1914, München 1998.

Dittrich, L., A. Rieke-Müller: Ein Garten für Menschen und Tiere. 125
Jahre Zoologischer Garten Hannover, Hannover 1990.

Eley, G.: Wilhelminismus, Nationalismus, Faschismus: Zur historischen
Kontinuität in Deutschland (= Theorie und Geschichte der bürgerlichen Gesellschaft 3), Münster 1991.

von Engelhardt, D.: Polemik und Kontroversen um Haeckel, Medizin-
hist. Journal 15, 1980, S. 284-304.

Evans, R.Z.: Tod in Hamburg. Stadt, Gesellschaft und Politik in den
Cholera-Jahren 1830-1910, Reinbek 1990.

von Falz-Fein, W.: Askania Nova, Neudamm 1930.

Feest, Chr.F. (Hg.): Indians and Europe, Aachen 1987.

Fiedermutz-Laun, A.: Adolf Bastian und die Begründung der deutschen
Ethnologie im 19. Jahrhundert, Ber. zur Wissenschaftsgesch. 9, 1986,
S. 167-181.

Fischer, W.: Aus dem Leben und Wirken eines interessanten Mannes,
Hamburg 1896.

Frädrich, H., H. Strehlow: Der Zoo und die Wissenschaft, Bongo (Berlin)
24, 1994, S. 161-180.

Frankfurter Zeitung

Friese, E.: Richard Friese. Ein deutsches Künstlerleben, Berlin 1930.

Gann, L.H., P. Duignon: The Rulers of German Africa 1884-1914, Stanford, Cal. 1977.

Gartenlaube, Berlin, Leipzig.

Gebbing, J.: Vom Zoo. Kritik und Wirklichkeit, Leipzig 1936.

ders.: Ein Leben für die Tiere. Erinnerungen und Gedanken eines Tiergärtners und Afrikafahrers, Mannheim 1957.

Geschäftsberichte des Actien-Vereins Zoologischer Garten zu Berlin.

Grettmann-Werner, A.: Wilhelm Kuhnert (1865-1926). Tierdarstellung zwischen Wissenschaft und Kunst (= Hamburger Forsch. zur Kunstgesch. 1), Hamburg 1981.

Günther, H.: Geschichte der deutschen Kolonien, 3. Aufl., Paderborn u.a. 1995.

Haberland, W.: "Diese Indianer sind falsch". Neun Bella Coola im Deutschen Reich 1885/86, Archiv für Völkerkunde 42, 1988, S. 3-67.

Hagenbeck, C.: Von Tieren und Menschen, 1. Aufl., Berlin 1908, 2. Aufl., Berlin 1909.

Hagenbeck, L.: Den Tieren gehört mein Herz, Hamburg 1955.

Hamburger Fremdenblatt

Hannoversches Tageblatt (HT)

Heck, L.: Heiter-ernste Lebensbeichte. Erinnerungen eines alten Tiergärtners, Berlin 1938.

Herre, F.: Kaiser Wilhelm II., Monarch zwischen den Zeiten, Köln 1993.

Hertz-Eichenrode, D.: Deutsche Geschichte 1890-1918. Das Kaiserreich in Wilhelminischer Zeit, Stuttgart, Berlin, Köln 1996.

Hey, B.: Vom "dunklen Kontinent" zur "anschmiegsamen Exotin", Österr. Ztschr. für Geschichtswiss. 8, 1997, S. 186-211.

van der Heyen, U.: Südafrikanische "Berliner". Die Kolonial- und die Transvaal-Ausstellung in Berlin und die Haltung der deutschen Missionsgesellschaften zur Präsentation fremder Menschen und Kulturen, in: G. Höpp (Hg.): Fremde Erfahrungen, Berlin 1996, S. 135-156.

Hünemörder, C.: Jacob von Uexküll (1864-1944) und sein Hamburger Institut für Umweltforschung, in: Disciplinae novae. FS H. Schimank, Göttingen 1979, S. 105-125.

Illustrirte Zeitung, Leipzig.

Jacobsen, A.: Jagd- und Fangreisen im nördlichen Eismeer, Carl Hagenbecks Tier- und Menschenwelt 3, 1929/30, 1, S. 5-9.

von Kadich, H.M.: Gastliche Tage bei Karl Hagenbeck, Zool. Garten 44, 1903, S. 37-42, 83-88.

Kaiser Wilhelm II.: Aus meinem Leben 1859-1888, 7. Aufl., Berlin, Leipzig 1927.

Katt, F.: Hagenbecks Tierparadies, Zool. Garten 50, 1909, S. 371-372.

Klös, H.-G., H. Frädrich, U. Klös: Die Arche Noah an der Spree, Berlin 1994.

Knottnerus-Meyer, Th.: Der Zoologische Garten in Hamburg, Zool. Garten 44, 1902, S. 273, 305, 337, 369.

Kockerbeck, Chr.: Die Schönheit des Lebendigen. Ästhetische Naturwahrnehmung im 19. Jahrhundert, Wien 1997.

Kresse, W.: Seeschiffsverzeichnis der Hamburger Reedereien 1824-1888 (= Mitt. aus dem Museum für Hamburgische Geschichte N.F. 5), Hamburg 1969.

Kuhnert, W.: Im Lande meiner Modelle, Leipzig 1918.

Lang, E.-M.: Das Zwergflußpferd, Wittenberg-Lutherstadt 1975.

Langbehn, J.: Rembrandt als Erzieher, Leipzig 1890.

Lehmann, A.: Tiere als Artisten, Wittenberg-Lutherstadt 1965.

Leonhardt, E.F.: Die heutigen Aufgaben der Tiergärten, Zool. Garten 50, 1909, S. 321-328.

Leutemann, Heinrich: Lebensbeschreibung des Thierhändlers Carl Hagenbeck, Hamburg 1887.

MacKenzie, J.M.: The Empire of Nature – Hunting, Conservation and British Imperialism, Manchester 1988.

Marschall, B.: Reisen und Regieren. Die Nordlandfahrten Kaiser Wilhelms II. (= Schr. des Dt. Schiffahrtsmuseums 27), Bremerhaven, Hamburg 1991.

Mauersberger, G.: Der große Naturforscher Oskar Heinroth und das Berliner Zoologische Museum, Bongo (Berlin) 24, 1994, S. 139-160.

Menges, J.: Bemerkungen über den deutschen Thierhandel von Nord-Ost-Afrika, Zool. Garten 17, 1876, S. 229-236.

Meyer, R.: Ein Gang durch die C. Hagenbeck'sche Handelsmenagerie in Hamburg, Zool. Garten 14, 1873, S. 25-27.

Mohr, E.: Das Urwildpferd, Wittenberg-Lutherstadt 1959.

Moravia, S.: Beobachtende Vernunft. Philosophie und Anthropologie in der Aufklärung, München 1973.

Neue Hannoversche Zeitung (NHZ).

Niemeyer, G.H.W.: Hagenbeck. Geschichte und Geschichten, Hamburg 1972.

Noack, Th.: Neues aus der Thierhandlung von Karl Hagenbeck, sowie aus dem Zoologischen Garten Hamburg, Zool. Garten 39, 1884, S. 100-115.

Oettermann, St.: Das Panorama. Die Geschichte eines Massenmediums, Frankfurt/M. 1980.

ders.: Die Reise mit den Augen – "Oramas" in Deutschland, in: M.-L. von Plessen (Hg.): Sehsucht, Basel, Frankfurt/M. 1993, S. 42-51.

Osborne, M.: Nature, the Exotic, and the Science of French Colonialism, Bloomington, Indianapolis 1994.

Planer, C.: Beschreibung des Nordland-Panorama in der Friedrichstraße, Berlin, Berlin 1890.

von Plessen, M.-L. (Hg.): Sehsucht. Das Panorama als Massenunterhaltung des 19. Jahrhunderts, Ausst.kat. Bonn, Basel, Frankfurt/M. 1993.

Priemel, K.: Die heutigen Aufgaben der Tiergärten. Eine Erwiderung, Zool. Garten 50, 1909, S. 354-366.

Reichenbach, H.: A Tale of Two Zoos: The Hamburg Zoological Garden and Carl Hagenbeck's Tierpark, in: R.J. Hoage, W.A. Deiss (Eds.): New Worlds, New Animals, Baltimore, London 1996, S. 51-62.

Rieke-Müller, A., L. Dittrich: Der Löwe brüllt nebenan. Die Gründung Zoologischer Gärten in Deutschland 1833-1869, Köln 1998.

Röhl, J.C.G.: Wilhelm II.: die Jugend des Kaisers 1859-1888, München 1993.

Rothfels, N.: Bring 'em Back Alive: Carl Hagenbeck and Exotic Animal and People Trade in Germany, 1848-1914, Diss. Harvard Univ., Cambridge 1994.

Ruhe, H.: Wilde Tiere frei Haus, München 1960.

Scherpner, Chr.: Von Bürgern für Bürger. 125 Jahre Zoologischer Garten Frankfurt am Main, Frankfurt/M. 1983.

Schillings, C.G.: Hagenbeck als Erzieher, o.O. 1911.

von Schirp, F.: Das Leben in West-Afrika, Kamerun. Carl Hagenbecks West-Afrikanische Kamerun-Expedition, Berlin 1886.

Schönauer, R.G.: Urs Eggenschwyler (1849-1923), in: Urs Eggenschwyler, Bildhauer, Maler, Zeichner, Menageriebesitzer, Tierfreund, Ausst.kat. Solothurn, Solothurn 1978.

Schomburgk, H.: On the Trail of the Pygmy Hippo Bull, New York Zool. Soc. 16, 1912, S. 880-884.

Schröder, E. (Hg.): 20 Jahre Regierungszeit. Ein Tagebuch Kaiser Wilhelms II., 3 Teile, Berlin 1909.

Schurig, V.: Die Eingliederung des Begriffs 'Ethologie' in das System der Biowissenschaften im 19. Jahrhundert, Sudhoffs Archiv 68, 1984, S. 94-104.

Sheperd, B.: Showbiz Imperialism: The Case of Peter Lobengule, in: J.M. MacKenzie (Ed.): Imperialism and Popular Culture, Manchester 1986, S. 94-112.

Sippel, H.: Rassismus, Protektionismus oder Humanität? Die gesetzlichen Verbote der Anwerbung von "Eingeborenen" zu Schaustellungszwecken in den deutschen Kolonien, in: R. Debusmann, J. Riesz (Hg.): Kolonialausstellungen – Begegnungen mit Afrika? Frankfurt/M. 1995, S. 43-64.

Sokolowsky, A.: Menschenkunde, eine Naturgeschichte sämtlicher Völkerrassen der Erde. Ein Handbuch für jedermann, Stuttgart, Berlin, Leipzig 1904.

ders.: Die zoologischen Gärten als Bildungsanstalten, Natur und Schule 1905, S. 555-562.

ders.: Werden ausländische Tiere akklimatisiert?, Prometheus 1905.

ders.: Wie Hagenbecks Tierpark erstellt wird, Die Umschau 52, 1906.

ders.: Möglichkeiten einer Straußenfarm in unserem Klima, Dt. landwirtsch. Presse 26, 1906.

ders.: Ein neuer Tierpark nach biologischem Prinzip, Wild und Hund 13, 22, 1907.

ders.: Biologisches Prinzip der Schaustellung wilder Tiere, Natur und Haus 15, 1907, S. 150.

ders.: Strauße und ihre Akklimatisation, Aus der Natur 3, 1907, S. 609-613.

ders.: Akklimatisierungserfahrungen beim Hagenbeckschen Tierpark, Verh. d. Ges. dt. Naturforscher und Ärzte 1908, T. 2, S. 248.

ders.: Neues Prinzip in der Tierschaustellung, Wochenschrift d. Terrarien- und Aquarienkunde 40, 1908.

ders.: Carl Hagenbeck und sein Werk, Leipzig 1928.

ders.: Tierzonen-Gärten, Zool. Garten N.F. 1, 1929, S. 284-288.

Staehelin, B.: Völkerschauen im Zoologischen Garten Basel 1879-1935 (= Basler Beiträge zur Afrikakunde 11), Basel 1993.

Stagl, J.: Kulturanthropologie und Gesellschaft. Wege zu einer Wissenschaft, München 1974.

Strehlow, H.: Stall, Palast oder Heim. Architektur im Zoologischen Garten Berlin, MuseumsJournal 8, 1994, S. 26-30.

Stresemann, E.: Die Entwicklung der Ornithologie, Aachen 1951.

Thode-Arora: Für fünfzig Pfennig um die Welt. Die Hagenbeckschen Völkerschauen, Frankfurt/M., New York 1989.

dies.: Die Familie Umlauff und ihre Firmen. Ethnographica-Händler in Hamburg, Mitt. aus dem Museum für Völkerkunde Hamburg N.F. 22, 1992, S. 143-158.

dies.: "Charakteristische Gestalten des Volkslebens". Die Hagenbeckschen Südasien-, Orient- und Afrika-Völkerschauen, in: G. Höpp (Hg.): Fremde Erfahrungen: Asiaten und Afrikaner in Deutschland, Österreich und in der Schweiz bis 1945 (= Studien Zentrum Moderner Orient 4), Berlin 1996, S. 109-134.

Thorpe, W.H.: The Origins and Rise of Ethology. The Science of the Natural Behaviour of Animals, London 1979.

Triviale Tropen. Exotische Reise- und Abenteuerfilme aus Deutschland 1919-1939, München 1997.

Über Land und Meer, Stuttgart.

Vasold, M.: Rudolf Virchow. Der große Arzt und Politiker, Stuttgart 1988.

Verhandlungen der Berliner Gesellschaft für Anthropologie, Ethnologie und Urgeschichte.

Verwaltungsberichte des Zoologischen Gartens zu Berlin.

Vosseler, J.: Vorschläge zur Hebung des Zoologischen Gartens, Hamburg 1909.

Weber, B.: La nature à coup d'oeil. Wie der panoramische Blick antizipiert worden ist, in: M.-L. von Plessen (Hg.): Sehsucht, Basel, Frankfurt/M. 1993, S. 20-27.

Wettengel, M.: Staat und Naturschutz 1906-1945: Zur Geschichte der staatlichen Stelle für Naturdenkmalpflege in Preußen und der Reichsstelle für Naturschutz, Histor. Ztschr. 257, 1993, S. 355-399.

Worster, D.: Nature's Economy: The Roots of Ecology, Cambridge 1985.

Wozniak, R.H. (Hg.): The Roots of Behaviourism, 6 vol., 1993.

Personenregister

Sachregister

Tierarten

Zoologische Gärten

Abb. 1 Zahme Dressur nach Carl Hagenbecks Idee, Dompteur Eduard Deyerling, um 1893

Abb. 2 Spektakulärer "Löwenritt auf dem Pferde", Dompteur Wilhelm Philadelphia, um 1888

Abb. 3 Kaiser Wilhelm II. besichtigt Hagenbecks Tierpark in Stellingen, 1909

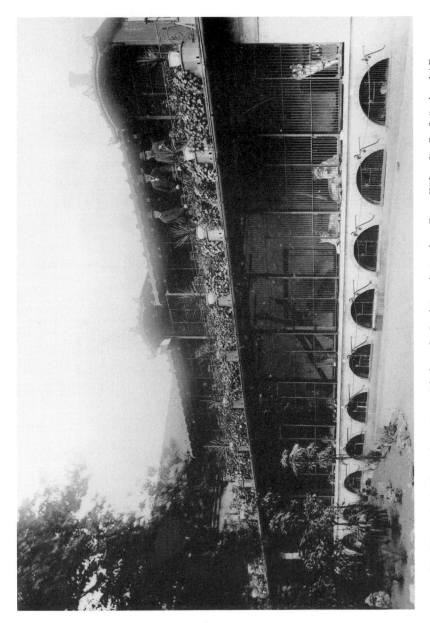

Abb. 4 Hagenbecks Tierpark am Neuen Pferdemarkt, Raubtiergalerie, obere Etage Käfige für Großvögel und Affen, 1890er Jahre

Abb. 5 Hagenbecks Tierpark am Neuen Pferdemarkt, Asiatische Elefanten der Singhalesenschau, 1884

Abb. 6 Dompteuse Tilly Bébé (Mathilde Rupp) mit 20 dressierten Eisbären, um 1912

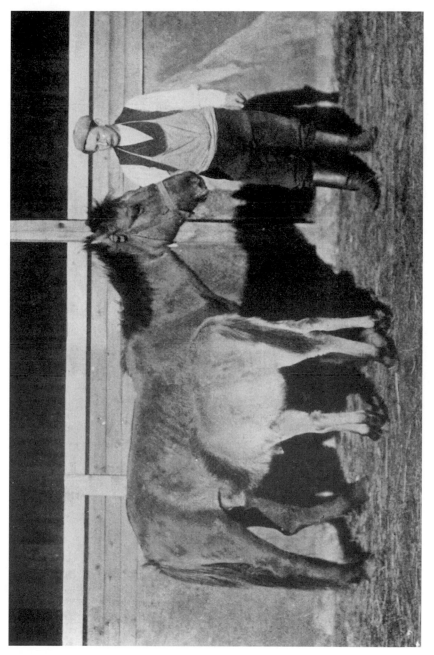

Abb. 7 Mongolenpferd-Stute als Ziehmutter für ein Przewalskipferd- Fohlen, 1901

Abb. 8 Junge Przewalskipferde, Import von 1902, auf Hagenbecks Gelände in Stellingen

Abb. 9 Ein zoologisches Unikat in Hagenbecks Tierpark: 1912 gefangener Seeleopard, 1913

Abb. 10 Tierfänger Christoph Schulz brachte ab 1910 Massai-Giraffen in Hagenbecks Tierpark, um 1913

Abb. 11 Forschungsreisender Hans Schomburgk mit einem der ersten von ihm gefangenen Zwergflußpferde in Hagenbecks Tierpark, 1912

Abb. 12 Afrikanische Strauße angepaßt an das Hamburger Winterwetter, Hagenbecks Straußenfarm um 1910

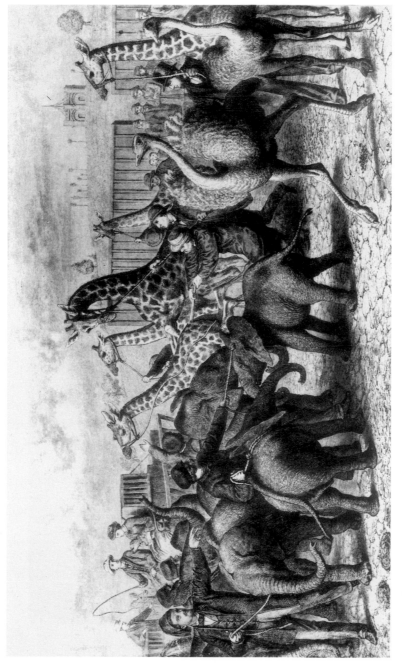

Abb. 13 Überführung der Tiere des letzten Transportes von Lorenzo Casanova in Hagenbecks Handelsmenagerie am Spielbudenplatz, Heinrich Leutemann, 1870

Abb. 14 Werbung für weltweiten Tierhandel: Tiertransport für die Eröffnung des Zoologischen Gartens in Rom 1910

Abb. 15 Kamele als Lastentiere im Tierhandel

Abb. 16 Robbendressur vor Eismeer-Kulisse: junges Walroß, Kalifornische Seelöwen, Dompteur Charles Judge, Wien, 1897

Abb. 17 Carl Hagenbecks Eismeer-Panorama, Berliner Gewerbeausstellung, Wilhelm Kuhnert, 1896

Abb. 18 Carl Hagenbecks großes Tierpanorama: Huftieranlage, Bärenanlage, Löwenanlage, Weltausstellung St. Louis, 1904

Abb. 19 Carl Hagenbecks Vision eines Zoologischen Gartens, Urs Egenschwyler, 1898

Abb. 20 Tierbildhauer Josef Pallenberg modelliert den Diplodocus-Saurier in Hagenbecks Tierpark, 1909

Abb. 21 Dromedare für die deutschen Schutztruppen in Deutsch-Südwest-Afrika, Übungslauf mit Lasten, 1906

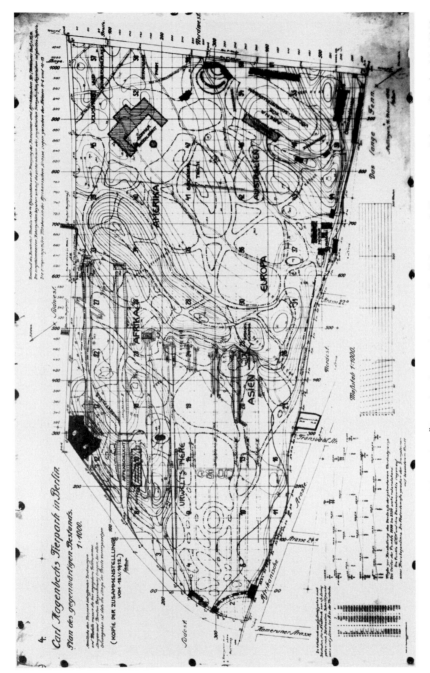

Abb. 22 Hagenbecks Tierparkentwurf für Berlin, Übersichtsplan mit Anordnung der Gehege nach Kontinenten, Johannes Baader, Mai 1912

――◇ 5 ◇――

„Hagenbeck" kommt!

Abb. 23 Europäische Phantasie: Hagenbecks Tierhandel in der Karikatur, Oberländer, 1893

Abb. 24 Tiermaler Heinrich Leutemann, 1899

Abb. 25 Reisender, Sammler und Impresario Adrian Jacobsen, um 1890

Abb. 26 Bildhauer und Tierliebhaber Urs Eggenschwyler, um 1909

Abb. 27 Bildhauer Josef Pallenberg als Tierhalter mit seinen Modellen, um 1910

Abb. 28 Carl Hagenbeck mit Söhnen Heinrich (li.) und Lorenz (re.), um 1907

Einem geehrten Publikum Hamburg's und Altona's hierdurch die ergebene Anzeige, daß meine

Handlungs-Menagerie

abermals mit einem der interessantesten Thiere vermehrt worden ist.

Der Bison-Ochse

aus China,

welcher bis jetzt noch nie lebend in Europa gesehen worden ist, dem geehrten Publikum nur auf eine kurze Zeit zur Schau gestellt

Außer diesem sieht man auch noch:

Fünf Wölfe.
Zwei Baribals aus Nord-Amerika.
Eine gestreifte Hyäne.
Ein gestreiftes Arguti.
Ein Paar Busch-Känguru.

Ein Luchs.
Ein Hirsch aus Persien.
Ein Paar Zwerg oder Moschus-Hirsche aus Jawa, (sehr selten)

Eine große Sammlung verschiedener Gattungen Riesen-Schlangen.

Eine Sammlung

Affen, Arras, Cacadus, Papageien

und noch verschiedene Gattungen kleinerer Thiere mehr

Entrée à Person 4 Schilling. Kinder die Hälfte.

Um gütigen Zuspruch bittet ergebenst

C. Hagenbeck.

NB. Der Schauplatz ist hinterm Trichter in der dritten neu erbauten Bude.
Die Haupt-Fütterung sämmtlicher Thiere findet Nachmittags 5½ Uhr statt.

Abb. 29 Handelsmenagerie Claes Hagenbeck in einer Schaustellerbude, St. Pauli, um 1856

Carl Hagenbeck's
Handelsmenagerie und Thierpark
HAMBURG.
13 Neuer Pferdemarkt 13.

Das größte u. bestrenommirteste Geschäft dieser Art der Welt.

Im- u. Export aller Arten wilder Thiere
für
Zoologische Gärten und Menagerien.

Depeschen-Adresse: Carl Hagenbeck, Hamburg.

Abb. 30 Werbung für Carl Hagenbecks Tierpark am Neuen Pferdemarkt, um 1878

Abb. 31 Bau der Felsenanlagen in Hagenbecks Tierpark mit hölzerner Tragkonstruktion, 1906/07

Abb. 32 Nordland-Panorama in Hagenbecks Tierpark kurz vor der Eröffnung. Weißen der künstlichen Eisschollen, 1907

Abb. 33 Ein Wahrzeichen von Hagenbecks Tierpark: das "Paradies", 1908

Abb. 34 Einlaß in eine exotische Welt: Tor zu Hagenbecks Tierpark am Tag der Eröffnung, Mai 1907

Abb. 35 Nachbildungen von "Urwelttieren" in Hagenbecks Tierpark, Josef Pallenberg, um 1910

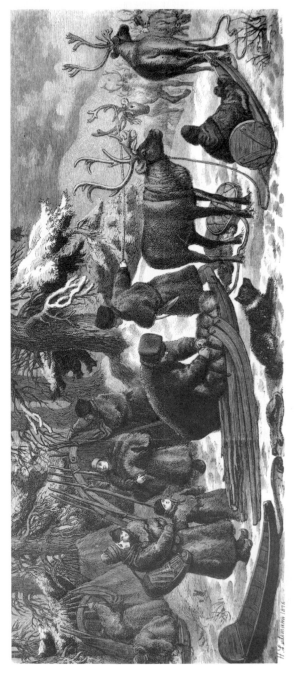

Abb. 36 Carl Hagenbecks Lappländer-Völkerschau in Hamburg, Neuer Pferdemarkt, Heinrich Leutemann, 1876

Abb. 37 Carl Hagenbecks Bella-Coola-Völkerschau, Zoo Leipzig, 1895/86

Abb. 38 Verkaufsbude auf Carl Hagenbecks Indienschau, Berlin, Kurfürstendamm, 1898

Abb. 39 Carl Hagenbecks Beduinen-Völkerschau vor imposanten Kulissenbauten, Hagenbecks Tierpark, 1912

Abb. 40 Carl und Heinrich Hagenbeck mit Herzi Egeh Gorseh und Angehörigen von vier Völkerschauen: Lappländer, Somalier, Inder, Indianer; Hagenbecks Tierpark, 1910

Gedruckt mit Unterstützung durch die

Hamburgische
Landesbank